江苏省高等学校精品教材
高等职业教育课程改革示范教材

# 应用物理基础

## （机械类）

### 第二版

◎总主编　郝　超
◎主　编　沈梅梅
◎副主编　朱海星　倪　赟　钱　志
◎参　编　史立平　季小峰

南京大学出版社

**图书在版编目(CIP)数据**

应用物理基础 ：机械类 / 沈梅梅主编. — 2 版.
— 南京 ：南京大学出版社，2012.8
高等职业教育课程改革示范教材
ISBN 978 - 7 - 305 - 05415 - 0

Ⅰ. ①应… Ⅱ. ①沈… Ⅲ. ①应用物理学—高等职业
教育—教材 Ⅳ. ①O59

中国版本图书馆 CIP 数据核字(2012)第 208838 号

出 版 者 南京大学出版社
社　　址 南京市汉口路 22 号　　邮　编 210093
网　　址 http://www.NjupCo.com
出 版 人 左　健

丛 书 名 高等职业教育课程改革示范教材
**书　　名 应用物理基础(机械类)**
总 主 编 郝　超
主　　编 沈梅梅
责任编辑 沙振舜　　编辑热线 025 - 83686531

照　　排 南京南琳图文制作有限公司
印　　刷 南京人文印刷厂
开　　本 787×1092 1/16 印张 17 字数 424 千
版　　次 2012 年 8 月第 2 版 2012 年 8 月第 1 次印刷
ISBN 978 - 7 - 305 - 05415 - 0
定　　价 29.80 元

发行热线 025 - 83594756
电子邮箱 Press@NjupCo.com
Sales@NjupCo.com(市场部)

# 序

当前,课程改革已经成为高等职业院校内涵建设的核心内容,从高职院校课程改革的现状来看,专业课程改革已先行一步,并积累了一定的经验,而普通文化课程改革明显滞后。从职业教育的基本目标来看,首先,受教育者要获得从业资格;其次,受教育者要得到全面发展。可见,既有工具性,也有人本性。从职业教育的价值取向来看,要全面认识职业教育作用于人的发展和社会发展这两个方面的价值。从职业素质的内容来看,职业素质不是单指某项专门职业素质,而是综合职业素质,它既包括职业知识与职业技能,还包括职业道德、科学素质、合作能力以及分析解决问题的能力等。因此,提高学生的职业素质是职业教育的目标,而实现这一目标是某一专业课程体系内所有课程的共同任务,仅靠某一类课程来实现这一目标是有失偏颇的。国务院下发的《全民科学素质行动计划纲要》指出,科学素质是公民素质的重要组成部分。提高公民科学素质,对于实现公民全面发展,实现经济社会全面协调可持续发展,都具有十分重要的意义。高职物理作为工科类高职专业的一门重要科学素质教育课程迫切需要进行大刀阔斧的改革,如何改?有的院校在改,有的院校在砍。对于一些工科专业来说,高职物理的课程功能具有不可替代性。因此,必须从职业素质培养角度,全面审视高职物理课程改革的有关问题。教材是课程的重要载体,高职物理课程改革的重要环节是教材改革。鉴于上述原因,在江苏省教育厅高教处、江苏省高职教育研究会的领导下,在南京大学出版社的支持帮助下,本人携省内常州机电职业技术学院、扬州职业大学、常州工程职业技术学院、南京信息职业技术学院、南邮吴江职业技术学院、江苏农林职业技术学院、苏州农业职业技术学院、江苏畜牧兽医职业技术学院、淮安信息职业技术学院等高职院校的教师组成了一个高职物理教材改革团队。自2007年3月始,本团队针对存在问题、理顺思路理念、大胆改革创新,新教材的开发工作已取得阶段性成果。

在调查研究中,我们把高职物理课程及教材的现有问题归结为五个方面。第一,课程设置随意。调查表明,高职院校在专业人才培养方案的开发过程中,对物理等普通文化课的设置缺乏必要的论证,开与不开是由专业牵头人说了算。可见,课程设置的随意性较大。从江苏省现行高考方案来看,高职院校所对应的学生群体中选考物理的学生比例较小,而高职院校招生中一般做不到学生选考课程与报考专业挂钩,通常采取文理兼收的办法。而且,高中阶段不选学物理的学生,其所学的物理必修部分以力学为主。在这一前提下,一些高职工科专业,如强电弱电类专业、机电一体化专业等,不开设物理课程的话,将直接影响后续课程的教学实施和专业培养目标的实现,造成教学质量的下降。这一事实已经在某些院校的调研中反映出来。第二，教师认识片面。对物理课程功能的认识，物理教师往往从学科知识体系角度强调物理课程的系统性、完整性和重要性，将物理学科人才培养与高素质技能型人才培养混为一谈，用学科人才培养的方法和要求来对待高职学生。而专业教师常常对职业素质的培养在认识上存在局限性，错误认为学生的职业素养仅仅靠专业课程来培养，似乎人们吃饭时吃饱肚子的是最后一口饭，忽视物理课程在某些工科专业教学体系中的基础性、准备性、发展性功能，否定开设物理课程的必要性。两者认识问题的角度都是片面的。第三，开发主体单一。长期以来，高职物理教材的开发主体是单一的，全部开发工作由物理教师"闭门造车"。物理教师根据自己对专业培养目标似是而非的理解，局限于本课程学科知识体系，以课程为单位开展"独立"的课程开发活动。这种开发局限于学科，局限于课程，难以体现专业层面的整体性、系统性和高职人才培养的应用性、职业性和针对性。高职专业课程开发主体多元化已经成为共识和事实，而高职普通文化课程开发主体多元化的问题尚未受到普遍关注。第四，内容体系固化。历史上，高职物理教材内容体系脱胎于本科普通物理教材内容体系，具有学科知识系统化特点。多年来，这一"体系"没有发生根本性的变化，广大高职物理教育工作者习惯于、拘泥于"体系"，已有的大量课程改革工作仅仅是完善、修补"体系"。很少有人考虑，"体系"本身是否合适，"体系"的逻辑主线是否恰当，对于不同的专业大类是否应该有不同的物理教材内容体系。因此，具有高等职业教育特点的物理教材内容体系尚未形成。第五，方法手段欠当。物理教材开发过程中，突出应用、崇尚实践已经成为共识，但是由于教师不了解学生的所学专业和就业岗位（群），只能在学科体系内部强化应用和实践，导致物理教学内容与专业教学内容不能建立有机联系，导致愿望与结果的脱节。此外，过分强调物理教学与信息技术手段的整合。简单认为，物理课程改革的任务就是化抽象的概念为形象的知识。

针对存在问题，在学习、借鉴、研讨的基础上，理顺了新教材开发的思路理念，具体是下述五个方面：第一，教学目标。在教学目标上，围绕专业人才培养目标，立足职业素质培养，统筹职业教育的工具性目标和人本性目标，实现"两个服务"，即，为学生的专业学习服务，为学生的全面发展服务。第二，开发主体。在开发主体的选择上，引进相关专业教师参与开发，建立物理教师与专业教师共同开发、合作开发的机制。第三，教材结构。在教材结构上，根据学生的学习基础（如高中阶段是否选学物理）、专业大类专业学习阶段的需要（如电气类专业对学生的电学基础的要求），改变高职物理教材原有的、传统的框架结构，按照学生的所学专业大类搭建教材框架结构，适应学生的学习基础的变化，适应专业大类学习的需要。第四，教材内容。在教材内容上，面向应用，面向专业，面向生活，改变高职物理知识的组织关系，将学科知识的系统性变为知识应用的相关性，突出应用性、针对性和科学性。以物理的学科体系为基础，构建以知识应用为主线的高职物理教材内容体系。第五，教材功能。在教材功能上，体现既是教本又是学本的双重功能，遵循“学生为主体、教师为主导”的原则，教材中给学生预留足够的选择性学习内容以及自我评价的空间。

在正确的思路理念指导下，我们团队的新教材开发工作重点抓了五个环节。第一，改变开发主体。本教材改革团队由物理教师和相关专业教师组成。并按照团队内院校所开设的主要专业门类，建立若干个教材开发小组。物理教师与专业教师职责不同，有所合作，有所分工。两者共同研究确定物理知识应用的目标，共同建构以应用为主线的高职物理知识体系。此外，专业教师重点开发物理知识在专业中的应用实例。物理教师除了做好教材开发的常规工作外，重点开发物理知识在生活中的应用实例。第二，完善开发方法。高职物理教材的传统开发方法是，物理教师在“成熟”的学科知识体系内部，进行一些修修补补、增增减减的工作，体系大同小异，只是在呈现方式上有了一些变化。我们的开发方法有了一些变化，主要特点是“跳出”物理“看”物理，“跳出”学科“找”体系。主要做法有：学习情况调研、知识应用分析、教学内容分析、教材模式分析。学习情况调研是指，调研高中物理的现行教学方案、新的高考方案和后续专业课程的学习需要；知识应用分析是指，找出物理知识在学生周围生活和所学专业课程中的应用点；教学内容分析是指，从知识应用实例出发，按照特殊——一般—特殊的教学策略，构建物理知识单元；教材模式分析是指，确定教材体例和主要呈现方式。第三，调整逻辑主线。高职物理教材开发的逻辑起点是：学生的学习基础、专业学习的需要和职业素质的要求。这一点没有变，改变的是物理知识的组织关系。原来的知识组织的逻辑主线是知识的内在联系，即知识在形成过程中的因果关系；现在的知识组织的逻辑主线是知识的外在联系，即知识在应用过程中的因果关系。从知识在专业技术和日常生活中的应用实例出发，展示物理知识，总结物理规律，将抽象的概念、理论具体化、形象化，先由应用到知识，再由知识到应用。例如，在介绍“物体转动的基本规律”时，面向电气类专业的物理教材，以“电机转动”为应用实例；面向机械类专业的物理教材，以“啮合齿轮传动”为应用实例。总之，尽可能建立物理与技术、物理与生活的联系。第四，重组框架结构。新的教材框架结构发生了三个变化：一是以高中物理必修模块为基础，立足专业大类特点，突出专业技术应用，按专业大类构建物理教材内容体系。我们根据参与开发的相关院校的专业设置情况，分成了机械类、电气类、信息类等三个专业大类。这三本教材在内容上各有侧重。二是按照物理知识在应用时的关系建立物理知识点之间的联系，从知识应用实例出发来组织教材单元。因此，不仅知识点的内容有所变化，知识体系也发生了明显的变化。三是教材中既有统一性学习内容，也有选择性学习内容。应该说，学校、教师、学生三者都有选择空间。同时，为有兴趣的学生留下了一些了解近代物理成果的“窗口”，也为职业素质教育建立了一些在创新精神培养、学习方法指导等方面的“接口”。总之，新的框架结构能体现经典理论与知识应用结合，必备内容与选学内容结合，共性与个性结合，基础性与实践性结合。第五，优化教材体例。为了贯彻新思路、新理念，新教材在教材体例上作了较大调整。主要的变化是增加了一些学习目标、学习导入、知识拓展等栏目。如“学习导入”部分，该部分以应用实例为主，应用实例一般以章为单元，以专业应用实例为主，以生活应用实例为辅，力求实例贴近应用、贴近专业、贴近生活，体现典型性、时代性，做到图文并茂。应用实例引导的学习任务分解到每一节，在每一节的“学习内容”中解决学习任务，还酌情延伸到“知识拓展”部分解决，力求前呼后应，浑然一体。

我们的教材即将面世，新思路、新理念、新体系的教材开发工作取得了阶段性成果。然而，不确定的是，新教材的使用效果是否会达到预期目标。不容乐观的是，以知识应用为主线的高职物理知识体系亟待完善。我们的劳动仅仅是有益的尝试。

以此为序。

郝　超

2008.7.18

# 前　言

《应用物理基础》是一门服务于专业课学习的公共基础课程，教学主要目的之一就是培养高职高专层次学生应用物理知识解决实际问题的能力。本教材以高职机械、汽车大类专业为背景，立足于高职学生实际基础，介绍了力学、热学、电磁学、光学以及近代物理等基础知识及其在相关行业中的基本应用、知识拓展，同时还展现了物理领域中极具特色的创造性思维方法，为同学们学习后续专业课程，学习其他新技术、新工艺打下良好的基础，也为同学们形成良好的科学素质，掌握理论与实际结合的方法提供一本有效的教材。

1. 本教材力图突出高职办学特点，弘扬物理的工程技术应用优势，以应用案例分析为知识呈现的主线，淡化物理概念、规律的慎密推证，实现物理基础知识与专业"无缝对接"，让物理基础教学为专业培养高素质、高技能人才发挥应有的作用。

2. 根据基础知识以"必需、够用"为度的原则，内容编写遵循物理规律，不拘泥传统学科体系，注重知识点涵盖专业课程的基本需要，关注学生职业生涯的发展。教师可根据学生的专业方向和各专业改革的需求，有针对性的选择、组合教学内容，满足不同的课时需求。本教材课时范围在50～80学时左右。

3. 本教材汇集了部分高职院校教学一线教师物理课程改革的经验，尝试精心为本课程教学提供一个"教、学、做"三位一体的教学平台，既使教师有"教、导"的空间，又使学生有"学、做"的余地。本教材由"物理基础知识"与"物理学纵横"两部分构成，第一部分是与专业紧密结合的知识点及其延伸，第二部分是宏观物理学体系及其应用的拓展(以讲座形式)，希望教师在教学中将学生置于"学习主体"的位置，创新教学模式，改革教学方法和手段，共同探索高职物理教学改革的新思路、新方法，使《应用物理基础》成为高职工科专业不可缺少的基础课程。

参加教材编写工作的人员有：扬州职业大学沈梅梅、朱海星；苏州农业职业技术学院倪赟；江苏畜牧兽医职业技术学院钱志；常州机电职业技术学院史立平、季小峰，在编写过程中受到扬州职业大学、常州机电职业技术学院等单位机械专业教师的指导，得到了南京大学出版社的大力支持，在此表示感谢。由于编著水平有限，书中缺点、错误在所难免，恳请读者提出批评建议，以便修正。

编　者

**2012年8月**

# 目　录

## 第一篇　物理基础

# 第二篇 物理纵横

# 绪 论

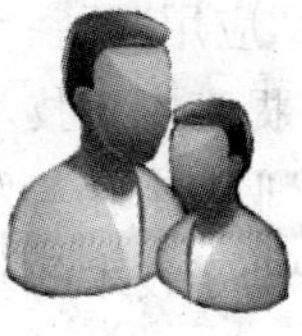

## 学以致用　创新成才

### ——关于学习本课程的对话

亲爱的同学们，当你们打开本书并初步浏览目录之后，脑海里一定会闪现许多问题：《应用物理基础》是一门怎样的课程？它和我们在大学里所学专业有什么关系？难学吗？怎样学好这门课程？等等. 为了帮助同学们解除心中的疑问，带着明确的学习目的进入学习状态，请同学们参与到下面的“关于学习本课程的对话”中来，对话的题目是——学以致用、创新成才！

**对话一：什么是应用物理学，它与物理学有什么区别？**

要回答这个问题，同学们首先要了解自然科学中的一门最基础的学科——物理学.

在高中物理中我们已知道自然科学是以认识自然、探索未知为目的的，而自然界是由物质组成，一切物质都在作永恒运动，物理学就是一门研究自然界物质存在的各种基本运动形式（包括机械运动、电磁运动以及微观粒子的运动等）以及它们之间互相转换的科学，它的目的在于揭示物体之间最基本运动形式的普遍规律和物质各个层次的内部结构，因此说，物理学是自然科学的基础.

物理学是一门理论性、系统性很强的学科，但是它又是源于实践的应用性学科，是一切科学技术和工程技术的基础. 18 世纪热学的理论和蒸汽机的发明引发了第一次工业革命，麦克斯韦电磁理论和电的利用引发了以电气化为特征的第二次工业革命. 进入 20 世纪，近代物理将人们带进了计算机时代，引发了以信息技术为先导的生物技术、空间技术、航天技术、激光技术、自动化技术、海洋技术、新材料技术和新能源技术的高新技术革命. 历史上第一次、第二次工业革命是以物理学为中心的，充分体现了物理学与工程技术、社会生产力发展相辅相成的关系，20 世纪蓬勃发展的诸多领域高新技术革命，它的本质同样是物理学，例如航空航天技术的迅速发展，集物理学“力、热、光、电、近代物理”原理为一身；又如微电子技术的发展，从晶体管的诞生到集成电路，再到大规模集成电路、超大规模集成电路，都是在近代量子理论和固体理论发展和指导下制成的.

值得我们关注的是今天的物理学在工程技术领域的应用价值. 在当今日新月异的工程技术领域中物理学仍然是充满生机和活力的科学，由它派生出若干新兴的边缘学科和新技术不断地将基于物理原理的新技术、新产品呈现在世人面前，它的创造性进展日新月异，成为应用技术发展、创新的源泉. 例如在机械行业中，从最基本的量具、最简单的机械加工设备制作与使用、内燃机的效率等等无一不依赖力学、电学、光学、热学等物理学的基本原理，现代数控加工设备、大型激光加工中心和越来越多的科技含量极高的新型汽车问世，则更多地体现出近代物理在其中的应用，同学们在学习本课程过程中将会对这些应用知识有更具体、更深入的了解.

那么物理学与应用物理又是什么关系呢？简单地说物理学与应用物理最大的区别就是"应用"两字，应用物理就是着力于将物理学原理应用于生产技术、工程技术中的学科，它是将提高工程技术人员技能水平的物理知识基础、应用能力和职业素质作为教育的主要目标，将企业的生存与发展、新产品的开发等创造性活动能力的培养作为教学的主要任务.应用物理学有助于技术的基本建设，它为技术进步和发明的利用，提供所需训练有素的人才.

**对话二：高职工科学生为什么要学习《应用物理基础》呢？**

同学们所提的这一问题实际上提出了一个学习目的性的问题.下面请允许我以一个从事高职教育多年的教师的身份和同学们一起讨论这个问题.

首先我要祝贺同学们成为接受高等职业教育的大学生，即将成为建设创新社会、创新国家的有用人才.那么什么是高等职业教育，高等职业教育人才培养目标是什么？高职教育是高等教育的一种类型，它培养的是德智体美全面发展的高素质、高技能、创新性人才，今后主要从事的是面对生产、建设、服务和管理第一线的工作.在这样一所培养高素质技能型人才的大学里，同学们进行的是理论与实际紧密结合的学习，提高的是知识、能力和素质等综合实力，学习的目的是真正的"学以致用、创新成才".就机械制造专业来说，培养的毕业生不仅具有机械制造工艺规程的编制、工艺装备的设计制造安装、生产组织管理、技术改造的基本能力，而且可以从事数控设备的编程调试操作及维护、计算机辅助设计等相关工作，还必须具有学习新知识、接受新事物的悟性和本领，并能在此基础上进一步创新开发新工艺、新方法、新设备，具有较强的发展后劲.要达到这样的目的，大致要学习以下内容：

基础模块 → 机械模块 → 控制模块 → 专门化模块

以上每一模块都有明确的"知识、能力、素质"训练内容，这些内容无一不应用了物理的基本原理和基本方法.从掌握专业知识的角度任意举例，如机械模块中"机械设计基础"课程，它是机械专业重要的基础课，它的物理基础主要是质点和刚体的运动学、动力学等知识；控制模块中"液压传动与电气控制"课程，它的物理基础主要是流体力学和电磁学等知识；专门化模块中"特种加工"课程，则更依赖于光学、热学和近代物理知识等等.在能力训练中，无论是基本技能、专业技能、综合工作能力都是以物理实验的理论和方法为基础，特别在创新能力的培养方面，物理学革命的成功案例将成为同学们初步形成创新意识和创新能力的鲜活的教材，它们将帮助大家形成以实验、实践为职业能力基础的意识，学习从特殊到一般的分析归纳，或从一般到特殊的演绎，或统计和理想模型等诸多成功的研究方法，为同学们具有终身学习的本领和创造能力打下基础.在知识、能力的基础上，良好的职业素质是提高学生的就业能力和适应岗位需求的保证，在这方面物理学大师勇于探索，为人类科技进步甘于奉献生命的崇高品格和高尚情操，尊重事实、实事求是的科学作风以及相互协作的团体精神，将帮助同学们形成良好的职业态度、职业道德、职业心理等职业素质.

**对话三：《应用物理基础》难学吗？怎样才能学好？**

同学们提出这个问题一点不奇怪，在中学里大家已经接触物理课程的学习，纵横交错的知识网和千奇百怪的高考题，让同学们至今记忆犹新.但是大家一定要弄清楚：今天学习本课程是为学习专业知识以及今后的职业生涯服务的，因此研究深奥的物理理论和解决高深的物理题目不是我们的目的，我们着重要以理解概念、掌握用基本规律解决实际问题的方法为重点，从技术应用的角度学习物理知识.本教材已充分考虑物理知识以满足专业需求为度,力求降低难度,力求易教易学.

考虑到高职学生的人才结构,本教材在知识、能力和素质培养方面做了精心的设计.

(1) 本教材分为两大部分:① 物理基础;② 物理纵横.第一部分是以专业为背景的"够用为度"的知识点,同学们应在各专业教师的指导下认真学好这部分内容.第二部分是阅读教材,为同学们课后了解物理学知识体系,了解物理学与其他交叉学科,高新技术的关系和拓展,了解物理学本身深刻的文化内涵和研究方法而设计的.

(2) 每一章(节)内容的主要呈现结构如下:

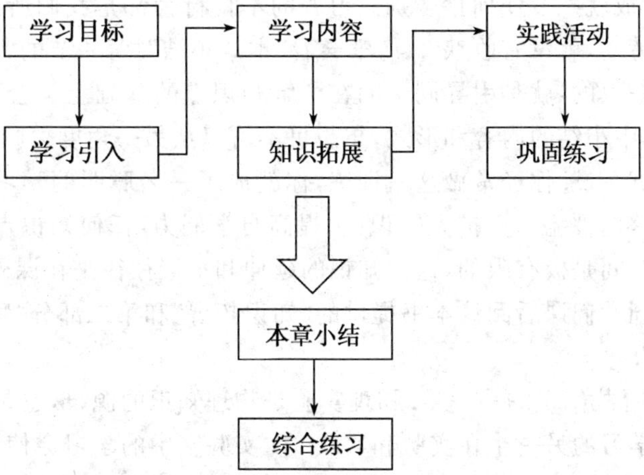


其中"学习内容"是同学们学习的核心知识,在内容编写上力求做到概念引入情形化、公式推导简单化、知识呈现直观化."学习引入"环节力求为同学们创设一个问题情形,使同学们带着具体的"应用实例"进入学习状态,随着学习内容的逐步深入,"应用实例"的逐步解决,同学们就在解决问题中掌握了本节(章)的主要知识.为了使同学们提高应用知识解决实际问题的能力,我们精心选编了每一条例题,力求例题既能反映主要知识点,又能体现知识的针对性、应用性,还能够提高理论联系实际的能力.在每一节中还会有"能力训练"、"实践活动"等环节,它们是围绕主要知识点为专门提高同学们应用能力、动手能力而设计的,在那里同学们可通过有目的的思考与实践活动巩固、消化知识.值得一提的是"知识拓展"一节,它是一种以自学方式为主的学习内容安排,是本节知识的延伸(不同于本教材的第二部分"物理知识纵横谈"),它不仅希望通过同学们自行阅读丰富知识面,更重要的是希望能够由此引起同学们的"好奇心、联想力",逐步形成"创新意识和能力".每一章后面有"本章小结",请同学们参考小结的内容、形式,学习归纳方法,培养自己善于将知识点串成一条线、形成一片的能力,为终身学习奠定厚实的基础.

鉴于本教材的编写目的和内容安排,对于怎样才能学好《应用物理基础》我们有如下建议:

(1) 培养学习兴趣.同学们自己可通过多种渠道了解所学专业的宏观情况,了解本课程在专业中的地位和作用,激发学习的"好奇心",培养自身学习的兴趣.

(2) 重视"主要内容".高职教育重视培养学生的素质和技能,对于基础知识采用"够用为度"的方法,因此本课程学习课时一定会比较紧张,学习速度也一定很快.同学们务必记住,凡教师安排的教学内容一定是你所学专业必须的,也是你们终身学习的最基本的基础,忽略了这些内容,你就会与今后的学习和就业机遇擦肩而过,"今天学习不努力,明天努力找工作".

(3) 注重学习方法.本课程的目的是提高同学们将物理知识应用于实际的能力,因此要围绕这一目的，注重学习的方法. ① 养成“预习”的习惯. 学习的节奏一定很快，不预习效果会打折，预习后就会“事半功倍”. ② 要理解概念的含义，注重数学的应用. 在本课程中数学是一个极有用的工具，其实大家所遇到的高等数学知识并不复杂，只不过第一次“见面”而已，通过老师的“引见”，它就会和我们成为“老朋友”，帮助我们轻而易举地解决很多复杂的物理问题. 我要告诉大家的是，不要被数学符号蒙蔽眼睛，在这里物理知识才是我们的重点，因此要将数学作为工具，着重理解物理概念，了解它的应用. ③ 重视例题和习题. 对于例题不仅要会解，更重要的要想一下，为什么在此时安排这一例题，它试图要我们掌握什么知识，锻炼我们什么能力？习题一定要亲手做！在理解概念的基础上做习题，你会发现做习题不是负担，当解决课后习题后，还会产生愉快的“成就感”. 任何抄袭别人习题的不良行为都是我们所鄙视的，要记住无论做什么事情“不付出劳动，就没有收获”. ④ 学会看“本章小结”. 每一节的“本章小结”其形式不一定相同，但目的是一致的，就是引导同学们在了解知识点的基础上学会归纳的方法. 因此同学们要仔细琢磨课本中小结的内容和形式，想想可不可以从另一角度去归纳同一内容，然后大家可以讨论，再动手试一试. 你经常做这一训练，你就成了一名聪明的学习者，所形成的分析、归纳的能力，会使你终身受益. ⑤ 扩大知识面，提高自学能力. 任何知识点都有“线”的延伸和“面”的扩展，课堂的时间是极有限的，这些知识的延伸和扩展往往是在课外或终身的学习中通过自学获得的，所以同学们课后阅读本书提供的“知识拓展”和第二部分“物理纵横”，一定会得到其他“意外的收获”.

(4) 到实验室去寻找知识的另一半. 物理实验是物理知识的源泉，也是我们获得实践能力的活动机会，本课程学习的另一半在实验和实践. ① 实验室中的学习会使同学们得到实验（实践）的基本知识、基本方法和基本技能等方面严格而系统的训练，为后续专业课程学习的一系列实践活动打下厚实的基础；可使同学们通过理论和实践的结合，对理论加以理解和掌握，了解其实际的应用性和针对性；可使同学们养成实事求是的科学态度和积极的创新精神. ② 实验的主要环节是预习、操作和实验报告，每一环节缺一不可.

同学们：崭新的大学学习开始了，同学们迈上了新的人生台阶，愿《应用物理基础》课程给大家带来新知识、新技能的同时，更带来“学以致用、创新成才”的启示，带来人生新的感悟. 最后祝同学们取得优秀的学习成绩，成为新世纪高素质、高技能人才！

# 第一篇

# 物 理 基 础

## 第 1 章

## 质点的运动

举世瞩目的“嫦娥一号”肩负着人类对月球的探索使命，按预定设计正在进行各项月球探测项目．在我们周围大到天体运动，小到微观粒子运动，宇宙中一切物体都按自己的规律运动着，物体的这种空间位置随时间变化的运动称为机械运动．机械运动是自然界一切运动形式中最简单、最基本的运动形式，大量存在于高级、复杂的运动形式中，也普遍存在于人们常见的生活、生产当中．图 1－1 为我国于 2007 年 10 月 24 日成功发射并于 2007 年 11 月 7 日准确进入环月工作轨道的“嫦娥一号”卫星，它标志着中国航天史上最远的“长征”以近乎最完美的方式宣告成功．图 1－2 为某款车的发动机结构示意，从图上可清楚看出，发动机内部存在多种相互关联的运动机构，这些机构的运动无论是圆周运动还是往复直线运动，其规律都是基于物体机械运动的基本规律．本章我们将学习物体机械运动的基本规律，探索其更普遍的含义，为今后进一步学习专业知识和其他科学技术打下基础．

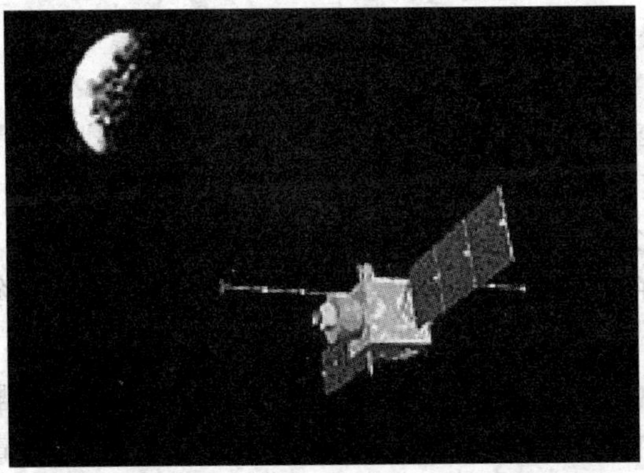

图 1－1　运动中的“嫦娥一号”

图 1－2　某车发动机结构示意

# §1.1 质点运动的描述

## 学习目标

1. 掌握描述质点运动的基本物理量：位置矢量、位移、速度、加速度；

2. 掌握用运动方程求解质点运动的速度和加速度的方法；能够求解质点直线运动的两类问题；

3. 了解机械设备中常见的质点圆周运动基本问题的解决方法；

4. 了解质点运动在实际应用中的知识拓展和物理学方法论的基本知识.

## 学习导入

1. 矢量、导数及积分的基础知识

(1) 矢量

通过高中物理的学习我们知道有两种不同性质的物理量：标量和矢量. 只有大小，没有方向的物理量称为标量，如质量、功和能量等. 矢量是既有大小又有方向的物理量，如力、速度等. 矢量通常用带箭头的字母或黑斜体字母表示，如力的矢量通常用 $\vec{F}$ 或 $\boldsymbol{F}$ 表示.

矢量的几何法表示：矢量可在几何上用线段的长短和箭头表示其大小和方向；另外我们还知道力 $\boldsymbol{F}_1$ 与 $\boldsymbol{F}_2$ 的合力 $\boldsymbol{F}$ 遵从平行四边形法则或三角形法则，如图 1-3 和图 1-4 所示 $\boldsymbol{F}=\boldsymbol{F}_1+\boldsymbol{F}_2$. 此方法可推广至一般的矢量几何表示.

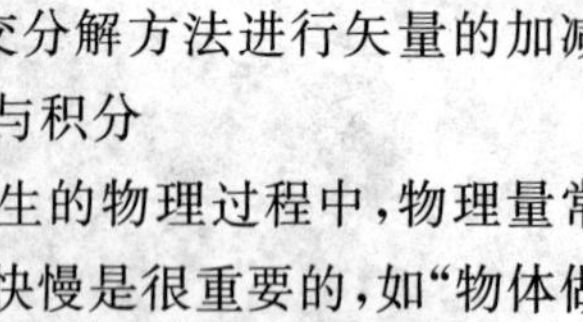

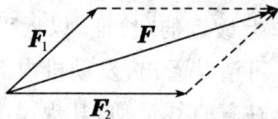

图 1-3 力的平行四边形法则

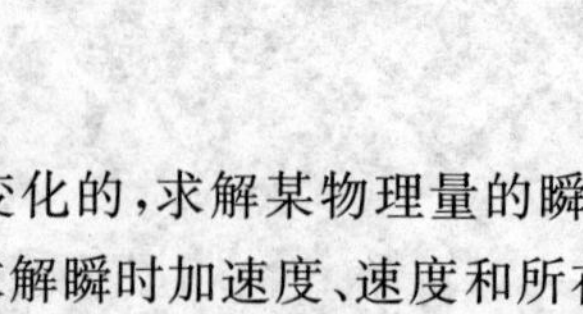

图 1-4 力的三角形法则

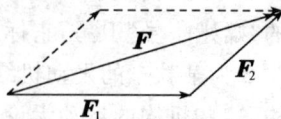

通过以下内容的学习，我们将知道矢量亦可用解析法表示：即在直角坐标系中用解析法表示矢量，用正交分解方法进行矢量的加减计算.

(2) 导数与积分

在实际发生的物理过程中，物理量常常是随时间变化的，求解某物理量的瞬时变化率——物理量变化的快慢是很重要的，如“物体做变速运动需求解瞬时加速度、速度和所在位置等；计算变力做功和非匀强磁场中物体运动的瞬时变化率”等等。若某物理量 $x$ 的变化为 $\Delta x=x_2-x_1$，发生这个变化的时间为 $\Delta t$，变化量 $\Delta x$ 与 $\Delta t$ 的比值 $\Delta x/\Delta t$ 就是物理量 $x$ 的变化率，$\Delta x$ 称为某物理量的增量。

计算瞬时物理量的方法：应用高等数学中导数的概念，将“变化量”化为“不变量”来处理。

物理量变化的快慢在数学上就是函数的变化率，即“导数”。中学中我们学过某物理量的平均变化率如 $\Delta x/\Delta t$，平均变化率不能精确反映 $x$ 的瞬时变化，但若我们将 $\Delta t$ 间隔取的足够小，则可以看成在此间隔内物理量是近似“不变”的，当将间隔 $\Delta t\to 0$ 取极限值时，$\Delta x/\Delta t$ 就反映了某瞬时的变化率，这个瞬时变化率用符号$\frac{dx}{dt}$表示，称为"一阶导数"，导数的运算简称为"求导"。

还有一类问题即求导运算的逆运算，分别称为函数的不定积分和定积分，例如我们已知加速度随时间的变化规律，可以通过积分运算，很方便地求出速度等物理量。

有关物理学中的求导与积分应用，将在以下内容中详细介绍。

2. 物理量的单位

要定量或定性的描述物理规律，必须对其物理量进行测量及计算，因此有必要建立能反映物理量之间互相联系的单位制，将一些互相独立的物理量作为基本量，它们的单位称为基本单位，其他各物理量单位由这些基本单位导出，这些单位称为导出单位. 本教材采用国际单位制，简称 SI 制. 其长度、质量和时间为力学基本量，它们的单位为基本单位. 长度的单位是米，用符号 m 表示；质量的单位是千克，用符号 kg 表示；时间的单位是秒，用符号 s 表示. 在本教材中，凡没有特别说明的均为国际单位制(SI 制).

目前国际上使用的长度单位是 1983 年 10 月第 17 届国际计量大会通过关于"米"的定义，1 米是光在真空中在 1/299 792 458 s 内所行进路径的长度，准确度达到 $10^{-8}$ 以上. 时间的单位是 1967 年第 13 届国际计量大会通过，采用铯原子钟为新的时间计量基础. 定义 1 秒精确等于铯-133 原子在 $F=4$、$M_F=0$ 和 $F=3$、$M_F=0$(能级的参数)超精细结构能级之间跃迁振动的 9 192 631 770 个周期，准确度达到 $10^{-12}$ 到 $10^{-13}$. 质量的单位是 1889 年第一届国际计量大会决定，1 kg 质量的实物基准是保存在法国巴黎国际计量中的一个特制的，直径为 39 mm，高为 39 mm 的铂圆柱体，称为国际千克原器. 但是这一实物基准已被原子质量基准代替，即以碳原子 C-12 的质量($1.66\times10^{-27}$ kg)为 一个原子质量单位.

其他力学量如速度、加速度、力等都由三个基本量导出，它们的单位分别是米/秒、米/秒$^2$、牛顿，用符号 $\mathrm{m\cdot s^{-1}}$、$\mathrm{m\cdot s^{-2}}$、N 或 $\mathrm{kg\cdot m\cdot s^{-2}}$ 表示(详见附录 2.1).

3. 应用案例

在机械设备中机械传动是最常见的设备装置. 在进行机械设计时，要分析各部件之间的运动、传动和转换，研究某些点的轨迹、速度、加速度. 例如卷扬机的电动机启动后，通过减速机构使卷筒转动，钢丝绳便将重物提升，如图 1-5 所示，由电动机的转速来计算重物的提升速度，需要运用运动学知识.

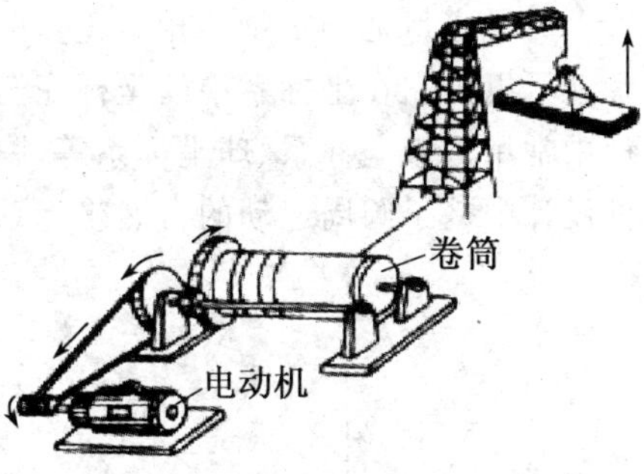

图 1-5　卷扬机的工作示意图

下面我们研究一个有关运动的具体问题——船舶运动的描述与靠岸的最佳距离问题. 船舶在水面航行时工作人员常常要知道船舶瞬时的位置和速度等(特别在茫茫大海中航行)，那么定位船舶的位置和速度的依据是什么呢？当船舶靠岸时在离岸边一定距离即应停机，以节省燃油，但是由于船舶靠岸不仅受自身动力和航向控制，还受到水流等因素影响，如果船舶停机后其速率按 $v=v_0e^{-\lambda t}$ 的规律衰减，那么船舶靠岸时在离码头多远处停机最合适？这些问题的答案是什么，请同学们带着问题学习以下内容.

## 学习内容

### 1.1.1 质点、参照系、坐标系

1. 质点

任何物体都有一定的大小、形状和内部结构，其中各部分的运动状态并不一定相同.然而，在许多问题中，为了突出所研究问题的主要特征，常常用一个理想模型——质点来代替实际物体.所谓质点，就是具有一定质量而没有形状和大小的几何点.在什么情况下运动的物体可以用质点来替代呢？

如果物体的大小和它的运动范围相比很小时，就可以不考虑物体的大小和形状对运动的影响.如当研究“嫦娥一号”绕月球运动的瞬时状态，就可以忽略“嫦娥一号”飞船本身的大小和形状，将它看成一个质点；再如只研究某物体的整体运动，而不考虑它内部各部分运动，也可将它视为质点，比如研究航海中的船舶，可不考虑船舶内部发动机等部件的运转，将其视为质点；还有当物体运动时物体各部分的运动情况是完全一致的，可将物体视为质点.

质点是力学中最基本、最简单的物理模型，本章就是研究质点的运动规律，了解和掌握这些规律就掌握了用数学方法解决一般质点的运动问题，也掌握了解决更为复杂物体运动的基本方法.本教材第一、二、三章都是以质点为研究对象的.

2. 参照系与坐标系

要描述一个物体运动，常需选择一个其它物体做参考，作为参考的物体称为参照系.例如：珠峰相对海平面的高度为 8 844.43 m，海平面就是为测珠峰的高度所选择的参照系.

相对不同的参照系，描述同一物体的运动，结果有所不同，这就是运动描述的相对性.如何选择参照系要根据问题的性质与需要，如：研究地面上物体运动，常选地面作为参照系，若讨论太阳系星体运动时，又选太阳作为参照系，等等.

为了定量地确定物体相对于参照系的位置，必须选定适当的坐标系与之相固定，物体的位置就可以由它在坐标系中的坐标完全确定.常用坐标系有直角坐标系、自然坐标系（在机械设计中常用）、极坐标系、球坐标系等.图 1-6 与图 1-7 为本教材最常用的平面直角坐标系和机械设计中基于圆周运动的自然坐标系.

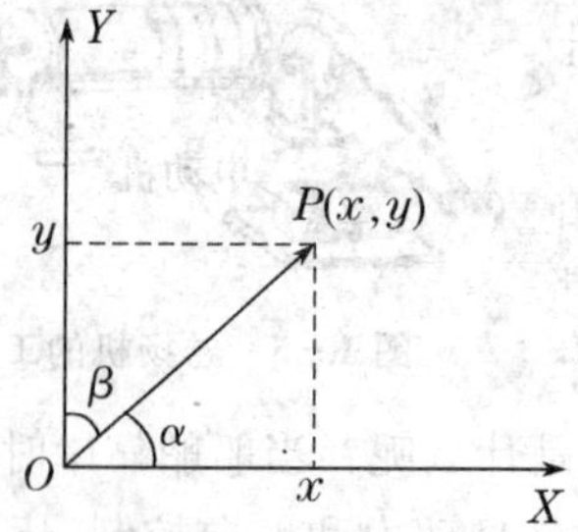


图 1-6 平面直角坐标系

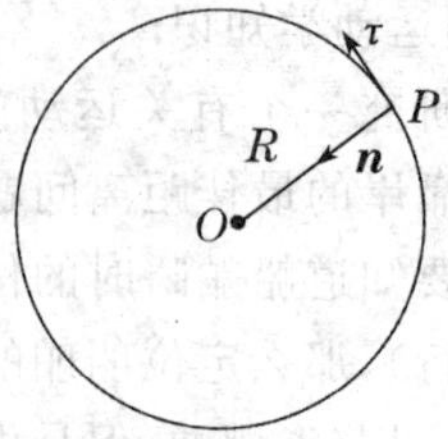


图 1-7 自然坐标系

### 视窗链接

地球上的经纬线是我们为确定地球表面任意位置所建立的坐标系(球坐标系).全球卫星导航定位系统(GPS)就是依据此坐标系确定物体在地球表面的位置(用经度、纬度和海拔高度表示该点的坐标),如图1-8所示.

GPS系统已在大地测量、地面和空间导航、城市交通管理、地震防灾监测等方面得到广泛应用.今后世界各国的飞机、船舶、火车、汽车、便携个人电脑、手持电话,都将安装GPS接收机,将使GPS技术深入到社会生活的各个领域,它的巨大经济效益正日渐显现.

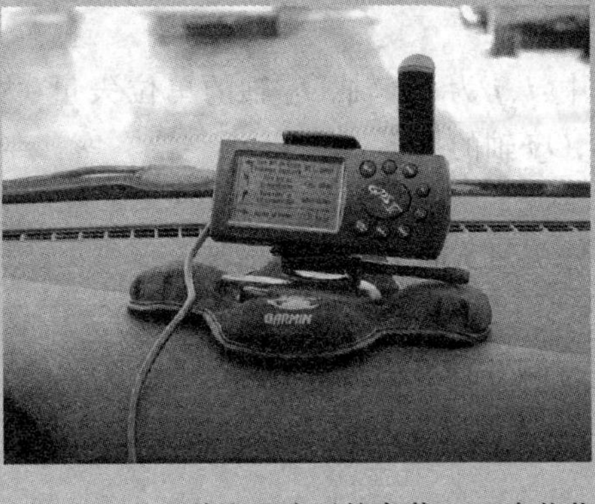


**图1-8 一款应用广泛的车载GPS定位仪**

3. 时间与空间

物体的运动都是在一定的空间里进行,并经历一定的时间.人们对于空间和时间的概念,就是起源于对客观物质世界和物质运动的直觉.空间反映了物质的广延性,它的概念与物体的体积和物体位置的变化联系在一起,时间则是反映物理事件的顺序性和持续性.

在日常生活中"时间"一词通常有两种含义:一是"时刻",是指时间流逝中的某一瞬间,亦称为瞬时.如上午第一节课8点开始,晚上新闻联播是19点等.做机械运动的物体在每一个空间位置上都与某一确定的时刻对应,时刻通常用符号 $t$ 表示.时间的另一个含义是"时间间隔",通常用 $\Delta t$ 表示,如物体在某一位置对应的时刻为 $t_1$,运动到另一位置,对应的时刻为 $t_2$,物体从第一个位置运动到第二个位置经历的时间间隔为:

$$\Delta t = t_2 - t_1$$

时间流逝不能逆向进行,所以时间间隔总是正的.在物理学中"时间"一词指的是时间间隔,有时也表示时间变量.

综上,物体的位置与时刻对应,位置的变化与时间对应.在物理学中,通常把与时刻对应的量称为状态量,而把与时间对应的量称为过程量.

在物理学中,对空间和时间的认识经历了不同的阶段.经典物理学中的时空观(20世纪以前),是英国物理学家牛顿提出的绝对时空观,即认为:时间是与任何事物无关的、均匀流逝的,空间也是指与任何事物无关的、永远不变的.绝对时空观在宏观低速($v \ll c$)的情况下,处理物理问题很成功,但是对于高速运动($v \approx c$)的情况绝对时空观不适用了,被相对论时空观所替代.

### 1.1.2 位置矢量 运动方程

研究质点的运动,首先必须确切地描述质点的空间位置.在平面直角坐标系中,质点 $P$ 的位置可用其坐标 $P(x,y)$ 表示,但是为了同时给出质点相对于参考点的距离和方位,我们引入位置矢量的概念.

如图1-9所示,在平面直角坐标系中质点沿曲线运动,某时刻运动在 $P$ 点其坐标为 $P(x,y)$,此时质点的位置由坐标原点 $O$ 引向 $P$ 点的矢量(称为质点的位置矢量)来确定,通常用 $\boldsymbol{r}$ 表示.$|\boldsymbol{r}|$ 的大小为 $OP$ 两点间的距离,方向由它和 $Ox$ 轴、$Oy$ 轴的夹角 $\alpha$ 和 $\beta$ 决定.

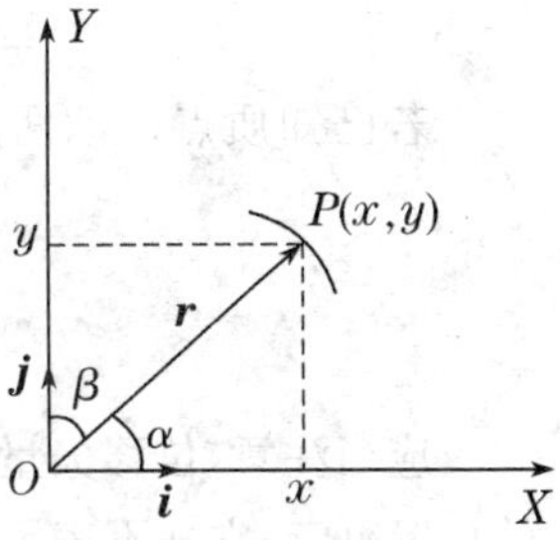


**图1-9 位置矢量**

在国际单位制中，位置矢量的单位是长度单位：米，用符号 m 表示，并可以将位置矢量 $\boldsymbol{r}$ 用正交表示法写为

$$\boldsymbol{r}=x\boldsymbol{i}+y\boldsymbol{j} \tag{1-1}$$

式中：$\boldsymbol{i}$、$\boldsymbol{j}$ 为 $Ox$ 轴、$Oy$ 轴的单位矢量（大小为 1 的矢量称为单位矢量）；$x$、$y$ 分别为 $\boldsymbol{r}$ 在 $Ox$ 轴、$Oy$ 轴的投影，即

$$x=\boldsymbol{r}\cos\alpha,\quad y=\boldsymbol{r}\cos\beta$$

位置矢量 $\boldsymbol{r}$ 的大小为

$$|\boldsymbol{r}|=\sqrt{x^2+y^2}\text{（有时简写为 }\boldsymbol{r}=\sqrt{x^2+y^2}\text{）}$$

方向用方向余弦表示为

$$\cos\alpha=\frac{x}{|\boldsymbol{r}|},\qquad \cos\beta=\frac{y}{|\boldsymbol{r}|}$$

若已知对应于每一时刻的 $\boldsymbol{r}$，则质点每一时刻的位置就被确定，质点的运动也就完全确定. 位置矢量 $\boldsymbol{r}$ 与时刻 $t$ 相对应的函数关系：

$$\boldsymbol{r}=\boldsymbol{r}(t) \tag{1-2}$$

即可描述质点的运动，称为质点的运动方程. 它是矢量方程，在平面直角坐标系中表述为

$$\boldsymbol{r}=x(t)\boldsymbol{i}+y(t)\boldsymbol{j} \tag{1-3}$$

其中：

$$x=x(t),y=y(t)$$

称为质点运动方程的分量式，当质点做直线运动时，其运动方程为 $x=x(t)$. 质点运动方程的分量式中消去时间 $t$，得方程 $y=f(x)$，即为质点运动的轨道方程.

### 1.1.3　位移矢量

质点的位置变化，用位移矢量来表示. 如图 1-10 所示，质点 $t$ 时刻位于 $P_1$ 点，其位置矢量为 $\boldsymbol{r}_1$，在 $t+\Delta t$ 时刻，质点位于 $P_2$ 点，位置矢量为 $\boldsymbol{r}_2$，在此 $\Delta t$ 时间间隔内，质点自初位置 $P_1$ 指向末位置 $P_2$ 的矢量 $\Delta\boldsymbol{r}$ 称为质点在 $\Delta t$ 时间间隔内的位移矢量.

由图 1-10 可知：

$$\Delta\boldsymbol{r}=\boldsymbol{r}_2-\boldsymbol{r}_1 \tag{1-4}$$

位移的单位是：米，用符号 m 表示.

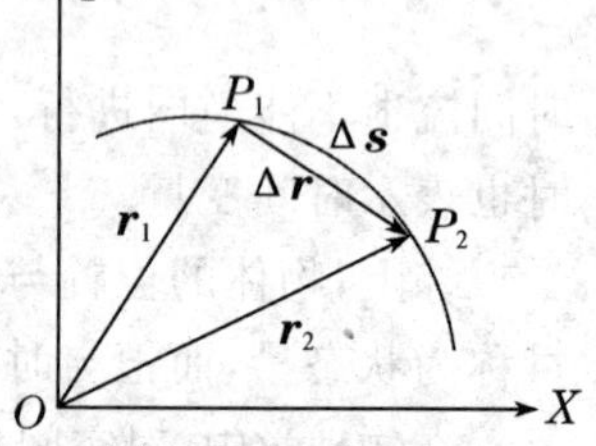

**图 1-10　位移矢量**

可见位移矢量是质点在 $\Delta t$ 时间内位置矢量的增量，其大小等于 $P_1$ 与 $P_2$ 之间的距离，方向由 $P_1$ 指向 $P_2$. 由矢量正交分解得

$$\begin{aligned}\Delta\boldsymbol{r}&=\boldsymbol{r}_2-\boldsymbol{r}_1\\&=(x_2\boldsymbol{i}+y_2\boldsymbol{j})-(x_1\boldsymbol{i}+y_1\boldsymbol{j})=(x_2-x_1)\boldsymbol{i}+(y_2-y_1)\boldsymbol{j}\\&=\Delta x\boldsymbol{i}+\Delta y\boldsymbol{j}\end{aligned} \tag{1-5}$$

若已知质点运动两点的坐标，则可计算出质点位移矢量的大小和方向为：

$$|\Delta\boldsymbol{r}|=\sqrt{\Delta x^2+\Delta y^2} \tag{1-6}$$

$$\cos\alpha=\frac{\Delta x}{|\Delta\boldsymbol{r}|},\quad \cos\beta=\frac{\Delta y}{|\Delta\boldsymbol{r}|} \tag{1-7}$$

应当注意，位移矢量描述了质点 $\Delta t$ 时间间隔内前后位置的变化，其大小和方向由始末两点的位置决定，它并不表示质点运动所经历的实际路程. 在图 1-10 中可看出，$\Delta\boldsymbol{r}$ 表示位移，$\Delta s$ 则代表质点运动的实际路程，只有 $\Delta t$ 趋近于零时，$P_2$ 与 $P_1$ 无限趋近，$\Delta\boldsymbol{r}$ 的大小 $|\Delta\boldsymbol{r}|$ 与 $\Delta s$ 才趋于

相等. 同时要注意，$\Delta \boldsymbol{r}$ 是矢量，$\Delta s$ 是标量，不可混淆. 同学们思考一下，直线运动中质点的位移与路程有区别吗？若"应用实例"中船舶航行的运动视为直线直进运动，某时间间隔内其位移大小与路程相等吗？若船舶靠岸时的运动为曲线运动，某时间间隔内其位移大小与路程相等吗？

### 1.1.4　速度

在生活与生产实际中，经常要描述质点运动的快慢，这个物理量称为速度.

如图 1－11 所示，质点在 $P_1$ 点变化到 $P_2$ 点，时间由时刻 $t$ 变化到时刻 $t+\Delta t$，位移为 $\Delta \boldsymbol{r}$，则比值 $\Delta \boldsymbol{r}/\Delta t$ 表示在 $\Delta t$ 时间间隔内单位时间的位移，称为平均速度，用 $\overline{\boldsymbol{v}}$ 表示，即

$$\overline{\boldsymbol{v}}=\frac{\Delta \boldsymbol{r}}{\Delta t} \tag{1-8}$$

平均速度 $\overline{\boldsymbol{v}}$ 的方向与位移的方向相同.

平均速度只反映质点在一段时间内位置矢量的平均变化，粗略地描述质点的运动情况. 而质点在每一时刻运动的大小和方向通常是变化的，因此需要用瞬时速度来描述质点在 $t$ 时刻瞬间的运动快慢情况.

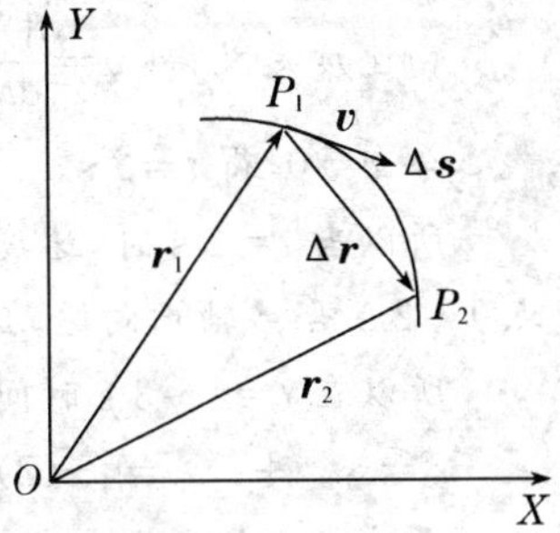


图 1－11

在图 1－11 中，时间 $\Delta t$ 越短，平均速度的方向和大小与质点在 $t$ 时刻运动的方向和快慢越接近. 当 $\Delta t \to 0$ 时，平均速度将趋于一个极限值，用 $\boldsymbol{v}$ 表示，即

$$\boldsymbol{v}=\lim_{\Delta t\to 0}\boldsymbol{v}=\lim_{\Delta t\to 0}\frac{\Delta \boldsymbol{r}}{\Delta t}=\frac{\mathrm{d}\boldsymbol{r}}{\mathrm{d}t} \tag{1-9}$$

$\boldsymbol{v}$ 称为 $t$ 时刻的瞬时速度，简称速度. 即速度等于位置矢量对时间的一阶导数.

$\boldsymbol{v}$ 是矢量，其大小描述质点 $t$ 时刻运动快慢，$\boldsymbol{v}$ 的方向代表质点时刻的运动方向，即沿着轨道切线指向质点前进的方向，速度的大小称为速率.

速度的单位是：米・秒$^{-1}$，用符号 $\mathrm{m \cdot s^{-1}}$ 表示.

如图 1－12 所示，在直角坐标系中

$$\boldsymbol{r}=x\boldsymbol{i}+y\boldsymbol{j}$$

由定义

$$\boldsymbol{v}=\frac{\mathrm{d}\boldsymbol{r}}{\mathrm{d}t}=\frac{\mathrm{d}x}{\mathrm{d}t}\boldsymbol{i}+\frac{\mathrm{d}y}{\mathrm{d}t}\boldsymbol{j}$$

得

$$\boldsymbol{v}=v_x\boldsymbol{i}+v_y\boldsymbol{j}$$

速度 $\boldsymbol{v}$ 在 $Ox$ 轴、$Oy$ 轴的投影为

$$v_x=\frac{\mathrm{d}x}{\mathrm{d}t},\quad v_y=\frac{\mathrm{d}y}{\mathrm{d}t}$$

$$|\boldsymbol{v}|=\sqrt{\boldsymbol{v}_x^2+\boldsymbol{v}_y^2}=\sqrt{\left(\frac{\mathrm{d}x}{\mathrm{d}t}\right)^2+\left(\frac{\mathrm{d}y}{\mathrm{d}t}\right)^2}$$

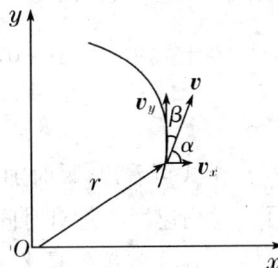

$$\cos\alpha=\frac{v_x}{|\boldsymbol{v}|},\quad \cos\beta=\frac{v_y}{|\boldsymbol{v}|}$$

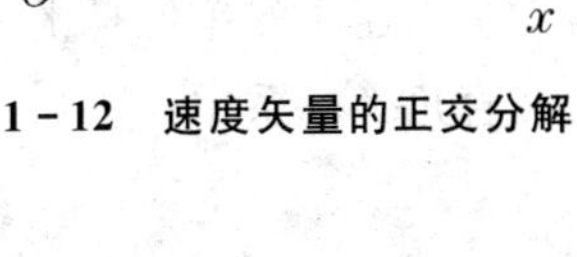


图 1－12　速度矢量的正交分解

式中 $\alpha$、$\beta$ 为矢量 $\boldsymbol{v}$ 的方向角.

若质点做直线运动，则 $v=\dfrac{\mathrm{d}x}{\mathrm{d}t}$.

在"应用实例"中船舶停机后，$\boldsymbol{v}=\boldsymbol{v}_0\mathrm{e}^{-\lambda t}$ 表示速度与时间的函数关系式，其中 $\lambda$ 为常数，若已知船舶的运动方程为 $x=-\dfrac{\boldsymbol{v}_0}{\lambda}\mathrm{e}^{-\lambda t}$ 对它求一阶导数即可得此速度表达式，同学们不妨试一试.

【例 1-1】 一质点运动方程为 $x=t^3-3t^2$(SI 制)，求在 $t=1$ s 到 $t=3$ s 这段时间内的位移和路程

解：由位移定义得：

位移 $\Delta x=x_2-x_1=x(3)-x(1)=2$ m

求路程必须要清楚质点运动的轨迹，也就是需要知道质点在 1 s 到 3 s 时间内直线运动的方向是否改变.

由速度定义得：$\boldsymbol{v}=\dfrac{\mathrm{d}x}{\mathrm{d}t}=3t^2-6t$

令 $\boldsymbol{v}=0$，得 $t=2$ s

所以当 $t=2$ s 时，速度 $\boldsymbol{v}$ 等于 0；$t<2$ s 时，速度 $\boldsymbol{v}$ 小于 0；$t>2$ s 时，速度 $\boldsymbol{v}$ 大于 0，说明质点 1～2 s 沿 $x$ 轴正向运动，2～3 s 沿 $x$ 负方向运动.

所以在 $t=1$～3 s 时间内，质点的路程：

$s=s_{1-2}+s_{2-3}=|x(2)-x(1)|+|x(3)-x(2)|=6$ m

通过以上例题同学们应深入体会一下位移与路程最主要的区别，即“矢量与标量”的区别，在练习中应注意加深理解.

### 1.1.5 加速度

质点在运动中，通常运动的速度大小和方向都会不断改变.

如图 1-13 所示，质点 $t$ 时刻位于 $P_1$ 点，速度为 $\boldsymbol{v}_1$；$\Delta t$ 时间后，即在 $t+\Delta t$ 时刻，位于 $P_2$，速度为 $\boldsymbol{v}_2$，在此时刻速度的变化为 $\Delta\boldsymbol{v}=\boldsymbol{v}_2-\boldsymbol{v}_1$. 它是 $\Delta t$ 时间内速度大小和方向改变的矢量描述. 若将 $\Delta t$ 时间内速度变化 $\Delta\boldsymbol{v}$ 与 $\Delta t$ 比值定义为平均加速度，则

$$\bar{\boldsymbol{a}}=\frac{\Delta\boldsymbol{v}}{\Delta t} \tag{1-10}$$

它是一矢量，其方向与 $\Delta\boldsymbol{v}$ 的方向相同，其大小等于比值 $\dfrac{|\Delta\boldsymbol{v}|}{\Delta t}$.

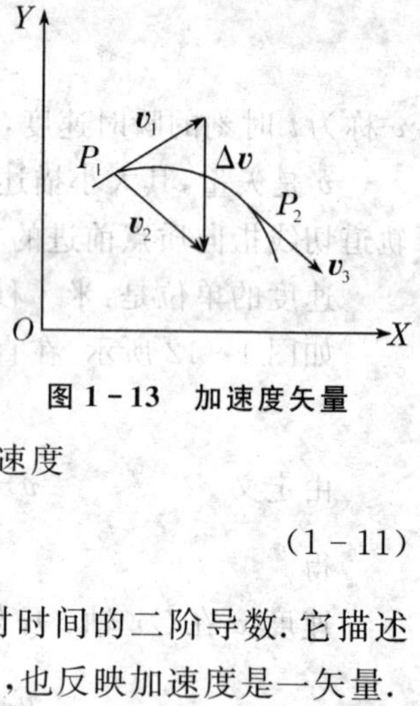


图 1-13 加速度矢量

在上式中，当 $\Delta t\to0$，平均加速度的极限值称为 $t$ 时刻的瞬时加速度

$$\boldsymbol{a}=\lim_{\Delta t\to0}\frac{\Delta\boldsymbol{v}}{\Delta t}=\frac{\mathrm{d}\boldsymbol{v}}{\mathrm{d}t}=\frac{\mathrm{d}^2\boldsymbol{r}}{\mathrm{d}t^2} \tag{1-11}$$

上式可看出，瞬时加速度是速度对时间的一阶导数，位置矢量对时间的二阶导数. 它描述了 $t$ 时刻速度矢量对时间的变化率，即反映了速度大小、方向的变化，也反映加速度是一矢量.

加速度的单位是米·秒$^{-2}$，用符号 m·s$^{-2}$表示.

在直角坐标系中，

$$\boldsymbol{a}=a_x\boldsymbol{i}+a_y\boldsymbol{j}$$

由定义

$$\boldsymbol{a}=\frac{\mathrm{d}\boldsymbol{v}}{\mathrm{d}t}=\frac{\mathrm{d}v_x}{\mathrm{d}t}\boldsymbol{i}+\frac{\mathrm{d}v_y}{\mathrm{d}t}\boldsymbol{j}$$

$$=\frac{\mathrm{d}^2x}{\mathrm{d}t^2}\boldsymbol{i}+\frac{\mathrm{d}^2y}{\mathrm{d}t^2}\boldsymbol{j}$$

加速度在 $Ox$ 轴、$Oy$ 轴上投影为

$$a_x=\frac{\mathrm{d}v_x}{\mathrm{d}t}=\frac{\mathrm{d}^2x}{\mathrm{d}t^2}$$

$$a_y=\frac{\mathrm{d}\boldsymbol{v}_y}{\mathrm{d}t}=\frac{\mathrm{d}^2 y}{\mathrm{d}t^2}$$

则
$$|\boldsymbol{a}|=\sqrt{a_x^2+a_y^2}$$

$$\cos\alpha=\frac{a_x}{|\boldsymbol{a}|},\qquad \cos\beta=\frac{a_y}{|\boldsymbol{a}|}$$

综上所述，若已知质点的运动方程 $\boldsymbol{r}=\boldsymbol{r}(t)$，则质点在全过程的运动规律即可完全确定. 对应于每一时刻质点的位置、速度、加速度等都可用以上讨论的方法求得.

【例 1-2】　若质点的运动方程 $\boldsymbol{r}=(5t^2+2)\boldsymbol{i}+(3t-7)\boldsymbol{j}$（SI 制），求：(1) 质点的速度及加速度；(2) 质点在 1～2 s 内的位移.

解：(1) 由题意知质点作平面运动，由速度定义 $\boldsymbol{v}=\frac{\mathrm{d}\boldsymbol{r}}{\mathrm{d}t}$，得

$$\boldsymbol{v}=10t\boldsymbol{i}+3\boldsymbol{j}$$

又由 $\boldsymbol{a}=\frac{\mathrm{d}\boldsymbol{v}}{\mathrm{d}t}$，得

$$\boldsymbol{a}=10\boldsymbol{i}$$

(2) 位移
$$\begin{aligned}\Delta\boldsymbol{r}&=\boldsymbol{r}_2-\boldsymbol{r}_1=\Delta x\boldsymbol{i}+\Delta y\boldsymbol{j}\\&=(22-7)\boldsymbol{i}+[-1-(-4)]\boldsymbol{j}\\&=15\boldsymbol{i}+3\boldsymbol{j}\end{aligned}$$

通过以上例题，同学们计算“应用实例”中船舶停机后做怎样的加速运动（即求加速度的运动规律）.

### 1.1.6　质点的直线运动

直线运动是质点运动中最基本的运动，日常生活和生产实际中很多问题都可近似地作为质点直线运动来处理，以便抓住物体运动的主要规律解决实际中的问题.

直线问题是一维运动，可建立 $Ox$ 轴，则质点的运动由相应的运动方程决定.

$$x=x(t)\tag{1-12}$$

质点运动的位置矢量、位移、速度、加速度都在同一直线上，若规定 $Ox$ 轴的正向，则各物理量方向与 $Ox$ 轴正向一致时，其值为正，反之为负. 所以，在直线运动中，矢量运动可简化为标量运动.

$$v=\frac{\mathrm{d}x}{\mathrm{d}t}\tag{1-13}$$

$$a=\frac{\mathrm{d}v}{\mathrm{d}t}=\frac{\mathrm{d}^2 x}{\mathrm{d}t^2}\tag{1-14}$$

在质点运动的描述中有两大类的问题：一种是已知运动方程，采用求导数的方法，计算速度，加速度，此类问题称为运动学第一类问题（如【例 1-1】和【例 1-2】）；另一类问题是已知加速度和初始条件，计算速度和运动方程，则采用积分方法，这是运动学第二类问题. 下面分析另一例题，学习解决运动学的第二类问题的方法.

【例 1-3】　设一质点做直线运动，其加速度为常数 $a$，当 $t=0$ 时，质点位于 $x_0$ 处，初速度为 $v_0$，求质点的运动方程.

解：根据加速度定义 $a=\frac{\mathrm{d}v}{\mathrm{d}t}$，可得

$$dv=a dt$$

两边积分，有

$$\int dv=\int a dt$$

查阅积分表可得

$$v=at+c_1$$

式中 $c_1$ 为积分常数，由初始条件来决定. 由上式带入初始条件得 $c_1=v_0$，所以该质点直线运动速度与时间的关系为

$$v=v_0+at$$

再根据速度定义 $v=\dfrac{dx}{dt}$　得

$$dx=v dt$$

两边积分得

$$\int dx=\int (v_0+at)dt$$

式中 $v_0$、$a$ 为常数，查阅积分表示可得

$$x=v_0t+\frac{1}{2}at^2+c_2$$

式中 $c_2$ 为积分常数，由初始条件决定，将 $t=0$ 时 $x=x_0$ 代入得

$$c_2=x_0$$

所以，质点运动方程为

$$x=x_0+v_0t+\frac{1}{2}at^2$$

$$v^2-v_0^2=2as，其中\ s=x-x_0$$

再由以上得出的结果：　　　　　　　$v=v_0+at.$

可以看出，该质点运动是匀变速直线运动，所得结论是中学物理课上已得到的公式. 这里我们不是为了给同学们解一道中学已学过的匀变速直线运动的题目，而是希望大家通过运用积分这一数学工具掌握求解第二类运动学问题的方法. 在高中我们还学习了其他一些物体运动的加速度公式，如自由落体运动加速度公式等，同学们可以试着应用上述方法求解出其速度和位移公式，同时思考一下，我们现在学习质点运动规律的方法与高中学习方法有何本质上的区别.

【例 1－4】　某轮船停机后其速率按 $v=v_0e^{-\lambda t}$ 的规律衰减，其中 $v_0$ 为停机时的速率，大小为 12 m/s，$\lambda$ 为常量，大小为 $0.5\ s^{-1}$. 为节省燃油，轮船靠码头时在离码多远处停机最合适？

解：轮船停机后的运动可视为质点减速直线运动，该问题属于第二类运动学问题. 建立 $Ox$ 坐标系，其正方向与轮船运动正方向一致，

由速度定义 $v=\dfrac{dx}{dt}$，得

$$dx=v dt$$

两边积分得

$$\int dx=\int v dt$$

代入　$v=v_0e^{-\lambda t}$，得

$$\int \mathrm{d}x = \int v_0 \mathrm{e}^{-\lambda t} \mathrm{d}t$$

查阅积分公式得

$$x = \frac{v_0}{\lambda}(1 - \mathrm{e}^{-\lambda t})$$

可见船舶运动的位置是时间的函数. 因为是计算停机后轮船运动的最大距离，所以可近似处理为令 $\mathrm{e}^{-\lambda t} = 0$，得

$$x = \frac{v_0}{\lambda} \approx 48(\mathrm{m})$$

即轮船在离码头 48 m 处停机为最佳距离.

以上“应用案例”是现实生活中一个具体问题. 在生活、生产实际中求极值的问题很多，其解决的方法一般都是通过物理概念加上高等数学的方法. 另外通过本节内容的学习，同学们掌握了有关运动的基本概念，学会了质点平面运动和直线运动的两类问题的求解，了解了解决一般运动问题的基本方法，这就是我们学习的初步目的.

## 知识拓展

### 1. 阅读材料：严济慈同志谈读书

读书主要靠自己，对于大学生来说尤其如此. 读书有一个从低级向高级发展的过程，这就是听(听课)—看(自学)—用(查书)的发展过程.

听课，这是学生系统学习知识的基本方法. 要想学得好，就要传统听课. 所谓会听课，就是要抓住老师讲课的重点，弄清基本概念，积极思考联想，晓得如何应用. 有的大学生，下课后靠死记硬背，应付考试，就学习不到真知识. 我主张上课认真听课，弄清基本概念；课后多做习题. 做习题可以加深理解，融会贯通，锻炼思考问题的能力. 一道习题你没有做出来，说明你还没有真懂，即使所有的习题你都做出来了，也不一定说明你全懂了，因为你做习题只是凑凑公式而已. 如果知道自己在什么地方懂，不懂的又在什么地方，还能设法去弄懂它，到了这种地步，习题就可以少做. 所谓“知之为知之，不知为不知，是智也”，就是这个道理.

一个学生，通过多年的听课，学到了一些基本的知识，掌握了一些基本的学习方法，又掌握了一些工具(包括文字的和实验的工具)，就可以去钻研了，一本书从头到尾循序地看下去，总是可以看懂的. 有的人靠自学成才，其中就有这个道理. 再进一步，到一定的时候，你也可以不必尽去看书，因为世界上的书总是读不完的，何况许多书只是供人们查考，而不是供人们读的. 一个人的记忆力总是有限的，总不能把自己变成会走路的图书馆. 这个时候，你就要学会查书，一旦要用的时候就可以去查. 在工作中，在解决某个问题的过程中，需要某种知识，就到某一部分去查，查到你要的章节，遇到不懂的地方，你再往前面翻，而不必从头到尾逐章逐节的看完整部书. 很显然，查书的基础在于博览群书，博览者，非精读也. 如果你“闭上眼睛”就能够“看到”某本书在某个部分都讲到什么，到要用的时候能够“信手拈来”，那就不必预先精读它死背它了.

### 2. 物理学思想方法漫谈：理想模型与原型

物体在运动过程中往往要受到其自身和周围环境中各种复杂因素的影响或制约. 而在研究实际问题时，如果不加分析地把所有因素都考虑进去，那么势必增加研究问题的难度. 因此，

人们常常遵循化繁为简的原则，有意识地突出研究对象的主要因素，忽略次要因素或无关紧要因素的干扰，抽象出能反映事物本质的理想模型．理想模型能保留对研究问题起决定影响的主要因素，建立科学的抽象模型，清晰地反映被研究问题的本质特征，呈现问题所包含的主要矛盾，便于我们分析和发现物质运动的主要规律．理想模型法已成为一种重要的科学研究方法，并且被广泛地应用于各个领域．

下面简单介绍三类理想模型及理想实验．

（1）事物模型．如质点、刚体、理想模型、单摆、弹簧振子、点电荷、纯电阻、薄透镜、绝对黑体等等．它们各自集中地突出了某一类实际对象的主要特征，使得事物的本质简洁明了．有了这些模型，使人们研究事物现象的手段简单化，过程缩短，对客观事物本质的认识更为深刻全面．

（2）空间模型．如直线、水平面、光滑平面、光滑斜面、匀强电场、匀强磁场等等．此类模型各自体现了一些特征的物理空间，往往都是将其推至极限条件下抽象出来的．如力学中的水平面应当是一个确确实实的球面的一部分，而实际讨论中总是将其认为是球面上无限小的一个局部，抽象为平面．光滑平面和光滑斜面则是认为其摩擦系数足够小的极限条件下的近似．

（3）运动模型．如静止、匀速直线运动、自由落体运动、匀速圆周运动、简谐运动、理想气体的等值变化等等．它们各自集中地反映了一些实际对象运动形式的主要特征．通过对这种理想运动的研究，人们对实际对象的运动本质的了解才能更为透彻．如表示理想气体状态变化规律的克拉伯龙方程的结果与实际气体不相符合，但经过适当地修改后的范德瓦尔斯方程就能够与真实气体比较符合．如果一开始人们就研究实际的情况，那将是很困难的，也很难得出规律性的结果来．对理想模型的研究是对实际问题研究的基本和先导．这是研究问题的一般途径．

（4）理想实验．如伽利略所设计的“理想斜面实验”，还有气垫导轨实验，小球弹性碰撞实验等．建立和应用理想模型是创立科学理论的有力武器．它使得复杂的问题简单化，抽象的问题形象化．理想实验与真实的实验虽有原则的区别，但它的设计思想确具有可靠的实践基础．

上述几种理想模型，它们都不是凭空想象出来的，它们来源于客观实践，然而它们又都不完全等于客观实践，它们不保留客观实践的各种具体细节，不具备客观实践的各种复杂性质，但却一定保留和具备所研究的客观实践的本质特征，因而能够正确地反映客观实践的内在联系和规律．在大学物理中，理想模型的思想进一步具体到每一个分支中，如力学有质点、刚体、弹性体等．这会在后面的学习中不断得到应用．

任何物理模型都必须经受实验检验．即使通过实验检验的合理模型，也有它的适用范围，不可能无所不包．在模型成立的范围之外，则需要修正、改造，并随着实验条件的改变而得到进一步发展．同学们要在学习物理知识的同时，学会科学抽象的方法；学会如何抓住主要矛盾，忽略次要因素；学会如何处理实际问题，提高分析问题和解决问题的能力．

## 能力训练

认真阅读“严济慈同志谈读书”这篇文章后，对照文章中对学习方法的意见，结合大学的学习分析你中学的学习习惯与学习方法，思考如何进一步改进学习方法，提高学习效率．将此思考写成日记，作为学习中不断总结的参照．

## 巩固练习

1. 下列问题是否有可能？举例说明：

(1) 一物体具有恒定的速率，但仍有变化的速度；

(2) 一物体具有恒定的速度，但仍有变化的速率；

(3) 一物体有沿 $x$ 正方向的加速度，但仍有 $x$ 负方向的速度.

2. 有人沿着半径为 $R$ 的圆形跑道跑了半圈，他运动的路程与位移的数值各是多少？

3. 一人自原点出发，向东走了 30 m，又向南走了 30 m，试求位移的大小及方向.

4. 质点沿 $Ox$ 轴作直线运动，运动方程为 $x=4.5t^2-2t^3$（SI 制），求：

(1) 第 2 s 内的位移和平均速度；

(2) 1 s 末及 2 s 末的速度；

(3) 第 2 s 内的平均加速度及 0.5 s 末的加速度.

5. 已知质点直线运动加速度 $a=6-18t$，初始条件为 $t=0$ 时，$x_0=0$，$v_0=4\ \mathrm{m\cdot s^{-1}}$，求质点的运动方程.

6. 潜水艇在下沉力不大的情况下，自静止开始以加速度 $a=A\beta e^{-\beta t}$ 铅直下沉（$A$，$\beta$ 为恒量），求任一时刻 $t$ 的速度和运动方程.

# §1.2　质点的圆周运动

生活实际中，尤其在是生产领域，可当作质点圆周运动的技术问题很多，如机器飞轮上某点的运动、齿轮转动边缘的速度问题等等. 本节我们将学习质点圆周运动的规律，并学会解决一些生产实际中的问题.

## 学习目标

1. 掌握描述质点圆周运动角量的基本概念和规律，理解圆周运动加速度的表示及其意义，能够运用角量与线量的关系进行计算；

2. 了解质点圆周运动相关知识的拓展和应用.

## 学习导入

在高中物理中我们学习了有关圆周运动的内容：物体作匀速圆周运动的快慢可以用线速度 $v$ 和角速度 $\omega$ 描述.

线速度 $\boldsymbol{v}=\dfrac{\Delta s}{\Delta t}$，式中 $\Delta s$ 是物体作圆周运动 $\Delta t$ 时间内对应运动的弧长. 若 $\Delta t$ 很小，此时线速度就称瞬时线速度. 线速度的方向沿切线垂直于半径.

角速度 $\omega=\dfrac{\Delta\theta}{\Delta t}$，$\Delta\theta$ 是 $\Delta t$ 时间内物体转过的角度. 角速度与线速度关系 $\boldsymbol{v}=R\omega$，$R$ 为物体

作圆周运动的半径.

圆周运动广泛应用于动力机械、重型机械、轻工机械，以及国防工业中. 在机械设备中，有各种机构与机械传动装置，其运动轨迹为圆周，如果只考虑各部件中某点的运动状态，可以将其视为质点做圆周运动来处理. 例如两齿轮的啮合点的速度、机械设备中平面连杆机构、曲柄摇杆机构运动等. 如图 1－14 所示即为一实际的曲柄摇杆结构. 长 $L$ 的摇杆 $OM$，由按规律 $\varphi=kt$ 转动的曲柄 $O_1A$ 带动，摇杆上一点 $M$ 的运动就是圆周运动，如 $O_1A$ 摇杆按规律运动，$M$ 点的速度、加速度及运动轨迹方程如何？本节我们将在已掌握质点运动基本概念基础上，学习质点圆周运动的基本概念和解决质点圆周运动的基本方法.

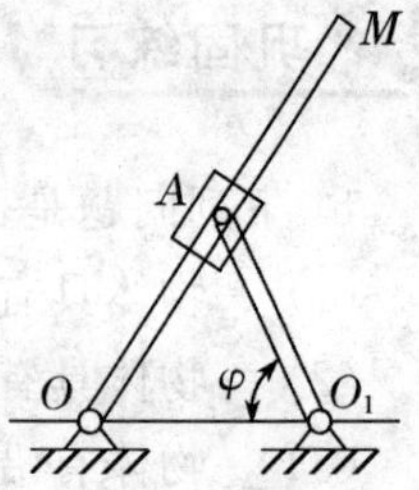

**图 1－14　曲柄摇杆结构**

## 学习内容

### 1.2.1　描述质点圆周运动的角量

常用角量来描述质点的圆周运动. 我们知道，质点做圆周运动，其转动方向只有两个，即顺时针或逆时针，因此可类比于直线运动的描述方法来研究其运动.

1. 角位置与角位移

图 1－15 表示一质点绕 $O$ 点作半径为 $R$ 的圆周运动 $t$ 时刻位于 $P$ 点. 建立参考轴 $OX$，描述质点位置的物理量称为角位置，用 $\theta$ 表示，它是质点到参考轴起点的连线与参考轴的夹角. 它的单位是弧度，用符号 rad 表示. $\theta$ 随时间变化，即

$$\theta=\theta(t) \tag{1-15}$$

称为角位置运动方程或称运动方程.

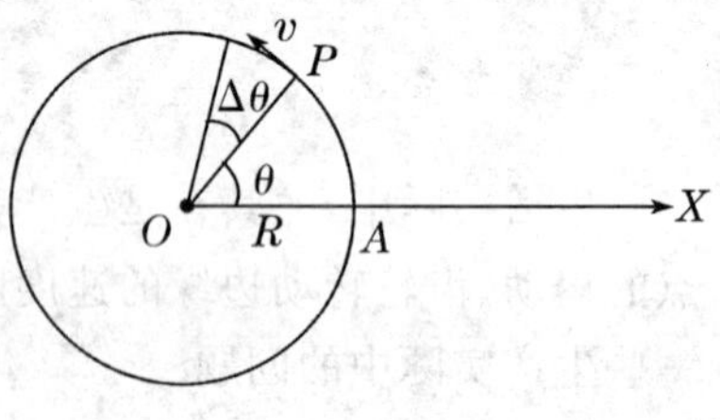

**图 1－15　角位置**

角位置在 $\Delta t$ 时间内的变化 $\Delta\theta$ 称为角位移. 我们用类似规定直线运动方向的方法规定角位移的方向，一般取 $\theta$ 角的转动方向逆时针为正.

2. 角速度

描述质点角位置变化快慢和方向的物理量称为角速度，用 $\omega$ 表示，它是角位置对时间的一阶导数，即

$$\omega=\frac{\mathrm{d}\theta}{\mathrm{d}t} \tag{1-16}$$

角速度的正、负由角位移的正、负确定，一般取逆时针转动为正. 它的单位是弧度 · 秒$^{-1}$，用符号 rad · s$^{-1}$ 或 s$^{-1}$ 表示. 在圆周运动中 $\omega$ 不变的转动称为匀速圆周运动.

3. 角加速度

描述角速度变化快慢和方向的物理量称为角加速度. 它是角速度对时间的一阶导数，角位置对时间的二阶导数，即

$$\beta=\frac{\mathrm{d}\omega}{\mathrm{d}t} \tag{1-17}$$

或

$$\beta=\frac{d^2\theta}{dt^2} \tag{1-18}$$

角加速度的单位是弧度・秒$^{-2}$，用符号 rad・s$^{-2}$表示. 在圆周运动中若$\beta$保持不变，质点做匀变速圆周运动.

【例 1-5】 已知质点圆周运动方程为$\theta=30\pi+50\pi t+\frac{1}{2}\pi t^2$，SI 制，试求：(1) 第 3 s 内的角位移；(2) 第 3 s 的角速度、角加速度.

解：(1) 将$t=2$ s 和$t=3$ s 分别代入运动方程得到

$$\theta_2=30\pi+100\pi+2\pi=132\pi$$

$$\theta_3=30\pi+150\pi+4.5\pi=184.5\pi$$

$$\Delta\theta=\theta_3-\theta_2=52.5\pi=1.65\times10^2\,\text{rad}$$

(2) 对运动方程求一阶导数得

$$\omega=\frac{d\theta}{dt}=50\pi+\pi t$$

$$\beta=\frac{d\omega}{dt}=\pi$$

第 3 s 末表示$t=3$，代入上两式得

$$\omega=1.66\times10^2(\text{rad}\cdot\text{s}^{-1})$$

$$\beta=3.14(\text{rad}\cdot\text{s}^{-2})$$

在了解质点圆周运动角位置、角速度、角加速度概念后，同学们可应用这些知识分析一下"应用案例"中摇杆上点$M$运动的角速度、角加速度，这样可较为清晰地掌握点$M$的运动规律.

### 1.2.2　质点圆周运动的加速度

质点作圆周运动的加速度一般在自然坐标系中描述较为方便. 自然坐标系在机械设计中应用较普遍，同学们可通过本节内容学习，对自然坐标系及基本应用有所了解.

质点圆周运动的轨迹已知，其速度矢量总是沿着轨道的切线方向，为分析问题方便可沿质点的轨道建立坐标系. 如图 1-16 所示，由质点所在位置$P$点作一沿质点切线方向的坐标轴，其单位矢量用$\boldsymbol{\tau}$表示. 另一坐标轴的单位矢量沿半径指向$O$点，用$\boldsymbol{n}$表示，这样建立的坐标系称为自然坐标系，单位矢量$\boldsymbol{\tau}$和$\boldsymbol{n}$称为切向单位矢量和法向单位矢量. 在质点运动的不同位置，它们的方向不同，但是长度恒为 1.

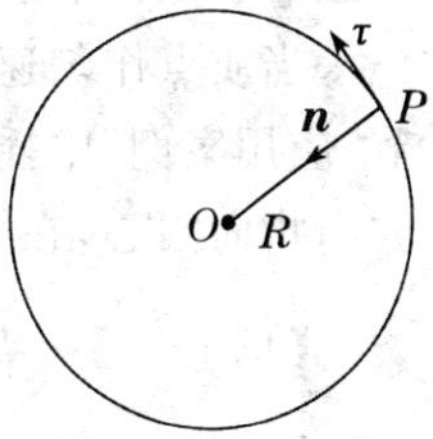

图 1-16　自然坐标系图标

下面考察质点圆周运动的加速度.

在图 1-17 中用$s$表示对应$\theta$角质点通过的路程，则质点的速率(通常称为线速度)$v$表示为

$$v=\frac{ds}{dt} \tag{1-19}$$

由于速度的方向沿质点所在处轨迹的切线方向，所以质点速度只有切向分量.

质点作圆周运动时，其速度的大小和方向不断发生变化，所以总是有加速度产生，实验和理论可以证明，其加速度矢量为两个加速度分量的矢量和，这两分量称为切向加速度和法向加速度，分别用$a_\tau$和$a_n$表示，见图 1-18.

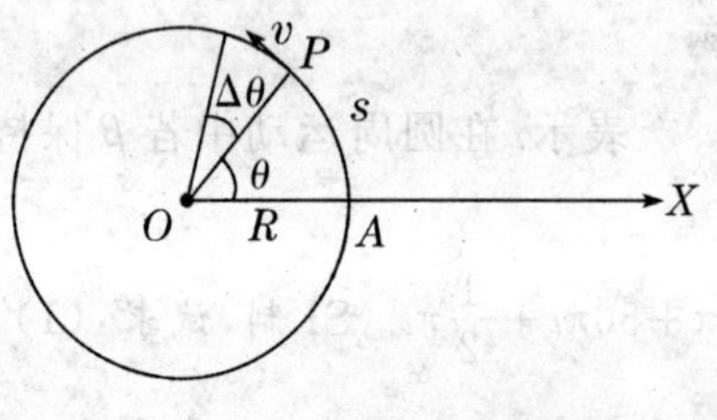


图 1-17 圆周运动的速率

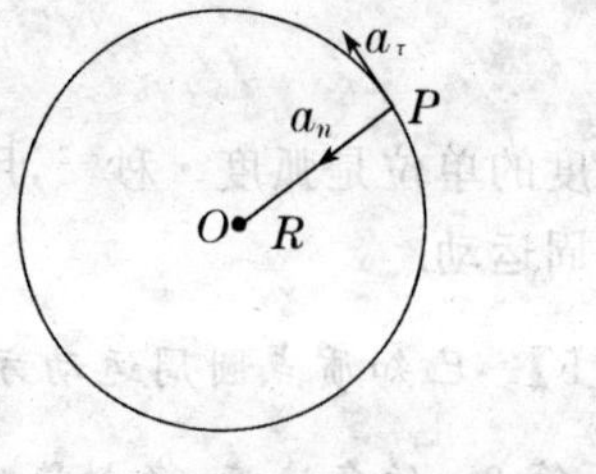


图 1-18 切向和法向加速度

切向加速度
$$a_\tau=\frac{dv}{dt} \tag{1-20}$$

法向加速度
$$a_n=\frac{v^2}{R} \tag{1-21}$$

法向加速度的方向始终指向圆心，所以也称为向心加速度，它反映了速度的方向变化. 切向加速度是由于速度的大小变化引起的加速度，反映了质点速率变化的快慢. $a_\tau>0$ 表示速率随时间增大，此时的 $a_\tau$ 方向与 $v$ 方向相同；$a_\tau<0$ 表示速率随时间减小，此时的 $a_\tau$ 方向与 $v$ 方向相反.

质点圆周运动总加速度为
$$\boldsymbol{a}=\boldsymbol{a}_n+\boldsymbol{a}_\tau=\frac{v^2}{R}\boldsymbol{n}+\frac{dv}{dt}\boldsymbol{\tau} \tag{1-22}$$

式中 $\boldsymbol{n},\boldsymbol{\tau}$ 是沿法向和切向的单位矢量.

加速度的大小为
$$|\boldsymbol{a}|=\sqrt{a_n^2+a_\tau^2}=\sqrt{\left(\frac{v^2}{R}\right)^2+\left(\frac{dv}{dt}\right)^2} \tag{1-23}$$

$$\alpha=\arctan\frac{a_n}{a_\tau} \tag{1-24}$$

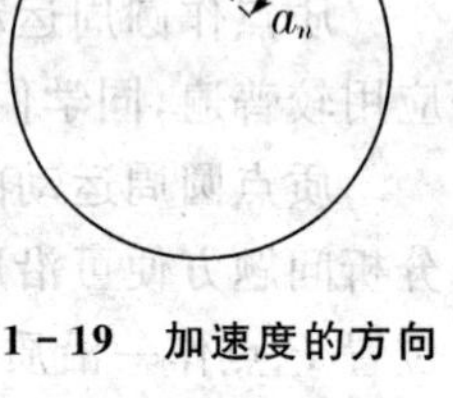

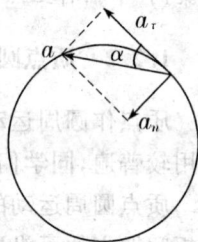

图 1-19 加速度的方向

$\alpha$ 是 $\boldsymbol{a}$ 与 $\boldsymbol{\tau}$ 方向的夹角(见图 1-19).

当质点作匀速圆周运动时，切向加速度为零，只有法向加速度. 本节“应用案例”中摇杆上点 $M$ 的运动就是一匀速圆周运动，其加速度方向指向圆心，在知识拓展中我们将详细分析曲柄摇杆的运动.

【例 1-6】 某质点作圆周运动的运动方程是 $x=0.8\cos\frac{\pi t^2}{16}$，$y=0.8\sin\frac{\pi t^2}{16}$，SI 制. 试求当 $t=2$ s 时的切向加速度、法向加速度以及总加速度的大小.

解：将两方向的运动方程消去时间得轨道方程 $x^2+y^2=0.8^2$，由此知质点作以 0.8 m 为半径的圆周运动.

根据定义 $a_\tau=\frac{dv}{dt}$，得
$$v_x=\frac{dx}{dt}=-0.1\pi t\sin\frac{\pi t^2}{16}$$
$$v_y=\frac{dy}{dt}=0.1\pi t\cos\frac{\pi t^2}{16}$$

速度大小为
$$v=\sqrt{v_x^2+v_y^2}=0.1\pi t$$

则
$$a_\tau=\frac{dv}{dt}=0.1\pi$$

$$a_n=\frac{v^2}{R}=\frac{\pi^2t^2}{80}$$

当 $t=2$ s 时 $a_n=0.49\ \mathrm{m\cdot s^{-2}}$，$a_\tau=0.31\ \mathrm{m\cdot s^{-2}}$，则

$$|\boldsymbol{a}|=\sqrt{a_n^2+a_\tau^2}=\sqrt{0.31^2+0.49^2}=0.58(\mathrm{m\cdot s^{-2}})$$

### 1.2.3　质点圆周运动角量与线量的关系

从图 1－17 可看出，质点沿圆周运动的弧长与角位置的关系为 $s=R\theta$，则

$$\boldsymbol{v}=R\frac{\mathrm{d}\theta}{\mathrm{d}t}\tag{1-25}$$

或

$$\boldsymbol{v}=R\omega\tag{1-26}$$

式(1－25)给出了质点圆周运动角速度与质点运动速度的关系，将 $v=R\omega$ 代入得切向加速度、法向加速度分别为

$$a_\tau=\frac{\mathrm{d}\boldsymbol{v}}{\mathrm{d}t}=\frac{\mathrm{d}(R\omega)}{\mathrm{d}t}=R\frac{\mathrm{d}\omega}{\mathrm{d}t}$$

即

$$a_\tau=R\beta\tag{1-27}$$

$$a_n=\frac{v^2}{R}=\frac{(R\omega)^2}{R}$$

即

$$a_n=R\omega^2\tag{1-28}$$

可看出质点作匀速率圆周运动.同学们可思考一下，此质点运动的切向、法向加速度如何？

【例 1－7】　地球同步卫星绕地球作圆周运动的周期与地球自转(23 h 56 min 4 s)相同，因此它始终定点在地球赤道上空，如图 1－20 所示，只需利用三个地球同步卫星，就能实现全球通信.取地球自转周期为 24 h，地球半径为 $R_e$ 为 6 370 km，已知卫星距地球赤道表面高度 $h=5.6R_e$，求同步卫星的速率与加速度.

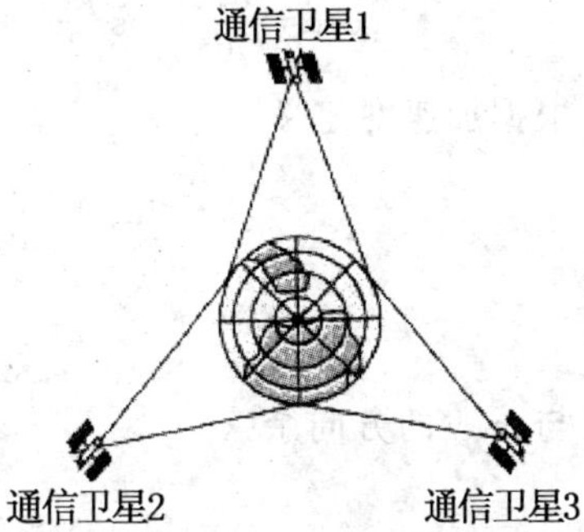

图 1－20　地球同步卫星通信示意

解：由题意同步卫星的角速度

$$\omega=\frac{2\pi}{24\times 3\ 600}=7.27\times 10^{-5}\ \mathrm{rad\cdot s^{-1}}$$

同步卫星的圆轨道半径

$$R=5.6R_e+R_e=4.20\times 10^7(\mathrm{m})$$

其速率

$$v=\omega R=3.06\times 10^3(\mathrm{m\cdot s^{-1}})$$

加速度即向心加速度为

$$a=R\omega^2=2.22(\mathrm{m\cdot s^{-2}})$$

质点的圆周运动形式不仅存在于力学中，还存在于电磁学、光学等物理领域，在航空航天和许多高科技领域有十分广泛的应用.

## 知识拓展

### 曲柄摇杆运动的分析

曲柄摇杆是常见的一种传动机构，它可将一种运动形式转变为另一种运动形式，实现一定

的运动、动作和轨迹要求. 已知长 $L$ 的摇杆 $OM$ 由按规律 $\varphi=kt$ 转动的曲杆 $O_1A$ 带动. 如图 1－21 所示，设 $O_1O=O_1A$，试求摇杆上一点 $M$ 的运动方程，并求速度、加速度和轨迹方程.

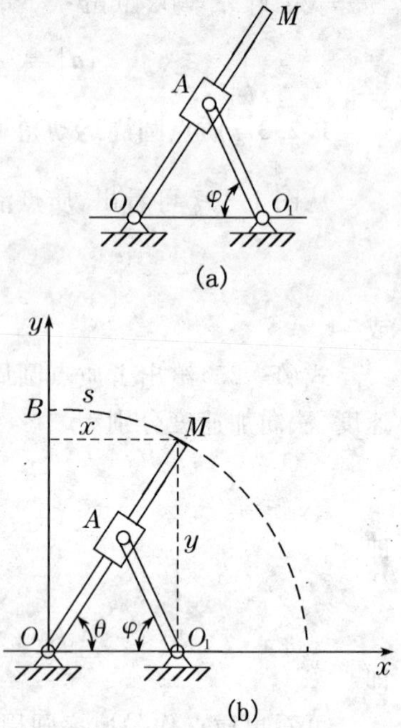

**图 1－21　直角坐标系图解**

解法一：选取 $xOy$ 坐标系，如图 1－21 所示，设点 $M$ 在 $xOy$ 平面内作曲线运动，点 $M$ 的坐标为 $(x,y)$，并设 $\angle MOO_1=\theta$，如图 1－21(b)所示. 因 $\triangle OO_1A$ 为等腰三角形，所以有

$$\theta=\frac{180^\circ-\varphi}{2}=90^\circ-\frac{\varphi}{2}=\frac{\pi}{2}-\frac{\varphi}{2}$$

由图 1－21(b)中几何点可得

$$x=OM\cos\theta=l\cos\left(\frac{\pi}{2}-\frac{\varphi}{2}\right)=l\sin\frac{\varphi}{2}$$

$$y=OM\sin\theta=l\sin\left(\frac{\pi}{2}-\frac{\varphi}{2}\right)=l\cos\frac{\varphi}{2}$$

注意到 $\varphi=kt$，可得 $M$ 点的运动方程为

$$x=l\sin\frac{kt}{2},\quad y=l\cos\frac{kt}{2}$$

根据速度的定义得

$$v_x=\frac{\mathrm{d}x}{\mathrm{d}t}=\frac{lk}{2}\cos\frac{kt}{2},\quad v_y=\frac{\mathrm{d}y}{\mathrm{d}t}=-\frac{lk}{2}\sin\frac{kt}{2}$$

$x$、$y$ 轴的方向余弦

$$\cos\alpha=\frac{v_x}{v}=\cos\frac{kt}{2},\quad \cos\beta=\frac{v_y}{v}=-\sin\frac{kt}{2}$$

根据加速度定义

$$a_x=\frac{\mathrm{d}v_x}{\mathrm{d}t}=-\frac{lk^2}{4}\sin\frac{kt}{2},\quad a_y=\frac{\mathrm{d}v_y}{\mathrm{d}t}=-\frac{lk^2}{4}\cos\frac{kt}{2}$$

$$a=\sqrt{a_x^2+a_y^2}=\frac{lk^2}{4}$$

与 $x$、$y$ 的方向余弦

$$\cos\alpha=\frac{a_x}{a}=-\sin\frac{kt}{2},\quad \cos\beta=\frac{a_y}{a}=-\cos\frac{kt}{2}$$

由运动方程消去 $t$，得轨迹方程

$$x^2+y^2=l^2$$

此式表示点 $M$ 的轨迹是以此点 $O$ 为圆心的圆曲线.

解法二：选取自然坐标系. 由于点 $M$ 轨迹是圆周曲线，所以本题用自然坐标分解会更加方便. 在图 1－21 中以点 $B$ 为弧坐标原点，规定顺时针为正向，则 $M$ 的运动方程可写为

$$s=l\left(\frac{\pi}{2}-\theta\right)=\frac{l\varphi}{2}=\frac{lkt}{2}$$

所以有

$$v=\frac{\mathrm{d}s}{\mathrm{d}t}=\frac{lk}{2},\quad a_\tau=\frac{\mathrm{d}v}{\mathrm{d}t}=0$$

$$a_n=\frac{v^2}{\beta}=\frac{lk^2}{4}$$

总角速度为

$a=\sqrt{a_\tau+a_n}=\dfrac{lk^2}{4}$，$a$ 的方向指向 $O$ 点.

以上两种解法可看出，对于该问题不同的坐标系所解的结果完全一致，所不同的是，应针对不同问题，采用不同的坐标系，可简化问题的求解过程.

## 实践活动

参观校内机械实训基地，观察机械加工设备中可以视为质点运动的现象，并应用已掌握的质点运动学知识加以分析.

## 巩固练习

1. 用皮带轮连接两个半径不等的皮带轮，当两轮转动时，问：(1) 两轮转动的角速度是否相等？(2) 两轮边缘质点的线速度大小是否相等？

2. 已知某质点绕定点作圆周运动的运动方程为 $\theta=2\pi+5\pi t+\pi t^2$，求第 6 s 末的角位置、角速度、角加速度.

## 本章小结

本章结合运动学在生活、生产实际采用了“从特殊到一般再到特殊”的方法描述了质点运动的基本概念及规律，即质点的运动状态用位置和速度来描述，其运动状态的变化用位移和加速度来描述，并借用高等数学矢量及微积分知识，介绍了直线运动和圆周运动在直角位置系中和自然坐标系的解题方法. 下面将本章内容用框图形式归纳处理，供同学们课后复习参考.

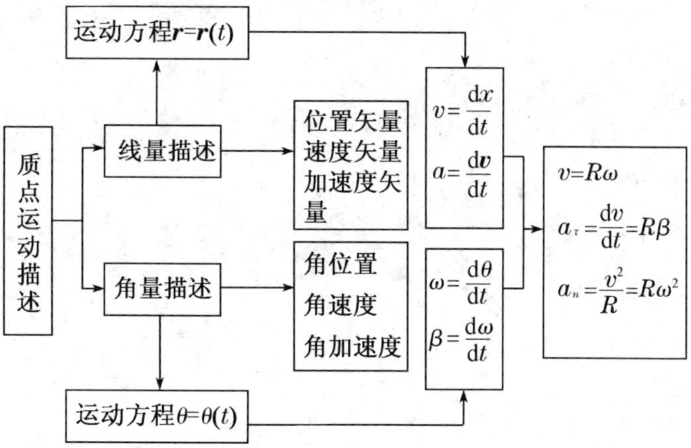


## 综合练习

1. 说明“刻舟求剑”在选取参考系方面的意义.

2. 下列概念有什么区别与联系？

(1) 位移和路程；(2) 速度与速率；(3) 瞬时速度与平均速度

3. 在质点速度为零的时刻，加速度是否一定为零？加速度为零的时刻，速度是否一定为零？

4. 一质点的运动方程是 $\boldsymbol{r}=R\cos\omega t\boldsymbol{i}+R\sin\omega t\boldsymbol{j}$. 从 $t_1=\dfrac{\pi}{\omega}$ 到 $t_2=\dfrac{2\pi}{\omega}$ 时间内质点的位移是__________，质点通过的路程是__________.

5. 质点运动方程为 $\boldsymbol{r}=4t^2\boldsymbol{i}+(2t+3)\boldsymbol{j}$，SI 制，则质点的轨道方程是__________，质点从 $t=0$ 到 $t=1$ s 的位移 $\Delta\boldsymbol{r}$ __________，质点在 $t=1$ 秒时的速度 $\boldsymbol{v}=$__________.

6. 一质点作匀速运动速度是 $\boldsymbol{v}=2\boldsymbol{i}-8t\boldsymbol{j}$，已知 $t=0$ 时它通过(3,7)坐标处，这质点在任意时刻的位置矢量 $\boldsymbol{r}=$__________.

7. 一质点沿轴的运动方程为 $x=12+2t^2$，求：(1) 1～1.1 s，1～1.001 s 各时间间隔的平均速度；(2) 当 $t=1$ s 时的速度.

8. 质点在 $xOy$ 平面内运动，运动方程为 $x=2t$，$y=19-2t^2$(SI 制)，求：(1) 写出质点运动的轨道方程；(2) 位移矢量；(3) 计算 1 s 末、2 s 末的速度和加速度.

9. 质点的运动方程为 $x=R\sin\omega t$，$y=\cos\omega t$，式中 $R$、$\omega$ 为常数，试求质点做什么运动，并求其速度与加速度.

10. 飞轮转动的运动描述可以视为质点处理，其上某质点运动方程. $\theta(t)=at^2+bt^3+ct^4$. 式中 $a$、$b$、$c$ 都是常数，试求飞轮的角加速度.

11. 质点作 $R=0.1$ m 的圆周运动，其 $\theta=2+4t^2$(rad)，当 $t=2$ s 时 $\theta$、$\omega$、$\beta$ 分别等于多少？

12. 质点作 $R=0.1$ m 的圆周运动，其 $\theta=5+t^2$(rad)，当 $t=1.0$ s 时切向加速度、法向加速度分别等于多少？

# 第2章

# 牛顿定律及其应用

通过第1章的学习我们已掌握了质点机械运动的基本规律和解决问题的方法，但是在生活和生产实际中物体通常是在相互作用中运动的，例如利用车床、刨床、铣床等加工机器零部件，机器零部件与刀具之间在相互作用下完成零件的加工(图2-1)；又如，航天器的运动都将受到地球、月球、太阳等星体和星系的影响(图2-2).那么物体之间存在哪些常见的相互作用？物体相互作用后其运动受到哪些影响？从本章开始，我们要进一步的研究物体运动的原因及规律，了解其在实际中的基本应用.

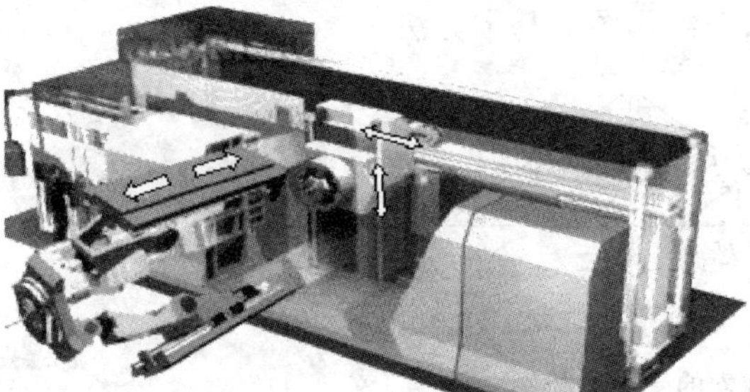

**图2-1　坐标卧式加工中心**

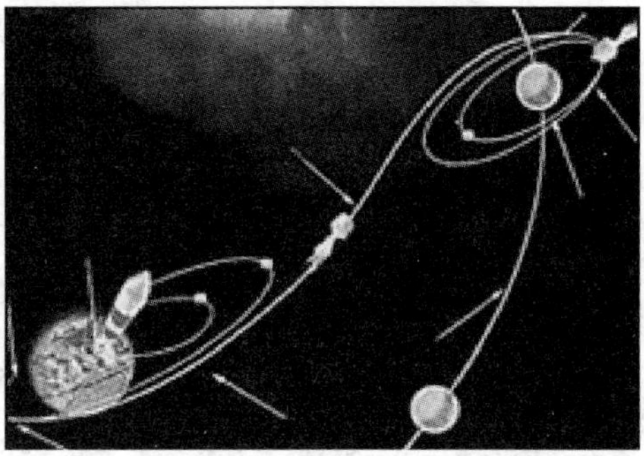

**图2-2　绕月探测卫星发射示意**

## §2.1　常见的力

### 学习目标

1. 了解常见的几种力的性质；
2. 学会正确分析物体受力方法.

### 应用导入

滚滚长江上，巍峨地矗立着一座全长35.66 km的双向6车道高速公路大桥——润扬大桥.润扬大桥由南汉桥与北汉桥两座桥拼接而成，南汉桥为主跨径长1 490 m的单孔悬索桥(图2-3)，是目前中国第一、世界第三的特大跨径悬索桥.北汉桥为斜拉桥(图2-4)，目前世界上建成的最大跨径的斜拉桥为法国的诺曼底桥，主跨径为856 m.1993年建成的上海杨浦大桥是我国目前最大的斜拉桥，主跨径为602 m.

图 2-3　润扬大桥悬索桥

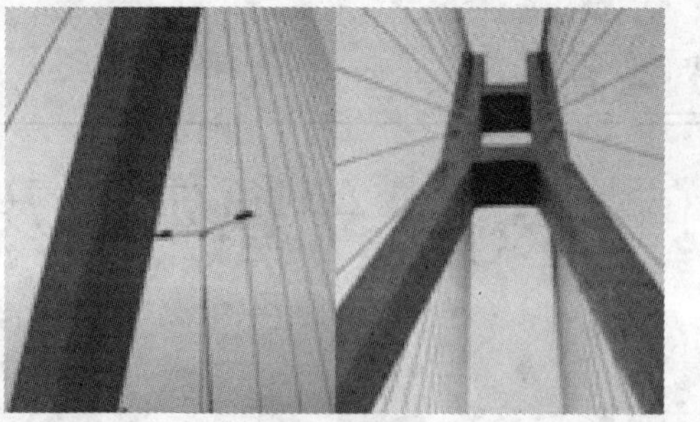

图 2-4　润扬大桥斜拉桥

那么悬索桥和斜拉桥的结构怎么能不用桥墩支撑桥面呢？我们看一个斜拉桥钢索的受力分析图(图 2-5). 斜拉桥钢索的拉力 $F$ 可分解为沿桥面的力 $F_x$ 和与桥面垂直的力 $F_y$，其中 $F_x$ 起着增大桥面抗弯强度的作用，$F_y$ 起着承受自身和外加载荷的作用，因此它不需要桥墩支撑. 通过斜拉桥钢索的受力分析图我们可以很清楚得到问题的解答，可见在工程技术中对物体进行受力分析并正确画出受力图十分重要. 那么怎样对物体进行受力分析并作出相应的受力图呢？本节将介绍工程中最常见的力及其性质，介绍作图的基本方法.

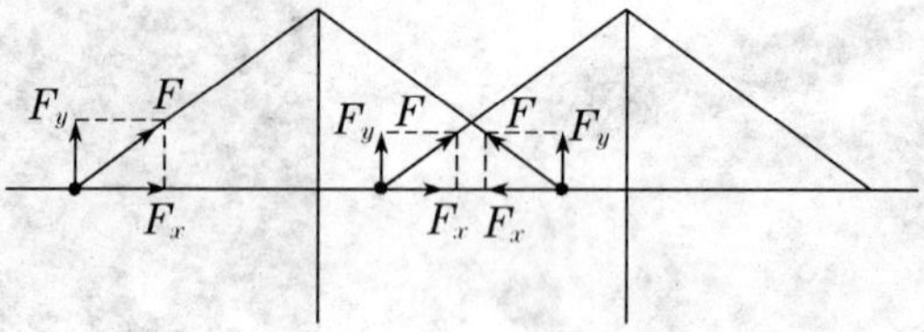


图 2-5　斜拉桥钢索的受力分析图

## 学习内容

### 2.1.1　常见的力

1. 万有引力

宇宙中任何两个物体之间都存在相互吸引力，称为万有引力，其大小与两个质点的质量 $m_1$，$m_2$ 的乘积成正比，与它们之间距离 $r$ 的平方成反比，即

$$F = G\frac{m_1 m_2}{r^2} \tag{2-1}$$

式中 $G = 6.672\,59 \times 10^{-11}(\mathrm{N \cdot m^2})/\mathrm{kg^2}$ 为引力常数，力的方向在两个质点的连线上.

以上内容的表述称之为牛顿万有引力定律. 物体之间的引力是通过引力场来实现的，而任何物体都能在其周围产生引力场，因此一个物体所受万有引力是另一物体的引力场施加的.

在生产实际中，如果物体之间的万有引力比起它们之间的其它作用力小得多，则可将万有引力忽略，而只考虑地球对地球表面附近物体的引力，也称为重力. 质量为 $m$ 的物体，所受重力为 $G = mg$，其中重力加速度 $g$ 的大小近似为 $9.8\ \mathrm{m/s^2}$，重力方向应竖直指向地面.

实际上，地球不是真正的球体，而微呈扁球型，地球表面不同纬度处的重力加速度值略有差异. 此外，由于地球各部分地质构造不同，使地球的质量分布也不完全对称. 例如地球内某处存在大型矿藏，因而破坏了地球质量的对称分布，会使该处的重力加速度值表现异常. 因此可以通过牛顿万有引力定律，利用地球表明重力的异常确定或寻找矿床，这种方法称为重力探矿法.

## 视窗链接

牛顿：英国杰出的科学家，他在伽利略和开普勒工作的基础上，确立了力学的三条定律和万有引力，与莱布尼茨差不多同时发明了微积分. 牛顿对光学和天文学也有重大贡献. 1687 年，它的名著《自然哲学的数学原理》的出版是物理学史上的划时代事件，反映了人类对自然认识的一次大飞跃和伟大的一次综合. 牛顿是科学史上的一位巨匠，他代表了整整一个时代. 人们有时将经典力学就称为牛顿力学，它的建立常被认为是第一次科学革命.

牛顿(Isaac Newton, 1642~1727)

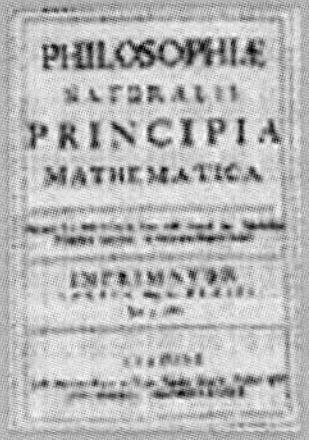


1687年出版的牛顿"自然哲学的数学原理"一书的封面

2. 弹力

发生形变的物体，由于要恢复原状，会对与它接触的物体产生力的作用，这种力叫弹力. 常见的弹力有：

(1) 正压力(或支持力)

两物体通过一定面积接触互相挤压而产生形变，并对对方产生弹力作用，这种弹力通常称为正压力，其大小由物体之间的挤压程度确定，方向总是和接触面垂直并指向对方，例如生活中常见的建筑物压在地基上，地基因压缩而产生向上的弹力支撑着地面上的建筑物；又如桌面上所放重物，桌面受重物挤压发生形变，也产生向上的弹力等等.

(2) 绳索的张力

应用导入中的润扬大桥的悬索桥和斜拉桥都是使用钢丝绳索承受载荷，如图 2-6 所示. 当绳索索受到拉伸时，发生伸长形变，因而内部产生弹性力. 设想通过某一横截面把绳索分成两部分，这两部分绳索之间都要互施拉力，如图 2-7 所示，$T_B$ 和 $T'_B$是绳索的 $B$ 截面处上下两部分绳索之间的相互拉力，它们叫做截面 $B$ 处绳索的张力. 计算绳索的张力，以便根据绳索的强度估计绳索的承载能力是很有实际意义的. 绳索的张力大小取决于绳索收紧的程度，其方向总是沿着绳索线指向绳索线收紧的方向.

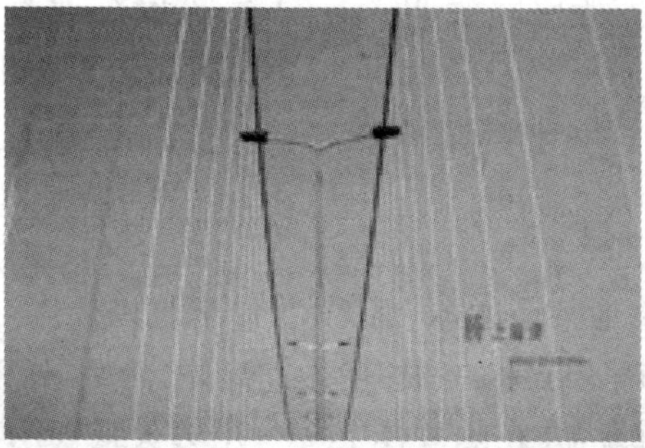

图 2-6　润扬大桥承受载荷的钢索

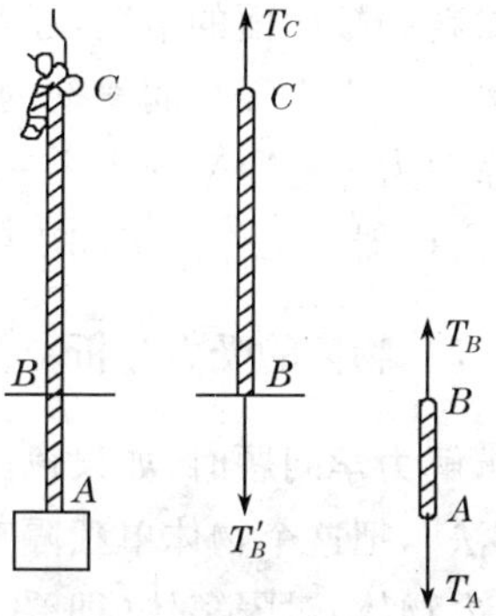


图 2-7　绳索的张力

(3) 弹簧的弹性力

弹簧发生形变时(拉伸或压缩)对所连接物体产生的弹力称为弹簧的弹性力. 如图 2－8 所示弹簧一端固定，另一端与一质点相连. 弹簧既不伸长也不缩短的状态叫自由伸展状态. 弹簧自由伸展时质点的位置称为平衡位置，以平衡位置为坐标原点，沿弹簧轴线建立 $Ox$ 轴，$x$ 表示质点自原点开始的位移，用 $\boldsymbol{f}$ 表示作用于物体的弹性力，实验证明，$x$ 不太大时，有 $\boldsymbol{f}=-kx$，这个关系式叫做胡克定律，即弹簧弹性力的大小与物体相对于坐标原点的位移成正比，方向指向平衡位置，比例系数 $k$ 叫做弹簧的劲度系数，与弹簧的匝数、直径、线径和材料等因素有关. 式中的负号表示力 $\boldsymbol{f}$ 总是与位移 $x$ 反向，即促使质点返回平衡位置.

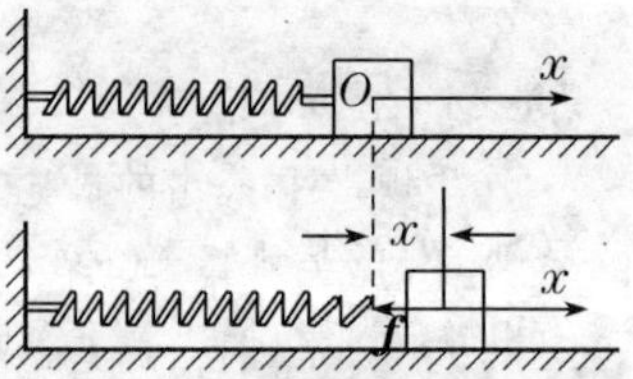

图 2－8　弹簧振子

3. 摩擦力

行驶的汽车，当发动机关闭后走一段距离就会停下来，我们推桌子时，如果用力较小就推不动. 这些现象说明，当互相接触的物体作相对运动或具有相对运动趋势时，它们之间就有摩擦力. 液体内部或液体和固体间的摩擦叫湿摩擦. 固体间的摩擦叫做干摩擦，干摩擦力包括静摩擦力和滑动摩擦力.

当两个物体间存在着相对滑动趋势，而尚未发生相对滑动时，在接触面上出现的阻止相对运动发生的力叫静摩擦力. 静摩擦力的方向总是与物体相对滑动趋势的指向相反. 例如，如图 2－9 所示，我们在车床上操作的时候，常用手推车床的尾座. 当推力 $F$ 较小时，尾座不滑动. 这是因为在推力的作用下，尾座与导轨间产生相对滑动趋势，从而受到导轨静摩擦力 $f$ 的作用. 由于尾座静止，说明静摩擦力与推力大小相等，方向相反. 但是当推力增大到某一个数值时，静摩擦力将不再增大，尾座开始滑动. 这说明，静摩擦力的大小随外力增大而增大，并始终和外力大小相等. 但是其增大有一个限度，超过这限度，物体就开始滑动. 这个限度叫最大静摩擦力. 实验表明，其与正压力 $N$ 成正比，即 $f_s=\mu_s N$，$\mu_s$ 称为静摩擦系数，它与两物体的材料和接触面的情况有关，它的大小可从工程手册上查到.

图 2－9　推尾座

当外力大于最大静摩擦力时，物体之间发生相对运动，此时的摩擦力称为滑动摩擦力，实验表明，滑动摩擦力也与正压力 $N$ 成正比，即 $f_k=\mu_k N$，$\mu_k$ 称为动摩擦系数，其数值取决于两物体的材料和接触面的情况，还与物体之间的相对速度有关. 对于同一对接触面 $\mu_k$ 小于 $\mu_s$.

机械加工中常用加润滑剂的方法把干摩擦变为湿摩擦，以减小摩擦阻力. 实践表明、加润滑剂后摩擦力只有原来的 1/8～1/10. 对机器的良好润滑能保证机器正常运转，延长机器使用寿命，提高机器的工作效率和工作精度.

### 2.1.2　物体的受力分析

在求解力学问题时，如果已经确定研究对象是某个物体，那么，我们就可以采用一种所谓“隔离体法”，把这个物体单独隔离出来，这个被隔离出来的物体叫做隔离体，然后，分析其他物体(即施力物体)对隔离体(即受力物体)的作用力，并在隔离体上一一用力矢量表示出来，这样，就画出了该物体的受力图. 值得注意，对于被确定为研究对象的物体，我们只关心其他物体对该物体的作用力，而毋需考虑此物体对其他物体的作用力.

混凝土装料斗在钢丝索牵引下沿滑道向上移动时，受重力 $W$、滑道的支承力 $F_N$ 和滑动摩

擦力 $F_f$ 以及钢丝索的拉力 $F_T$ 的作用,各力的方向如图 2-10 所示.今后,如果未指出要考虑物体的形状和大小,我们都可以把它看成为质点.因此,当装料斗被看成质点时,以它为隔离体,在其受力图上,各个力矢量将汇交于一点,如图 2-10(b)或(c)所示.

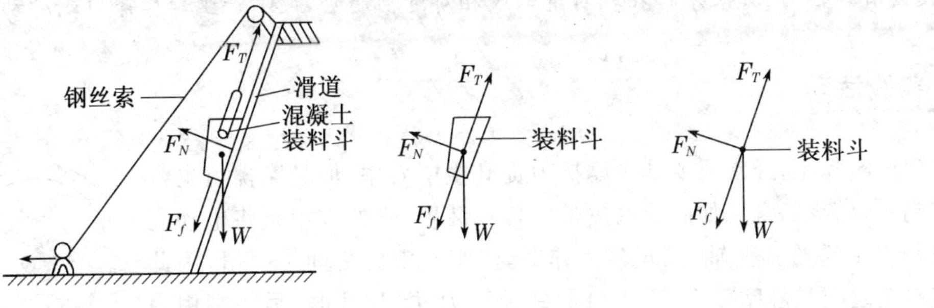


(a) 混凝土装料斗在钢丝索牵引下,受$F_T$、$F_N$、$W$、$F_f$四个力作用,沿滑道上移

(b) 将装料斗看作质点时,各力作用点可画在料斗的同一点上

(c) 将装料斗看成为质点后,各力汇交于质点

**图 2-10　受力分析图**

【例 2-1】　如图 2-11(a)所示,放置在平地上的物件 $A$,其重量 $G=30\ \mathrm{N}$,右端靠置于墙壁上,设物体 $A$ 与地面的摩擦系数为 $\mu=0.5$,左墙受水平自右的外力 $F=12\ \mathrm{N}$ 作用,试分析物体 $A$ 的受力情况.

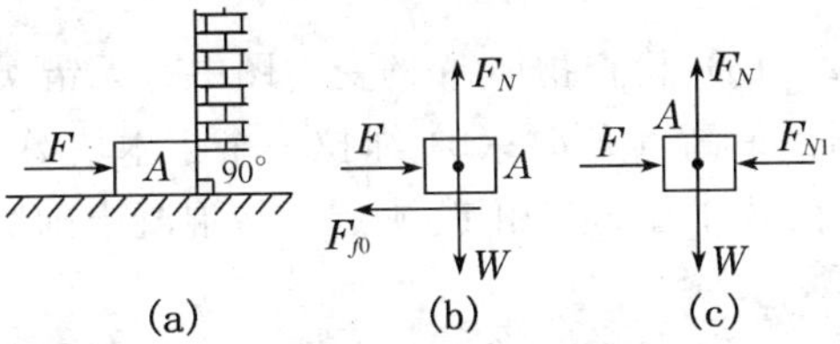


**图 2-11**

解:取物体 $A$ 为隔离体,如图 2-11(b)所示,分析其受力情况:① 物体受有外力 $F$,方向水平向右;② 物体受有重力 $W$,方向竖直向下;③ 物体与地面接触,且相互挤压,故地面对物体有法向支承力 $F_N$ 作用,方向垂直向上;因物体在垂直方向无运动,故 $F_N$ 与 $W$ 的合力为零,处于两力平衡状态,其大小相等,即

$$F_N=W=30\ \mathrm{N} \tag{1}$$

④ 由于物体在外力 $F$ 作用下,相对于地面有向右滑动或滑动趋势,因而地面对它必存在阻碍相对滑动或相对滑动趋势的摩擦力,方向向左.为了判断这个摩擦力是静摩擦力还是滑动摩擦力,先求出地面对物体可能产生的最大静摩擦力,即

$$F_{f\max}=\mu F_N=\mu W=0.5\times 30\ \mathrm{N}=15\ \mathrm{N} \tag{2}$$

而今,外力 $F=12\ \mathrm{N}$,故 $F<F_{f\max}$.这表明物体并未发生滑动而仍然保持静止.这时,物体所受的是静摩擦力,它与外力 $F$ 在水平方向处于两力平衡状态.由此可知,静摩擦力 $F_{f0}$ 大小为 12 N.并且,物体与墙壁虽有接触,但由于物体 $A$ 不发生向右滑动,不致于挤压墙壁,所以不存在墙壁对物体的挤压弹性力.这样,物体 $A$ 共受四个力 $F$,$W$,$F_N$ 和 $F_{f0}$ 作用,其受力如图 2-11(b)所示.若物体 $A$ 所受的水平向右外力改为 $F=25\ \mathrm{N}$,则由于 $F>F_{f\max}$,物体将向右滑动;一旦抵紧墙壁后,墙壁被挤压而产生水平向左的支承力 $F_{N1}=25\ \mathrm{N}$,与外力 $F$ 达到两力平

衡，这时物体相对于地面的滑动或滑动趋势也随之消失，或者说，物体相对于地面静止不动，摩擦力将不复存在. 所以，物体亦受四个力 $F$，$W$，$F_N$ 和 $F_{N1}$ 作用，其受力如图 2－11(c)所示. 应该注意，弹性力和摩擦力都发生于相互接触的两物体之间；但是，两物体虽有接触，如果不发生形变，便没有弹性力；如果不存在相对滑动或相对滑动趋势，便不产生静摩擦力或滑动摩擦力.

## 实践活动

在生产实际中，经常需要减少摩擦力提高生产效率，但是摩擦力也常常是有利的，如我们常见如图示的皮带轮传动装置，它的作用是将电动机的输出功率传递给其他轴. 在正常工作时，皮带与滑轮之间不打滑，因此皮带与滑轮之间是静摩擦力. 当皮带的一端以力 $T_0$ 拉住时，另一端用力 $T_1$ 拉至不打滑为止，经过计算，$T_0$ 与 $T_1$ 的关系为 $T_1=T_0e^{\mu\theta}$，式中 $\mu$ 为静摩擦系数，$\theta$ 为圆心角 $AOB$ 的弧度数，由此看出随着 $\theta$ 的增加，$T_1$ 将以惊人的倍数增加，以此带动其他轴运动，这就是摩擦力在皮带轮进行动力传动时的作用，“摩擦力抵千钧”就是这个意思. 根据这个关系式同学们思考一下，如何用简单的方法，固定靠岸的轮船，设计一个类似的情形，亲手实践一下.

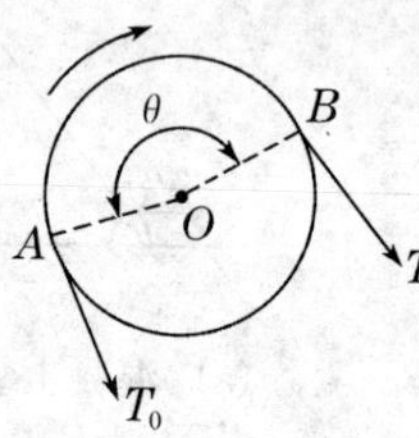


图 2－12　皮带轮传动装置示意

## 巩固练习

1. 根据下述题设(图 2－13)，检查物体 $A$ 的受力图中有无错误. 如有错误，试重新绘图订正：(a) 物体 $A$ 沿斜面上滑到最高点 $P$ 时；(b) 绳拉一个小木块 $A$ 绕 $O$ 点在平地上循逆时针转向作圆周运动；(c) 砖夹在提升力 $\boldsymbol{F}$ 作用下，夹起一块混凝土砌块 $A$.

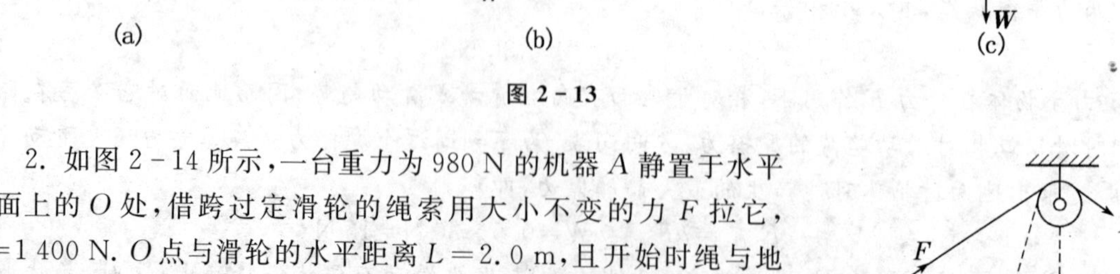


图 2－13

2. 如图 2－14 所示，一台重力为 980 N 的机器 $A$ 静置于水平地面上的 $O$ 处，借跨过定滑轮的绳索用大小不变的力 $F$ 拉它，$F=1\ 400$ N. $O$ 点与滑轮的水平距离 $L=2.0$ m，且开始时绳与地面成 30°角. 求机器沿地面被拉到何处时将开始脱离地面.

（提示：刚脱离地面时，地面对机器的法向支承力为零.）

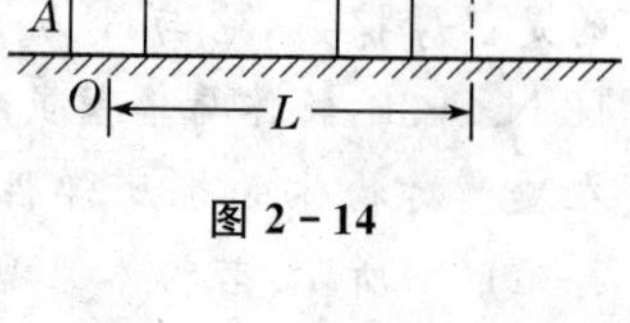


图 2－14

# §2.2　牛顿定律及其应用

## 学习目标

1. 理解牛顿运动定律的基本内容、相互关系、适用范围；
2. 掌握牛顿定律的应用.

## 应用导入

在生活中我们经常看见当汽车轮胎发生故障时，汽车修理工通过装卸汽车轮胎对其进行修理. 为了顶起汽车这一“庞然大物”，工人们使用了一种起重装置叫做“千斤顶”，如图 2－15 所示. 转动手柄 $G$ 就可以将重物顶起. 将重物顶起后，松开手柄，螺杆并不会在重压下反向旋转而掉下来. 利用螺旋举起重物，在外力撤消后还不滑下来的现象，叫做螺旋的自锁. 这是什么原理呢？

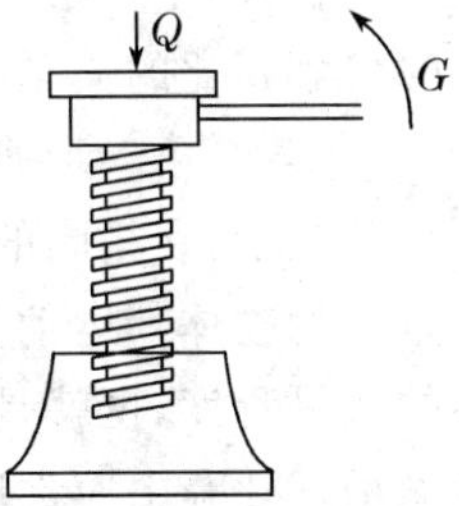


**图 2－15　千斤顶示意图**

## 学习内容

本节在介绍工程实际中常见力的基础上主要论述质点运动的基本定律，即牛顿三定律及其应用. 牛顿三定律是牛顿在前人工作的基础上，从大量观察和实验的事实中归纳出的三条运动定律，可以由它导出刚体、流体、弹性体等运动规律，因此牛顿三定律是动力学的核心内容，是机械类专业后续课程的重要基础. 因此，要求同学们在中学物理的基础上进一步深入理解牛顿运动定律及其数学表达式的含义，学会运用牛顿运动三定律解决具体力学问题的方法.

### 2.2.1　牛顿三大定律的表述

1. 牛顿第一定律

生活中我们经常看到，行驶在地面上的汽车要维持它的运动必须不断的对汽车加油门(即对汽车施力)，一旦关闭油门汽车滑行一段距离必定停止. 那么静止是物体的自然状态吗，要使物体维持匀速直线运动，必须有力对它作用才行吗？17 世纪，伽利略指出，物体沿水平面滑动趋于静止的原因是有摩擦力作用在物体上的缘故. 他从实验中总结出在略去摩擦力的情况下，如果没有外力作用，物体将以恒定的速度运动下去. 力不是维持物体运动的原因，而是使物体运动状态改变的原因. 牛顿继承和发展了伽利略的见解，并第一次用概括性的语言把它表达了出来.

牛顿第一定律表述为：任何物体都保持静止或匀速直线运动状态，直至其他物体所作用的力迫使它改变这种状态为止.

$$\boldsymbol{F}=\boldsymbol{0},\ \boldsymbol{v}=\text{恒矢量} \tag{2-2}$$

牛顿第一定律阐明不受其他外力作用的任何物体，都将保持静止或匀速直线运动的状态不变.物体保持自身运动状态不变的属性称为惯性，$m$ 是物体惯性的体现，称为惯性质量.牛顿第一定律还阐明力的作用是迫使物体运动状态改变，而物体的惯性企图保持物体的运动状态不变，所以力是改变运动状态的原因.

2. 牛顿第二定律

在牛顿第一定律基础上，第二定律对物体机械运动的规律作了定量描述，引入了“力”、“质量”这两个重要的物理量，并确定了力、质量和加速度之间的关系.

牛顿第二定律表述为：物体的加速度与物体所受的合外力成正比，与物体的质量成反比，加速度的方向与合外力的方向一致.即为：

$$\boldsymbol{F}=m\boldsymbol{a} \tag{2-3}$$

上式是牛顿第二定律在国际单位制下的矢量表达式.其中力、质量、加速度的单位分别是牛顿、千克和米·秒$^{-2}$，用符号 N、kg、m·s$^{-2}$表示.

首先，牛顿第二定律表述了任何物体在不同外力的作用下，物体的加速度与外力之间的同时性和正比的关系.

其次，第二定律表述了不同物体在相同的外力作用下，物体的加速度与质量的反比关系.也就是说，在相同的外力作用下，质量大的物体其运动状态难以改变，因而所获加速度较小，质量小的物体其运动状态较易改变，所获加速度大.可见，质量的大小表示了物体运动状态变化的难易程度，也就是物体保持原有运动状态的惯性大小.所以，质量是物体惯性的量度.在美国橄榄球比赛中通常挑选重体型（即质量大）的队员作为前锋，对方球员要使其让路需要较大的力来改变他的运动状态（产生加速度），这样就可以有效地阻止对方队员的运动.

第三，第二定律概况了力的独立性（或叠加性）.表达式中的力 $\boldsymbol{F}$ 应理解为作用在物体上的合外力，应是物体同时所受几个作用力的矢量和，即 $\boldsymbol{F}=\sum F_i$.

第四，牛顿第二定律只适用于研究宏观物体、低速运动问题，只适用于对地面静止或做匀速直线运动的参照系，$\boldsymbol{a}$ 是相对地面的加速度，这个参照系我们称为惯性参照系.在本教材中不作特殊说明的均为惯性参照系，通常认为地球是惯性参照系.

对于第二定律还应注意瞬时性和矢量性.对于瞬时性，即表示力和加速度的瞬时对应关系，力的方向就是加速度的方向；力和加速度同时存在、同时改变、同时消失.只有在有力的情况下才产生加速度，当力为零时，加速度相应地为零.对于矢量性应注意第二定律的数学表达式是矢量式，在实际应用中应将其在直角坐标系中进行正交分解，即

$$F_x=ma_x,F_y=ma_y,F_2=ma_z \tag{2-4}$$

若物体作圆周运动则在自然坐标系中进行分解，即

$$F_n=m\frac{v^2}{R} \tag{2-5}$$

$$F_\tau=m\frac{\mathrm{d}v}{\mathrm{d}t} \tag{2-6}$$

式中 $R$ 是物体作圆周运动的半径.

3. 牛顿第三定律

力是物体对物体的相互作用，例如，船工用篙撑河岸时，篙给河岸一个推力，反过来河岸也给篙一个反方向的力把船推离河岸.这两个力是同时出现、作用在两个物体（船和篙）上、大小相等的一对力.我们把两个物体间相互作用的这对力叫做作用力和反作用力.它们遵从的规律就是**牛顿第三定律**，又叫做用力和反作用力定律.

**牛顿第三定律表述为**:两个物体之间的作用力和反作用力总是大小相等,方向相反,作用在一条直线上的.即

$$F_{12}=-F_{21} \tag{2-7}$$

牛顿第三定律说明物体之间的作用力具有相互的本质,作用力和反作用力同时产生,同时消失,同时变化;作用力和反作用力是同一性质的力,如果作用力是弹力或摩擦力,那么反作用力也一定是弹力或摩擦力;无论相互作用的两物体的质量是相等,还是相差十分悬殊,它们间的相互作用力总是等大、反向、共线.这里特别要注意区别作用力、反作用力与平衡力,作用力和反作用力是作用在不同一个物体上,$A$ 物体受到 $B$ 物体的作用力,即产生加速度,同时 $B$ 物体受到 $A$ 物体的反作用力随之也产生加速度,其效果是不能抵消的,因此它们不是一对平衡力.

### 2.2.2　应用牛顿定律解题步骤

应用牛顿定律求解力学问题时应有明确的思路和严格的解题步骤.

(1) 分析题意,明确研究对象和所需求解的问题,根据条件分别对物体的运动和受力情况作全面分析.

(2) 作隔离体图.将问题中所涉及的物体分开,对有关物体的受力和运动情况分别作出简图,作图时要注意各物体间的相互作用关系.

(3) 建立坐标系,根据牛顿定律建立方程.当问题需要所立方程是矢量式时应在坐标系中将矢量式分解为标量式,并建立一些辅助关系式,如作用力与反作用力、摩擦力与正压力等关系式.

(4) 求解方程.一般先用文字符号进行演示,最后代入数字求得结果.在代入数字前,将各物理量统一用国际单位制的单位表示.

(5) 对所得结果进行分析与讨论.

下面通过例题说明上述方法的应用.

【例 2-2】 质量为 $m$ 的质点沿 $Ox$ 轴方向运动,其运动方程为 $x=A\cos\omega t$.式中 $A$、$\omega$ 均为正的常量,$t$ 为时间变量,求质点所受的合外力 $\boldsymbol{F}$.

解:由于 $a=\dfrac{\mathrm{d}^2x}{\mathrm{d}t^2}=-A\omega^2\cos\omega t$

又根据牛顿第二定律,有 $\boldsymbol{F}=m\boldsymbol{a}$,则

$$\boldsymbol{F}=-mA\omega^2\cos\omega t\boldsymbol{i}$$

【例 2-3】 如图 2-16 所示,在斜面上放物体 $A$,物体与斜面间的静摩擦系数为 $\mu_0$.求斜面倾角 $\alpha$ 的最大值 $\alpha_{\max}$,当 $\alpha\leqslant\alpha_{\max}$ 时,无论铅直压力 $Q$ 多么大,$A$ 也不会滑下.

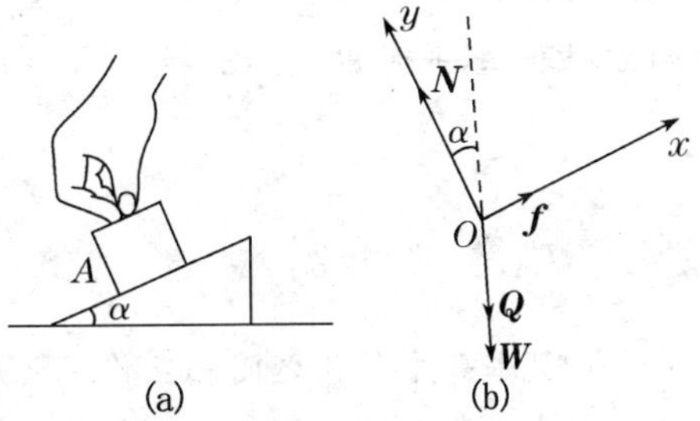

图 2-16

解:将斜面与物体 $A$ 隔离,取物体 $A$ 为研究对象.物体 $A$ 受铅直压力 $\boldsymbol{Q}$,重力 $\boldsymbol{W}$、斜面支承力 $\boldsymbol{N}$ 和静摩擦力 $\boldsymbol{f}$.受力图如 2-16(b)所示.

由于物体 $A$ 保持静止,即处于合力为零状态,根据牛顿第二定律,得

$$\boldsymbol{N}+\boldsymbol{W}+\boldsymbol{Q}+\boldsymbol{f}=\boldsymbol{0}$$

建立图 2-16(b)中的 $Oxy$ 坐标系,将上式正交分解,得

$$f-(Q+W)\sin\alpha=0 \quad ①$$

$$N-(Q+W)\cos\alpha=0 \quad ②$$

又根据静摩擦力公式

$$f \leqslant f_{max}=\mu_0 N \quad ③$$

将以上三式联立求解，得

$$\tan\alpha \leqslant \mu_0 \quad 或 \quad \tan\alpha_{max}=\mu_0$$

$\alpha_{max}$仅与静摩擦系数有关，与力$Q$无关，故只要上面条件得到满足，物体$A$就不会滑下. 工程上通常也常把$\alpha_{max}=\arctan\mu_0$称为物体与斜面间的摩擦角.

从该题得到启发，应用实例中的“千斤顶”的螺旋自锁现象与之十分类似，为理解方便我们可以把一张直角三角形的纸片卷起来，成为螺旋，如图2-17(b). 螺旋倾角就是三角形斜边的倾角.

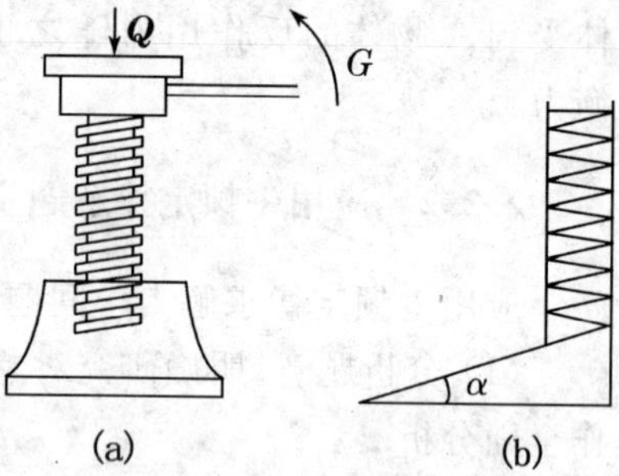

图2-17 千斤顶示意图

千斤顶的螺杆在支座的螺纹内螺旋上升，相当于一物体沿斜面向上滑动. 与例题比较，螺杆相当于物体$A$，支座相当于斜面，重物对千斤顶的压力相当于力$Q$，螺旋自锁相当于物体$A$在力$Q$作用下不下滑. 由例题可知，螺旋自锁，则螺旋倾角应满足$\tan\alpha \leqslant \mu_0$，即$\alpha$应小于“摩擦角”$\alpha_{max}=\arctan\mu_0$，这叫螺旋的自锁条件.

【例2-4】 一根不可伸长的轻绳跨过滑轮后，两端分别悬挂质量为$M$与$m$的物体$A$和$B$，如图2-18所示，已知$M$大于$m$，用手托住$A$，开始时物体不动，然后释放，求物体$A$运动的加速度和绳子的张力. 假定滑轮与轴承之间无摩擦.

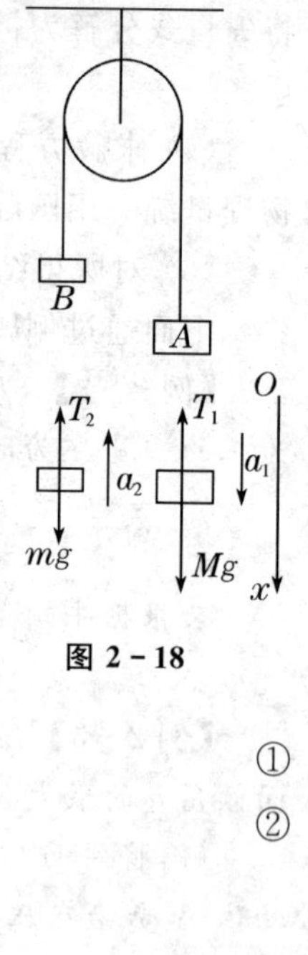

图2-18

解：根据题意，本题相互作用的物体有滑轮、物体$A$和$B$，将它们隔离，分别进行受力和运动状态分析，作受力图.

$A$物体受重力$Mg$和绳子张力$T_1$作用，以加速度$a_1$向下运动；物体$m$受重力$mg$和绳子张力$T_2$作用，以加速度$a_2$向上运动. 由于绳子与滑轮质量不计，滑轮与轴承之间摩擦不计，绳子不可伸长，可以认为绳子的张力处处相等，两物体加速度大小相等. 由于物体所作竖直方向的直线运动，因此沿$A$运动方向建立坐标轴，并以$A$运动起始点为坐标原点. 则根据牛顿第二定律建立方程有

物体$A$ $$Mg-T_1=Ma_1 \quad ①$$

物体$B$ $$mg-T_2=-ma_2 \quad ②$$

两方程联立，并考虑$a_1=a_2=a$，$T_1=T_2=T$，则有

$$a=\frac{M-m}{M+m}g$$

$$T=\frac{2Mm}{M+m}g$$

可见本题中物体之间相互作用之后所做运动为匀加速直线运动. 这里我们要注意组成系统的所有物体之间相互作用的一些条件，如“绳子的质量不计”、“滑轮的质量不计”、“滑轮与绳子之间无摩擦”等等意味着什么，对于解题有哪些辅助作用. 另外，这些条件是根据生产实际中

某些具体问题为了解决主要矛盾而采用的近似手法，即建立理想模型，在实际生产中理想模型的建立要根据具体情况，不可“千篇一律”，否则在过程设计中就会出现偏差，例如在第4章中我们还会遇到貌似相同的问题，在那里物体相互作用的一些条件会发生一些变化，结果也有所不同.

【例2-5】 正如牛顿所想像的那样，一个物体当它的抛射速率足够大时，此物体将不再坠落地面.若不计空气阻力，物体要沿地面绕地球的圆形轨道运动，发射物体的速度称为第一宇宙速度.试计算地球卫星的发射速度即第一宇宙速度.

解：物体绕地球的圆形轨道运动，所需向心力由万有引力提供，即

$$G_0\frac{mM}{r^2}=\frac{mv_1^2}{r}$$

由此得

$$v_1=\sqrt{\frac{G_0M}{r}}$$

设物体的重量为$mg$，地球的半径为$R$，则物体所受地面的引力$G_0mM/R^2=mg$，由此求得$g=G_0M/R^2$，把它代入$v_1$的式子中，则得

$$v_1=\sqrt{\frac{gR^2}{r}}$$

它告诉我们，物体离地面越远，所需环绕速度越小，当物体在地面附近时，令上式中$r=R$，则有

$$v_1=\sqrt{gR}=7.9\times10^3\,(\mathrm{m/s})$$

这就是地球卫星的发射速度即第一宇宙速度.

## 知识拓展

### 物理学思想方法漫谈：物理学常用分析方法介绍

物理学的发展史告诉我们，一个科学理论的形成离不开科学思想的指导和科学方法的应用，正确的科学思维和科学方法是我们认识世界的基本手段，掌握了它就能使我们通过现象看清本质，从认识科学的必然王国而跃进到掌握应用科学的自由王国.科学方法是我们学习中打开学科大门的钥匙，无论是自然科学的各学科或者是社会科学的各学科，掌握了研究科学的方法.你就有了在未来从事各项工作的“武器”，你就能创新，你就能发明创造.下面我们谈谈分析与综合的方法.

**一、分析与综合的关系**

牛顿曾说过：“在自然科学里，应该像在数学里一样，在研究困难事物时，总是应当先用分析的方法，然后才用综合的方法.”恩格斯也说过：“思维既把相互联系的要素联合为一个统一体，同样也把意识的对象分解为它们的要素.没有分析就没有综合.”

分析和综合是抽象思维的基本方法.所谓分析，就是把研究对象分解成为各个组成部分，然后对各个组成部分加以研究的一种方法；所谓综合，就是把研究对象的各个部分联系起来，从而在整体上把握事物的本质和规律的一种方法.简单地说，分析就是从整体到部分的思维方法，综合则是从部分到整体的思维方法.分析和综合是相辅相成的.分析就是为了综合；没有分析就无法综合，分析是综合的基础，综合则是分析的归宿.分析的方法一般可分为三个环节，并常常采用两个手段.这三个环节是：

(1) 把整体加以"解剖"，把部分从整体中"分割'出来；

(2) 深入分析各部分的特殊本质(这是分析中最为重要的一环)；

(3) 进一步分析各部分间的相互联系和相互作用.

常用的两个手段则是：

(1) 原始资料实验数据的获得，就是首先获取第一手资料，包括原始的资料、事实、素材、实验数据等等，这些要尽可能完整，正确，不带有偏见和误差；

(2) 用抽象思维的方法进行加工、整理，并能上升变为观点，或有说服力的定量关系等.

**二、物理学中常用的几种分析方法**

1. 定性分析

所谓定性分析，就是判断性的分析，如判断某种因素是否存在、判断某种事物有何性质等等.如正电子的发现，其实在安德森发现正电子以前，居里夫妇就曾经清楚地在云室中看到过正电子的径迹，但是他们把它理解为向放射源移来的电子了，其实安德森的成功就在于对他的照片成功的定性分析.居里夫妇的失误也就是他们以"想当然"的态度对待，未能进行认真地定性分析而造成的，这使他们继中子发现之后又一次与诺贝尔奖失之交臂.

2. 定量分折

定量分析就是对事物作数量上的分析.一切事物都是质和量的统一体.事物的质变和量变是紧密联系和相互制约的，所以，对任何事物都必须进行定量分析.从定性到定量，这是物理发展的必然."定性是定量的不足"这是卢瑟福早就下过的定义.从科学研究来看只有量化才能深化.

哈雷彗星回归是定量分析的一个有力例证.在牛顿以前，人们认为彗星是神秘的星体，牛顿却认为，彗星并不神秘，它同样遵循力学规律.英国天文学家哈雷根据牛顿理论进行定量计算，指出 1682 年出现的大彗星就是 1531 年、1607 年观察到的彗星.并预言它将在 1785 年再次出现.1743 年克雷洛计算了木星和土星对它的摄动作用，指出它下次出现应在 1759 年.到 1759 年 3 月 13 日人们果真观察到彗星近日点的位置，这件事轰动了全欧洲.

3. 因果分析法

我们认识物理现象时，必然会遇到现象之间的错缩复杂的关系，即现象之间的相互制约和普遍联系，而因果关系则是物理现象间相互制约和普遍联系的主要表现形式之一.

分析与综合是人类认识事物的两种思维方式.人们对物理世界的认识，也是经历了以分析为主和以综合为主的两种过程.在物理学发展初期，人们对物理现象、规律的认识是零碎的、分散的、孤立的和局部的.随着认识水平的提高，人们找到了各种物理现象、物理规律之间的相互联系，逐步把物理学的研究推进到以系统、综合为主的阶段.在物理学发展中有三次伟大的综合，这就是：17 世纪牛顿力学的建立，19 世纪能量守恒及转化定律的建立，19 世纪麦克斯韦电磁场理论的建立.分析与综合是紧密相联的，恩格斯说过："思维既把相互联系着的要素联合为一个统一体，同样地也把意识的对象分解为它的要素，没有分析就没有综合."科学的发展是沿"分析—综合—再分析—再综合…"的轨迹前进的.

## 巩固练习

1. 质量为 $m$ 的子弹以速度 $v_0$ 水平射入沙土中，设子弹所受阻力与速度反向，大小与速度成正比，比例系数为 $k$，忽略子弹的重力，求子弹射入沙土后，速度随时间变化的函数式.

2. 如图 2－19 所示，质量为 $m=6.0\times10^{-3}$ kg 的小球系于绳索的一端，另一端固定 $O$ 点，绳索长 1.0 m. 将小球拉至水平位置 $A$，然后放手. 小球经过圆弧上 $B$、$C$、$D$ 时，求：(1) 速度；(2) 加速度；(3) 绳索中张力. 假定不计空气阻力，并且已知 $\theta=30°$.

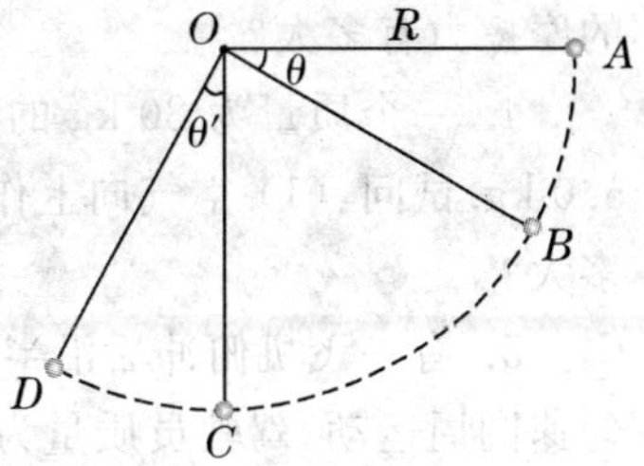

图 2－19

3. 一质量为 0.25 kg 的物体以 9.2 m·s$^{-2}$ 的加速度下落，试求空气作用在这物体上的摩擦阻力.

## 本章小结

牛顿三定律的表述、要点、相互关系及适用范围详见下表：

| | 第一定律 | 第二定律 | 第三定律 |
|---|---|---|---|
| 表述 | 自由质点有保持静止或匀速直线运动的性质，直到其他物体对它作用的合力迫使它改变这种状态.<br>若 $\sum F=0$，则 $a=0$<br>若 $\sum F\neq0$，则 $a\neq0$ | 质点受力作用其加速度大小与合外力大小成正比，与物体的惯性质量成反比，加速度的方向与合外力方向相同.<br>$\sum F=ma$ 或 $\sum F=\mathrm{d}p/\mathrm{d}t$ | 两质点间的相互作用力，总是沿同一直线等值反向.<br>$F_{12}=-F_{21}$ |
| 要点 | 1. 惯性：质点具有保持其速度不变的性质.<br>2. 力：物体之间的相互作用，是改变运动状态的原因. | 1. 惯性质量 $m$，是惯性大小的量度，它与速度有关，低速运动时，可认为是恒量.<br>2. 反映、$m$、之间的定量关系.<br>3. 具有瞬时性、矢量性、叠加性. | 1. 作用力和反作用力是成对出现，成对消失的.<br>2. 作用力和反作用力必定属同一性质，作用在不同质点上. |
| 关系 | 给出了运动状态改变，惯性及受力的定性关系，是三大定律中的前提和基础 | 给出了运动状态改变，惯性及受力的定量关系，是三大定律中的核心 | 给出相互作用力之间的定量关系，是第二定律的补充 |

## 综合练习

1. 回答下列问题：

(1) 物体受到几个力的作用时，是否一定产生加速度？

(2) 物体的速度很大，是否意味着其他物体对它作用的合外力也一定很大？

(3) 物体运动的方向一定和合外力的方向相同，对不对？

(4) 物体运动时，如果它的速率保持不变，它所受到的合外力是否为零？

2. 用绳子系一物体，使其在竖直平面内作圆周运动，当这物体达到最高点时，(1) 有人说："物体这时受到三个力：重力、绳子的拉力以及向心力"；(2) 又有人说，"这三个力的方向都是向下的，但物体不下落，可见物体还受到一个方向向上的离心力和这些力平衡."这两种说法是否正确？

3. 要使箱子在水平地板上以 0.30 m/s 匀速运动，需要 20 N 的水平力，问阻碍箱子运动的摩擦力有多大？

4. 一个质量为 80 kg 的人乘降落伞下降，向下的加速度为 $2.5\ \mathrm{m \cdot s^{-2}}$. 降落伞的质量为 5.0 kg. 试问：(1) 空气向上作用在降落伞上的力为多大？(2) 人向下作用在降落伞上的力为多大？

5. 有一飞机俯冲后沿半径为 460 m 的一竖直圆周轨道飞行，设飞机以速度 $200\ \mathrm{m \cdot s^{-1}}$ 作匀速圆周运动，驾驶员质量为 68 kg，求在轨道的最低点飞行员对座椅的压力为多大？

6. 一架质量为 5 000 kg 的直升机吊起一辆 1 500 kg 的汽车，以 $0.60\ \mathrm{m/s^2}$ 的加速度向上升起. 求：(1) 空气作用在螺旋桨上的上举力多大？(2) 吊汽车的缆绳中张力多大？

7. 一木块能在与水平面成 $\alpha$ 角的斜面上以匀速下滑. 若使它以速率 $v_0$ 沿此斜面向上滑动，如图 2-20 所示，试证明它能沿该斜面向上滑动的距离为 $v_0^2/4g\sin\alpha$.

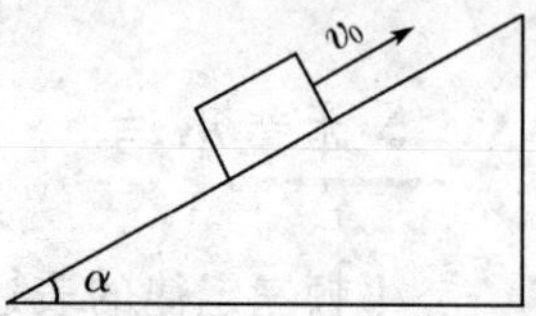

图 2-20

8. 如图 2-21 所示，一个擦窗工人利用滑轮—吊桶装置上升. 求：(1) 要自己慢慢匀速上升，他需要用多大力拉绳？(2) 如果他的拉力增大 10%，他的加速度将多大？设人和吊桶的总质量为 75 kg.

图 2-21

9. 光滑的水平面上放有三个相互接触的物体，它们的质量分别为 $m_1=1$ kg，$m_2=2$ kg，$m_3=4$ kg.

(1) 如果用一个大小等于 98 N 的水平力作用于 $m_1$ 的左方，如图 2-22(a)，问这时 $m_2$ 和 $m_3$ 的左边所受的力各等于多少？

(2) 如果用一个同样大小的水平力作用于 $m_3$ 的右方，如图 2-22(b). 这时 $m_2$ 和 $m_3$ 左边所受的力各等于多少？

(3) 施力情况如(1)，但 $m_3$ 的右方紧靠墙壁（不能动），如图 2-22(c). 这时 $m_2$ 和 $m_3$ 左边所受的力各等于多少？从本题的计算结果可得出什么结论？

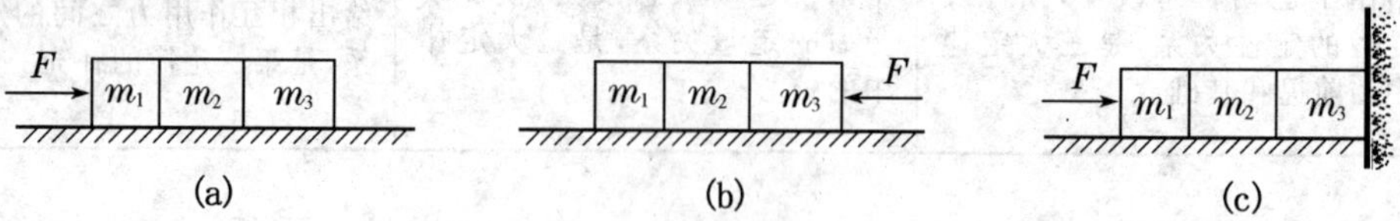

图 2-22

10. 如图 2-23 所示，质量 $m=1\,200$ kg 的汽车，在一弯道上行驶，速率 $v=25$ m/s. 弯道的水平半径 $R=400$ m，路面外高内低，倾角 $\theta=6°$. 求作用于汽车上的水平法向力与摩擦力.

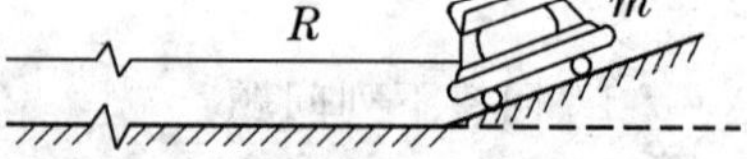

图 2-23

11. 一雪橇在水平冰面上沿直线滑行. 在某位置时其速率为 $v_0$，经路程 $x$ 后停止下来，求雪橇与冰面的摩擦系数.

12. 一质点在力 $F=5m(5-2t)$(SI)的作用下，从静止开始($t=0$)作直线运动，式中 $t$ 为时间，$m$ 为质点的质量，当 $t$ 为 5 s 时，质点的速率为多少？

13. 质量为 16 kg 的质点在 $xOy$ 平面内运动，受一恒力作用，力的分量为 $f_x=6$ N，$f_y=-7$ N，当 $t=0$ 时，$x=y=0$，$v_x=-2\ \mathrm{m \cdot s^{-1}}$，$v_y=0$. 求当 $t=2$ s 时质点的(1) 位矢；(2) 速度.

14. 一个可以水平运动的斜面，倾角为 $\alpha$，斜面上放一物体质量为 $m$，物体与斜面间的静摩

擦系数为 $\mu_s$，如果要使物体在斜面上保持静止，斜面的水平加速度如何？

15. 质量为 $m$ 的跳水运动员，从 10 m 高台上由静止跳下落入水中. 高台距水面距离为 $h$. 把跳水运动员视为质点，并略去空气阻力. 运动员入水后垂直下沉，水对其阻力为 $bv^2$，其中 $b$ 为一常量. 若以水面上一点为坐标原点 $O$，竖直向下为 $Oy$ 轴，求：

(1) 运动员在水中的速率 $v$ 与 $y$ 的函数关系；

(2) 如，$b/m=0.40/\mathrm{m}$ 跳水运动员在水中下沉多少距离才能使其速率 $v$ 减少到落水速率 $v_0$ 的 1/10？（假定跳水运动员在水中的浮力与所受的重力大小恰好相等）

# 第3章 守恒定律

牛顿三大定律反映了某瞬时物体所受力与产生的效果——加速度的关系，但是在实际应用中，物体之间常常在相互作用下运动了一定的距离或运动了一定时间(称为力的空间和时间的积累效应)，例如，著名三峡工程的水利枢纽主体工程是三峡水电站，在库水位 139 m 时，最高日发电量达 8 750 万千瓦时，对缓解枯水期华中、华东和川渝地区用电紧张的情况起到了重要作用. 图 3-1 为气势恢宏的三峡大坝全景，坝轴线全长 2 309.47 m，坝高 185 m，巨大的落差使水流通过引水压力钢管进入巨大折蜗壳当中，水的动力冲动这个转轮的转动，转轮的转动又带动转子的转动，转子和定子之间的相互运动，产生了强大的电流，从而达到了发电的目的. 从以上的过程中可以看出大坝的作用是拦洪蓄水，提高水的落差，使水在重力的作用下，携带巨大能量，带动水轮机运转，这就是上面提到的力的空间积累效应. 本章我们将学习有关力的空间和时间的积累效应的知识，掌握能量、动量及其守恒定律的应用.

图 3-1　三峡大坝全景

## §3.1　做功　机械能守恒　能量守恒

### 学习目标

1. 掌握功的概念，能计算质点直线运动时变力做功问题；
2. 理解保守力做功的特点，势能的普遍定义和各种势能的共性；
3. 理解质点的动能定理、系统的功能原理与机械能守恒定律.

## 学习导入

自古以来人们就知道利用机械装置可以省力和做功.物体所具有的做功能力叫做能量,机械可以消耗一定的能量对外做功,能量在一定的条件下也可以通过做功的方式从一种形式转化为另一种形式,转化服从能量守恒定律.

中学里已学过质点在恒力 $\boldsymbol{F}$ 的作用下,沿直线走过一段距离 $\boldsymbol{S}$,力 $\boldsymbol{F}$ 所做的功为

$$A = \boldsymbol{FS}\cos\alpha \tag{3-1}$$

式中 $\alpha$ 为力 $\boldsymbol{F}$ 与物体移动的路程 $\boldsymbol{S}$ 之间的夹角,如图 3-2 所示.

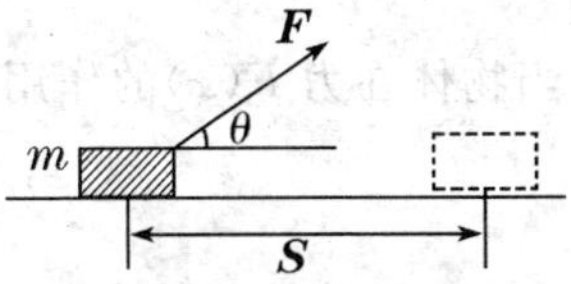

图 3-2 恒力的功

根据矢量的基本知识(见附录1),由矢量标积的定义,功的表达式可改写为

$$A = \boldsymbol{F} \cdot \boldsymbol{S} \tag{3-2}$$

以上是在中学所学恒力功的定义,但通常物体运动所受的作用力常常是变力,例如要成功发射人造地球卫星,就必须使物体脱离地球的引力范围,地球的引力是与距离平方成反比的万有引力,属于变力,那么卫星在引力作用下的功怎样计算呢,要得到卫星脱离地球的引力范围最小地面发射速度(即第二宇宙速度)要多大呢?第三宇宙速度又是怎么一回事呢?本节内容将回答这些问题,进行功、机械能守恒定律的介绍.

## 学习内容

### 3.1.1 功、功率

在历史上,功的概念是在使用简单机械的生产经验基础上逐步发展为科学概念的.人们在从事推车、提水等劳动时,都用力操作,并完成一定的工作量.那时把"工作"认为"做功",凡用力的操作都称为做功.尔后,又逐步认识到,在工作过程中,作用力和位移越大,完成的工作量就越多.这些感性知识,通过总结反映到物理学中,从而形成了功的科学概念.

1. 变力的功

一般情况下,作用在质点上的力 $\boldsymbol{F}$ 的大小和方向都可能不断发生变化,质点经过的路径是一条曲线.沿图 3-3 所示有一质点在力 $\boldsymbol{F}$ 的作用下沿路径 $CD$ 运动,我们可将曲线看出是无数多个无限小的直线段连接而成,设在某一无限小位移 $\mathrm{d}\boldsymbol{r}$ 处力看成是不变的,力 $\boldsymbol{F}$ 与位移元 $\mathrm{d}\boldsymbol{r}$ 之间的夹角为 $\theta$.根据物理学功的定义:力对质点所作的功为力在质点位移方向的分矢量与位移大小的乘积.按此定义,该力所作的元功为

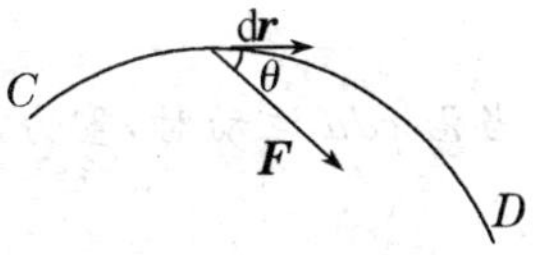

图 3-3 变力的功

$$\mathrm{d}A = F\cos\theta\mathrm{d}r = \boldsymbol{F} \cdot \mathrm{d}\boldsymbol{r} \tag{3-3}$$

其总功是 $CD$ 段各元功的代数和,可用定积分表示

$$A = \int_C^D \mathrm{d}A = \int_C^D F\cos\theta\mathrm{d}r = \int_C^D \boldsymbol{F} \cdot \mathrm{d}\boldsymbol{r} \tag{3-4}$$

功的单位是焦耳,用符号 J 表示.在电工学中,还常用千瓦小时(kW·h)作为功的单位,且有 $1\ \mathrm{kW \cdot h} = 3.6 \times 10^6\ \mathrm{J}$

从式(3-4)可以看出:

(1) 功是标量,没有方向只有正负.元功的正负决定于力与元位移间的交角,当 $90° > \theta > 0°$

时，功为正值，即力对质点做正功；当 $90^\circ<\theta\leqslant180^\circ$ 时，功为负值，即力对质点做了负功；当 $\theta=0^\circ$ 时功为零.

(2) 功是力对空间的累计作用.功与运动的过程相联系，只有在受力质点的位置发生变动的过程中才可能做功.因此在计算物体做功时一定要明确是什么力、在什么过程中做功.

(3) 功具有可加性，当物体同时受到几个力的作用，合力的功等于各分力的功的代数和.

(4) 当力 $\boldsymbol{F}$ 是位置的函数 $\boldsymbol{F}(x,y)$，而 $\boldsymbol{F}$ 和位移 $\mathrm{d}\boldsymbol{r}$ 都在平面上，力 $\boldsymbol{F}$ 的分量为 $F_x$、$F_y$，位移分量为 $\mathrm{d}x$，$\mathrm{d}y$，则式(3-4)可写成

$$A=\int_C^D \boldsymbol{F}\cdot\mathrm{d}\boldsymbol{r}=\int_C^D (F_x\mathrm{d}x+F_y\mathrm{d}y) \tag{3-5}$$

当物体在力 $F(x)$ 的作用下作直线运动，其功可用下式计算

$$A=\int_C^D \boldsymbol{F}(x)\mathrm{d}x \tag{3-6}$$

(5) 功的几何意义，如图 3-4 所示，图中的曲线表示 $F\cos\theta$ 随路径变化的函数关系.曲线下面的矩形面积等于变力所作元功的代数值，其总功等于各位移元对应矩形面积之和.

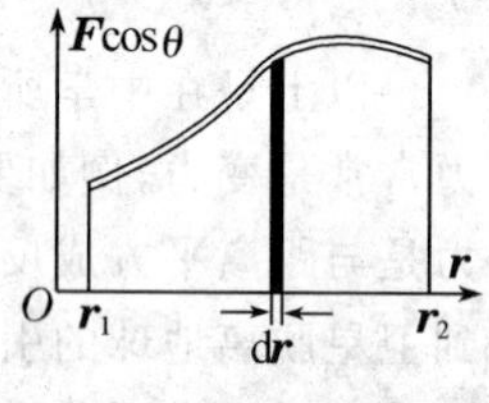


图 3-4 功的几何意义

(6) 功是相对量，与参考系的选择有关.

下面我们重点学习用计算的方法求物体的功

【例 3-1】 如图 3-5 所示，计算物体沿曲线运动重力做的功.

解：设一物体质量为 $m$，视为质点，在重力作用下从 $a$ 点沿路径 $abc$ 至 $c$ 点，点 $a$ 与点 $c$ 距地面的高度分别为 $h_1$ 和 $h_2$，高度差为 $h$.在地球表面几百米高度范围内，重力视为恒力，方向垂直于地面，但是由题意质点运动路径为曲线，取小位移 $\mathrm{d}\boldsymbol{r}$（在 $\mathrm{d}\boldsymbol{r}$ 范围内运动路径视为直线），根据功的定义，重力对质点的元功为

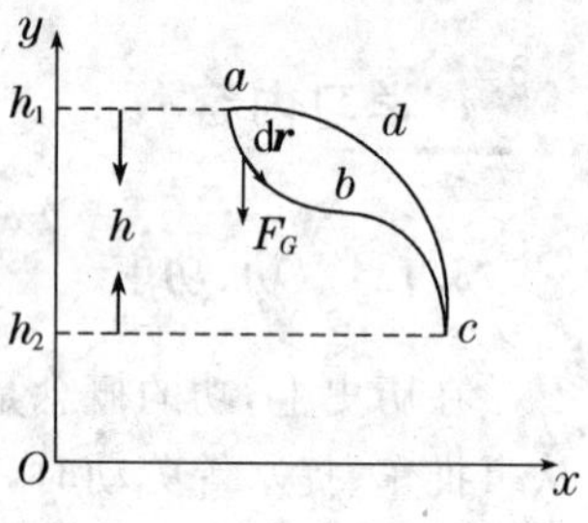


图 3-5 重力的功

$$\mathrm{d}A=\boldsymbol{F}_G\cdot\mathrm{d}\boldsymbol{r}$$

则
$$A=\int_a^b \boldsymbol{F}_G\cdot\mathrm{d}\boldsymbol{r}=\int_a^b (F_x\mathrm{d}x+F_y\mathrm{d}y)$$

其中 $F_x=0$，$F_y=-mg$，则

$$A_{abc}=\int_{y_1}^{y_0}\boldsymbol{F}_y\mathrm{d}y=-\int_{h_1}^{h_2} mg\mathrm{d}y=mgh_1-mgh_2$$

当沿 $cda$ 运动时，重力的功为负功

$$A_{cda}=-(mgh_1-mgh_2)$$

所以当物体沿闭合路径绕行一周时重力的功代数和为零.

【例 3-2】 计算弹性力的功.

解：设一劲度系数为 $k$ 的轻质弹簧一端固定于墙上，另一端系一质量为 $m$ 的物体，整个系统放于光滑的水平面上，弹簧无形变时物体所在位置为原点（平衡位置），取向右为 $Ox$ 轴的正方向，如图 3-6 所示.

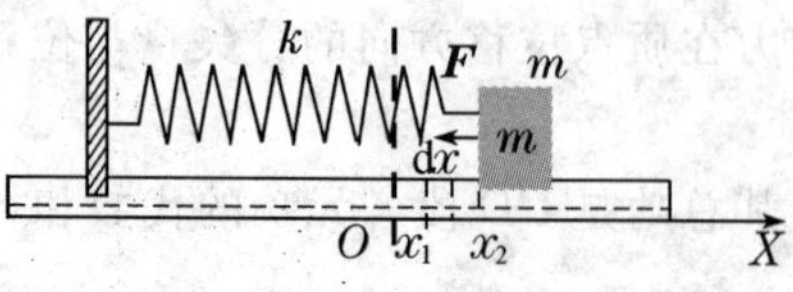


图 3-6 弹性力的功

拉伸弹簧时，垂直于运动方向物体所受重力和地面的支持力不做功，运动方向上只受弹性力 $\boldsymbol{F}$，且弹性力为 $\boldsymbol{F}=-kx$（变力），负号表示作用于物体的弹性力恒指向平衡位置（原点），$x$ 是物体位置的坐标.沿 $X$ 轴取小位移 $\mathrm{d}x$（$\mathrm{d}x$ 范围里力视为不变），元功为

$$dA = \boldsymbol{F}dx$$

物体从 $x_1$ 到 $x_2$ 摩擦力所做的总功为

$$A = \int_{x_1}^{x_2} dA = -\int_{x_1}^{x_2} kx dx = \frac{1}{2}kx_1^2 - \frac{1}{2}kx_2^2$$

总结以上两个例题可以看出:① 求解一维变力做功问题关键仍是明确研究对象,正确进行受力分析,建立坐标系,根据功的定义,列出元功的表达式,进而求出总功. 可见求解力学问题,其解题步骤是十分类似的. ② 重力与弹性力做功的特点是做功只与初末位置有关,与过程无关,同学们可以试试计算在【例 3-2】中物体从 $x_2$ 移动至 $x_1$ 弹性力的功,其结果与上式等大反号,也就是说沿闭合曲线 $x_1$ 至 $x_2$ 再至 $x_1$ 绕行一周,弹性力的功代数和为零.

2. 功率

为了描述单位时间内所作的功,需要引入功率的概念. 单位时间内所做的功称为平均功率. 设某力在时间 $\Delta t$ 内作功是 $\Delta A$,则此力在时间 $\Delta t$ 内的平均功率为

$$\overline{P} = \frac{\Delta A}{\Delta t} \tag{3-7}$$

当时间间隔 $\Delta t$ 趋于零时,平均功率达到一个极限,这个极限值就定义为瞬时功率,简称为功率

$$P = \frac{dA}{dt} = \frac{\boldsymbol{F} \cdot d\boldsymbol{r}}{dt} = \boldsymbol{F} \cdot \boldsymbol{v} \tag{3-8}$$

由式(3-8)可知,瞬时功率等于力在速度方向的分量与速率的乘积. 该式在讨论如汽车、牵引机车等问题时很有用,它给出了功率、牵引力和速度的关系. 对功率一定的牵引动力机械,牵引力的大小是与速度成反比的,当速度增大时,牵引力减小,反之牵引力增大. 例如,当汽车或火车爬坡时需要增大牵引力,因此当功率不变时,就必须降低行驶速度(换用低速档).

在 SI 中,功率的单位是焦耳·秒$^{-1}$($J \cdot s^{-1}$),称为瓦特,符号为 W.

### 3.1.2 动能、动能定理

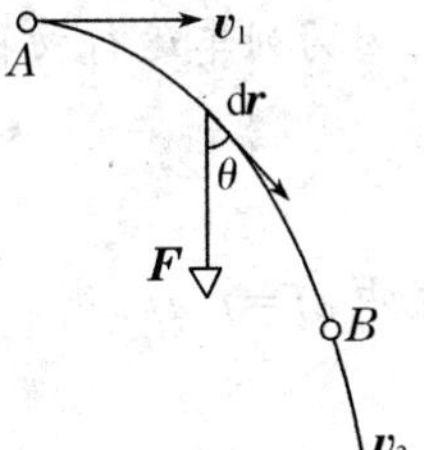


**图 3-7 动能定理**

力对物体作功,就要使物体的运动状态发生变化. 它们之间的关系如何呢? 如图 3-7 所示,一质量为 $m$ 的质点在合外力 $\boldsymbol{F}$ 作用下,自点 $A$ 沿曲线移动到点 $B$,它在点 $A$ 和点 $B$ 的速率分别为 $\boldsymbol{v}_1$ 和 $\boldsymbol{v}_2$. 设作用在位移元 $d\boldsymbol{r}$ 上的合外力 $\boldsymbol{F}$ 与 $d\boldsymbol{r}$ 之间的夹角为 $\theta$. 合外力 $\boldsymbol{F}$ 对质点所作的元功为

$$dA = \boldsymbol{F} \cdot d\boldsymbol{r} = F\cos\theta ds \tag{3-9}$$

在自然坐标系中对力 $\boldsymbol{F}$ 进行分解,则法向力 $F_n$ 与位移垂直,只有切向力做功,由牛顿第二定律及切向加速度的定义,有

$$F\cos\theta = ma_t = m\frac{dv}{dt} \tag{3-10}$$

故可得

$$dA = m\frac{dv}{dt}dr = mvdv \tag{3-11}$$

于是,质点自点 $A$ 移动至点 $B$ 这一过程中,合外力所作的总功为

$$A = \int_{v_1}^{v_2} mv dv = \frac{1}{2}mv_2^2 - \frac{1}{2}mv_1^2 \tag{3-12}$$

我们把 $mv^2/2$ 叫做质点的动能,用 $E_k$ 表示,即 $E_k = mv^2/2$. 这样,$E_{k1} = mv_1^2/2$ 和 $E_{k2} =$

$mv_2^2/2$ 分别表示质点在起始和终了位置时的动能.合外力做的功可写成 $W=E_{k2}-E_{k1}$.这表明，合外力对质点所做的功，等于质点动能的增量.这个结论就叫做质点的动能定理.

从式(3-12)可以看出：

(1) 动能是表示物体以一定速度运动时的做功本领，物体依赖动能的减少来做功.当外力对物体做正功，物体的动能增加，当外力对物体做负功，物体的动能减少.

(2) 功与动能之间的联系和区别.只有合外力对质点做功，才能使质点的动能发生变化.功是能量变化的量度，功是与外力作用下质点的位置移动过程相联系的，故功是一个过程量.而质点的运动状态一旦确定，即 $m,v$ 确定，则动能就唯一地确定.故动能是决定于质点运动状态的，它是状态量.

(3) 功和动能与参考系有关.与牛顿第二定律一样，动能定理也适用于惯性系.此外，在不同的惯性系中，质点的位移和速度是不同的，因此，功和动能依赖于惯性系的选择.

(4) 功和动能是标量.动能的单位与功的单位一致.

【例 3-3】 质量为 $m=1.0\times10^6$ kg 的列车在水平轨道上由静止出发.如果牵引力 $F_1=250$ kN，而运行的阻力系数(即阻力与列车的重量之比)为 $\mu=0.0050$.问列车通过 $s=1$ km 的路程后速度为多大？

解：设列车通过 $s=1$ km 的路程后速度为 $\boldsymbol{v}$，取列车为研究对象(视为质点)，建立如图 3-8 所示坐标系.

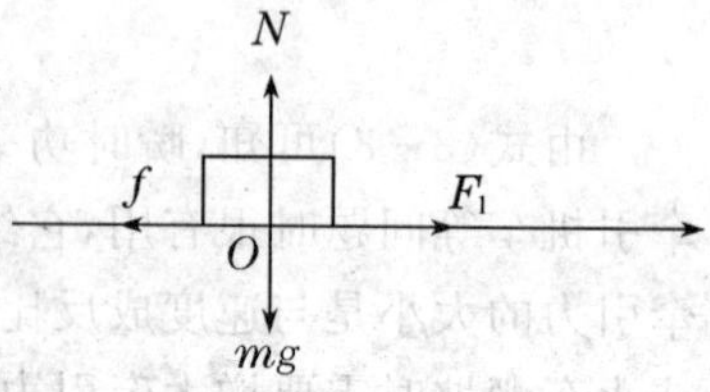

图 3-8

列车运行方向只受牵引力 $F_1$ 和阻力 $f$，重力 $mg$、支持力 $N$ 方向与运动方向垂直(不作功)，故合外力为 $F_1-f$，合外力的功为

$$A=(F_1-f)s$$

又因为列车运行初状态动能为零，末状态动能为 $\frac{1}{2}mv^2$，根据动能定理有

$$(F_1-f)s=\frac{1}{2}mv^2$$

式中：$f=\mu mg$.则

$$\boldsymbol{v}=\sqrt{\frac{2}{m}(F_1-\mu mg)\boldsymbol{s}}=20(\mathrm{m\cdot s^{-1}})=72\ \mathrm{km\cdot h^{-1}}$$

本题应用质点的动能定理比较方便地解答了问题，同学们可以试着：① 用牛顿第二定律求解本题，体会两种方法各自的特点，思考牛顿第二定律与动能定理的关系；② 通过上一节计算变力功的方法，求出卫星逃逸过程引力功为 $A=-G\frac{mM_e}{R}$，其中 $m$ 为卫星的质量，$M_e$ 为地球的质量，$R$ 为地球的半径，再应用动能定理即可解出卫星的第二宇宙速度 $v=11.2\ \mathrm{km\cdot s^{-1}}$，同学们不妨试着解一解.

### 3.1.3 保守力和势能

1. 保守力与非保守力

通过【例 3-1】和【例 3-2】分析可以看出重力、弹性力做功只与质点的起始和终了位置有关，而与路径无关(或者说它们沿闭合路径的功为零)，具有这种特点的力称为保守力，重力、万有引力、弹性力、库仑力、分子力都是保守力.

凡是做功与受力物体运动路径有关的力就称为非保守力，例如摩擦力、两个实际物体的碰撞冲力、火箭因燃料燃烧喷出气体而得到的推力都是非保守力.

2. 势能

下面进一步考察重力与弹性力的功.

在【例3-1】中重力做功的情况下

$A=mgh_1-mgh_2$，如果令 $h_1=h$，$h_2=0$，则

$$A=mgh \tag{3-13}$$

这表示物体在具有某一高度时(相对于 $h=0$)具有做功的本领，所以通常把 $mgh$ 称为物体与地球所组成的系统的重力势能，简称重力势能，用 $E_p$ 表示.

如果 $E_{p1}$ 表示物体在 $h_1$ 处的重力势能，$E_{p2}$ 表示物体在 $h_2$ 处的重力势能，则

$$A=-(E_{p2}-E_{p1}) \tag{3-14}$$

上式说明重力的功等于重力势能增量的负值，当重力做正功时，系统的重力势能减少，当重力做负功时，系统的重力势能增加.

对于弹性力作功的讨论，我们仍会得到与以上讨论结果一致的结论，如果令 $x_1=0$，$x_2=x$，可得到弹簧伸长时物体与弹簧系统的弹性势能为

$$E_p=\frac{1}{2}kx^2 \tag{3-15}$$

如果用 $E_{p1}$ 表示物体在 $x_1$ 处的弹性势能，$E_{p2}$ 表示物体在 $x_2$ 处的弹性势能，则

$$A=-(E_{p2}-E_{p1}) \tag{3-16}$$

上式说明弹性力的功等于弹性力势能增量的负值，当弹性力做正功时，系统的弹性力势能减少，当弹性力做负功时，系统的弹性力势能增加.

通过以上对重力和弹性力的研究我们可以得出：(1) 与物体位置有关的能量称为势能，势能的单位与动能一样.(2) 保守力对物体做的功，等于物体势能增量的负值. 相应的保守力做的功可写成 $A=-(E_{p2}-E_{p1})$.(3) 几种常见的势能有：

重力势能(一般取地球表面为势能零点)　　$E_p=mgh$；

弹性势能(一般取弹簧原长为势能零点)　　$E_p=\frac{1}{2}kx^2$；

万有引力势能(一般取无穷远处为势能零点)　　$E_p=-G\frac{Mm}{r}$.

对于势能的几点说明：

① 势能是属于物体系统的，例如重力势能就是属于地球和物体所组成的系统的，离开了地球作用范围的宇宙飞船，也就无所谓重力势能. 通常所说"物体的重力势能"只是一种简便说法.

② 势能是状态量，通过保守力做功，改变物体的势能.

③ 势能是一个相对量，其值与势能零点的选取有关. 但两状态的势能差与势能零点的选取无关.

④ 物体系统具有势能的条件是物体之间存在着相互作用的保守力. 对于物体之间的非保守力不存在与其相联系的势能.

### 3.1.4　机械能守恒定律

1. 功能原理

前面所讲物体的动能定理，也可以推广至几个物体组成的系统，其动能定理形式与之相同，即

$$A=E_{k2}-E_{k1} \tag{3-17}$$

式中 $A$ 表示系统所有力的总功，$E_{k2}$、$E_{k1}$ 表示系统在初态和终态的总动能．

对于系统来说，总功 $A$ 包含所有外力和内力的功，而内力可分为保守力和非保守力，若以 $A_{保}$、$A_{非保}$ 分别表示保守内力与非保守内力所做的功，则动能定理写为

$$A_{外}+A_{保}+A_{非保}=\Delta E_k \tag{3-18}$$

式中保守力做功为 $A_{保}=-\Delta E_p$，代入上式有

$$A_{外}+A_{非保}=\Delta E_k+\Delta E_p=\Delta(E_k+E_p)=\Delta E \tag{3-19}$$

动能以及相关保守力的势能之和称为机械能．(3-19)式说明：质点系所受外力和非保守内力做功的代数和等于系统总机械能的增量，通常称为系统的功能原理．

下面我们讨论系统的功能原理：

(1) 功是能量变化的量度．功能原理指出，外力和非保守内力对系统做功，可以改变系统的机械能；保守内力做功不能使物体的机械能发生改变．

(2) 功能原理与动能定理无本质区别．功能原理建立了力学中所有力的功与所有形式的能量之间的关系，全面的概括和体现了力学中的功能关系，有了功能原理原则上力学的任何一种功的问题都可解决．另外，用功能原理会使我们的解题更为简单．

2．机械能守恒定律

从系统的功能原理中我们可以看出，当 $A_{外}=0$，$A_{非保}=0$，则 $\Delta E=0$，即

$$E_{k1}+E_{p1}=E_{k2}+E_{p2}=\text{恒量} \tag{3-20}$$

或

$$\Delta E_k=-\Delta E_p \tag{3-21}$$

它们的物理意义是：当系统外力和非保守内力都不作功，那么在系统中动能和势能可以互相转化，但它们的总和(即系统的总机械能)保持恒定．这个结论称为机械能守恒．

【例 3-4】 一汽车的速度 $v_0=10\ \mathrm{m\cdot s^{-1}}$，驶至一斜率为 0.010 的斜坡时，关闭油门．设车与路面间的摩擦阻力为车重 $G$ 的 0.05 倍，问汽车能冲上斜坡多远？

解：取汽车和地球这一系统为研究对象，系统内只有汽车受到沿斜坡方向向下的摩擦力 $\boldsymbol{f}_r$ 和斜坡对汽车的支持力 $\boldsymbol{N}$ 的作用，如图 3-9 所示．设汽车能冲上斜坡的距离为 $\boldsymbol{s}$，此时汽车的末速度为零．运用系统的功能原理，有

$$-\boldsymbol{f}_r\boldsymbol{s}=(0+G\boldsymbol{s}\sin\alpha)-\left(\frac{1}{2}m\boldsymbol{v}_0^2+0\right)$$

即

$$\mu G\boldsymbol{s}=\frac{1}{2}m\boldsymbol{v}_0^2-G\boldsymbol{s}\sin\alpha$$

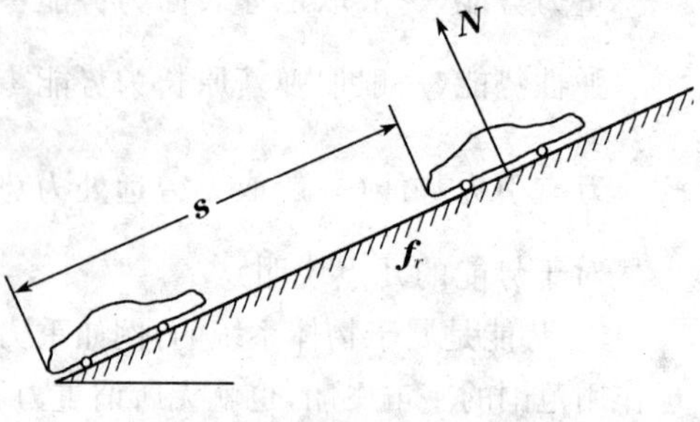

图 3-9 汽车沿斜坡上冲

上式说明，汽车在上坡前动能和势能(设为零)的总和大于上坡后动能(为零)和势能的总和，汽车在上坡中机械能减少了，它所减小的能量等于反抗摩擦力所作的功．代入已知数字，解得 $\boldsymbol{s}=85\ \mathrm{m}$．

从这个例子中我们看到，在应用系统的功能原理时，不能把重力看作外力，也不必再计算重力所做的功．

【例 3-5】 计算第二宇宙速度．

解：设卫星质量为 $m$，以初速度 $\boldsymbol{v}$ 逃逸地球表面运动到无穷远处(当 $\boldsymbol{v}_\infty=0$ 时，需要的发射速度最小)，在此过程中卫星与地球系统相互作用力为保守内力，满足机械能守恒．

取无穷远处为引力势能零点，得到

卫星初状态：$E_{k0}=\frac{1}{2}m\boldsymbol{v}^2, E_p=-G\frac{mM_e}{R}$；

卫星末状态：$E_k=0, E_p=0$.

由机械能守恒得

$$\frac{1}{2}m\boldsymbol{v}^2-G\frac{mM_e}{R}=0$$

则第二宇宙速度 $\boldsymbol{v}=\sqrt{2gR}=11.2(\mathrm{km/s})$.

前面我们曾提示大家用动能定理求解第二宇宙速度，现在我们用机械能守恒定律仍然得到了问题的解，同学们还可以用功能原理得到同样的解，这三种解法之间有什么区别呢？同学们不妨做点思考. 那么接下来我们又要问，如果要使卫星脱离太阳系，需要最小的地面发射速度，即第三宇宙速度为多大呢？我们在知识拓展中将进行回答.

3. 能量守恒定律

在长期的生产斗争和科学实验中，人们总结出一条重要的结论：对于一个与自然界无任何联系的系统来说，系统内各种形式的能量是可以相互转换的，但是不论如何转换，能量既不能产生，也不能消灭. 这一结论叫做能量守恒定律，它是自然界的基本定律之一. 能量的各种形式之间却可以相互转化. 在能量转换的过程中，能量的变化常用功来量度. 在机械运动范围内，功是机械能变化的唯一量度. 但是，不能把功与能量等同起来，功是和能量变换过程联系在一起的，而能量则只和系统的状态有关，是系统状态的函数.

## 知识拓展

### 1. 第三宇宙速度问题

地面表面的任何物体只要具有了第二宇宙速度，就可以逃离地球的引力场. 现在用同样的思路再讨论脱离太阳引力场的问题. 假定在太阳引力场中，在地球公转轨道上相对太阳静止处发射物体，设日地距离为 $a$、则要使物体脱离太阳的引力场必须满足

$$\frac{1}{2}mv^2-\frac{Gm_{日}\ m}{a}\geqslant 0$$

即需要的最小发射速度为 $v=\sqrt{\frac{2Gm_{日}}{a}}=42.1(\mathrm{km/s})$.

实际上要在地球上发射，地球绕太阳公转速度 $v_0=29.8\ \mathrm{km/s}$，如果顺着地球公转的方向发射，只需相对速度 $v'=v-v_0=12.3\ \mathrm{km/s}$. 但是这是不考虑地球引力场的情况，或者在地球引力场外发射的速度. 实际在地球表面发射，首先要脱离地球的引力场，因此，在地球表面上发射所需的总能量应满足

$$\frac{1}{2}mv_3^2-G\frac{m_{地}\ m}{R}=\frac{1}{2}mv'^2$$

结合第二宇宙速度，得地面发射需要的最小速度，即第三宇宙速度为

$$v_3=\sqrt{\boldsymbol{v}'^2+\frac{2Gm_{地}}{R}}=16.6(\mathrm{km/s})$$

上面说的三种宇宙速度都是在地面上发射物体的速度，实际卫星或其他航天器都是靠火箭送上去的，发射速度应是脱离火箭时的速度，与地面发射速度稍有差异.

## 2. 卫星发射的转移轨道

目前已有许多同步卫星在赤道上空运行，担负着全球的通讯、电视转播等任务. 在 1957 年 4 月 10 日前苏联发射了世界上第一颗人造地球卫星，从此人类开始了探索太空世界的新时代. 我国第一颗地球同步卫星，命名为“东方红”2 号，是一颗试验通讯卫星，于 1984 年 4 月 8 日用“长征”3 号液体火箭发射，4 月 16 日定点在东经 125°赤道上空. 发射同步卫星时，在卫星进入同步轨道前，总是先使它经过若干中间轨道，目前发射的同步卫星一般用一个中间轨道，也有用两个或三个中间轨道的. 为什么卫星的发射要利用转移轨道？

用一个中间轨道的同步卫星，在定点以前的发射过程大致分三个阶段，如图 3－10 所示. 第一阶段：用一、二级运载火箭将三级火箭和卫星的组合体送入高度为 200～400 km 的近地轨道，称为停泊轨道. 第二阶段：卫星在停泊轨道上作惯性飞行，飞经赤道上空时，第三级火箭点火，使卫星沿飞行方向加速，熄火后，卫星与三级火箭脱离，进入一个大椭圆轨道，这就是转移轨道，又叫霍曼轨道. 第三阶段：卫星在转移轨道上运行几周后，当它再经过远地点时，航天测控站发出遥控指令，使卫星远地点发动机点火，向卫星施加具有特定方向和大小的推力，用以改变卫星飞行方向和速度，使卫星运行的轨道平面转到赤道平面内，并使卫星的速度等于同步轨道速度.

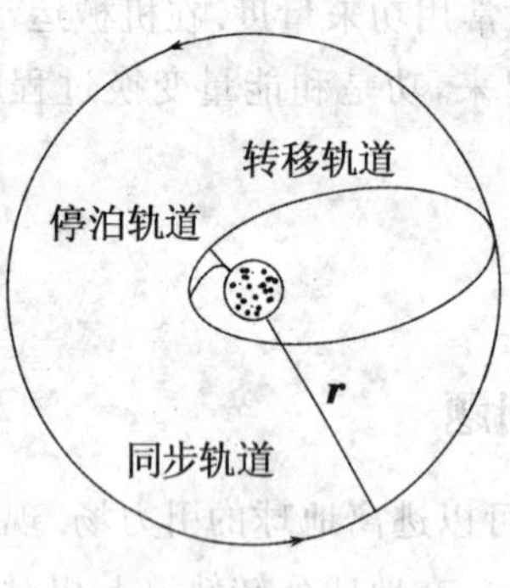


图 3－10　同步卫星发射示意

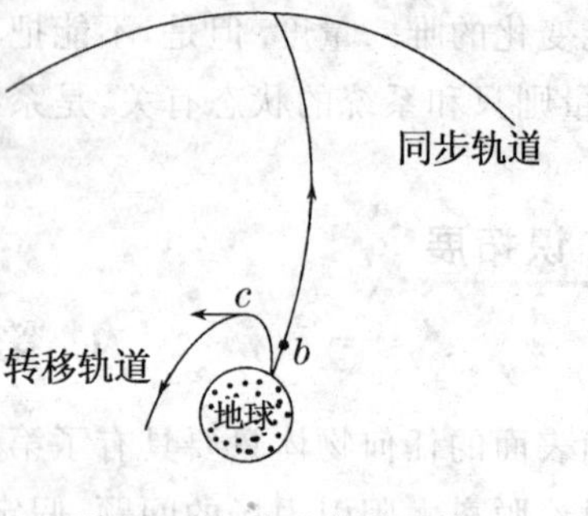


图 3－11　转移轨道示意

从物理学的角度看，利用转移轨道可以节省发射能量. 假如不用转移轨道，火箭一次发动就把卫星送到离地面 $h$=35 800 km 的高空，如图 3－11 所示. 显然，卫星达到高度越高，由地面发射的速度就越大，而且，火箭必须在 $ab$ 段加速，这时要克服地球引力，必须增加火箭发动机的推力.

### 巩固练习

1. 把空桶匀速的放入井中，然后将盛满水的桶提出井口. 指出下面叙述正确者.

A. 放桶过程，仅有重力作功，提水过程，重力不做功

B. 提水过程，仅有拉力作功，放桶过程，拉力不做功

C. 放桶过程是匀速运动，桶的动能不变化，桶的势能逐渐减少，所以仅有重力做功

D. 放桶过程，重力作正功，拉力做负功，两者绝对值相等；提水过程，重力做负功，拉力做正功

2. 一物体放在水平传送带上，物体与传送带之间无相对运动，当传送带匀速运动时，静摩擦力对物体做功为________，当传送带减速运动时，静摩擦力对物体做功为________（填入“正”、“负”或“零”）.

3. 用力推地面上的石块，石块质量为20 kg，力的方向与地面平行，当石块运动时，推力随位移的增加而线性增加，即 $F=6x$，其中 $F$ 单位为N，$x$ 单位为m. 求石块从 $x_1=16$ m 移到 $x_2=20$ m 的过程中，推力所做的功.

# §3.2　动量　动量守恒定律

## 学习目标

1. 理解动量和冲量的基本概念；
2. 掌握动量定理、动量守恒定律及其应用.

## 学习导入

上一节我们学习了力的空间积累效应，掌握了功和能之间的转化关系，现在我们将学习力的时间积累效应——动量及动量守恒，即力作用于物体一段时间的物体状态发生的变化.

动量及动量守恒在工程上有很多应用. 例如建筑工地上的打桩装置可以将数十米的桩基打入地面，就是利用了机锤与桩之间相互作用的时间积累，那么它的工作过程是怎样的？我们将通过本节的学习，掌握相关知识.

**视窗链接**

在航空航天技术中动量及动量守恒应用十分广泛. 航空与航天的区别在于航空是在大气层中进行，而航天是在真空中进行，因此要实现航天必须发明一种不依赖空气的、利用自然推进剂产生巨大推动力的发动机——火箭. 1903年俄国科学家齐奥科夫斯基发表了具有历史意义的论文《利用喷气工具研究宇宙空间》，全面地论述了火箭推进器的技术原理，实践证明现代火箭技术无一例外的遵循了这一技术原理. 20世纪60年代以来，各国把大功率运载火箭作为天地间运输系统的主要工具，将各种用途的应用卫星、空间探测器、载人航天器送上了外层空间的运行轨道，火箭作为一种空间交通工具，终于使人类摆脱了对大气层的依赖，标志着人类航天时代的到来. 我国的长征系列运载火箭能发射近地轨道、太阳同步轨道、地球同步转移轨道卫星或航天器（图3-12），实现了从常规推进剂到低温推进剂、从串联到捆绑、从一箭单星到一箭多星、从发射卫星到发射载人飞船的技术跨越，奠定了中国航天事业发展的基础，使中国航天发射技术处于世界先进水平.

图3-12　搭载神六飞船的中国长征运载火箭

## 学习内容

### 3.2.1　动量定理

在牛顿力学中，物体的质量是恒量，由牛顿第二定律，可将其运动方程写成

$$\boldsymbol{F}=m\boldsymbol{a}=m\frac{\mathrm{d}\boldsymbol{v}}{\mathrm{d}t}=\frac{\mathrm{d}(m\boldsymbol{v})}{\mathrm{d}t} \tag{3-22}$$

将此式变型得

$$\boldsymbol{F}\mathrm{d}t=\mathrm{d}(m\boldsymbol{v}) \tag{3-23}$$

若力 $\boldsymbol{F}$(变力)使得质量为 $m$ 的物体运动时间为 $\Delta t=t_2-t_1$，物体的速度由 $\boldsymbol{v}_1$ 变为 $\boldsymbol{v}_2$，上式积分得

$$\int_{t_1}^{t_2}\boldsymbol{F}\mathrm{d}t=\int_{\boldsymbol{v}_1}^{\boldsymbol{v}_2}\mathrm{d}(m\boldsymbol{v})=m\boldsymbol{v}_2-m\boldsymbol{v}_1 \tag{3-24}$$

式中：$m\boldsymbol{v}$ 称为物体的动量，用 $\boldsymbol{p}$ 表示；$\int_{t_1}^{t_2}\boldsymbol{F}\mathrm{d}t$ 是在 $\Delta t=t_2-t_1$ 时间内力 $\boldsymbol{F}$ 的冲量，用 $\boldsymbol{I}$ 表示，即

$$\boldsymbol{I}=\int_{t_1}^{t_2}\boldsymbol{F}\mathrm{d}t \tag{3-25}$$

或

$$\boldsymbol{I}=\boldsymbol{p}_2-\boldsymbol{p}_1 \tag{3-26}$$

上式说明：物体所受合外力的冲量等于物体动量的增量，称为动量定理.

因 $\boldsymbol{v}$ 是矢量，动量 $\boldsymbol{p}$ 是矢量，动量的方向与速度的方向相同. 在国际单位制(SI)中，动量的单位为千克·米/秒，符号为 kg·m/s.

冲量是矢量，其方向与力的方向一致，冲量是力在一段时间内的积累效应，冲量的单位是牛顿·秒(N·s)

我们注意到动量定理是矢量式，因此在应用中常采用直角坐标系下的分量式：

$$\left.\begin{aligned}I_x&=\int_{t_1}^{t_2}F_x\mathrm{d}t=m\boldsymbol{v}_{2x}-m\boldsymbol{v}_{1x}\\I_y&=\int_{t_1}^{t_2}F_y\mathrm{d}t=m\boldsymbol{v}_{2y}-m\boldsymbol{v}_{1y}\\I_z&=\int_{t_1}^{t_2}F_z\mathrm{d}t=m\boldsymbol{v}_{2z}-m\boldsymbol{v}_{1z}\end{aligned}\right\} \tag{3-27}$$

冲量在研究碰撞和冲击问题时特别重要. 在碰撞和冲击过程中两物体作用时间极短，在很短的时间内作用力迅速达到极大值，又急剧下降到零，这种力常称为冲力. 在这种过程中物体的动量变化很大，相互作用力必然很大，力的量值随时间变化也极为复杂，一般是急剧增大至最大值后急剧地减小，在这类问题中可以忽略其他外力(如重力)的影响. 由于冲力不易确定，常采用平均冲力的概念.

$$\overline{\boldsymbol{F}}\Delta t=m\boldsymbol{v}_2-m\boldsymbol{v}_1 \tag{3-28}$$

其 $x$ 方向的分量定义为

$$\overline{\boldsymbol{F}}_x=\frac{1}{t_2-t_1}\int_{t_1}^{t_2}\boldsymbol{F}_x\mathrm{d}t \tag{3-29}$$

由动量定理可知：

(1) 尽管外力在运动过程中可能改变，物体的速度和动量方向在各个时刻可以不同，但外力作用对时间的累积，即 $I$ 总是等于系统始末状态动量的矢量差，无需考虑物体在运动过程中动量变化的细节，这一点会给解决力学问题带来极大方便.

(2) 动量定理是由牛顿第二定律推导出的，描述的是力对时间的积累效应，而牛顿第二定律表明的是力对时间的瞬时效应. 在相等的冲量作用下，不同质量的物体，其速度变化是不相同的，但动量的变化却是一样的. 从过程的角度来看，动量 $\boldsymbol{p}$ 比速度 $\boldsymbol{v}$ 更能恰当地反映物体的

运动状态，因此，描述物体做机械运动的状态参量，用动量 $\boldsymbol{P}$ 比用速度 $\boldsymbol{v}$ 更确切些.

【例 3-6】 求解跳高比赛中运动员落地瞬间垫子作用于运动员的平均力. 设质量为60 kg的跳高运动员越过横杆后垂直落到泡沫垫上，垫比杆低 1.5 m. 运动员触垫后经 0.5 s，速度变为零.

解：选取运动员为研究对象，所受的力如图 3-13 所示：重力 $mg$ 和垫子的平均作用力 $\overline{F_N}$，且作用在 $y$ 方向，建立图示坐标系，因此根据动量定理的分量式

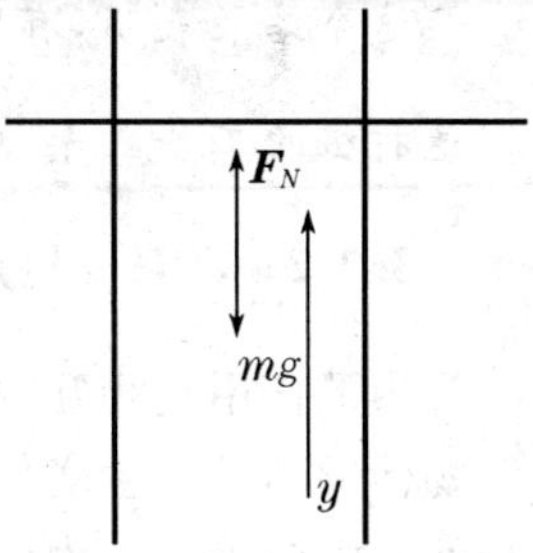

图 3-13

$$I_y=\int_{t_1}^{t_2}F_y\mathrm{d}t=m\boldsymbol{v}_{2y}-m\boldsymbol{v}_{1y}$$

有
$$(\overline{F}_N-mg)\Delta t=m\boldsymbol{v}_{2y}-m\boldsymbol{v}_{1y}$$

其中 $v_{1y}$ 与 $v_{2y}$ 分别是运动员落地时（触垫）的速度和触垫后经 0.5 s 的速度，所以

$v_{1y}=-\sqrt{2gh}$，$v_{2y}=0$，得

$$\overline{F}_N=\frac{m\boldsymbol{v}_{2y}-m\boldsymbol{v}_{1y}}{\Delta t}+mg$$

$$=\left(\frac{60\sqrt{2\times9.8\times1.5}}{0.5}+60\times9.8\right)(\mathrm{N})=1.24\times10^3\ \mathrm{N}$$

在本例中我们通过运动员落垫前后 0.5 s 的速度变化方便地求出运动员受到的平均冲力，这种方法具有实际应用价值. 同学们可以估算一下飞鸟与飞机相碰后飞鸟对飞机的冲力. 设飞机的速度为 $3\times10^2\ \mathrm{m\cdot s^{-1}}$，飞鸟的身长为 0.2 m、质量为 0.5 kg，碰撞后飞鸟尸体与飞机速度相同，碰撞时间可用飞鸟身长被飞机速度相除来估算. 计算后想一想对于高速运动的物体（如飞机、火车）与通常不足以引起危害的物体（如飞鸟、小石子）相碰的后果.

下面我们来分析应用导入中提到的建筑工地上打桩装置的工作情况.

如图 3-14 所示，木桩的质量为 $m_2$，锤的质量为 $m_1$，落高为 $h$. 假设地基的抵抗力 $R$ 恒定不变，落锤一次将桩打进土中的深度为 $d$.

打桩时，锤落到桩头 $A$ 上时，锤的速度为 $v_{10}=\sqrt{2gh}$，桩的速度 $v_{20}$ 为零，碰撞后速度立即减小，直到锤与桩速度相同 $v_1=v_2=v$ 为止.

取 $Y$ 轴正向如图所示，应用动量守恒定律有 $m_1v_{10}+m_2v_{20}=(m_1+m_2)v$，则

$$v=\frac{m_1v_{10}+m_2v_{20}}{m_1+m_2}=\frac{m_1\sqrt{2gh}+0}{m_1+m_2}$$

$$=\frac{m_1\sqrt{2gh}}{m_1+m_2}$$

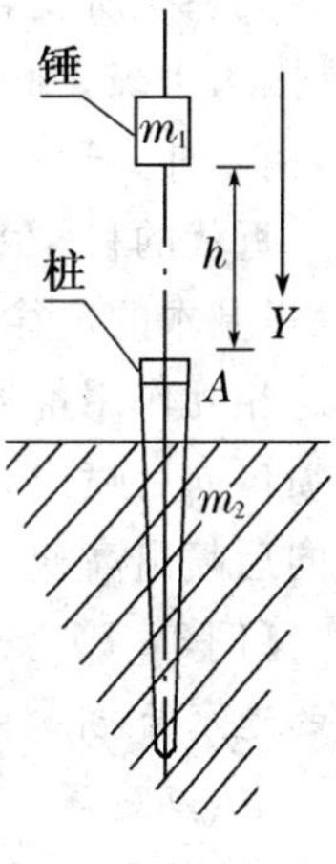

图 3-14　打桩示意

又因为锤与桩碰撞时间极短，所以可认为桩和锤达到共同速度时桩还没有明显下沉，它们的下降速度逐渐减小，直到为零为止，桩下降的深度为 $d$，因此根据动能定理得

$$(m_1g+m_2g)d-Rd=0-\frac{1}{2}(m_1+m_2)\boldsymbol{v}^2$$

通常地基的阻力要比 $m_1g+m_2g$ 大得多，所以上式左边第一项远小于第二项，可以忽略不计，由上边两式得

$$R=\frac{m_1^2gh}{(m_1+m_2)d}$$

或

$$\frac{Rd}{m_1gh}=\frac{m_1}{m_1+m_2}$$

这个结果表明，有用功 $Rd$ 比重力的功 $m_1gh$ 小，两者的比率是 $\frac{m_1}{m_1+m_2}$，显然这一比率也就是打桩的工作效率. 所以要提高打桩的效率，应该是锤的质量 $m_1$ 越大越好.

### 3.2.2 动量守恒定律

力的作用是相互的，当物体在受到另一物体作用时，同时也对另一物体有反作用力，使其他物体的动量发生变化，由于作用力与反作用力的冲量大小相等、方向相反，因此一个物体动量的增加等于另一物体动量的减少. 可以证明如果由几个物体组成一个系统，且系统不受外力的作用（或合外力为零），尽管系统内存在内力，在内力的作用下，各物体的动量会发生变化，但系统的总动量不变，即

$$\sum_{i=1}^{n} m_i\boldsymbol{v}_i=\text{恒矢量} \qquad (3-30)$$

这就是动量守恒定律. 在直角坐标系中，其分量式为

$$\begin{aligned} p_x&=\sum m_iv_{ix}=C_1 \\ p_y&=\sum m_iv_{iy}=C_2 \\ p_z&=\sum m_iv_{iz}=C_3 \end{aligned} \qquad (3-31)$$

式中 $C_1$、$C_2$ 和 $C_3$ 均为恒量.

当系统所受合外力不为零时，是不满足动量守恒条件的，但我们可以考虑垂直合外力方向，因为系统在此方向上受力为零，故系统动量在该方向的分量将保持不变；在某些碰撞问题中，由于外力远小于内力，此时仍可应用动量守恒定律解决问题.

近代的科学实验和理论分析都表明：动量守恒定律与能量守恒定律一样，是自然界中最普遍、最基本的定律之一. 在自然界中，大到天体间的相互作用，小到质子、中子、电子等微观粒子间的相互作用都遵守动量守恒定律，例如火箭在飞行时，它装载的燃料所生成的大量高速气体从喷口向后喷出，这些气体具有很大的动量，根据动量守恒定律，火箭获得向前的动量. 火箭不断向后喷出高速气体，它的动量就不断增加，从而可获得很大的速度向前飞行.

【例 3－7】 如图 3－15 所示，设炮车在水平光滑的轨道上发射炮弹. 炮弹离开炮口时对地面的速度为 $v_1$，仰角为 $\alpha$，炮弹的质量为 $m_1$，炮身的质量为 $m_2$. 求炮车的水平反冲速度.

解：以炮弹和炮车组成的系统为研究对象，系统所受外力有重力、地面的托力和摩擦力. 其中除摩擦力可以忽略外，托力和重力不相平衡（托力包括地面的支持力和地面对炮身底座的反冲力），系统的总动量不守恒. 但是由于忽略了摩擦，重力和托力在水平方向的分量为零，因此系统在水平方向的动量守恒. 发射前炮弹和炮身是静止的，它们沿水平方向的动量为零，发射后的一瞬间它们沿水平方向的总动量仍为零.

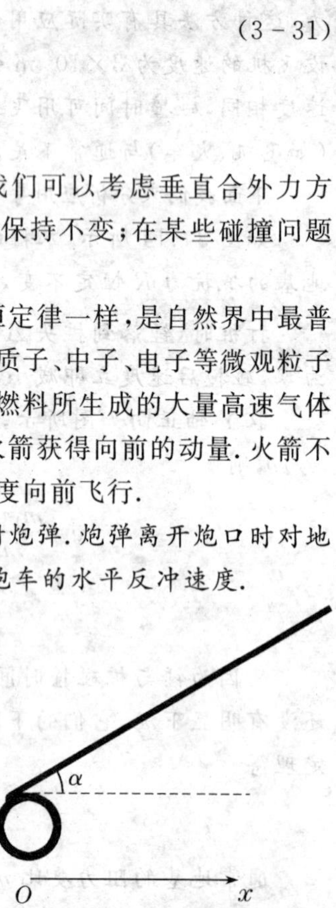

图 3－15 炮车发射炮弹示意

建立水平方向 $Ox$ 轴，系统沿 $Ox$ 轴方向动量守恒为

$$m_1 v_1\cos\alpha + m_2 v_2 = 0$$

由此得到炮车的速度为

$$v_2 = -\frac{m_1}{m_2}v_1\cos\alpha$$

负号表示炮车的反冲速度与 $x$ 轴正方向相反，即炮身后退.

【例 3-8】　碰撞前后两物体总动能保持不变的碰撞称为完全弹性碰撞，否则称为非完全弹性碰撞. 质量为 $m_1$ 的未知粒子，以确定的速度 $v_{10}$ 分别与静止的已知质量为 $m_2$ 和 $m_2'$（$\frac{m_2'}{m_2}=14$）的两个粒子发生完全弹性碰撞，$m_2$ 和 $m_2'$ 获得的速度分别为 $v_2$ 和 $v_2'$，方向一致，并测得比值为 $\frac{v_2}{v_2}=7.5$，$m_1$ 获得的速度分别为 $v_1$ 和 $v_1'$，求未知粒子的质量 $m_1$.

解：因为是完全弹性碰撞，故动能守恒，由于粒子碰撞无外力作用，故动量守恒，且根据题意 $v_{20}=0$.

研究 $m_1$ 和 $m_2$ 组成的系统碰撞前后

$$\frac{1}{2}m_1 v_{10}^2 = \frac{1}{2}m_1 v_1^2 + \frac{1}{2}m_2 v_2^2$$

$$m_1 v_{10} = m_1 v_1 + m_2 v_2$$

得

$$v_2 = \frac{2m_1 v_{10}}{m_1 + m_2}$$

再研究 $m_1$ 和 $m_2'$ 组成的系统碰撞前后

$$\frac{1}{2}m_1 v_{10}^2 = \frac{1}{2}m_1 v_1'^2 + \frac{1}{2}m_2^1 v_2'^2$$

$$m_1 v_{10} = m_1 v_1' + m_2' v_2'$$

得

$$v_2' = \frac{2m_1 v_{10}}{m_1 + m_2'}$$

又由

$$\frac{v_2}{v_2'} = \frac{\dfrac{2m_1 v_{10}}{m_1+m_2}}{\dfrac{2m_1 v_{10}}{m_1+m_2'}} = 0.75$$

得

$$m_1 = \frac{m_2' - 0.75m_2}{7.5-1} = \frac{14m_2 - 0.75m_2}{6.5} = m_2$$

以上例题其实就是 1932 年查德威克发现中子的碰撞实验，即用"未知"射线轰击氢核 $m_2$ 和氮核 $m_2'$，从而得到"未知"射线就是质量与氢核（质子）差不多的粒子——中子.

## 知识拓展

### 物理学思想方法漫谈：归纳与演绎

牛顿曾说过："在实验物理学上，一切定理均由现象推得，用归纳法推广."爱因斯坦也认为："运用于科学幼年时代的以归纳为主的方法，正让位于探索性的演绎法."

**一、归纳法**

归纳法就是一种从个别事实中概括出一般概念、一般规律的思维方法. 它是一种推理形式，运用归纳法进行推理时，可以分为三个基本步骤：

第一步　搜集材料. 一般来说，搜集的材料越多、越全面，推出的普遍结论越可靠.

第二步　整理材料. 从自然界和实验所获得的材料，往往是纷杂繁多的，难以直接洞察内在所蕴含的规律性. 英国著名哲学家培根在谈到归纳法时曾说过：“……我们如果不把它（指材料——作用）归类在适当的秩序以内，则它一定会使人的理解迷离恍惚起来.”整理从观察和实验所得到的材料，这是归纳法极为重要的一步.

第三步　概括抽象. 通过对材料进行比较、分析，删除其非本质的成分，把事物的本质因素及其内在规律揭示出来.

归纳法是从经验事实中找出普遍特征的认识方法，即从个别到一般的方法. 它使科学家们能从经验事实中找出一般的规律成为普遍特征. 即使是实验事实不多，也可以从这些少量事实的考察中看出一些真理的端倪，给予人们一些启迪，使人们能提出假设和猜想. 尤其是在科学实验中，人们为了寻求因果关系必须恰当地安排实验，使之合理有效. 这时利用一些因果关系去设计实验，则是非常奏效的.

当然，归纳法也不是万能的，它带有很大的必然性，因为它常常会局限于经验的、表面的、现象的反映之中. 尤其它是以人们的直观感觉为基础的，因此在揭露事物本质上就不可能深刻.

**二、演绎法**

和归纳法相反，演绎是从一般到个别的推理方法. 作为出发点的一般性判断称为“大前提”，作为演绎中介的判断称为“小前提”. 把由“大前提”和“小前提”推演出来的结果称为演绎的结论. 演绎推理的主要形式就是由大前提、小前提、结论组成的“三段论”.

演绎法是逻辑证明的很好的工具. 如果选择确实可靠的命题作为大前提，经过合乎逻辑的推理，得到的结论就一定是正确的. 因此，演绎推理是一种必然性的推理，这个特点在几何学中表现得极为突出. 爱因斯坦甚至说，如果一个人初次接触到欧氏几何学而不曾为它的严密的逻辑性所感动的话，那他是不会成为一个出色的理论科学家的.

演绎推理也是作出科学预见的一种手段，若把一般性的原理（理论）运用到具体场合，作出正确的推论来，这就是科学预见. 由于科学理论是已被实践证明了的真理，由此作出的推论就是有科学根据的，我们才可称之为科学预见.

归纳法和演绎法是非常辩证的，这二者之间既有区别又有联系，归纳法是有偶然性的，前提和结论并无必然联系；而演绎法则是有必然性的，其前提和得出的结论则是有必然联系的. 归纳法是从个别到一般，演绎法则是从一般到个别. 在结论范围方面，归纳法的结论范围超过前提范围是可以的，而演绎法结论范围则不可能超过前提范围.

当然. 演绎是以归纳为基础的，归纳又是以演绎为指导的，没有演绎指导，归纳往往要失败，所以归纳和演绎互为条件，互相渗透，在一定的条件下互相转化. 杨振宁从他亲身经历认为中国缺乏实验手段，实验结果少，演绎型的训练多，而在美国从大量实验结果中构造新模型，提出新观点，归纳出新物理定律的训练多.

## 巩固练习

1. 一质量为 $m$ 的物体，原来以速率 $v$ 向北运动，当受到外力打击后变为以速率 $v$ 向西运动，则外力的冲量大小为________，方向为________.

2. 两球质量分别为 $m_1=2.0\times10^{-3}$ kg，$m_2=5.0\times10^{-3}$ kg，在光滑水平面上运动，用直角坐标系 $Oxy$ 描述其运动，两者速度分别为 $v_1=0.01\boldsymbol{i}$ m·s$^{-1}$，$v_2=(0.03\boldsymbol{i}+0.05\boldsymbol{j})$ m·s$^{-1}$. 若碰撞后合为一体，则碰撞后速度的大小 $v=$________，$\boldsymbol{v}$ 与 $Ox$ 轴的夹角为________.

3. 一质量为 60 kg 的人，以 2.0 m·s$^{-1}$的速度跳上一辆迎面开来速度为 4.9 m·s$^{-1}$的小车，小车质量 180 kg. 求人跳上小车后人和小车的共同速度.

## 本章小结

1. 变力作功的表达式 $A=\int_C^D \mathrm{d}A=\int_C^D \boldsymbol{F}\cdot\mathrm{d}\boldsymbol{r}=\int_C^D F\cos\theta\mathrm{d}r$

2. 质点的动能定理 $W=E_{k2}-E_{k1}$

3. 几种常见的势能：

重力势能 $E_p=mgh$

弹性势能 $E_p=\frac{1}{2}kx^2$

万有引力势能 $E_p=-G_0\frac{Mm}{r}$

4. 质点系所受外力和非保守内力做功的代数和等于系统总机械能的增量.

5. 动量定理：在给定的时间内，作用于质点的合外力的冲量，等于质点在该时间内动量的增量.

$$\boldsymbol{I}=\int_{t_1}^{t_2}\boldsymbol{F}\mathrm{d}t=\boldsymbol{p}_2-\boldsymbol{p}_1=m\boldsymbol{v}_2-m\boldsymbol{v}_1$$

6. 在一个力学系统中，当系统所受的合外力为零时，系统的总动量将保持不变. 这一规律称为动量守恒定律. $\sum_{i=1}^{n}m_i\boldsymbol{v}_i=$恒矢量

## 综合练习

1. 下列物理量：质量、动量、冲量、动能、势能、功中与参照系的选取有关的物理量是________________.

2. 保守力的特点是________________；保守力的功与势能的关系为________.

3. 物体在恒力 $\boldsymbol{F}$ 作用下做直线运动，在时间 $\Delta t_1$ 内速度由 0 增加到 $v$，在时间 $\Delta t_2$ 内速度由 $v$ 增加到 $2v$，设 $\boldsymbol{F}$ 在 $\Delta t_1$ 内做的功是 $W_1$，冲量是 $I_1$，在 $\Delta t_2$ 内做的功是 $W_2$，冲量是 $I_2$，那么 $W_1$ ________ $W_2$，$I_1$ ________ $I_2$（“$<$”，“$>$”，“$=$”）.

4. 一根特殊弹簧，在伸长 $x$ 米时，其弹力为 $4x+6x^2$ 牛顿. 试求把弹簧从 $x=0.50$ m 拉长到 $x=1.00$ m 时，外力克服弹簧力所做的总功.

5. 一个实际弹簧，其弹性力 $F$ 与形变 $x$ 的关系为

$$F=-kx-bx^3$$

式中 $k=1.16\times10^4$ N·m$^{-1}$. 求弹簧从 $x_1=0.2$ m 伸长到 $x_2=0.3$ m 时，弹性力所做的功.

6. 在图 3-16 中，一个质量 $m=2$ kg 的物体从静止开始，沿四分之一的圆周从 $A$ 滑到 $B$. 已知圆的半径 $R=4$ m，设物体在 $B$ 处的速度 $v=6$ m·s$^{-1}$，求在下滑过程中，摩擦力所做

的功.

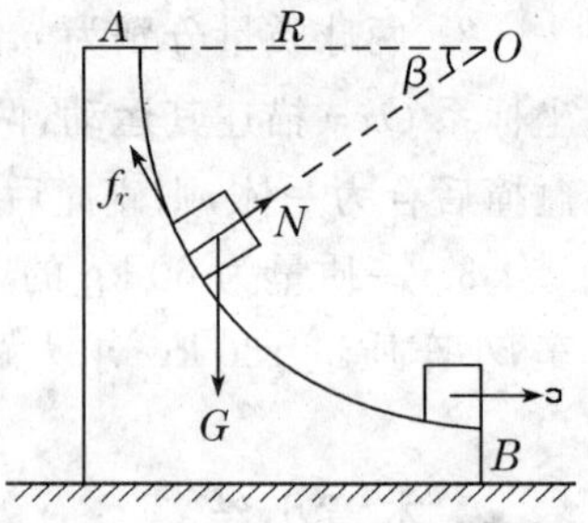

图 3-16

7. 一人把质量 10 kg 的物体匀速地举高 2 m，他做多少功？如果他把这物体匀加速地举高 2 m，他需做多少功？设物体初速度为零，到 2 m 高度时速度增为 $2\ \mathrm{m \cdot s^{-1}}$.

8. 机枪每分钟射出 120 发子弹，每颗子弹的质量为 20 g，出口速度为 $800\ \mathrm{m \cdot s^{-1}}$，求射击时的平均反冲力.

9. 如图 3-17 所示，一人从高台上向下跳，脚触到下面地板时，他的膝盖弯曲，其间，他的躯干可在一段对它提供的减速距离内完成减速运动. 设下跳高度 $H=3$ m，减速距离 $D=0.6$ m，腿以上的躯干的质量 $M=100$ kg. 试估计匀减速时腿作用于躯干上的力.

图 3-17

10. 一质量为 $m$ 的质点在 $xOy$ 平面上运动，其位置矢量为 $\boldsymbol{r}=a\cos\omega t\boldsymbol{i}+b\sin\omega t\boldsymbol{j}$ 求质点的动量及 $t=0$ 到 $t=\frac{\pi}{2\omega}$时间内质点所受的合力的冲量和质点动量的改变量.

11. 一个步兵，他和枪的质量共为 100 kg，穿着带轮的溜冰鞋站着. 现在他用自动枪在水平方向上射出 10 发子弹，每颗子弹质量为 10 g 而出口速度 $750\ \mathrm{m \cdot s^{-1}}$. 求：(1) 如果步兵无摩擦地向后运动，问在第 10 次发射后他的速度是多少？(2) 如果发射了 10 s，对他的平均作用力有多大？(3) 比较他的动能和 10 颗子弹的动能.

12. 一个质量 4 kg 的物体，在水平光滑桌面上以 4 m/s 的速度向右运动，与另一个质量 6 kg，以 $1.5\ \mathrm{m \cdot s^{-1}}$ 速度向左运动的物体相碰. 碰撞后两物体粘在一起. 问：(1) 末速度如何？(2) 它们相互作用的冲量多大？

13. 一颗子弹在枪筒里前进时所受的合力大小为 $F=400-\frac{4\times10^5}{3}t$(SI)子弹从枪口射出时的速率为 300 m/s，假设子弹离开枪口时的合力刚好为零，求子弹走完枪筒全长所用的时间为多少？子弹在枪筒中所受力的冲量 $I$ 为多少？

14. 设 $\boldsymbol{F}_{合}=7\boldsymbol{i}-6\boldsymbol{j}N$. (1) 当一质点从原点运动到 $\boldsymbol{r}=-3\boldsymbol{i}+4\boldsymbol{j}+16$ km 时，求 $\boldsymbol{F}$ 所做的功. (2) 如果质点到 $\boldsymbol{r}$ 处时需 0.6 s，试求平均功率. (3) 如果质点的质量为 1 kg，试求动能的变化.

15. 一炮弹质量为 $m$，以速率 $\boldsymbol{v}$ 飞行，其内部炸药使此炮弹分裂为两块，爆炸后由于炸药使弹片增加的动能为 $T$，且一块的质量为另一块质量的 $k$ 倍，如两者仍沿原方向飞行，试证其速率分别为 $\boldsymbol{v}+\sqrt{\frac{2kT}{m}}$，$\boldsymbol{v}-\sqrt{\frac{2T}{km}}$.

16. 质量为 $M$ 的大木块具有半径为 $R$ 的四分之一弧形槽，如图 3-18 所示. 质量为 $m$ 的小立方体从曲面的顶端滑下，大木块放在光滑水平面上，二者都做无摩擦的运动，而且都从静止开始，求小木块脱离大木块时的速度.

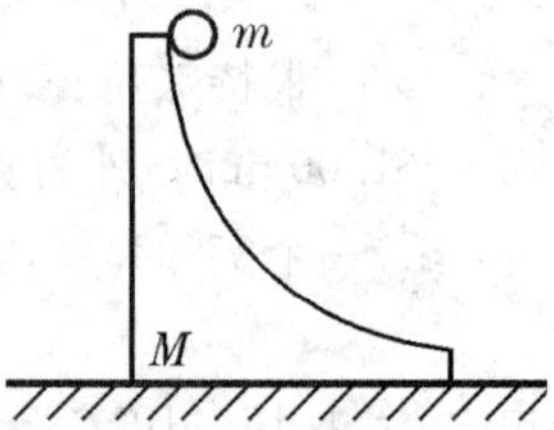

图 3-18

# 第 4 章

# 刚体的定轴转动

前面我们介绍了质点的运动学、动力学方面的知识,但是在实际生产、生活里有一些物体在绕固定轴转动中,其运动状态与它的形状、大小有关,如图 4-1 和图 4-2 中机器上高速转动的飞轮和互相啮合转动的齿轮,以及平时见到的门窗等.这些物体不能简化为质点来处理,而是一种特殊的质点系——刚体.本章将学习刚体的最基本的运动形式即定轴转动,引入转动惯量、力矩和角动量等概念,重点介绍刚体与其他物体相互作用的基本规律,即转动定律、动能定理、角动量守恒等内容.

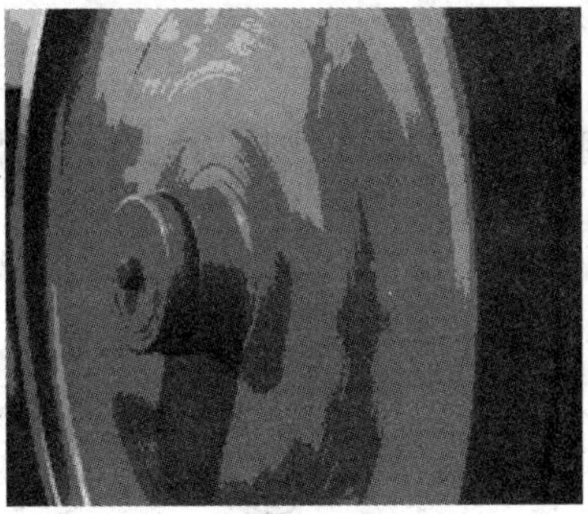

图 4-1 高速转动的飞轮

图 4-2 啮合齿轮的转动

## §4.1 刚体的定轴转动

### 学习目标

1. 理解刚体定轴转动角位移、角速度、角加速度的概念及角量与线量的关系;
2. 能够解决刚体定轴转动两大类问题;
3. 了解刚体定轴转动在机械工业中常见的应用和相关知识的拓展.

### 学习导入

在许多问题中,物体的大小和形状对运动有着重要的影响,例如,电机上的转子,机床上的各种轮轴,飞机上的螺旋推进器等等,它们的大小和形状对运动有着重要影响,此时研究它的运动就不能将它们视为质点.我们注意到这些物体在运动中,虽然大小、形状发生变化,但是在很多情况下其形状变化(形变)很小,可以忽略不计,比如,人们极少考虑正常运转的齿轮的变形.因此为了突出问题的主要方面,我们引入另一个理想模型——刚体.大小与形状保持不变的物体称为刚体,也就是说,刚体上的任何两点间的距离是保持不变的.

严格意义下的刚体是不存在的,任何物体受力的作用,总有或大或小的形状变化,但是物体的形变对物体运动的影响可忽略时,就可以将物体作为刚体来处理,而其形变则在其他有关的工程技术中才是所要考虑的问题.

在研究刚体时,通常将刚体看成有许多质点组成,当刚体作定轴转动时,每一质点均绕固定轴做圆周运动,其运动遵从牛顿运动定律.

下面我们来考察图 4-2 中两个齿轮互相啮合时的运动.机械设备中常常通过齿轮之间的互相啮合来达到改变速度、改变转动方向等目的,图 4-2 是由两个半径不同的齿轮相互组成外啮合状态,它们在转动中运动状态怎样确定、速度与加速度的改变与哪些因素有关,怎样来计算?本节将研究刚体定轴转动状态描述的方法以及基本规律.

## 学习内容

### 4.1.1 刚体的平动与定轴转动

在研究物体运动时,若物体的形状大小不能忽略,我们称这样的物体为刚体.刚体的运动分为平动和定轴转动两类.

刚体在运动过程中,若其上任一直线与它初始位置始终保持平行,这种运动就是平动.如垂直升降电梯的运动,体育锻炼用的荡木的运动(如图 4-3),都是平动.当刚体平动时,体内各点的轨迹形状相同,在同一瞬间,各点的速度、加速度相同.因此,对于平动的刚体,只需确定出刚体内任一点的运动,也就确定了刚体的运动.即刚体的平动问题可视为质点运动问题来处理.

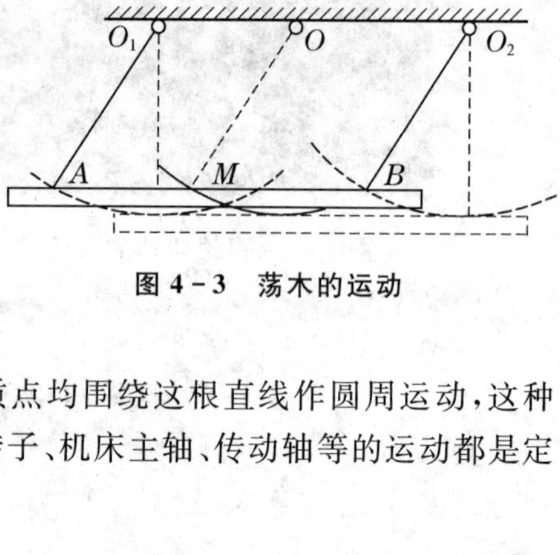

图 4-3 荡木的运动

刚体在转动时,始终围绕一根直线转动,刚体上各质点均围绕这根直线作圆周运动,这种运动称刚体的定轴转动.这根固定直线称为转轴.电机转子、机床主轴、传动轴等的运动都是定轴转动的例子.

### 4.1.2 刚体定轴转动的描述

刚体在作定轴转动时,刚体上各点的位置矢量、速度、加速度矢量不相同,但它们在相同的时间内转过的角度都相同,如图 4-4 所示,我们在某刚体上截取一个与轴垂直的截面,研究截面上各点的运动.我们发现,第一章中对质点圆周运动的描述,完全可以应用于刚体的定轴转动.

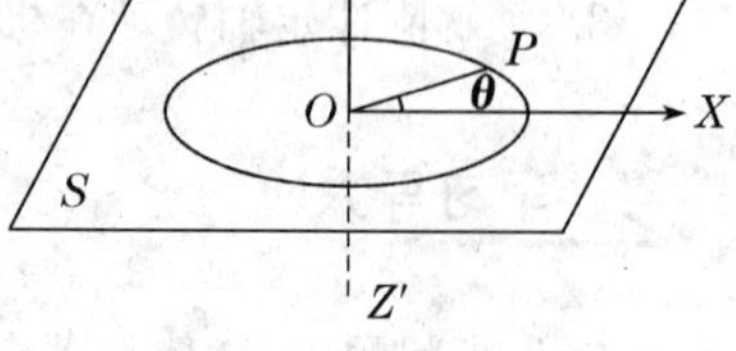

图 4-4 角位置

1. 角位置(又称角坐标)

对应于质点运动描述中的位置矢量,角位置是确定刚体在转动时位置的物理量.如图 4-4 所示,在垂直于转轴的刚体平面内,取截面 $S$ 与转轴 $ZZ'$ 交点为 $O$ 点,在截面内由 $O$ 点作一直线 $OX$ 为参考方向.截面上 $P$ 点与 $O$ 点的连线 $OP$ 与 $OX$ 的夹角为 $\boldsymbol{\theta}$,$\boldsymbol{\theta}$ 的大小决定了 $OP$ 的位置,也决定了整个刚体的位置，$\boldsymbol{\theta}$ 称为角位置.

在国际单位制中，$\boldsymbol{\theta}$ 的单位是弧度，用符号 rad 表示. 它的方向规定如下. 由于刚体转动时对准转轴从上向下看其转动方向只有两种：顺时针或逆时针，我们规定转轴向上为正方向，$\boldsymbol{\theta}$ 角的旋转方向是逆时针方向则角位置为正，反之为负. 因此，刚体定轴转动的方位用 $\boldsymbol{\theta}$ 的正负表示.

若已知角坐标随时间变化的函数，即

$$\boldsymbol{\theta}=\boldsymbol{\theta}(t) \tag{4-1}$$

则刚体在任一时刻的位置都能完全确定，上式称为刚体定轴转动的转动方程.

2. 角位移

对应于质点运动的位移矢量，角位移是描述刚体位置变化的物理量，如图 4-5 所示，刚体上一质点 $t$ 时刻位于 $P_1$ 点，$P_1$ 点的角位置是 $\boldsymbol{\theta}$，$t+\Delta t$ 时刻该质点运动到 $P_2$ 点，$P_2$ 点的角位置是 $\boldsymbol{\theta}+\Delta\boldsymbol{\theta}$，则角位置的增量 $\Delta\boldsymbol{\theta}$ 称为角位移.

$$\Delta\boldsymbol{\theta}=\boldsymbol{\theta}_2-\boldsymbol{\theta}_1 \tag{4-2}$$

式中：$\boldsymbol{\theta}_1$ 为 $t$ 时刻对应的角位置；$\boldsymbol{\theta}_2$ 为 $t+\Delta t$ 时刻对应的角位置.

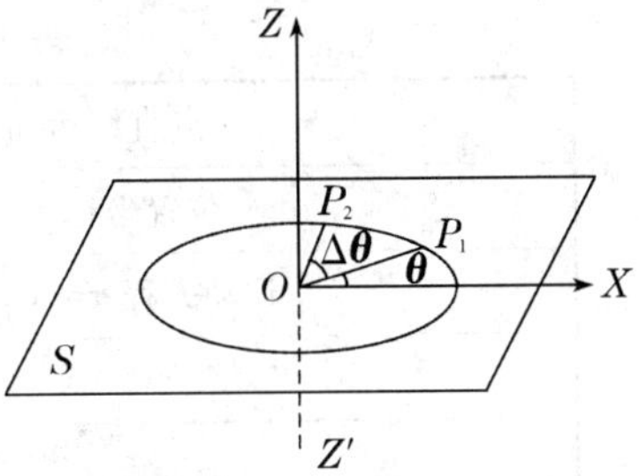


图 4-5　角位移

角位移的单位是弧度，用符号 rad 表示，同样规定逆时针方向转动为正，反之为负.

3. 角速度

对应于质点运动的描述，刚体转动的快慢用角速度描述.

刚体瞬时角速度为：

$$\boldsymbol{\omega}=\lim_{\Delta t\to 0}\frac{\Delta\boldsymbol{\theta}}{\Delta t}=\frac{d\boldsymbol{\theta}}{dt} \tag{4-3}$$

该式说明刚体转动的角速度大小是角位置函数对时间的一阶导数.

需要指出的是角速度是一矢量，它的方向用右手螺旋法则确定：将右手拇指伸直，其余四指弯曲，使四指弯曲的方向与刚体转动的方向一致，这时拇指的方向就是角速度的方向，如图 4-6 所示. 但是由于沿转动轴从上往下看刚体只有两种转动方向，因此通常将角速度用标量的形式表示，而用正负号确定角速度的方向，即逆时针转动为正，顺时针转动为负. 物理量角位置、角位移、角加速度也都是矢量，其处理方法与之类似.

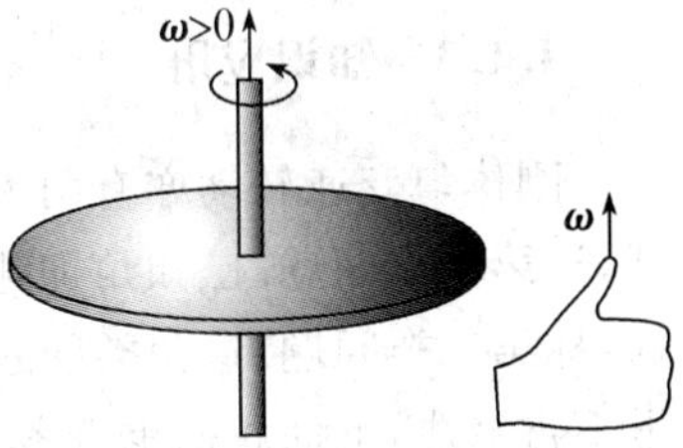


图 4-6　角速度的方向

角速度的单位是弧度/秒，用 $rad\cdot s^{-1}$ 符号表示.

在工程技术中，刚体转动快慢常用转速表示，即刚体每分钟转过的圈数为转速，用 $n$ 表示，即 $r\cdot min^{-1}$. 角速度的大小与转速关系如下：

$$\omega=\frac{2\pi n}{60^{\circ}} \tag{4-4}$$

4. 角加速度

刚体在 $t$ 时刻瞬时转动快慢变化程度用瞬时角加速度表示，即

$$\boldsymbol{\beta}=\lim_{\Delta t\to 0}\frac{\Delta\boldsymbol{\omega}}{\Delta t}=\frac{d\boldsymbol{\omega}}{dt}=\frac{d^2\boldsymbol{\theta}}{dt^2} \tag{4-5}$$

该式说明刚体转动的角加速度大小是角速度对时间的一阶导数，是角位置函数对时间的二阶导数. 角加速度的单位是弧度/秒$^2$，用符号 rad·s$^{-2}$表示.

刚体转动时，若 $\boldsymbol{\omega}$=恒量，则称为匀角速度转动，如果速度随时间变化，刚体为变速转动. 当刚体加速转动时，角加速度方向与角速度方向一致；而做减速转动时，角加速度与角速度方向相反.

在刚体定轴转动中，其角量与线量的关系仍然可类比于质点圆周运动的角量与线量的关系.

由上述可看出，角位移、角速度、角加速度是描述刚体定轴转动的三个基本量，与质点运动的位移、速度、加速度三个基本量相互对应. 其对应关系如表 4-1 所示.

**表 4-1　质点直线运动与刚体定轴转动对比**

| 质点直线运动 | 刚体定轴转动 |
|---|---|
| 位置坐标 $\boldsymbol{x}$ | 角位置 $\boldsymbol{\theta}$ |
| 运动方程 $\boldsymbol{x}=\boldsymbol{x}(t)$ | 转动方程 $\boldsymbol{\theta}=\boldsymbol{\theta}(t)$ |
| 位移 $\Delta\boldsymbol{x}$ | 角位移 $\Delta\boldsymbol{\theta}$ |
| 速度 $\boldsymbol{v}=\frac{\mathrm{d}\boldsymbol{x}}{\mathrm{d}t}$ | 角速度 $\boldsymbol{\omega}=\frac{\mathrm{d}\boldsymbol{\theta}}{\mathrm{d}t}$ |
| 加速度 $\boldsymbol{a}=\frac{\mathrm{d}\boldsymbol{v}}{\mathrm{d}t}=\frac{\mathrm{d}^2\boldsymbol{x}}{\mathrm{d}t^2}$ | 角加速度 $\boldsymbol{\beta}=\frac{\mathrm{d}\boldsymbol{\omega}}{\mathrm{d}t}=\frac{\mathrm{d}^2\boldsymbol{\theta}}{\mathrm{d}t^2}$ |
| 匀变速直线运动<br>$\boldsymbol{v}=\boldsymbol{v}_0+\boldsymbol{a}t$<br>$\boldsymbol{x}-\boldsymbol{x}_0=\boldsymbol{v}_0+\frac{1}{2}\boldsymbol{a}t^2$<br>$\boldsymbol{v}^2=\boldsymbol{v}_0^2+2\boldsymbol{a}(\boldsymbol{x}-\boldsymbol{x}_0)$ | 匀变速定轴转动<br>$\boldsymbol{\omega}=\boldsymbol{\omega}_0+\boldsymbol{\beta}t$<br>$\boldsymbol{\theta}-\boldsymbol{\theta}_0=\boldsymbol{\omega}_0t+\frac{1}{2}\boldsymbol{\beta}t^2$<br>$\boldsymbol{\omega}^2=\boldsymbol{\omega}_0^2+2\boldsymbol{\beta}(\boldsymbol{v}-\boldsymbol{v}_0)$ |

### 4.1.3　知识应用

刚体匀变速转动亦有两大类问题. 已知转动方程，用导数方法计算刚体的角速度、角加速度，称第一类问题. 已知角加速度 $\beta$ 与初始条件，用积分方法求解刚体转动的角速度及转动方程，称第二类问题. 这两类问题的求解与第一章中质点运动的两类问题解决方法完全一样，这里不再赘述. 下面我们重点考察刚体在生产实际中的一些应用.

【例 4-1】　一电机的电枢每分钟转 1 800 圈，从电流停止时为计时起点，经过 20 s 电枢停止转动，试求：(1) 在此时期电枢转了多少圈？(2) 经过 10 s 时，距转轴 10 cm 处的质点的线速度、切向加速度、法向加速度.

解：该过程电枢作匀变速转动，其转动初角速度为

$$\omega_0=1\,800\times2\pi/60=60\pi=188(\mathrm{rad\cdot s^{-1}})$$

角加速度为

$$\beta=\frac{\omega-\omega_0}{t}=\frac{0-60\pi}{20}=-3\pi=-9.4(\mathrm{rad\cdot s^{-2}})$$

角坐标运动方程为　$\theta=\omega_0t+\frac{1}{2}\beta t^2=60\pi t-1.5\pi t^2$

(1) 当 $t=20$ s 时　$\theta=60\pi\times20-1.5\pi\times20^2=600\pi=300$(圈)

(2) 当 $t=10$ s 时　　$\omega=\omega_0+\beta t=60\pi-30\pi=94(\mathrm{rad\cdot s^{-1}})$

则　　$v=r\omega=0.1\times30\pi=9.4(\mathrm{m\cdot s^{-1}})$

$$a_\tau=r\beta=0.1\times(-3\pi)=-0.94(\mathrm{m\cdot s^{-2}})$$

$$a_n=r\omega^2=0.1\times(30\pi)^2=8.87\times10^3(\mathrm{m\cdot s^{-2}})$$

【例 4-2】 圆柱齿轮转动是常用的轮系转动方式之一,可用来升降转速,改变转动的方向. 图示 4-7(a)是外啮合的原理图,图中的半径分别为各齿轮节圈的半径. 两齿轮外啮合时,它们的转向相反,内啮合如图 4-7(b)所示,转向相同. 设主动轮 $A$ 和从动轮 $B$ 的节圆半径为 $r_1$、$r_2$,轮 $A$ 的角速度为 $\omega_1$(转速为 $n_1$),试求轮 $B$ 的角速度为 $\omega_2$(转速为 $n_2$).

图 4-7

解:齿轮转动时,其上各质点以共同的角速度转动,因此可将此运动问题作为质点问题处理. 在定轴齿轮转动中,齿轮相互啮合,可视为两齿轮的节圆之间无相对滑动;接触点 $M_1$、$M_2$ 具有相同的速度 $v$

$$v=r_1\omega_1=\frac{n_1\pi}{30}r_1$$

$$v=r_2\omega_2=\frac{n_2\pi}{30}r_2$$

因而得

$$\omega_2=\frac{r_1}{r_2}\omega_1$$

$$n_2=\frac{r_1}{r_2}n_1$$

由此式可看出转速比 $\frac{n_1}{n_2}=\frac{r_2}{r_1}$,因此要提高转速比,要考虑主动轮和从动轮的半径,从动轮的半径大于主动轮的半径,即可得到较大的转速比. 同学们可从图 4-7 中观察、分析与验证这一结果,并从内、外啮合齿轮的结构和动作过程,分析它们是如何改变转向的.

## 知识拓展

### 1. 常见的机械传动形式

在机械传动系统中,经常采用带传动、链传动和齿轮传动来传递运动和传递动力.

**一、带传动**

如图 4-8(a)所示,带传动是由固联于主动轴上的带轮 1(主动轮)、固联于从动轴上的带轮 2(从动轮)和紧套在两轮上的皮带 3 组成的. 当原动机驱动主动轮转动时,由于皮带和带轮间摩擦力的作用,便拖动从动轮一起转动,并传递一定动力. 带传动比 $i=\frac{n_1}{n_2}=\frac{r_2}{r_1}$,其中 $n_1$、$n_2$ 分别为主、从动轮的转速,$r_1$、$r_2$ 分别为主、从动轮的半径.

## 二、链传动

如图 4－8(b)所示，链传动是由分别安装在彼此平行的主、从动轴上的两个链条和跨绕两链轮的闭合链条组成. 链轮上制有特殊齿形的齿，通过轮齿与链节相啮合而达到传递的目的. 链传动可以保持准确的平均传动比，机构比带传动紧凑，作用在轴上的载荷小，承载能力大，效率高. 主要应用于中心距离较大，要求平均传递比较准确，工作条件比较恶劣(温度高、灰尘大、淋雨、淋油等)，不易采用带传动和齿轮传动的场合，因此在机械领域有广泛应用. 链传动的传动比为 $i=\frac{n_1}{n_2}=\frac{z_1}{z_2}$，其中 $n_1$、$n_2$ 分别为主、从动链轮的转速，$z_1$、$z_2$ 分别为主、从动链轮的齿数.

## 三、齿轮传动

齿轮传动是应用最广泛的机械传动形式之一. 主要有两种：平面齿轮传动和空间齿轮传动. 平面齿轮传动用于两平行轴之间的传动，本节例题 2 中介绍的齿轮传动为平面齿轮传动，外啮合齿轮传动，两齿轮传动方向相反；内啮合齿轮传动，两齿轮传动方向相同. 空间齿轮传动是用于相交轴和较错轴(既不平行也不相交)之间的传动，图 4－8(c)和 4－8(d)为几种常见的空间齿轮传动.

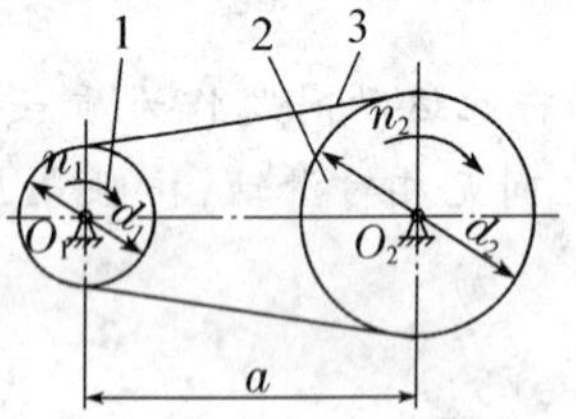


(a) 带传动

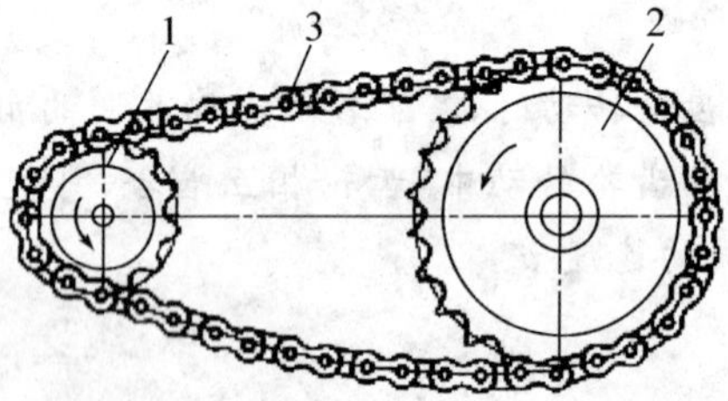


(b) 链传动

(c) 空间齿轮传动：锥齿轮传动

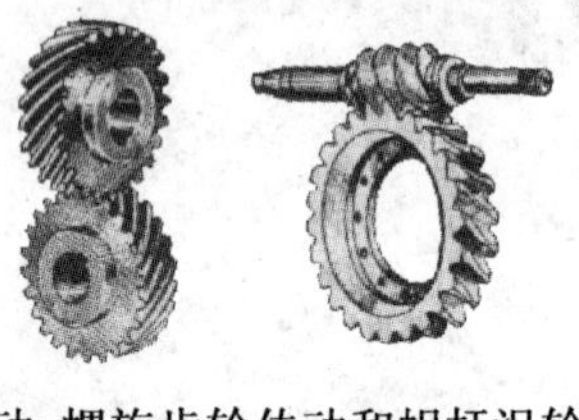

(d) 空间齿轮传动：螺旋齿轮传动和蜗杆涡轮传动

**图 4－8 机械传动形式**

# 2. 从质点和刚体运动规律谈“类比法的应用”

通过质点和刚体运动规律的学习，同学们是否发现质点匀变速直线运动和刚体定轴匀变速转动是两类运动形式完全不同的运动，但是它们的运动规律却十分相似(具有可类比之处)，如表 4－1。

在物理学研究中常常用已知的现象和过程与未知的现象和过程相比较，找出它们的共同点、相似点或相联系的地方，然后以此为根据推测未知的现象和过程也可能具有同已知的现象和过程相同或相似的某些特性和规律. 如考察两个对象，发现它们之间已有某些共同之处，同时又知道其中之一还具有另外某一属性或变化规律，于是我们推想、猜测另一对象也可能具有这种属性或变化规律，然后设计实验或是严密论证，肯定或否定这种推想，这就是物理研究中的类比方法.

自然界存在着更普遍的规律支配着不同领域的不同过程，具有某些共同的特征或变化规律,类比方法正是抓住这种共性,把已知领域的已知过程的特殊规律推理到未知过程,作出预测性的描述,然后通过直接或间接实验给予肯定或否定,这是人们拓宽认知领域的重要手段.

类比形式是多种多样的,有物理现象之间进行类比,也由数学形式的类比.尤其数学形式的类比,它是在对物理现象进行抽象的基础上,更深刻地概括了物理现象的特性和规律.一个方程式或一个数学表达式,反映了研究对象的定性和定量的特征,并且描述了它们的联系,具有更本质、更深刻的内容.客观事物各种运动形式在数量关系上的相似性,是物理研究中的数学形式类比的基础.

类比法具有巨大的启示功能,它能为我们科学研究和学习探索提供较为具体的线索,使研究工作少走弯路.从物理学发展史来看,当研究陷人困境时,通过类比方法往往可以打开一个新的天地.著名物理学家开普勒曾经说过:"我特别喜欢类比——我的最可靠的老师,因为它给我们揭开了自然界的各种秘密".但是类比得出的结论仅仅是一种推测,不够严格、根据也不够充分.类比方法本身不能保证它的推理正确,实践是检验真理的惟一标准,因此,类比方法推出的结论必须用实践来检验,实践证明了的才是正确的.

我们学习的目的是为了不断地获取新的知识,类比法就是由旧知识获得新知识的重要方法,也是训练同学们创造性思维的重要手段.物理学中应用类比的内容比比皆是,同学们在学习中应关注此类问题,有意识地将有关知识加以类比,以帮助对物理概念的深入理解,提高分析问题的能力.

### 巩固练习

1. 一发动机以 500 r/min 的初角速度开始加速转动,在 5 s 内角速度增大到 3 000 r/min,设角加速度恒定,试问:(1) 如取 SI 制,则初角速度和末角速度各是多少?(2) 角加速度是多少?(3) 在 5 s 加速的时间内,发动机转了多少圈?

2. 一飞轮的角速度在 5 s 内由 900 r/min 均匀地减到 800 r/min,求:(1) 角加速度;(2) 在此 5 s 内的总转数;(3) 再经多少时间轮将停止?

3. 半径为 12 cm 的砂轮,以 45 r/min 的转速转动,求:(1) 角速度、角加速度;(2) 砂轮边缘的速率;(3) 2 s 内砂轮的角位移;(4) 砂轮边缘上一点的切向加速度和法向加速度.

## §4.2　刚体定轴转动定律

我们已知道质点的运动规律遵从牛顿定律,刚体的平动也可用一个质点的运动来代替,然而,刚体绕定轴转动遵循什么规律,它和其他物体发生相互作用后,运动状态发生怎样的变化,它在生产实际和科技领域有哪些应用呢?本节将研究定轴转动时的转动定律.

### 学习目标

1. 了解力矩的概念和在机械方面的一些应用;
2. 理解转动惯量的概念,掌握其计算方法;
3. 掌握转动定律及计算,理解应用转动定律解题的基本步骤;

4. 了解刚体定轴转动定律在机械工业中常见的应用和相关知识的拓展.

## 学习导入

机器上常安装制动装置，使高速运转的飞轮停止转动. 图4－9为一种制动装置，它通过闸块对鼓轮施加正压力，使得鼓轮做减速运动，达到制动的目的. 实际中鼓轮的质量与形状对转动的影响都不可忽略，那么鼓轮本身惯性大小如何量度？如果闸块与鼓轮之间存在摩擦，闸块施力后鼓轮制动的速度、加速度以及制动的时间怎样？通过学习本节刚体定轴转动定律，我们将学会解决以上类似问题.

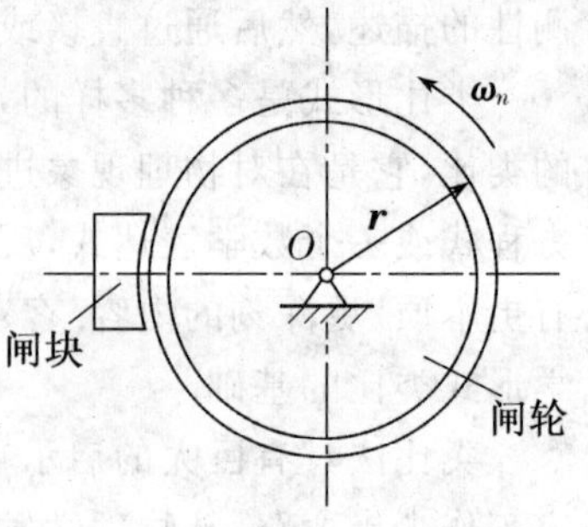

图 4－9　一种制动装置

## 学习内容

### 4.2.1　力矩及应用

根据中学的知识我们已知道刚体在转动时，外力的影响不仅与力的大小、方向有关，还与力的作用线的位置有关，如图 4－10(a)所示，可绕 $OO'$ 轴转动的房门受到 $\boldsymbol{F}_1$、$\boldsymbol{F}_2$、$\boldsymbol{F}_3$ 三个力的作用，实践证明平行于转轴的 $\boldsymbol{F}_3$，和作用线通过转轴的 $\boldsymbol{F}_2$，对门的转动均无影响，只有垂直于平面并通过 $P$ 点的力 $\boldsymbol{F}_1$ 对门转动产生影响，且当 $\boldsymbol{F}_1$ 大小、方向保持不变时，$P$ 点离轴越远，对转动的影响越大.

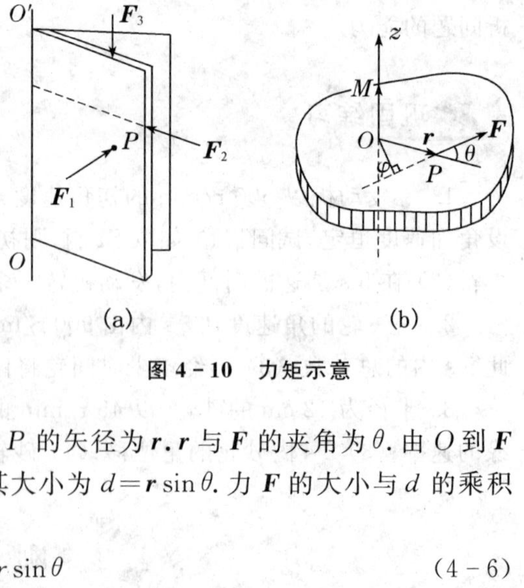

图 4－10　力矩示意

如图 4－10(b)所示，刚体绕 $OZ$ 轴转动，$\boldsymbol{F}$ 的作用线在垂直于轴的平面内，$O$ 点到力的作用点 $P$ 的矢径为 $\boldsymbol{r}$. $\boldsymbol{r}$ 与 $\boldsymbol{F}$ 的夹角为 $\theta$. 由 $O$ 到 $\boldsymbol{F}$ 的作用线的垂直距离 $d$ 叫做力 $\boldsymbol{F}$ 对转轴的力臂，其大小为 $d=\boldsymbol{r}\sin\theta$. 力 $\boldsymbol{F}$ 的大小与 $d$ 的乘积称为力 $\boldsymbol{F}$ 对轴 $OZ$ 的力矩用 $\boldsymbol{M}$ 表示，其大小为

$$M=Fd=Fr\sin\theta \tag{4-6}$$

力矩是描述刚体转动效果的物理量，实践证明，力 $\boldsymbol{F}$ 对刚体转动的影响程度取决于力矩 $\boldsymbol{M}$ 的大小. 可见，若 $\boldsymbol{F}$ 与 $\boldsymbol{r}$ 已知，则力矩大小就被完全确定.

通常我们仍用规定正、负号来表示力矩的方向，如，当研究飞轮转动时，若规定逆时针为正，则当飞轮绕轴逆时针转动时，则 $\boldsymbol{M}$ 为正，否则为负.

需要说明的是力矩也是矢量. 根据附录 1 中矢量叉积的定义，力矩应定义为

$$\boldsymbol{M}=\boldsymbol{r}\times\boldsymbol{F} \tag{4-7}$$

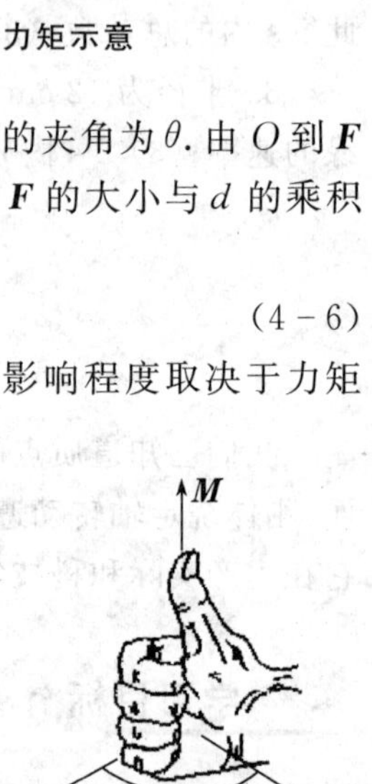

图 4－11　力矩的方向

它的方向与前一节角速度的方向描述类似. 如图 4－11 所示，将右手拇指伸直，四指弯曲，弯曲的方向由矢径 $\boldsymbol{r}$ 通过小于 180°的角转向力

$\boldsymbol{F}$ 的方向，此时拇指的方向就是力矩的方向，可以看出力矩的方向垂直于 $\boldsymbol{F}$ 与 $\boldsymbol{r}$ 组成的平面.

当有几个力同时作用于定轴转动刚体上时，其合力矩等于这些力的力矩代数和.

力矩的单位为“米・牛顿”，符号为“m・N”.

【例 4-3】　一齿轮受到与它相啮合的另一齿轮的作用力 $\boldsymbol{F}=980\ \text{N}$，压力角 $\alpha=20°$，节圆直径 $D=0.16\ \text{m}$，如图 4-12(a)所示，试求力 $\boldsymbol{F}$ 对齿轮轴心 $O$ 的力矩.

解：根据力矩的定义，力矩大小为

$$M=Fd$$

力臂　$d=\dfrac{D}{2}\cos\alpha$　(作用力的延长线得力臂 $d$)

所以　$M=F\dfrac{D}{2}\cos\alpha=-73.7(\text{N}\cdot\text{m})$

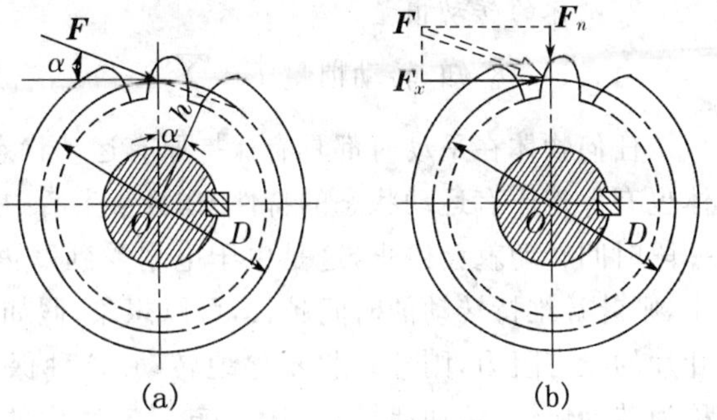


图 4-12

表示力 $F$ 使齿轮绕 $O$ 点作顺时针转动.

工程上常采用自然坐标系来解类似问题，如图 4-12(b)所示，将 $\boldsymbol{F}$ 沿切向与法向分解，切向力 $\boldsymbol{F}_\tau=\boldsymbol{F}\cos\alpha$，切向力 $\boldsymbol{F}_\tau$ 与半径(切向力的力臂)乘积即可得上述结果. 由于在工程中齿轮的切向力和法向力(也称径向力)常常是给出的，自然坐标系方法更为方便. 在应用实例中鼓轮被制动时，所受阻力来自闸块所施正压力产生的摩擦力，该摩擦力对转轴产生力矩吗？如果有力矩产生，该力矩将如何影响鼓轮的转动？通过对力矩知识的学习，这一问题留给同学们自行解决.

在生产实际中，还存在刚体受力偶作用的情况，即物体同时受到大小相等、方向相反、作用线互相平行的两个力的作用，这两个力叫力偶，例如图 4-13(a)汽车司机旋转方向盘，两手作用在方向盘上的两个力($\boldsymbol{F}_1$、$\boldsymbol{F}_1'$)；又如图 4-13(b)用丝锥攻丝时，两手作用于丝锥扳手上的两个力($\boldsymbol{F}_1$、$\boldsymbol{F}_1'$)，它们均构成力偶.

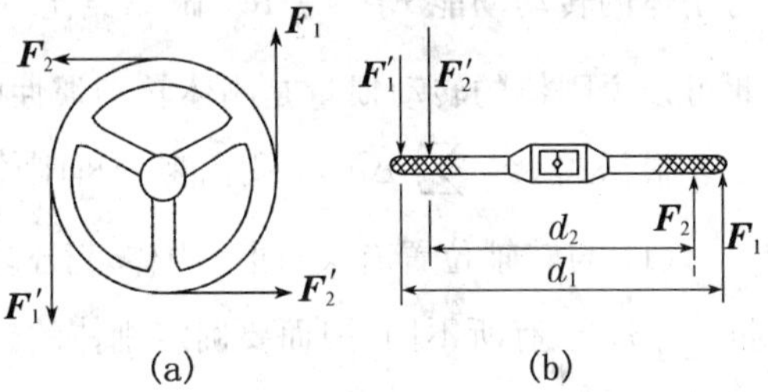


图 4-13　力偶的应用实例

根据力偶的定义，力偶无合力，因而力偶对刚体不产生移动效应，只能产生转动效应，这种转动效应可用力偶矩来度量. 力偶矩等于力偶的两个力对转轴的力矩代数和.

### 4.2.2　刚体的转动动能和转动惯量

1. 刚体的转动动能

刚体定轴转动时具有的动能称为刚体的转动动能. 如图 4-14 所示，若刚体以角速度 $\omega$ 作定轴转动，其上的每一质元(视为质点)均绕固定轴以角速度 $\omega$ 转动，设其中一质点 $i$ 质量为 $\Delta m_i$，与转轴 $O$ 相距 $r_i$，则线速度为 $v_i=r_i\omega$，动能为 $E_{ki}=\dfrac{1}{2}\Delta m_i v_i^2=\dfrac{1}{2}\Delta m_i r_i^2\omega^2$. 整个刚体的转动动能为刚体内所有质元动能之和，即

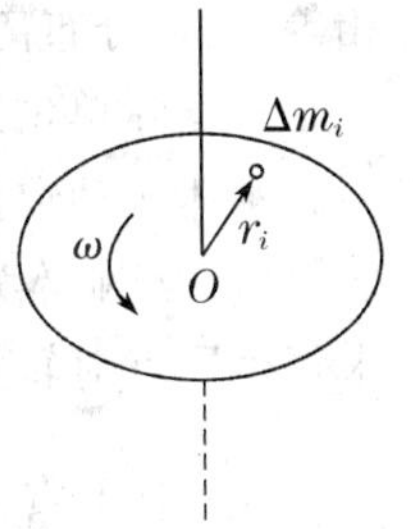


图 4-14　转动动能

$$E_k=\frac{1}{2}\Big(\sum_i \Delta m_i r_i^2\Big)\omega^2$$

令

$$I=\sum_i \Delta m_i r_2^2 \tag{4-8}$$

则刚体转动动能为

$$E_K=\frac{1}{2}I\omega^2 \tag{4-9}$$

式中 $I$ 称为刚体的转动惯量.

2. 刚体的转动惯量

由式(4-8)知，转动惯量 $I=\sum_i \Delta m_i r_i^2$，它是什么性质的物理量呢？

任何物体在平动时都具有保持原有运动状态的特征，称为平动惯性；实践表明，转动的物体也有保持原有运动状态的特性. 在日常生活中发现，转动的风扇叶片，在关上电源以后，经过一段时间转动就会停止，这是由于电扇受到摩擦力矩的作用的缘故，如果转轴处的摩擦力越小，则叶片维持转动的时间越长，可以想象，假如转轴处摩擦力及空气对叶片的没有阻力，则叶片将不停地转动. 这种保持原有转动特征的特性称为转动惯性. 转动惯量对刚体的转动有很大的影响. 在质点动力学中，我们学过定滑轮（轻质圆盘，其质量忽略不计）转动时跨过定滑轮两侧绳子上的张力的情况. 当绳子为轻绳时，两侧绳子对定滑轮的作用力相等. 但如图 4-15 所示，在刚体定轴转动时，当刚体的质量与形状不可忽略时，跨过定滑轮两侧绳子对定滑轮的作用力大小就不相等，即 $F_1 \neq F_2$ 这个问题在学过下面内容后可得到解决.

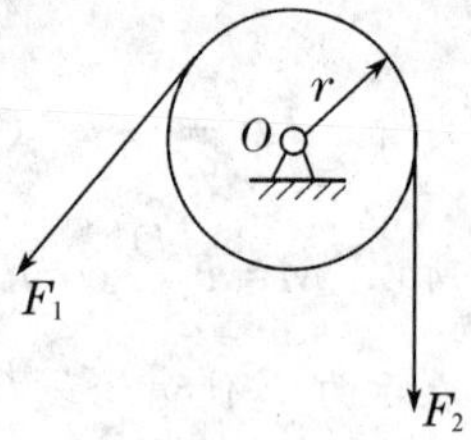

图 4-15 定滑轮

在质点力学中我们已知质量是量度质点的惯性大小的物理量. 将质点的动能 $E_k=\frac{1}{2}mv^2$ 与刚体的转动动能 $E_K=\frac{1}{2}I\omega^2$ 做一类比，可看出刚体的转动惯量 $I$ 对应于质点的质量 $m$，因此可以说刚体的转动惯量是刚体转动惯性的量度.

根据式 $I=\sum_i \Delta m_i r_i^2$ 我们来分析刚体绕定轴的转动惯量与哪些因素有关：

(1) 与转轴位置有关. 同一刚体，对于不同转轴，各质点到转轴的距离 $r_i$ 各不相同，转动惯量 $\sum m_i r_i^2$ 有所不同，因而要确定刚体的转动惯量，首先要明确给定转轴，再确定刚体绕该轴的转动惯量.

(2) 与刚体的质量有关. 如半径、厚度相等的铁质圆盘和木质圆盘，绕垂直盘面通过盘中心的转轴转动，铁质圆盘的转动惯量就比木质圆盘的转动惯量大.

(3) 与刚体的质量分布有关. 不同形状的刚体，即使质量相等，它们的转动惯量也不一定相等，质量分布离转轴越远，刚体的转动惯量越大.

在国际单位制中，转动惯量的单位为"千克·米$^2$(kg·m$^2$)".

刚体转动惯量的计算可分为两种情况：

(1) 若刚体为刚性连结的质点组，可直接用公式计算 $I$. 其步骤是先确定转轴的位置，然后求每个质点对转轴的 $mr^2$ 值，最后求和（该方法体现了刚体转动惯量的可加性），如【例 4-4】.

(2) 对于质量连续分布的刚体，转动惯量 $I=\sum_{r=1}^{n} m_i r_i^2$ 可写成积分形式

$$I=\int r^2\mathrm{d}m=\int r^2\rho\mathrm{d}V \tag{4-10}$$

式中：$\mathrm{d}V$ 表示质量是 $\mathrm{d}m$ 的体积元；$\rho$ 表示刚体的体密度；$r$ 为 $\mathrm{d}m$ 与转轴间的距离. 计算步骤是先确定转轴，再合理选择质量是 $\mathrm{d}m$ 的体积元，最后采用积分式积分. 如【例 4-5】.

【例 4-4】 三个质量均为 $m$ 的质点 $A$、$B$、$C$ 由三根长为 $l$ 的细杆（质量忽略不计）相联结

组成如图 4－16 所示的系统. 求下列两种情况的转动惯量.

(1) 系统绕经过 $A$ 且垂直于纸面的转轴转动；

(2) 系统绕通过其中心 $O$ 且垂直于纸面的转轴转动.

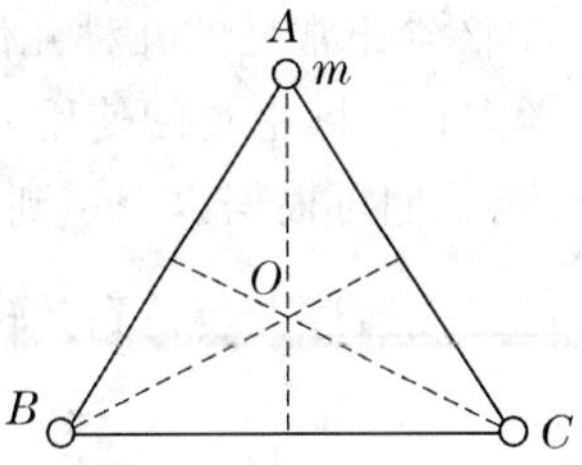


图 4－16

解：根据定义 $I=\sum_{r=1}^{n} m_i r_i^2$ 得

(1) $I_A = m\cdot 0 + ml^2 + ml^2 = 2ml^2$

(2) $I_O = m\cdot \overline{OA}^2 + \overline{mOB}^2 + \overline{mOC}^2$

$= 3m\cdot \overline{OA}^2$

$= 3m\cdot\left(\dfrac{l}{\sqrt{3}}\right)^2 = ml^2$

【例 4－5】 质量为 $m$，长为 $l$ 的均匀细棒，求对下列两种转轴的转动惯量：(1) 转轴通过棒的中心 $O$ 并与棒垂直；(2) 转轴通过棒一端并与棒垂直.

解：(1) 在细棒上取一线元 $\mathrm{d}r$，如图 4－17 所示. 线元 $\mathrm{d}r$ 的质量 $=\lambda\mathrm{d}r$，其中 $\lambda = m/l$ 是棒的线密度(单位长度具有的质量). 线元 $\mathrm{d}r$ 对转轴 $O$ 的转动惯量为

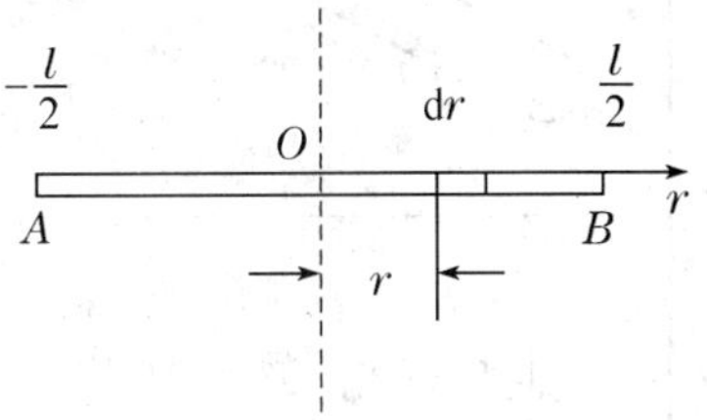


图 4－17

$$\mathrm{d}I = r^2\mathrm{d}m = \lambda r^2\mathrm{d}r$$

整个细棒对转轴 $O$ 的转动惯量为

$$I_O = \int \mathrm{d}I = \int_{-\frac{l}{2}}^{\frac{l}{2}} \lambda r^2\mathrm{d}r = \lambda\cdot\frac{1}{3}r^3\Big|_{\frac{l}{2}}^{\frac{l}{2}}$$

$$= \frac{1}{12}\lambda l^3 = \frac{1}{12}ml^2$$

(2) 用同样的方法可求得：

$$I_A = \int_0^l \lambda r^2\mathrm{d}r = \frac{1}{3}\lambda l^3\Big|_0^l$$

$$= \frac{1}{3}\lambda l^3 = \frac{1}{3}ml^2$$

以上结果说明同一刚体，对不同转轴，其转动惯量是不同的.

## 视窗链接

在工程技术中根据不同的要求需要控制转动惯量的大小.

例如，为了使机器运转稳定，常在主轴上安装一个飞轮. 如图 4－18 所示，它的边缘部分比中间部分厚，在半径、质量都相同的情况下这种质量分布(将质量分布尽可能地离转轴远)能使刚体的转动惯量更大. 若外力矩突然作用于飞轮时，大的转动惯量使飞轮的运动状态(角速度)变化不大；当外力矩消失时，飞轮大的转动惯量有维持飞轮原有运动状态(转动角速度)的作用. 飞轮还有储存能量的功能，飞轮储能电池里，飞轮是决定储能多少的核心部件，它的储能由 $E_K = \dfrac{1}{2}I\omega^2$ 决定. 目前飞轮储能电池的净效率达 95%左右.

图 4－18　转动惯量

反之，在一些仪表中，希望指针反应灵敏，就应减少指针的转动惯量，需选择比重小的材料，如塑料、轻金属等，同时指针的尺寸也要小一点，质量分布靠近转轴.

在生产实际中，大多机械部件都应视为刚体处理，它的转动惯量均可用以上方法求得，表

4－2 给出常见的几种几何形状规则、密度均匀（匀质）的刚体对不同转轴的转动惯量，便于同学们在实际中查阅使用. 在本节应用实例中，鼓轮就是一个质量和形状不可忽略的匀质圆柱体，我们可根据以上学到的对质量连续分布的刚体转动惯量的求解方法，求出其转动惯量，也可直接通过查表得到其转动惯量为 $I=\frac{1}{2}mr^2$，其中 $m$ 为刚体的质量，$r$ 为刚体的半径.

**表 4－2　常见几何形状对不同转轴的转动惯量**

| | |
|---|---|
| 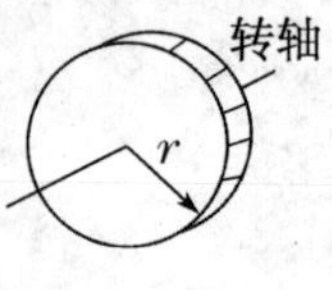  薄圆盘<br>转轴通过中心与盘面垂直<br>$I=\frac{mr^2}{2}$ | 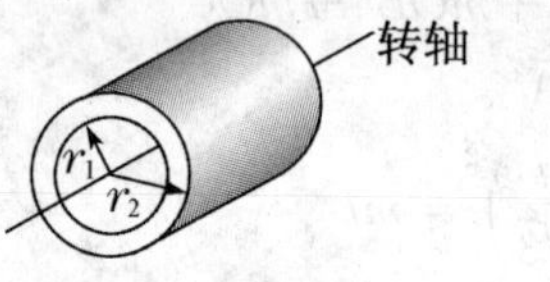  圆筒<br>转轴沿几何轴<br>$I=\frac{m}{2}(r_1^2+r_2^2)$ |
| 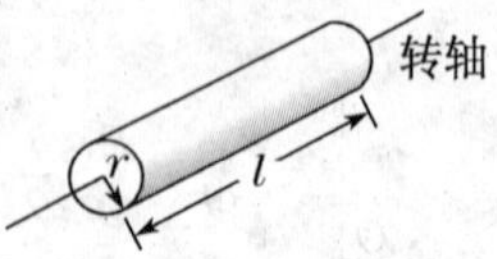  圆柱体<br>转轴沿几何轴<br>$I=\frac{mr^2}{2}$ | 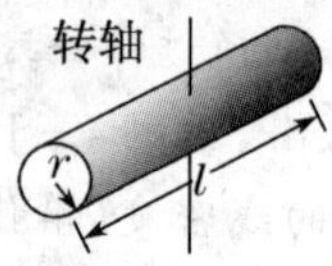  圆柱体<br>转轴通过中心与几何轴垂直<br>$I=\frac{mr^2}{4}+\frac{ml^2}{12}$ |
| 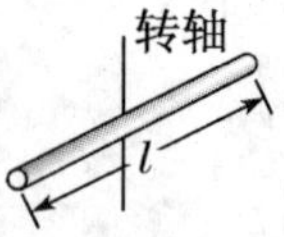  细棒<br>转轴通过中心与棒垂直<br>$I=\frac{ml^2}{12}$ | 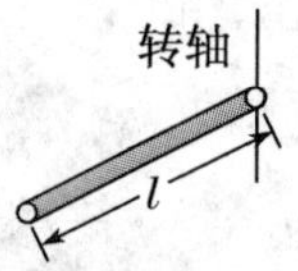  细棒<br>转轴通过端点与棒垂直<br>$I=\frac{ml^2}{3}$ |
| 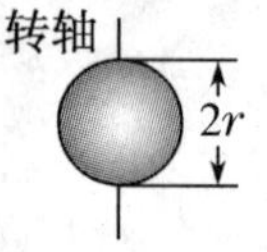  球体<br>转轴沿直径<br>$I=\frac{2mr^2}{5}$ | 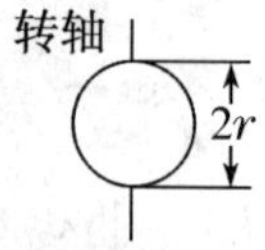  球壳<br>转轴沿直径<br>$I=\frac{2mr^2}{3}$ |

### 4.2.3　刚体定轴转动的转动定律与应用

具有固定轴转动的刚体，受到力矩的作用，就会改变其运动状态，即产生角加速度. 那么力矩 $M$、角加速度 $\beta$、转动惯量 $I$ 之间有何关系呢？实践表明，刚体的角加速度的大小与它所受外力矩 $M$ 的大小成正比，与它的转动惯量 $I$ 成反比，角加速度的方向和外力矩的方向相同，即

$$\beta \propto \frac{M}{I}$$

或

$$M=KI\beta$$

当取 $M$、$I$、$\beta$ 为国际单位制时，比例系数 $K=1$，则

$$M=I\beta \tag{4-11}$$

式（4－11）即为刚体定轴转动的转动定律，简称转动定律，它是表述刚体转动瞬时规律的动力学方程.

作为刚体转动的动力学方程 $M=I\beta$，它与质点的动力学方程——牛顿第二定律 $\boldsymbol{F}=m\boldsymbol{a}$ 有非常相似的形式. 牛顿第二定律描述质点（或平动物体）运动时的质量合外力和加速度的关系，而转动定律，则描述定轴转动的刚体在转动时其转动惯量、合外力矩和角加速度之间的关系. 转动定律在转动中的地位相当于牛顿第二定律在平动中的地位. 它是力矩的瞬时作用规律，即

刚体什么时刻受到力矩的作用，什么时刻就有角加速度；什么时刻不受力矩的作用，什么时刻就没有角加速度.

下面我们通过例题学习转动定律的应用.

【例 4-6】 如图 4-19 所示，已知滑轮半径为 $r$，对 $O$ 轴的转动惯量为 $I$，带动滑轮的皮带拉力为 $F_1$、$F_2$，皮带与滑轮之间不打滑，皮带轮质量不计，求滑轮的角加速度.

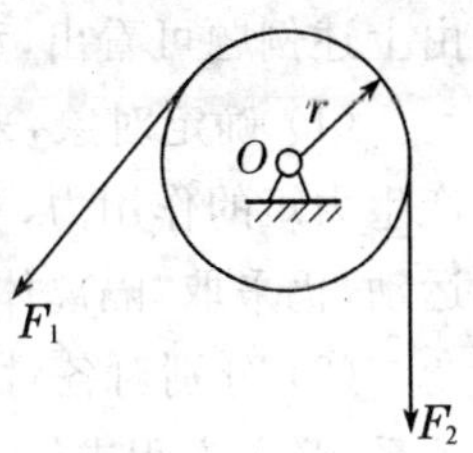

图 4-19

解：取滑轮为研究对象，因为滑轮的转动惯量（质量）不可忽略，所以滑轮应作为刚体来处理. 作用于其上的外力矩为皮带的拉力 $F_1$、$F_2$ 对转轴 $O$ 产生的力矩之和.

根据刚体的转动定律，有

$$M=I\beta$$

设逆时针转动为正，作用在滑轮上的合外力矩应等于刚体的转动惯量与角加速度的乘积，即

$$(F_1-F_2)r=I\beta$$

$$\beta=\frac{(F_1-F_2)r}{I}$$

由此可见，只有当定滑轮为匀速度转动（包括静止）或虽非匀速转动但可忽略滑轮的转动惯量或质量时，跨过定滑轮的皮带拉力才是相等的. 同学们可回忆质点动力学中跨过轻质定滑轮的皮带所施拉力情况，将其结果与本题进行对比.

【例 4-7】 倾角为 $\theta$ 的光滑斜面的顶端固定了一个半径为 $R$，质量为 $m$ 的均匀滑轮. 一根不可伸长的轻绳一段固定在滑轮上，绕若干圈后另一端系质量为 $M$ 的物体，如图 4-20 所示. 滑轮与轴之间的摩擦不计. 试求物体 $M$ 沿斜面下滑的加速度和滑轮转动的角加速度.

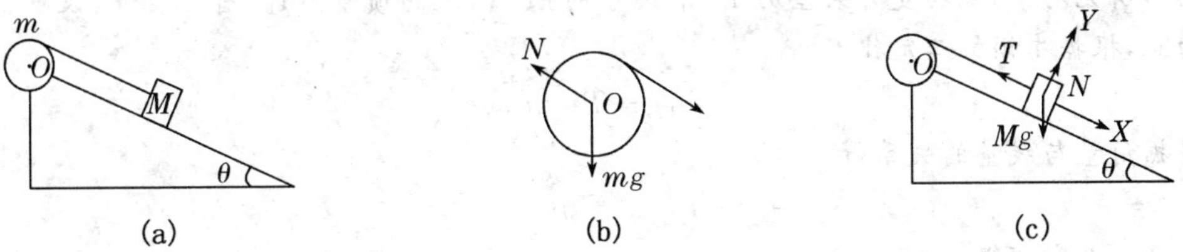

图 4-20

解：在质点动力学中，常涉到滑轮运动，都假设滑轮质量不计而使问题简化. 当滑轮的质量不能忽略时，需考虑它的转动. 本题就是一个既有平动物体又有转动物体的连结体运动问题.

取滑轮为研究对象. 它共受三个力，如图 4-20(b)所示，只有拉力 $T$ 产生力矩，规定顺时针转动为正方向.

根据转动定律，有 $TR=I\beta$，即

$$TR=\frac{1}{2}mR^2\beta \qquad ①$$

物体 $M$ 共受三个力：重力 $P=Mg$，斜面支持力 $N$ 和绳子的拉力 $T$，如图 4-20(c)所示.
物体沿斜面向下做加速运动，设加速度为 $a$，规定沿斜面向下为正方向，根据牛顿第二定律，有

$$Mg\sin\theta-T=Ma \qquad ②$$

根据角量与线量的关系，有

$$a=R\beta \qquad ③$$

由①、②、③可解得：

$$a=\frac{2Mg\sin\theta}{(2M+m)},\quad \beta=\frac{2Mg\sin\theta}{(2M+m)R}$$

由上述例题可看出，利用转动定律解题步骤为：

(1) 确定对象，采用“隔离体”进行受力分析．对于单纯刚体进行受力分析，分析出对转轴产生力矩的作用力，求出相应的力矩；对于既有转动刚体，又有平动物体（视为质点）的连结体运动，仍采取“隔离体”法，将它们分开进行受力分析，求出各个力对转轴的力矩．

(2) 分别对各对象应用转动定律和牛顿第二定律列出运动方程，同时注意角量和线量的关系，联立方程求解．

以上步骤可供参考，同学们在做习题时可仔细体会．

下面我们解决学习导入中的鼓轮制动问题．

【例 4-8】 如图 4-21 所示，鼓轮向下运送重物 $m_1=40$ kg，重物下降的初速度为 $v_0=0.8$ m/s，为了使重物停止，用摩擦制动，设加在鼓轮上的正压力 $\boldsymbol{F}_N=2\,000$ N，闸块与鼓轮之间摩擦系数 $\mu=0.4$，已知鼓轮重 $m_2=60$ kg，其半径 $R=0.15$ m，可视为匀质圆柱体，求制动过程中重物下降的距离 $s$(重力加速度取 10 m/s$^2$)．

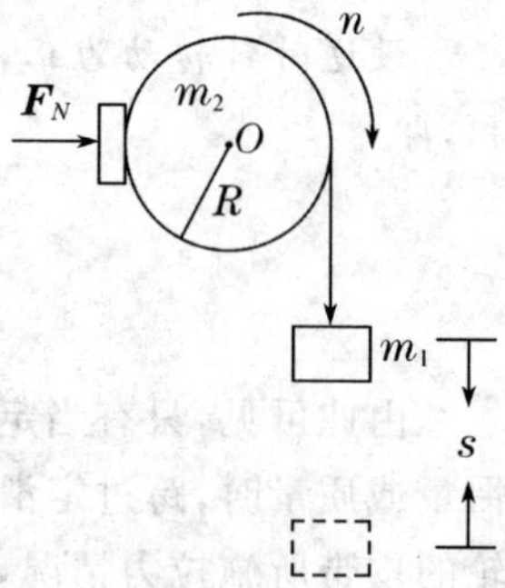


图 4-21

解：将鼓轮与重物组成的系统为研究对象．鼓轮的转动惯量查表得 $I=\frac{1}{2}m_2R^2$

鼓轮受力为闸块所施摩擦力 $f$ 和绳子的张力 $T$，设使重物下降的转动方向为正，根据转动定律有

$$TR-fR=I\beta \quad ①$$

以重物为研究对象，重物受力为重力 $P_1$ 和绳子的张 $T'$，绳的质量不计，有 $T'=T$，设重物下降方向为正，根据牛顿第二定律有

$$m_1g-T=m_1a \quad ②$$

根据角量与线量的关系得

$$a=R\beta \quad ③$$

联立三个方程得

$$a=\frac{2(m_1g-\mu F_N)}{m_2+2m_1} \quad ④$$

可见重物做匀减速直线运动，有 $v_2^2-v_1^2=2as$，$v_2=0$

得
$$s=-\frac{v_0^2}{2a}=-\frac{v_0^2(m_2+2m_1)}{4(m_1g-\mu F_N)}$$

代入数据得
$$s=0.057\text{ m}$$

可见闸块对鼓轮的制动效果十分明显．

通过本节学习我们已掌握了力矩和转动惯量等概念，掌握了刚体受外力矩时运动状态改变的规律，学会了应用转动定律求解刚体定轴转动的动力学问题，了解了刚体定轴转动在生产实际中的基本应用，下面我们将继续学习刚体的其他知识．

## 知识拓展

### 刚体重心的测量及应用

在工程实际中，刚体的重心与所受外力及外力产生的力矩有关．例如，刚体所受重力对刚体运动和平衡都有很大影响，我们知道刚体所受重力的作用点在刚体的重心处，如高速运转的飞轮偏心过大，会引起飞轮的激烈振动而影响机器寿命；飞机重心若超前，就会增加起飞和着陆的困难；重心偏后，飞机就不能稳定飞行．因此在工程上确定重心位置有实际的重要意义．

刚体在地球表面无论怎样放置，作用于物体内每一微小部分的重力的合力作用都通过此物体上（或延伸部分）一个确定的几何点，这一点称为物体的重心．在工程设计中，物体重心可由工程手册查到，也可用组合法求出．这里介绍两种求解方法，悬挂法和称重法．如图 4－22 所示，悬挂法，是根据力的平衡原理，通过两（三）次悬挂（不同悬点）作出悬挂点的垂直线，几条垂线相交的点 $C$，就是重心．

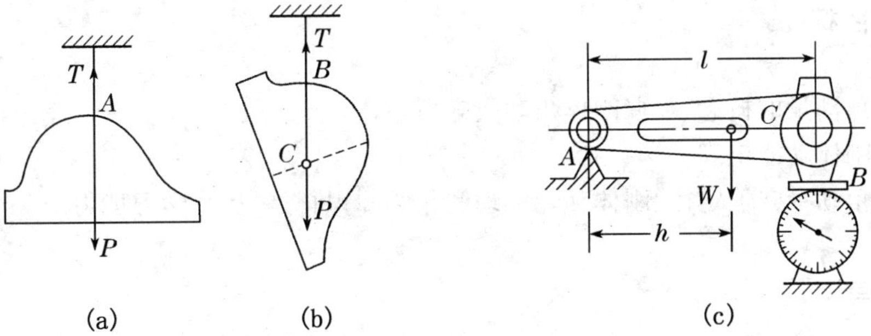


图 4－22　悬挂法与称重法

称重法：形状复杂，体积较大的物体常用称重法求重心．例如曲杆滑块机械中的连杆因为具有对称轴，所以只要确定在此轴上的位置 $h$ 即可．将连杆 $B$ 端放在台称上，$A$ 端搁在水平面或刀上．使中心线处于水平位置，如图 4－22(c)所示，台称上的数值就是 $B$ 端对连接的支持力 $F_B$，由力矩平衡原理（顺时针为正）

$$Fl-Ph=0$$

得

$$h=\frac{Fl}{P}$$

式中 $l$ 与 $P$ 重物重量均可测得，代入上式即可求出 $h$ 的数值．

## 实践活动

你能使用旋转的方式辨别生鸡蛋与熟鸡蛋吗？为什么？请亲手试一试以验证你的设想．

## 巩固练习

1．一个有固定转轴的刚体，受到两个力的作用，当这两个力的合力为零时，它们对轴的合力矩一定是零吗？当这两个力对轴的合力矩为零时，它们的合力也一定是零吗？

2. 边长为 $a$ 的正六边形的顶点上，分别固定六个质量都是为 $m$ 的质点，设这正六边形放在 $XOY$ 平面内，如图 4－23 所示，求 $OX$、$OY$ 轴的转动惯量.

3. 某飞轮直径 $d=0.5$ m，转动惯量为 $2.4\ \text{kg}\cdot\text{m}^2$，转速 $n_0=1\,000$ r/min. 若制动时闸瓦对轮的压力 $N=100$ N，闸瓦与轮间的摩擦系数 $\mu=0.4$，试求：(1) 闸瓦对飞轮的摩擦力矩；(2) 飞轮的角加速度；(3) 制动后飞轮经过多少圈停止.

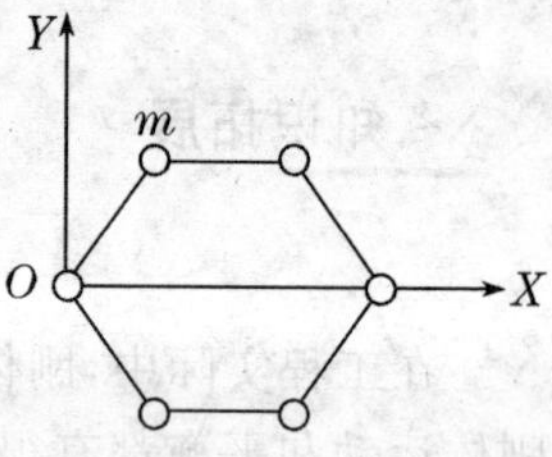


图 4－23

# §4.3　刚体定轴转动角动量守恒和动能定理

我们已了解了合外力矩改变刚体转动状态的瞬时规律，本节讨论力矩对时间、对空间的积累效应. 在学习时请注意与质点相应知识的类比，以帮助理解物理含义.

## 学习目标

1. 理解角动量的概念，掌握刚体角动量守恒定律；
2. 理解刚体动能定理；
3. 了解角动量守恒定律、刚体动能定理和相关知识拓展，提高学习能力.

## 学习导入

图 4－24 为机械设备中的摩擦式离合器示意，它是实现动力传递的方式之一. 图 4－24(a) 表示在离合器接合之前，飞轮 Ⅰ 以一角速度 $\omega_1$ 转动，而摩擦盘 Ⅱ 则不动；图 4－24(b) 表示离合器接合后，飞轮与摩擦盘 Ⅱ 一起转动，即将动力传递给摩擦盘. 此时转动角速度如何变化？系统的动能发生了什么变化？ 等等. 当我们学习了刚体转动时的角动量、角动量守恒与动能定理以后，将欣然解决这些问题.

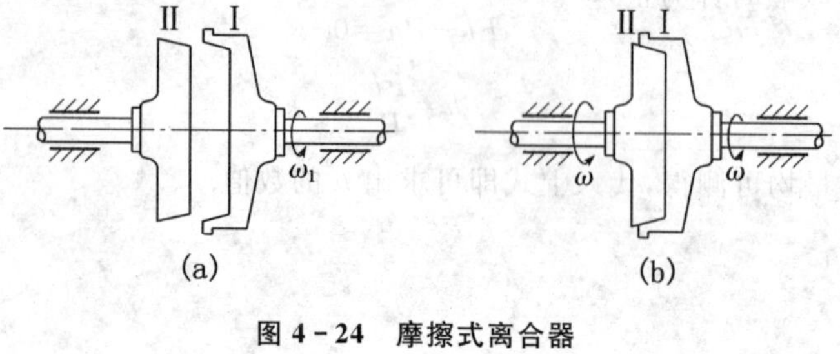


图 4－24　摩擦式离合器

## 学习内容

### 4.3.1　角动量和角动量定理

首先我们先来研究一下质点对定点的角动量.

如图 4-25 所示，质量为 $m$，速度为 $\boldsymbol{v}$ 的质点在平面内运动，某时刻质点具有动量 $\boldsymbol{P}=m\boldsymbol{v}$，我们定义质点绕 $O$ 点转动的角动量为

$$\boldsymbol{L}=\boldsymbol{r}\times\boldsymbol{P}=\boldsymbol{r}\times m\boldsymbol{v} \tag{4-12}$$

式中 $\boldsymbol{r}$ 为质点对 $O$ 点的矢径，$\theta$ 为 $\boldsymbol{r}$ 和 $\boldsymbol{v}$ 之间的夹角.

角动量是矢量，如图 4-26 所示，它垂直于 $\boldsymbol{P}$ 与 $\boldsymbol{r}$ 决定的平面，指向遵从右手螺旋法则，为沿轴线的方向，大小为

$$L=rP\sin\theta \tag{4-13}$$

当质点做圆周运动时，对圆心 $O$ 点的角动量为

$$L=rP=rmv \tag{4-14}$$

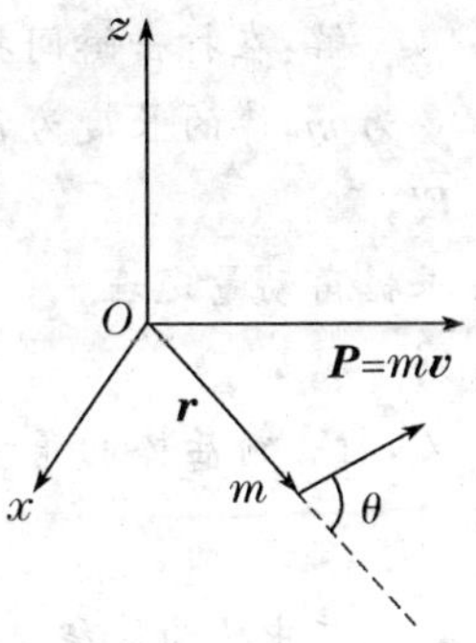


图 4-25　角动量

下面我们研究刚体对定轴的角动量. 可采用分割质量元的方法，先取质量元 $\Delta m_i$，求其绕圆心转动的角动量 $L_i$；再对整个刚体所有质量元求和，即可得到刚体对定轴的角动量 $L$.

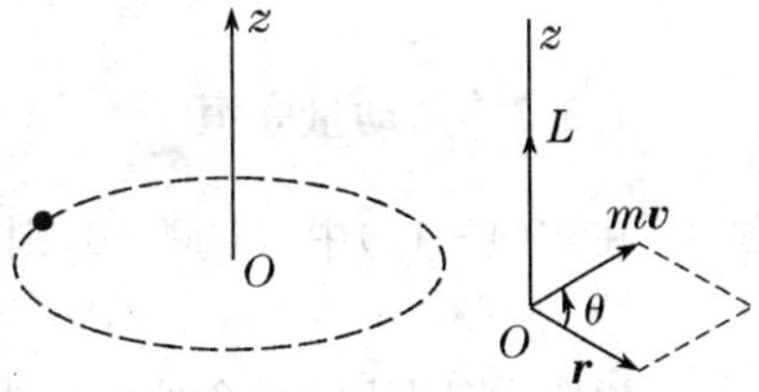


图 4-26　角动量的方向

理论与实践均可证明，刚体对定轴的角动量 $L$ 等于转动惯量 $I$ 与角速度的乘积，称为刚体定轴转动的角动量，用符号 $L$ 表示. 刚体的角动量亦是矢量，与前面研究转动情况一样，我们用规定旋转方向来表示角动量的方向，则可以把角动量 $L$ 和角速度 $\omega$ 用标量形式表示出来，即

$$L=I\omega \tag{4-15}$$

角动量是描写刚体绕轴转动状态的物理量，它类似于动量在质点运动中的作用. 角动量的单位是千克・米$^2$・秒$^{-1}$($\mathrm{kg\cdot m^2\cdot s^{-1}}$)

在合外力矩作用下，刚体绕定轴转动时，转动定律 $M=I\beta$ 表达了合外力矩对刚体作用的瞬时效应，我们将上式写成：

$$M=I\beta=I\frac{\mathrm{d}\omega}{\mathrm{d}t}=\frac{\mathrm{d}(I\omega)}{\mathrm{d}t}$$

式中，$I\omega$ 就是刚体的角动量，所以

$$M=\frac{\mathrm{d}L}{\mathrm{d}t} \tag{4-16}$$

式(4-16)表明，刚体所受合外力矩等于刚体的角动量对时间的变化率. 该式比 $M=I\beta$ 形式的转动定律，适用范围更为广泛. 然而在实际问题中，刚体所受力矩的作用往往不是瞬时的，而是在 $t_1$ 至 $t_2$ 一段时间内，不断受到力矩的作用. 将上式写为

$$M\mathrm{d}t=\mathrm{d}L$$

设刚体在初始状态角速度为 $\omega_1$，末状态角速度为 $\omega_2$，对上式两边积分得

$$\int_{t_1}^{t_2}M\mathrm{d}t=I\omega_2-I\omega_1 \tag{4-17}$$

式中 $\int_{t_1}^{t_2}M\mathrm{d}t$ 称为力矩 $M$ 在 $t_1$ 至 $t_2$ 时间内的冲量矩.

式(4-17)表明，转动物体所受合外力矩的冲量矩等于在这段时间内转动物体角动量的改变量，这一表述称为角动量定理(亦称冲量矩定理).

【例 4-9】　质量为 1.12 kg，长为 1.0 m 的均匀细棒，支点在棒的上端点，开始时棒自由悬挂，如图 4-27 所示，以 100 N 的力打击它的下端点，打击时间为 0.02 s. 若打击前棒是静止的，求打击时角动量的变化.

解：在打击瞬间打击力在0.02 s的作用时间使得棒的角动量发生变化，设棒的质量为$m$，棒的长度为$l$，打击力大小为$\boldsymbol{F}$，在打击时间内棒受到的力矩为打击力矩$M=Fl$，

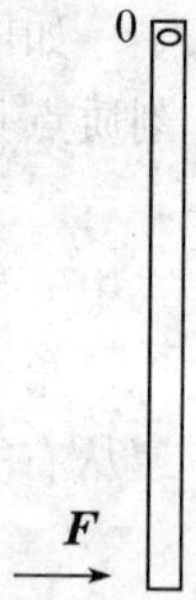


图 4-27

根据角动量定理

$$M\Delta t=\Delta L$$

则

$$\Delta L=Fl\Delta t=2.0(\mathrm{kg}\cdot\mathrm{m}\cdot\mathrm{s}^{-2})$$

又，打击前后棒的角动量变化为

$$\Delta L=L_2-L_1=I\omega-0$$

其中$I$为棒绕0点转动的转动惯量$I=\frac{1}{3}ml^2$，$\omega$为棒受打击后获得的角速度，则

$$\omega=\frac{\Delta L}{I}=\frac{3\Delta L}{ml^2}=0.54(\mathrm{rad}\cdot\mathrm{s}^{-1})$$

### 4.3.2　角动量守恒

在式(4-17)中，当$M=0$，则刚体的角动量

$$L=I\omega=\text{恒量} \tag{4-18}$$

说明，当刚体所受合外力矩为零时，其角动量保持不变，这就是角动量守恒定律.它是自然界中普遍规律之一.

角动量保持不变有两种情况：

(1) 物体的转动惯量不变，角速度也保持不变.例如，绕轴转动的飞轮，当所受合外力矩为零时，保持匀速转动(或静止).

(2) 物体的转动惯量发生变化，这时角速度也要发生变化，但两者乘积保持不变.

下面举例说明后一种情况.一个由若干刚体组成并通过“铰链”连接的刚体系，若满足角动量守恒条件，则当各刚体对轴的位置发生变化时，其转动惯量也会变化，体系的角速度随之改变，以保持体系角动量不变.人体可视为由若干刚体通过节点连接起来的刚体系，如图4-28所示花样滑冰运动员，往往先把两臂张开旋转，然后迅速将两臂靠拢身体，使自己转动惯量迅速减小，因而使旋转加快.运动员在空中翻筋头时，先纵身离地，使自己绕着穿过腰部的水平轴线转动，在空中时尽量卷缩手脚，以减小转动惯量，而角速度增大，在空中迅速翻过来，着地时再伸开手足，以增大转动惯量，以便能以较小的角速度落到地面.

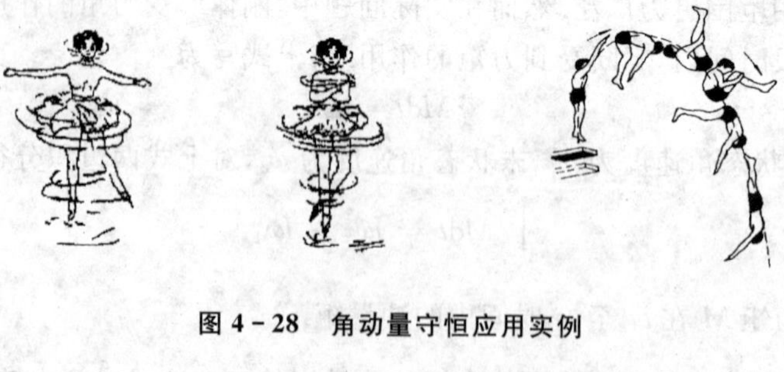

图 4-28　角动量守恒应用实例

角动量守恒定律和前面介绍的动量守恒定律、能量守恒定律一样，是自然界普遍规律，它们不仅普遍适用于宏观物体(刚体、质点)，对于分子、原子、电子等微观粒子以及它们组成的系统都很严格地遵守着这三条定律.

对于由多个具有不同转速的物体所组成的转动系统，若合外力矩为零，其总角动量仍守

恒，即

$$\sum I_i\omega_i = 常量 \tag{4-19}$$

【例 4-10】 如图 4-29 所示，两飞轮 $A$、$B$ 分别通过其中心的垂直轴同向转动. 角速度分别为 $\omega_A = 50.0\ \mathrm{rad\cdot s^{-1}}$，$\omega_B = 200\ \mathrm{rad\cdot s^{-1}}$. 已知两轮的半径与质量分别为 $r_A = 0.200\ \mathrm{m}$，$r_B = 0.100\ \mathrm{m}$，$m_A = 2.00\ \mathrm{kg}$，$m_B = 4.00\ \mathrm{kg}$. 试求两轮对正啮合后的角速度 $\omega$.

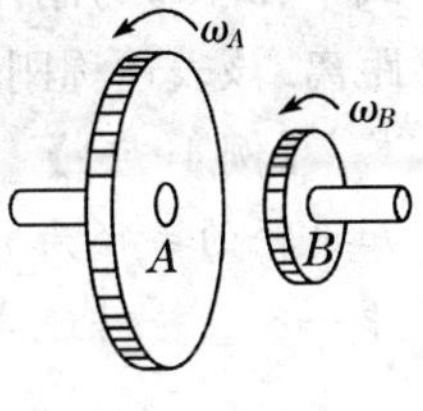

图 4-29

解：以两轮为研究对象，在啮合过程中对转轴无外力矩作用，故由两轮构成的系统角动量守恒. 取两轮逆时针转动为正，设 $A$ 轮的初角动量为 $I_A\omega_A$，$B$ 轮的初角动量为 $I_B\omega_B$，啮合后系统的角动量为 $(I_A+I_B)\omega$，由角动量守恒

$$I_A\omega_A + I_B\omega_B = (I_A+I_B)\omega$$

其中

$$I_A = \frac{1}{2}m_A r_A^2,$$

$$I_B = \frac{1}{2}m_B r_B^2$$

得

$$\omega = \frac{\frac{1}{2}m_A r_A^2\omega_A + \frac{1}{2}m_B r_B^2\omega_B}{\frac{1}{2}m_A r_A^2 + \frac{1}{2}m_B r_B^2}$$

代入数据得

$$\omega = 100(\mathrm{rad\cdot s^{-1}})$$

根据计算结果，两轮在啮合后获得了共同角速度. 因此在机械设计中，由于飞轮磨合过程角动量守恒，可通过对飞轮质量、半径的控制达到满足设备的动力的要求. 在本节应用实例中摩擦式离合器啮合过程与本题属于同一类问题，同学们可自行解决此问题.

### 4.3.3 刚体定轴转动的动能定理及机械能守恒

我们已知道在外力矩持续作用下，刚体的角速度将发生变化，那么刚体的动能将怎样变化呢？设在刚体角速度由 $\omega_1$ 变为 $\omega_2$ 的过程中，对应于刚体发生微转动小的角位移为 $\mathrm{d}\theta$，初始状态角位置为 $\theta_1$，末状态的角位置为 $\theta_2$，根据转动定律可得

$$\int_{\theta_1}^{\theta_2} M\mathrm{d}\theta = \frac{1}{2}I\omega_2^2 - \frac{1}{2}I\omega_1^2$$

式中：$\int_{\theta_1}^{\theta_2} M\mathrm{d}\theta$ 为合外力矩对转动刚体所做的功，记为 $W$，即

$$W = \int_{\theta_1}^{\theta_2} M\mathrm{d}\theta$$

式中：$\frac{1}{2}I\omega^2$ 为角速度为 $\omega$、转动惯量为 $I$ 的刚体的转动动能. 则有

$$W = \frac{1}{2}I\omega_2^2 - \frac{1}{2}I\omega_1^2 \tag{4-20}$$

上式表明，合外力矩对绕定轴转动的刚体所做的功等于刚体转动动能的改变量，这一表述称为刚体定轴转动的动能定理.

当刚体在转动过程中，只有重力对刚体做功，外力和非保守力不存在或不做功，则刚体机械能守 恒，即

$$E=\frac{1}{2}I\omega^2+mgh_c=\text{恒量} \tag{4-21}$$

式中：$mgh_c$ 为刚体与地面相互作用势能，即刚体的重力势能；$h_c$ 表示刚体质心到零势能面的距离. 该表述称刚体的机械能守恒定律.

【例 4-11】 冲床利用飞轮的转动动能通过曲杆连杆的转动，带动冲头在工件上打孔. 已知飞轮的半径为 $r=0.2$ m，质量为 500 kg，飞轮可以看作均匀圆盘，飞轮转速为 180 rad/min，冲一次飞轮转速减低 20%，求冲头冲一次孔做了多少功？

解：飞轮为均匀圆盘，其转动惯量 $I=\frac{1}{2}mr^2$，设飞轮冲孔前后的角速度为 $\omega_1$ 和 $\omega_2$，则

$$\omega_1=\frac{180\times2\pi}{60}=6\pi(\text{rad}\cdot\text{s}^{-1})$$

$$\omega_2=\frac{180\times2\pi}{60}\times(1-20\%)=4.8\pi(\text{rad}\cdot\text{s}^{-1})$$

根据刚体定轴转动的动能定理，可得冲一次孔铁板阻力对冲头做的功为

$$A=\frac{1}{2}I\omega_2^2-\frac{1}{2}I\omega_1^2=\frac{1}{2}\times10\times(4.8\pi)^2-\frac{1}{2}\times10\times(6\pi)^2$$

$$=-639(\text{J})$$

即冲头冲一次孔做的功为 639 J.

同学们可计算【例 4-11】中两齿轮啮合过程中的动能变化，结果表示刚体系的总转动动能减少，这是因为刚体系内力矩做负功的结果.

【例 4-12】 一长为 $m$，质量为 $l$ 的均匀细棒 $OA$，可绕垂直于杆的一端的固定水平轴 $O$ 在竖直平面内无摩擦的转动，如图 4-30 所示，若将细杆从水平位置由静止释放，求当杆转动与水平方向成 $\frac{\pi}{6}$ 角时的角速度.

解：在细杆转动时，轴处的支撑力不做功，只有重力做功，因此细杆的机械能守恒. 设细杆在水平位置为重力势能的零点，则细杆在初状态（水平位置）的动能与势能均为零；而末状态为细杆在 $\theta=\frac{\pi}{6}$ 时，其角速度为 $\omega$，动能为 $E_k=\frac{1}{2}I\omega^2$，又因为细杆是均匀的，所以其中心为质心，重力势能为 $-mg\cdot\frac{t}{2}\sin\frac{\pi}{6}$，根据机械能守恒有

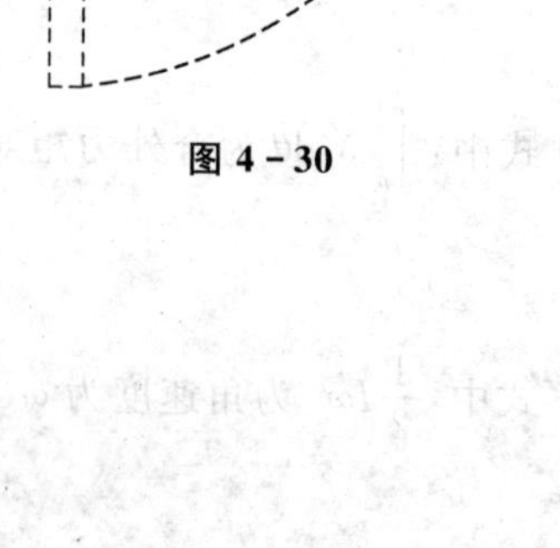

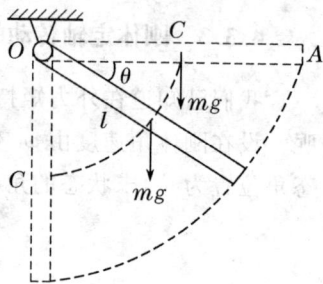

图 4-30

$$\frac{1}{2}I\omega^2-mg\cdot\frac{t}{2}\sin\frac{\pi}{6}=0$$

代入 $I=\frac{1}{3}ml^2$ 及数据得

$$\omega=\sqrt{\frac{3g}{2l}}$$

## 知识拓展

### 汽车行驶的极限速度

汽车在行驶时其速度是受本身与外部条件限制的. 汽车发动机的驱动力（内力做功是汽车

行驶的动能，该功是有限制的．当汽车行驶速度不断增加时，汽车所受空气阻力的功也相应增大．当汽车所受驱动力的功和所受空气阻力的功相加为零时，汽车的速度就不可再增加，因此汽车行驶速度有极限．

我们忽略汽车前轮与地面的摩擦力，考虑汽车行驶在平直公路上，其重力与地面的支持力均不做功．设汽车行驶距离 $\Delta s$ 时汽车所受内力的功和外力的功为：

后轮驱动力的功为 $A_1 = M\Delta\theta = \dfrac{M\Delta s}{R}$，其中 $M$ 为后轮的驱动力矩，$\Delta\theta$ 为后轮转过的角度，$R$ 为后轮的半径；

空气阻力的功为 $A_2 = -\mu v^2 \Delta s$，其中 $\mu$ 为阻力系数，$v$ 为汽车行驶的速度；

四轮与车轴间摩擦力矩的功为 $A_3 = -\dfrac{4M'\Delta s}{R}$，其中 $M'$ 为轮与车轴之间的摩擦力矩；

汽车的总动能为车身、四轮的平动动能加四轮的转动动能，即

$$E_k = \frac{1}{2}mv^2 + 4\times\left(\frac{1}{2}m'\rho^2\omega^2\right) = \frac{1}{2}m(1+\gamma)v^2 = \frac{1}{2}m^* v^2$$

其中 $m^* = m(1+\gamma)$ 是汽车的有效质量，成为汽车的回转质量系数，$m$、$m'$、$\rho$ 分别为汽车的质量、车轮的质量和车轮对车轮轴的回转半径．

根据动能定理

$$\frac{1}{2}m^* v^2 = \frac{M\Delta s}{R} - \mu v^2 \Delta s - \frac{4M'\Delta s}{R}$$

设汽车以匀变速运动行驶有 $v^2 = 2a\Delta s$，解得

$$a = \frac{M - 4M' - \mu R v^2}{m^* R}$$

令 $a = 0$ 得到汽车的极限速度为

$$v_m = \sqrt{\frac{M - 4M'}{\mu R}}$$

可见，当汽车以极限速度运动时，汽车内力与外力的功之和为零．这表示汽车驱动力的功通过空气阻力和车轮与车轮轴之间的摩擦全部转化为热，因此汽车的动能不能再增加了．另外空气的阻力系数越小，汽车的极限速度越大．

## 能力训练

### “一题多解、举一反三”的练习

通过第 1 至第 4 章的学习，我们已掌握了质点和刚体的运动学、动力学相关知识，通过练习掌握了一些解题技巧．在学习过程中经常听到同学说“公式太多、一做就错、举一反三更加困难”，怎样改变这种现象，使自己的学习效率有质的飞跃呢？下面我们通过一条例题，进行“一题多解、举一反三”的练习．

如图 4－31 所示一滑轮的质量为 $m_1$，半径为 $R$，可视为匀质圆盘绕定轴 $O$ 转动，其上绕一绳子，绳子的一端挂一质量为 $m_2$ 的重物，重物以初速度 $v_0$ 下降．滑轮上作用一不变的转矩 $M_1$，使得重物下降过程中做减速运动，设绳子质量与滑轮轴承处摩擦不计，试求重物下降至速度为零时的距离 $s$．

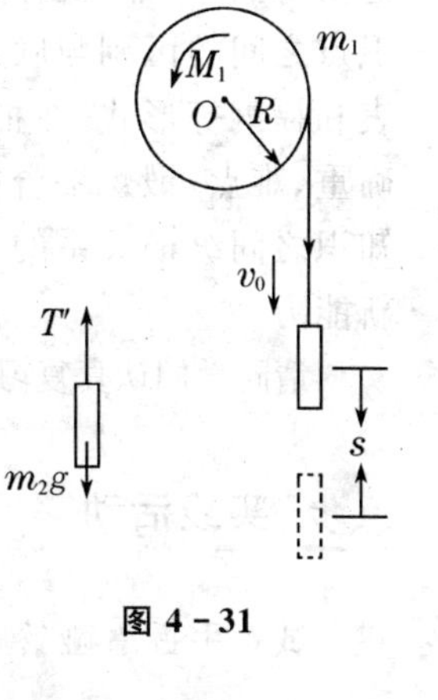

图 4－31

解法一：应用转动定律

此题为刚体与质点组成的连接体，分别以刚体和质点为研究对象进行受力分析.

刚体受绳子张力 $T$ 与转矩 $M_1$，其转动惯量为 $I=\frac{1}{2}m_1R^2$，根据转动定律

有 $$TR-M_1=I\beta \qquad ①$$

重物受重力 $m_2g$ 和绳子张力 $T'$，以运动方向为正向，根据牛顿第二定律

有 $$m_2g-T=m_2a \qquad ②$$

因为绳子质量不计，有 $T=T'$，再由角量与线量的关系

得 $$a=R\beta \qquad ③$$

联立以上三个方程解得

$$a=\frac{2(m_2gR-M_1)}{R(2m_2+m_1)}$$

重物做匀减速直线运动，$v_t^{\ 2}-v_0^{\ 2}=2as$，有 $s=-\frac{v_0^{\ 2}}{2a}$，得

$$s=\frac{v_0^2R(2m_2+m_1)}{4(M_1-m_2gR)}$$

解法二：应用角动量定理

将刚体与重物视为一系统，根据角动量定理，系统所受外力矩的冲量矩等于这段时间内系统角动量的改变量.

设作用在系统上外力矩作用时间为 $t$（即重物落下距离 $s$ 的时间），逆时针转动为正，此时系统受到合外力矩的冲量矩为 $Mt=(m_2gR-M_1)t$，

系统初状态角动量为：$L_0=I\omega_0+m_2Rv_0$

系统末状态角动量为：$L_t=0$

根据角动量定理，有 $Mt=L_t-L_0$

得 $$(m_2gR-M_1)t=0-(I\omega_0+m_2Rv_0)$$

得 $$t=\frac{Rv_0(m_1+2m_2)}{2(M_1-m_2gR)}$$

因为重物做匀减速运动，代入相应的公式

得 $$s=\frac{v_0^2R(2m_2+m_1)}{4(M_1-m_2gR)}$$

解法三：应用动能定理（请同学们自行练习）

以上“一题多解”根据题目给出的条件，综合地应用了第 1 章、第 4 章质点和刚体运动学以及动力学知识，学习过程是知识不断积累的过程，著名数学家华罗庚教授说过“人读书先是由薄到厚，然后由厚到薄”，随着知识的积累我们应该学会将知识进行梳理，弄清物理知识点之间的区别与联系，即因果关系，锻炼分析能力；学会将知识编织成“网络”，整理成图表和提纲等形式，在把知识结构图梳理的新颖、全面和简明的过程中，进一步深化知识、明确重、难点，锻炼综合能力；学会在应用知识解决实际问题的过程中，利用自己对知识点和知识之间纵横关系的理解，发挥自身的聪明才智，力图实现“举一反三、一题多解”，锻炼创新能力.

请同学们认真复习本教材第 1 章到第 4 章的知识，试探用其他方法去解决一些已做过的练习.

## 实践活动

试着手握着哑铃，坐在以一定角速度转动着的（摩擦不计）转椅上，做双臂伸与缩回的动

作，考察角速度的变化，思考如何解释这些现象？

## 巩固练习

1. 工程上，常采用摩擦离合器使两飞轮以相同的转速一起转动，$A$、$B$ 两飞轮的轴杆在同一中心线上，设 $A$ 轮的转动惯量 $I_A=10\ \mathrm{kg\cdot m^2}$，$B$ 轮的转动惯量 $I_B=20\ \mathrm{kg\cdot m^2}$，开始时 $A$ 轮的转速 $600\ \mathrm{r\cdot min^{-1}}$，$B$ 轮静止，$C$ 为离合器，$A$、$B$ 分别与 $C$ 的左右组件相连. 当 $C$ 的左右组件啮合时，$B$ 轮得到加速而 $A$ 轮减速，直到两轮的转速相等为止. 求：(1) 两轮啮合后的转速；(2) 两啮合轮各自所受的冲量矩大小；(3) 啮合过程中损失的机械能.

2. 某冲床上飞轮的转动惯量为 $4.0\times10^4\ \mathrm{kg\cdot m^2}$ 当它的转速达到 $30\ \mathrm{r\cdot min^{-1}}$ 时，它的转动动能是多少，每冲一次其转速降为 $10\ \mathrm{r\cdot min^{-1}}$，求每冲一次飞轮所做的功.

## 本章小结

本章以刚体为对象，描述了刚体定轴转动运动学特征及运动规律，重点介绍了力矩、转动惯量这两个改变刚体转动状态及刚体惯性量度的物理量，给出刚体定轴转动的动力学方程——转动定律. 在此基础上进一步研究了力矩对时间的积累效应，即角动量定理和角动量守恒；研究了力矩对空间的积累效应，即刚体的动能定理和机械能守恒. 介绍了刚体定轴转动在生产和科技领域的基本应用，并与同学们就知识的综合应用进行了探讨.

下面为本章知识结构图.

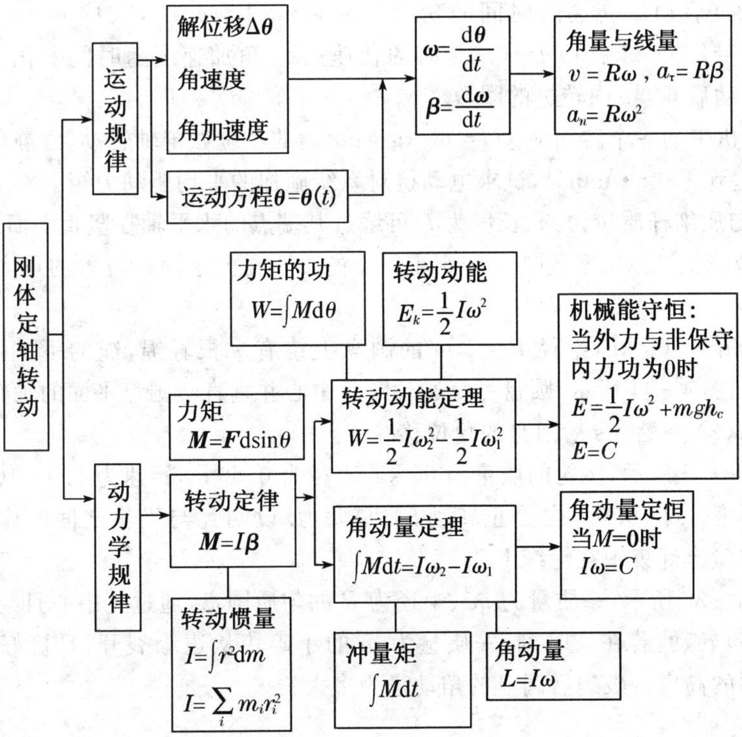

## 综合练习

1. 试分析下列运动是平动还是转动？

(1) 骑自行车脚蹬板的运动；

(2) 月球绕地球运行.

2. 如果一个刚体所受合外力矩为零，其合外力是否一定为零？如果所受合外力为零，其合外力矩是否一定为零？

3. 如图 4-32 所示，设想有一根杆子，一半是铁，一半是木头，长度、截面均相同，可分别绕三轴转动，对哪根轴的转动惯量最大？为什么？

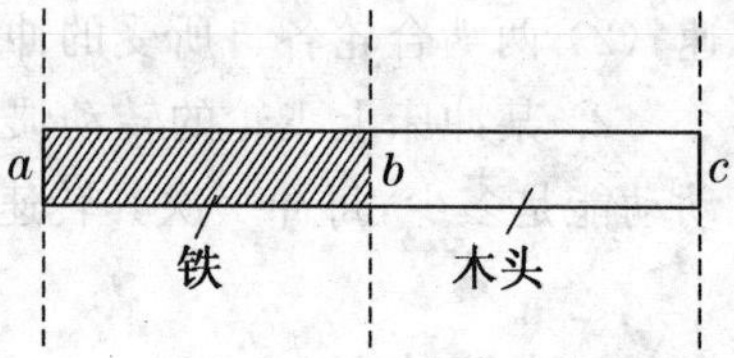

图 4-32

4. 卫星绕地球转动. 设想卫星上有一远离地球的窗口，若欲使卫星中的宇航员依靠自己的能力，从窗口看到地球，他要怎样做才能使窗口朝向地球呢？

5. 比较动量守恒和角动量守恒的条件.

6. 总结一下从轴的方向来定义其矢量方向的物理量，请举出几个例子.

7. 如图 4-33 所示，发电机的皮带轮 $A$ 被汽轮机的皮带轮 $B$ 带动，$A$ 轮和 $B$ 轮的半径分别为 $r_1=30$ cm，$r_2=75$ cm. 已知汽轮机在启动后以恒定的角加速度 $0.8\pi$ rad·s$^{-2}$ 转动，两轮与皮带间无相对滑动. 问经过多少时间后发电机作每分钟 600 转的转动？

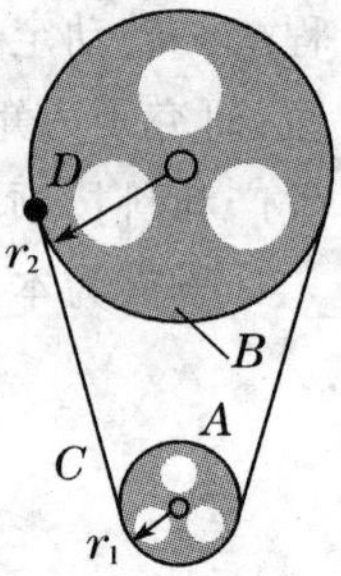

图 4-33

8. 某电动机启动后转速随时间的变化为 $\omega=\omega_0(1-e^{-\frac{t}{\tau}})$，式中 $\omega_0=9.0$ rad·s$^{-1}$，$\tau=2.0$ s. 求：(1) $t=6.0$ s 时的转速；(2) 角加速度随时间变化的规律；(3) 启动后 6.0 s 内转过的圈数.

9. 一电动机带动一个转动惯量 $I=60$ kg·m$^2$ 为的系统做定轴转动，由静止经 0.5 s 后达到 120 r·min$^{-1}$，试求电动机对系统施加的平均驱动力矩.

10. 一根匀质细杆质量为 $m$，长度为 $l$，可绕过其端点的水平轴在竖直平面内转动. 求它在水平位置的重力矩. 如将此棒截取 2/3，则求剩下的 1/3 在上述同样位置的重力矩和绕端点转动的转动惯量.

11. 质量 $m_1=100$ kg，半径 $R=1$ m 的圆盘上绕有一根轻绳，绳的下端系有质量 $m_2=10$ kg的物体，如图 4-34 所示. 圆盘可绕通过圆盘中心并垂直于圆盘平面的轴转动. 求：(1) 圆盘的角加速度；(2) 下落 4 s 后圆盘的角位移.

12. 如图 4-35 所示，飞轮的质量为 60 kg，直径为 0.50 m，转速为 $1.0\times10^3$ r·min$^{-1}$. 现利用闸瓦制动，使其在 5.0 s 内停止转动，求制动力. 设闸瓦与飞轮之间的摩擦系数为 $\mu=0.40$，飞轮的质量全部集中在轮缘上.

13. 如图 4-36 所示，一质量为 $m'$、半径为 $R$ 的匀质圆盘，通过其中心且与盘面垂直的水平轴以角速度 $\omega$ 转动，若在某时刻，一质量为 $m$ 的小碎块从边缘裂开，且恰好沿垂直方向上抛，问它能达到的高度？破裂后圆盘的角动量为多大？

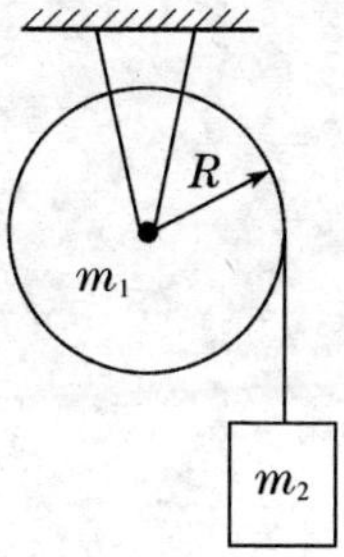


图 4 - 34

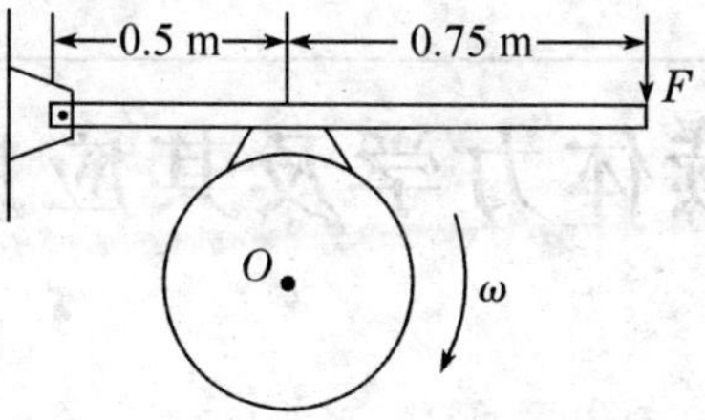


图 4 - 35

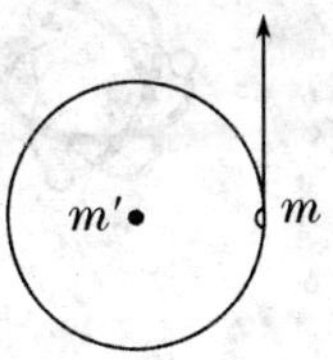


图 4 - 36

14. 体操运动员的质量为 $m=60$ kg，身高 $h=1.6$ m，在单杆上做大回环动作时其转动惯量 $I=\frac{1}{3}mh^2$，按计算，当他的运动至重心位置最低时，角速度 $\omega=6\ \text{rad}\cdot\text{s}^{-1}$，则此时他的转动动能是多少？

15. 已知地球的质量 $m=6\times10^{24}$ kg，半径 $r=6.37\times10^6$ m，自转周期 $T=24$ h，公转轨道速度 $v=3\times10^4\ \text{m}\cdot\text{s}^{-1}$. 假定地球为一实心球体，试求地球的自转和公转的动能.

# 第 5 章

# 连续体力学及其应用

前章讨论的刚体的运动是一种理想化模型，自然界中不存在绝对刚体，物体(或机械构件)在外力或内力的作用下，其尺寸和形状总会有不同程度的改变，通常称这种改变为变形.

本章将讨论连续体力学，连续体包括弹性体和流体(液体和气体)，它们的共同特点是其内部质点之间可以有相对运动，宏观上，连续体可以有形变或非均匀流动. 处理连续体的办法是取“质元”，即有质量的体积元，而不再看成一个个离散的质点. 为此我们要引进“密度”的概念，密度 $\rho$ 是单位体积内的质量，从而体积为 $dV$ 的质元具有质量 $dm=\rho dV$. 在连续体力学中，力不再看成是作用在一个个离散的质点上，而看成是作用在质元的表面上，因而需要引进作用在单位面积上的力，即“应力”的概念.

## §5.1　固体的弹性

### 学习目标

1. 了解应力和应变的概念；
2. 了解弯曲和扭转的概念；
3. 理解弹性模量；
4. 了解斜拉桥的受力特点.

### 学习导入

1. 预备知识

在机械、桥梁、建筑等设计中，材料的选择是非常重要的. 材料力学的任务是在满足强度、刚度、稳定性的前提下，以最经济的代价，为构件确定合理的形状和尺寸，选择适宜的材料，为设计构件提供必要的理论基础和计算方法.

(1) 弹性形变和塑性形变

大多数机械和建筑希望在受力后，其形变能回到开始的状态，这样才能长期使用. 例如斜拉桥的斜拉索. 弹性变形是指当外力去除后，物体(构件)的形状和尺寸变形即自行消失的变形. 塑性变形(也称永久变形)是指当外力去除后，构件的形状和尺寸变形不能完全消失，不能完全消失的那一部分变形称之为塑性变形. 实验证明，当外力不超出某一极限值时，构件除发生弹性变形外，还发生塑性变形. 当外力超过某一限度时，构件将因变形过大而不能正常工作，严重时，有可能使构件发生断裂.

(2) 强度和刚度

构件受力产生变形的大小以及是否引起破坏，一方面和外力的作用有关，另一方面取决于构件的材料、形状和尺寸．设计时，为保证机器中每一构件都能正常工作，必须合理选择构件的材料，确定其形状和尺寸，使各个构件都具有足够的强度和刚度．这里的强度指构件抵抗破坏的能力，刚度指构件在外力作用下抵抗弹性变形的能力．前者是研究构件在外力作用下被破坏的规律性，后者研究变形对机器正常工作的影响，二者都在机械设计中有重要的影响．

2．应用导入

工程结构或机械的各组成部分统称构件．构件的主要类型如图 5－1．材料力学以“梁、杆”为主要研究对象(图 5－2)．这些构件的形变有什么特点？下面重点围绕杆件展开讨论．

**图 5－1　构件的主要类型**

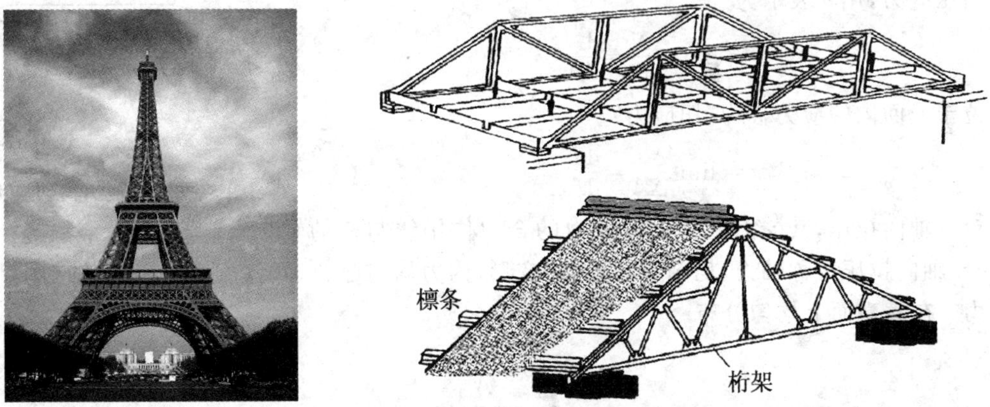


**图 5－2　工程中多为梁、杆结构**

**视窗链接**

**材料力学的任务**

在满足强度、刚度、稳定性的前提下，以最经济的代价，为构件确定合理的形状和尺寸，选择适宜的材料，为设计构件提供必要的理论基础和计算方法．

稳定性指构件保持原有平衡状态的能力．大型桥梁的强度、刚度、稳定性是我们需要研究的重要领域，如图 5－3 所示．

**图 5－3　大型桥梁的强度、刚度、稳定是重要问题**

## 学习内容

### 5.1.1　应力和应变

物体因受外力而变形，其内部各部分之间因相对位置改变而引起的相互作用就是内力．即使不受外力，物体的各质点之间，依然存在着相互作用的力，而材料力学中的内力是指外力作用下，上述相互作用力的变化量，所以是物体内部各部分之间因外力而引起的附加的相互作用力，即是“附加内力”. 这样的内力随外力的增加而加大，到达某一限度时就会引起构件破坏，因而它与构件的强度是密切相关的.

作用于杆件上的外力有各种情况，杆件相应的变形也有各种形式，这些变形是四种基本变形的组合. 四种基本变形形式是：拉伸或压缩，剪切，弯曲，扭转.

一般情况下，杆件横截面上各点内力的大小和方向因点而异. 为了描述内力在杆件某一横截面上的分布情况，需引入“应力”的概念. 所谓应力是指作用在单位面积上的内力值.

平均应力（$\Delta A$ 上平均内力）

$$p_M=\frac{\Delta F}{\Delta A} \tag{5-1}$$

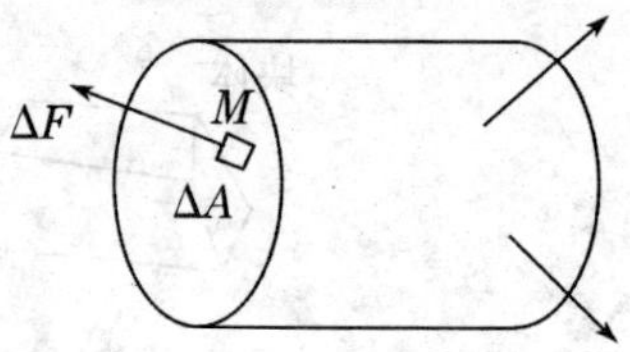


图 5-4 平均应力

$M$ 点内力为当面积 $\Delta A$ 无限地趋于零时的值，用公式表示为

$$p_M=\lim_{\Delta A\to 0}\frac{\Delta F}{\Delta A}=\frac{\mathrm{d}F}{\mathrm{d}A} \tag{5-2}$$

垂直于截面的应力称为“正应力”，也叫张应力，在压缩的情况下又叫压应力，用 $\sigma$ 表示为

$$\sigma=\lim_{\Delta A\to 0}\frac{\Delta N}{\Delta A}=\frac{\mathrm{d}N}{\mathrm{d}A} \tag{5-3}$$

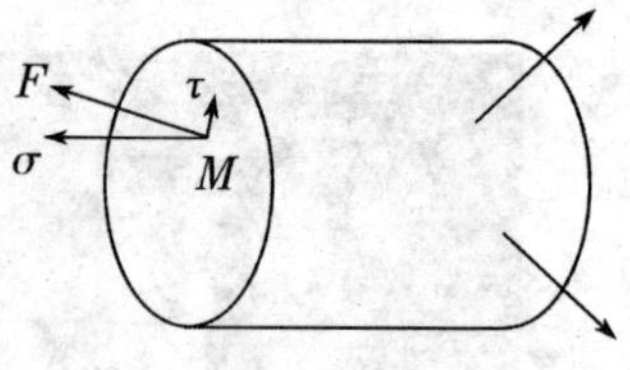


图 5-5 正应力与切应力

位于截面内的应力称为“切应力”

$$\tau=\lim_{\Delta A\to 0}\frac{\Delta T}{\Delta A}=\frac{\mathrm{d}T}{\mathrm{d}A} \tag{5-4}$$

对于轴向拉压，其受力的特点是外力的合力作用线与杆的轴线重合. 轴向拉压力称轴力，均匀材料、均匀变形，内力均匀分布，即各点应力相同. 轴力引起的正应力 $\sigma$ 在横截面上均匀分布.

$$\sigma=\frac{N}{A} \tag{5-5}$$

式中 $\sigma$ 横截面上的正应力，单位是 Pa，因 Pa 太小，常用 MPa（$1\ \mathrm{MPa}=10^6\ \mathrm{Pa}$）.

应变这个名词，指物体受到应力时，它的大小或形状的相对改变.

杆的张应变，定义为杆的伸长与原长之比，即

$$\text{张应变}=\varepsilon=\frac{l-l_0}{l_0}=\frac{\Delta l}{l_0} \tag{5-6}$$

由流体静压力产生的应变叫做体应变，它的定义是体积的改变 $\Delta V$ 与原体积之比，即

$$\text{体应变}=\frac{\Delta V}{V_0} \tag{5-7}$$

切应力对应的应变叫切应变，定义是切向的位移与横向长度之比.

应变反映的是材料的变形程度.

### 5.1.2 弯曲和扭转

1. 弯曲

杆受垂直于轴线的外力或外力偶矩的作用时，其轴线变成了曲线，这种变形称为弯曲. 以弯曲变形为主的构件通常称为梁.

(1) 受力特点：外力垂直于杆轴线，力偶作用于轴线所在平面内.

(2) 变形特点:杆轴线由直变弯.

在工程实际中,承受弯曲的杆件经常遇到.如图 5-6 所示的桥梁,还有生产车间中吊车的栋梁,火车、汽车的轮轴.

对于纯弯曲,可以设想将梁分成上下许多层(图 5-7 左图).当梁向下弯曲时,上层受到压缩,下层受到拉伸,中间有个无应力的中性层.横向线(图 5-7 右图 $a\,b$、$c\,d$)变形后仍为直线,但有转动;纵向线变为曲线,且中性层以上缩、中性层以下伸;横向线与纵向线变形后仍正交;横截面高度不变.图中 $M$ 为引起弯曲的内力矩.

弯曲的一个应用实例是楼板为什么要在混凝土中加入钢筋,且钢筋条的数量不是对称的,下面比上面的多.这主要是因为混凝土抗压能力强,抗拉能力弱,因此中性层的下方要加入钢筋.

图 5-6 桥式吊梁在自重及重量作用下发生弯曲变形

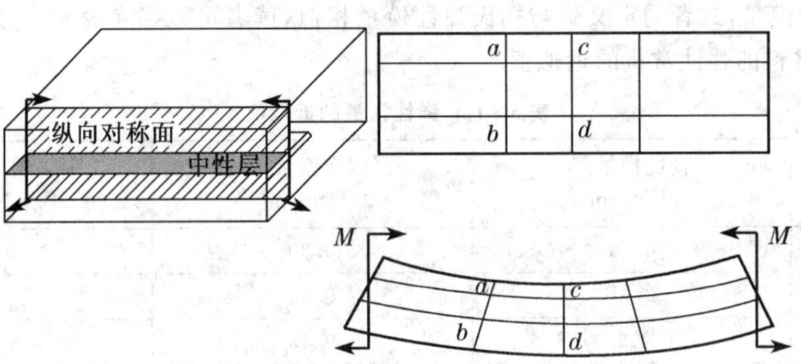


图 5-7 中性层

弯曲对于桥梁的跨度是一个很大的挑战.传统的桥梁因为弯曲使桥墩的间距不能太大,这就影响了水面大型船舶的航行.由此斜拉桥和悬索桥成为大跨度桥梁的首选.

2. 扭转

扭转变形则主要是对于轴这一类的构件,其形变形式是由大小相等、方向相反、作用面都垂直于杆轴的两个力偶引起的,表现为杆件的任意两个横截面将发生绕轴线的相对转动.汽车的传动轴、电机和水轮的主轴等,都是受扭杆件.工程上把受扭转变形的直杆称为轴.

(1) 受力特点:在垂直于杆轴线的平面内作用有力偶(如图 5-8 中的 $m$).

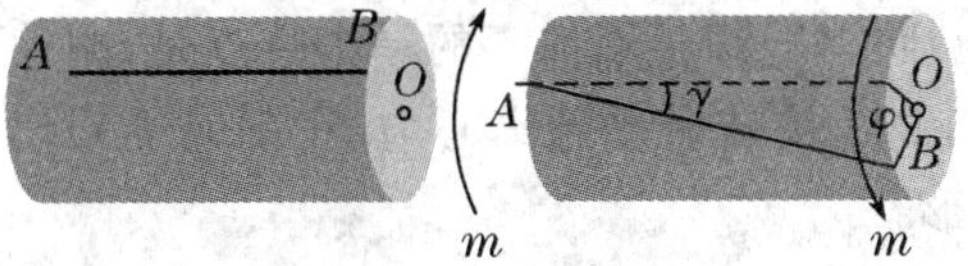


图 5-8 扭转角(相对扭转角)($\varphi$)是扭转任意两横截面绕轴线转动而发生的角位移

(2) 变形特点:任意横截面绕杆轴相对转动,其杆表面纵向线变成了螺旋线.

### 5.1.3 弹性模量

三种应力和与之相对应的应变的关系,是物理学中的一个重要部分,对此的研究成为弹性力学,在工程技术中成为材料力学.

在一定的范围内，应力和应变成正比这一事实叫做胡克定律（牛顿同一时代的人）. 如果对材料进一步加大力（负荷），应变就急骤增加，再撤去力时，材料不能恢复到原来的长度，当应力再为零时，材料的长度就要大于原来的长度，在达到断裂前的形变叫做范性形变.

产生一定应变所需要的应力决定于受力下的性质. 应力与应变之比，即每单位应变的应力，叫该材料的弹性模量. 弹性模量越大，产生一定应变所需的应力也越大. 弹性模量以 $Y$ 表示，单位是 $N/m^2$.

$$Y=\frac{\text{正应力}}{\text{张应变}}=\frac{\sigma}{\varepsilon}=\frac{N/A}{\Delta l/l_0} \tag{5-8}$$

实验证明，杨氏弹性模量与外力 $F$（或正应力、压应力）、物体长度 $L_0$、截面积 $S$ 的大小无关，只决定于物体的材料. 它是表征固体性质的一个物理量. 根据式(5－8)只要测出有关各量后，便可算出杨氏弹性模量.

式(5－8)也可写成 $\sigma=Y\varepsilon$，为拉压杆的胡克定律.

杨氏弹性模量是对应于张应变（长度的变化），对应于切应变就叫切变模量，对应于体应变就叫体积弹性模量，二者的定义式与杨氏弹性模量相似，读者可以参考材料力学相关书籍. 表5－1是部分材料的弹性常量的近似值.

**表 5－1　弹性常量的近似值**

| 材料 | 杨氏模量 $Y$ ($10^{11}\ N\cdot m^{-2}$) | 切变模量 $S$ ($10^{11}\ N\cdot m^{-2}$) | 体积弹性模量 $B$ ($10^{11}\ N\cdot m^{-2}$) |
| --- | --- | --- | --- |
| 铝 | 0.70 | 0.30 | 0.70 |
| 黄铜 | 0.91 | 0.36 | 0.61 |
| 铜 | 1.1 | 0.42 | 1.4 |
| 玻璃 | 0.55 | 0.23 | 0.37 |
| 铁 | 1.9 | 0.73 | 1.0 |
| 铅 | 0.16 | 0.056 | 0.077 |

**知识拓展**

## 1. 细长工件加工变形的分析

细长轴（杆）的加工特点：所谓细长轴是指轴的长径比 $L/d\geqslant 20$ 的轴，当 $L/d\geqslant 100$ 时则称为细长杆. 细长轴加工的一个特点是，刚性差细长的工件由于自重下垂，高速旋转时受到离心力、车削时受到切削力都极易使其产生弯曲变形.

细长杆状类刀具精度的提高，一直是刀具制造中的难点，其主要原因是由于该类刀具的有效部分太长、制造时刀具刃口离夹持部分太远. 现代加工技术更多地使用数控工具磨床来加工刀具（图 5－9）.

细长轴的加工还包括杆件的材料、热处理、加工时的固定技术等，是机械加工业长期的一个研究课题.

**图 5－9　各种数控磨床为精确加工刀具提供保障**

## 2. 悬索桥和斜拉桥梁的比较

悬索桥是桥梁的一种(图 5-10),悬索桥的主要承力部分是桥两端的两根塔架,在这两根塔架间的悬索拉住桥的桥面.为了保障悬索桥的稳定性,两根塔架外的另一面也有悬索,这些悬索保障塔架本身受的力是垂直向下的.这些悬索连接到桥两端埋在地里的锚锭中.有些悬索桥的塔架外还有两个小一些的桥面,它们可以由小一些的悬索拉住,或由主索拉住.

图 5-10　润扬大桥的悬索

悬索桥是通过两根近乎水平的主钢缆吊起许多竖直的副钢缆,再由副钢缆直接吊起桥面;而斜拉桥是由许多直接连接到塔上的钢缆吊起桥面.

具体讲,悬索桥也叫吊桥,是跨越能力最大的一种桥型.悬索桥主要由缆索、塔和锚锭三者组成.在两个高塔之间悬挂两条缆索,靠缆索吊起桥面,缆索固定在高塔两边的锚锭上,由锚锭承载整座桥的重量.

斜拉桥作为一种拉索体系,是大跨度桥梁的最主要桥型.斜拉桥由索塔、主梁、斜拉索组成.索塔型式有 A 型、倒 Y 型、H 型、独柱,材料有钢和混凝土的.斜拉索布置有单索面、平行双索面、斜索面等.大型斜拉桥用许多拉索直接拉在桥塔上,是由承压的塔,受拉的索和承弯的梁体组合起来的一种结构体系.

### 能力训练

1. 我国的赵州桥是什么结构?通过查找资料简单分析其受力特点.

2. 观察悬索桥的塔架,其两端是否都需要悬索?悬索在塔架两端的分布与斜拉桥的索塔两端斜拉索分布有什么不同?

3. 讨论自行车、汽车刹车系统的受力情况,调查其对材料的要求.

### 实践活动

1. 参观家乡或附近的著名大桥,观察其结构和受力情况.

2. 参观机械车间或汽车制造维修车间,观察机械及汽车中面临的弯曲、扭转等材料力学问题,写出调查报告.

### 巩固练习

1. 下列问题是否有可能?举例说明.

(1) 刚度是指杆件在外载作用下,抵抗断裂或过量塑性变形的能力.

(2) 强度是指杆件在外载作用下,抵抗(弹性)变形的能力.

(3) 垂直于截面的应力称为“正应力”.

(4) 拉压杆的胡克定律用弹性模量写成 $F=-kx$.

2. 图 5 - 11 所示结构中，$AB$ 杆将发生的变形为（　　）

A. 弯曲变形

B. 拉压变形

C. 弯曲与压缩的组合变形

D. 弯曲与拉伸的组合变形

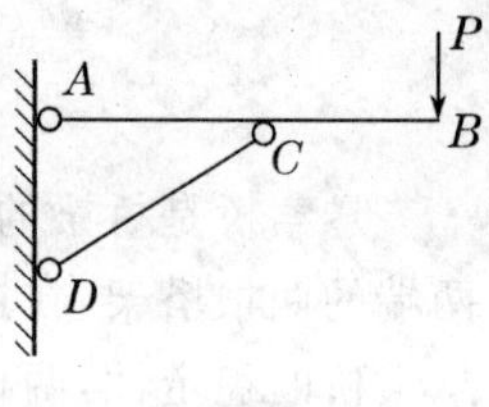

图 5 - 11

3. 已知一圆杆受拉力 $F = 25$ kN，直径 $d = 14$ mm，许用应力 $[\sigma] = 170$ MPa，试校核此杆是否满足强度要求.

# §5.2 流体力学及其应用

## 学习目标

1. 了解静流体中应力的特点；
2. 理解理想流体和帕斯卡原理；
3. 理解伯努利方程及其应用.

## 学习导入

1. 预备知识

在中学物理课的学习中就已知道流体的不少性质，例如，静止流体内部压强各向同性；等高处压强相等；浮力的阿基米德（Archimedes）原理；伯努利方程关于流速大的地方压强小的结论和机翼升力的原理等. 这些基础知识大多数是流体静力学研究的问题，机翼升力的原理则属于流体动力学的范畴.

对静止流体问题的研究称为“流体静力学”，对运动流体问题的研究称为“流体动力学”. 流体动力学中的一个特殊分支“气体动力学”，是有关气体或空气的流动问题的研究.

液压传动是以液体作为工作介质来进行能量传递的一种传动形式. 近几十年来，液压传动技术得以飞速发展，广泛应用于各工业部门，如各类全自动、半自动机床、起重机械、运输机械、工程机械、农业机械、化工机械以及船舶、飞机、导弹及航天装置等，显示出这门学科在技术上的强大生命力.

要想理解液压传动的工作原理，先要了解流体的基本性质.

2. 应用导入

能流动的物质叫流体. 流体包括液体和气体，二者的显著区别是气体容易压缩，而液体几乎不能压缩. 液体不能压缩的性质在液压传动中有广泛的应用.

人类关于流体力学的研究有了很大的成就，应用在各行各业中. 例如图 5 - 12 列出了十种机翼的形状，已应用于各种类型的飞行器中.

对于流体动力学的研究成果还应用于纺织业，“喷水织布机”和“喷气织布机”取代了依靠梭子织布的历史.

## 视窗链接

### 飞机的翼型已发展有多种形式

图 5 - 12 中(1)是平板形翼剖面,它相当于风筝的剖面,靠迎角产生升力;(2)是典型的鸟翼剖面,多用在早期的飞机上;(3)～(6)为上拱下略平的翼剖面,气动力特性好,升力大,多用于亚音速以下的飞机;其余的翼剖面多为上下翼面对称的翼型剖面,能做成薄形机翼,对超音速飞行很有好处,多用于超音速飞机或飞机的尾翼上.

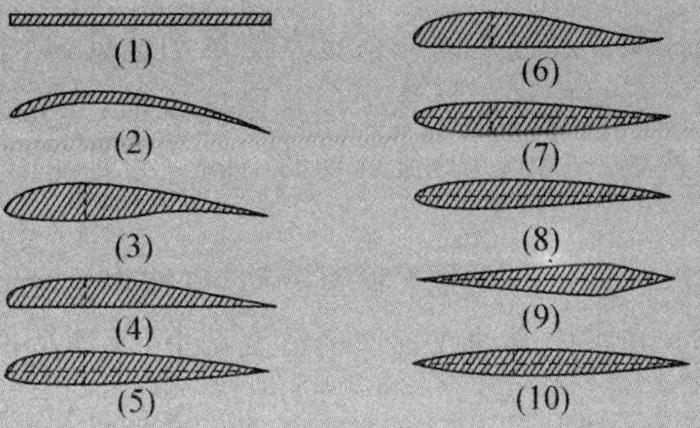


图 5 - 12　十种实际应用的翼型剖面

## 学习内容

### 5.2.1　静流体中的应力

我们在上一节中定义的“应力”的概念(式(5 - 1)),不仅适用于固体,也适用于流体,在静止的流体中,只有正应力,切应力为零.故在流体中经常用压强 $p$ 表示,即中学里学习的液体和气体中的压强,与正应力是一回事.液体在某些特殊情况下正应力会表现出张力,比如在表面或一些将要断裂处,我们又将此种情况称为负压.

现代生活中使用的很多器件,要把玻璃和金属容器抽去空气,例如电灯泡、电视机的显像管、食品的封装等,涉及真空输送、真空过滤、真空成型、真空装卸、真空干燥及真空浓缩等,在纺织、粮食加工、矿山、铸造、医药等部门有着广泛的应用.

在真空实用技术中,真空的获得和测量是两个最重要的方面,在一个真空系统中,真空获得的设备和测量仪器是必不可少的.目前常用的真空获得设备主要有旋片式机械真空泵、油扩散泵、涡轮分子泵、低温泵等.真空测量仪器主要有 U 型真空计、热传导真空计、电离真空计等.随着电子技术和计算机技术的发展,各种真空获得设备向高抽速、高极限真空、无污染方向发展.各种真空测量设备与微型计算机相结合,具有数字显示、数据打印、自动监控和自动切换量程等功能.

### 5.2.2　理想流体　帕斯卡原理

讨论流体静力学问题,压强和密度两个变量不是独立的,比如液体内部的压强 $p$ 与密度 $\rho$ 及深度的关系.当液体流动时,又多了流速等一些变量.一般来说,压强的变化不是由密度唯一地确定.然而在很多实际重要的情况中,我们可以用简单的理想模型来进行研究.

首先考虑的是理想流体.所谓理想流体,是指一种不可压缩、且无内摩擦或粘滞性的流体.对于气体,如果使气体流动的压力差不太大时,也可以认为不可压缩,对于液体,在管中流动或绕过一障碍物流动时,还有当相邻两层流体有相对运动时,内摩擦会产生切应力,但在有些情况下,这种切应力与重力和压力差产生的正应力相比,可以忽略,即理想流体模型有一定的适用性.

运动流体中的一个流体微元所经过的路线叫做流线,其上每一点的切线方向和流速场在该点的速度方向一致.流线是不会相交的.

在流体内作一微小的闭合曲线,通过其上各点的流线所围成的细管,叫做流管.由于流线不会相交,流管内、外的流体都不会穿越管壁.

任何流体的流动，在开始时是不稳定的，但通常经过一段时间可以变成为稳恒流动，流体在做稳恒流动时，流体中每一质点，从某一点到达另一点的运动速度虽然可以改变，但是每个流体质点经过空间一给定点的运动速度，是不随时间而变的.这样的情况又叫定常流动.

如果用场的概念来理解稳恒流动，在有流体的空间里每点$(x,y,z)$的流速矢量，构成一个流速场.一般来说，流速场的空间分布是随时间而变化的，即

$$\boldsymbol{v}=\boldsymbol{v}(x,y,z,t) \tag{5-9}$$

式(5－9)的情况是不稳恒流动，也称为不定常流动.

在稳恒流动或者说定常流动下，流速场的空间分布不随时间而变化，即

$$\boldsymbol{v}=\boldsymbol{v}(x,y,z) \tag{5-10}$$

在稳恒流动的流速场中取任意一段流管（图5－13），设其两端的垂直截面积分别为$dA_1$和$dA_2$，由于稳恒流动中流管静止不动，流体的密度$\rho$也不随时间变化，那么进入$dA_1$的流体流量和流出$dA_2$的流量是相等的，即

$$\rho_1 v_1 dA_1 = \rho_2 v_2 dA_2$$

或者说，沿任意流管

$$\rho v dA = 常数 \tag{5-11}$$

或者说 $v dA = 常数$

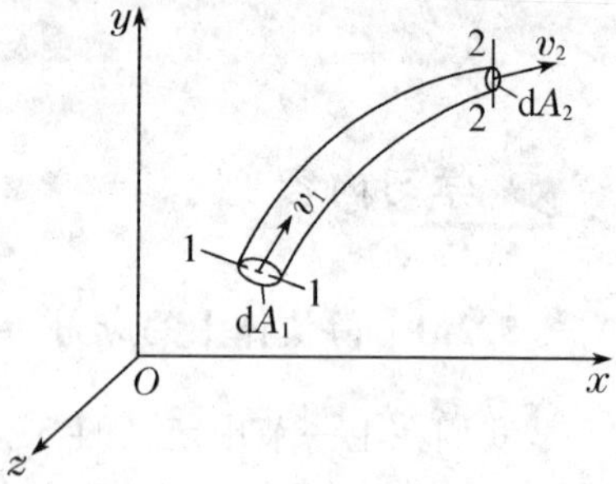

**图5－13 连续性原理**

以上各方程称为流体的连续性原理，其物理实质反映了流体在流动中质量守恒.

如图5－14，是帕斯卡原理在液压机（或油压千斤顶）的应用示意图.假设不计图中两个液压缸在传动过程中的泄漏和摩擦，不考虑液体的可压缩性和油管等零件的弹性变形，两个活塞的运动学关系和动力学关系为两个活塞的速度与面积成反比；两个活塞上的力与面积成正比.

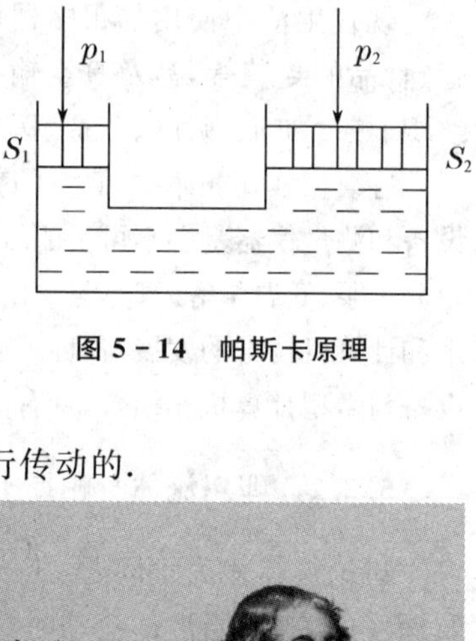

**图5－14 帕斯卡原理**

液压传动具有以下三个方面的特征：

(1) 以液体作为工作介质；

(2) 用液体的压力来传递动力；

(3) 作为工作介质的液体是在密封容器中工作，受控制进行传动的.

## 视窗链接

### 帕斯卡生平

帕斯卡(Pascal Blaise，1623～1662)，是法国著名的数学家、物理学家、哲学家和散文家（图5－15）.在物理学方面作出的突出贡献是，于1653年首次提出了著名的帕斯卡定律，为此写成了《液体平衡的论述》的著名论文，详细论述了液体压强的传递问题.应用这个定律制造的各式各样的液压机械，为人类创造了无数的奇迹，他建立的直觉主义原则对于后来一些哲学家，如卢梭和伯格森等都有影响.

**图5－15 帕斯卡**

### 5.2.3　伯努利方程及其应用

当不可压缩的流体沿水平流管流动时，如果流管各处的横截面积不同，则各处的流速也不同，流体在面积小处加速，在面积大处减速，如河流中看到的情况.速度的变化表明流体在水平方向受到合力的作用.流管内的不同两点的压力差不仅与这两点的高度差有关，还与这两点的流速差有关.这个问题由伯努利于 1738 年首先解决.在理想流体情况下其表达式为

$$z+\frac{p}{\rho g}+\frac{v^2}{2g}=\text{常数} \tag{5-12}$$

该式前两项的物理意义，第一项 $z$ 表示单位重量流体所具有的位(引力)势能；第二项 $p/(\rho g)$ 表示单位重量流体的压强势能；第三项 $v^2/(2g)$ 理解如下：由物理学可知，质量为 $m$ 的物体以速度 $v$ 运动时，所具有的动能为 $mv^2/2$，则单位重量流体所具有的动能为 $v^2/(2g)$ 即 $(mv^2/2)/(mg)=v^2/(2g)$.所以该项的物理意义为单位重量流体具有的动能.位势能、压强势能和动能之和称为机械能.因此，伯努利方程可叙述为：理想不可压缩流体在重力作用下做定常流动时，沿同一流线(或微元流束)上各点的单位重量流体所具有的位势能、压强势能和动能之和保持不变，即机械能是一常数，但位势能、压强势能和动能三种能量之间可以相互转换，所以伯努利方程是能量守恒定律在流体力学中的一种特殊表现形式.

理想流体微元流束的伯努利方程，在工程中广泛应用于管道中流体的流速、流量的测量和计算，下面以应用最广泛的皮托管和文特里流量计为例，介绍它们的测量原理和伯努利方程的应用.

1. 皮托管

在工程实际中，常常需要测量某管道中流体流速的大小，然后求出管道的平均流速，从而得到管道中的流量，要测量管道中流体的速度，可采用皮托管来进行，其测量原理如图 5-16 所示.

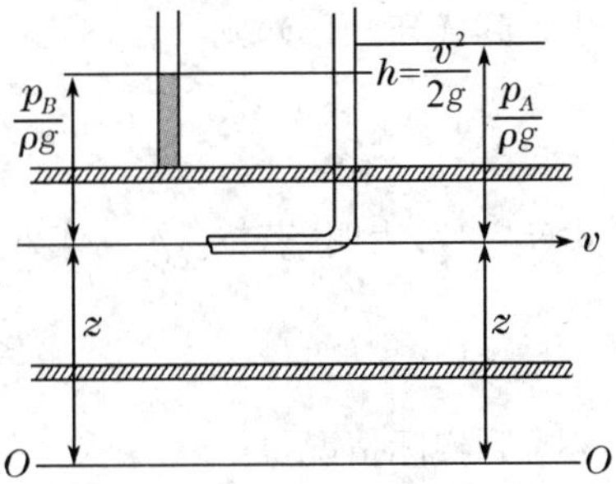

图 5-16　皮托管测速原理

在液体管道的某一截面处装有一个测压管和一根两端开口弯成直角的玻璃管(称为测速管).将测速管(又称皮托管)的一端正对着来流方向，另一端垂直向上，这时测速管中上升的液柱比测压管内的液柱高 $h$.这是由于当液流流到测速管入口前的 $A$ 点处，液流受到阻挡，流速变为零，则在测速管入口形成一个驻点 $A$.驻点 $A$ 的压强 $p_A$ 称为全压，在入口前同一水平流线未受扰动处(例如 $B$ 点)的液体压强为 $p_B$，速度为 $v$.应用伯努利方程于同一流线上的 $B$、$A$ 两点，则有

$$z+\frac{p_B}{\rho g}+\frac{v^2}{2g}=z+\frac{p_A}{\rho g}+0$$

则

$$h=\frac{p_A}{\rho g}-\frac{p_B}{\rho g}=\frac{v^2}{2g}$$

$$v=\sqrt{2\,\frac{p_A-p_B}{\rho}}=\sqrt{2gh} \tag{5-13}$$

式(5-13)表明，只要测量出流体的运动全压和静压水头的差值 $h$，就可以确定流体的流动速度.由于流体的特性，以及皮托管本身对流动的干扰，实际流速比用式(5-14)计算出的要小，因此，实际流速为

$$v=\psi\sqrt{2gh}$$

式中：$\psi$ 为流速修正系数，一般由实验确定，$\psi=0.97$.

2. 文特里(Venturi)流量计

文特里流量计主要用于管道中流体的流量测量，主要是由收缩段、喉部和扩散段三部分组成，如图 5-17 所示. 它是利用收缩段，造成一定的压强差，在收缩段前和喉部用 U 形管差压计测量出压强差，从而求出管道中流体的体积流量.

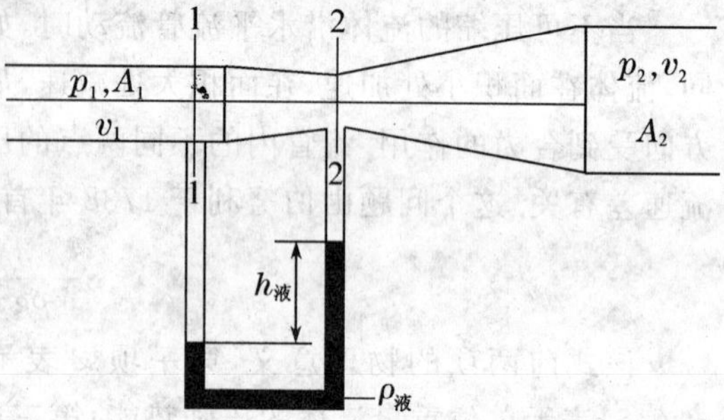


**图 5-17 文特里流量计原理图**

以文特里管的水平轴线所在水平面作为基准面. 列出截面 1-1，2-2 的伯努利方程

$$0+\frac{p_1}{\rho g}+\frac{v_1^2}{2g}=0+\frac{p_2}{\rho g}+\frac{v_2^2}{2g} \quad (5-14)$$

由一维流动连续性方程

$$v_1=\frac{A_2}{A_1}v_2 \quad (5-15)$$

将式(5-15)代入到式(5-14)，整理得

$$v_2=\sqrt{\frac{2(p_1-p_2)}{\rho[1-(A_2/A_1)^2]}} \quad (5-16)$$

由流体静力学

$$p_1-p_2=(\rho_液-\rho)gh_液$$

代入到式(5-16)，则

$$v_2=\sqrt{\frac{2g(\rho_液-\rho)h_液}{\rho[1-(A_2/A_1)^2]}} \quad (5-17)$$

式(5-17)表明，若 $\rho_液$，$\rho$，$A_2$，$A_1$ 已知，只要测量出 $h_液$，就可以确定流体的速度. 流量为：

$$q_v=A_2V_2=\frac{\pi}{4}d_2^2\sqrt{\frac{2g(\rho_液-\rho)h_液}{\rho[1-(A_2/A_1)^2]}} \quad (5-18)$$

考虑到实际情况

$$q_{v实}=C_dq_v=C_d\frac{\pi}{4}d_2^2\sqrt{\frac{2g(\rho_液-\rho)h_液}{\rho[1-(A_2/A_1)^2]}} \quad (5-19)$$

式中 $C_d$ 为流量系数，通过实验测定.

文特里流量计是节流装置中的一种，除此之外还有孔板，喷嘴等，其基本原理与文特里流量计基本相同，不再叙述.

**伯努利方程应用时要特别注意的几个问题：**

伯努利方程是流体力学的基本方程之一，与连续性方程和流体静力学方程联立，可以全面地解决一维流动的流速(或流量)和压强的计算问题，用这些方程求解一维流动问题时，应注意下面几点：

(1) 弄清题意.

(2) 选好基准面，基准面原则上可以选在任何位置，但选择得当，可使解题大大简化，通常选在管轴线的水平面或自由液面，要注意的是，基准面必须选为水平面.

(3) 求解流量时，一般要结合一维流动的连续性方程求解. 伯努利方程的 $p_1$ 和 $p_2$ 应为同一度量单位，同为绝对压强或者同为相对压强，$p_1$ 和 $p_2$ 的问题与静力学中的处理完全相同.

【例 5-1】 有一贮水装置如图 5-18 所示，贮水池足够大，当阀门关闭时，压强计读数为 2.8 个大气压强. 而当将阀门全开，水从管中流出时，压强计读数是 0.6 个大气压强，试求当水管直径 $d=12$ cm 时，通过出口的体积流量（不计流动损失）.

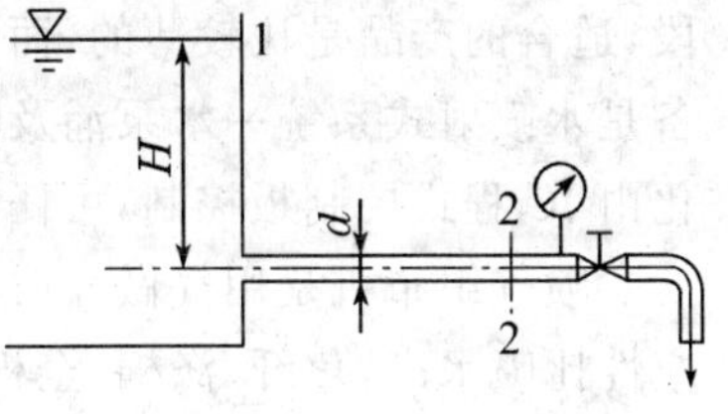

图 5-18

解：当阀门全开时列 1-1、2-2 截面的伯努利方程

$$H+\frac{p_a}{\rho g}+0=0+\frac{0.6p_a}{\rho g}+\frac{v_2^2}{2g}$$

当阀门关闭时，根据压强计的读数，应用流体静力学基本方程求出 $H$ 值

$$p_a+\rho gH=2.8p_a$$

则
$$H=\frac{2.8p_a}{\rho g}=\frac{2.8\times 98\,060}{9\,806}=28(\text{mH}_2\text{O})$$

代入到上式

$$\begin{aligned} v_2 &=\sqrt{2g\left(H-\frac{0.6p_a}{\rho g}\right)} \\ &=\sqrt{2\times 9.806\times\left(2.8-\frac{0.6\times 98\,060}{9\,806}\right)} \\ &=20.78(\text{m/s}) \end{aligned}$$

所以管内流量

$$\begin{aligned} q_v &=\frac{\pi}{4}d^2v_2 \\ &=0.785\times 0.12^2\times 20.78 \\ &=0.235(\text{m}^3/\text{s}) \end{aligned}$$

回到本节开始时的问题，伯努利方程可以初步解释飞行器的原理，如图 5-19，同学们很容易用伯努利方程解释. 图 5-12 中各种机翼的升力是实际飞行器与实际气体（非理想流体）相对速度不同时的研究成果，例如(3)～(6)为上拱下略平的翼剖面，气动力特性好，升力大，多用于亚音速以下的飞机；其余的翼剖面多为上下翼面对称的翼型剖面，能做成薄形机翼，对超音速飞行很有好处，多用于超音速飞机或飞机的尾翼上.

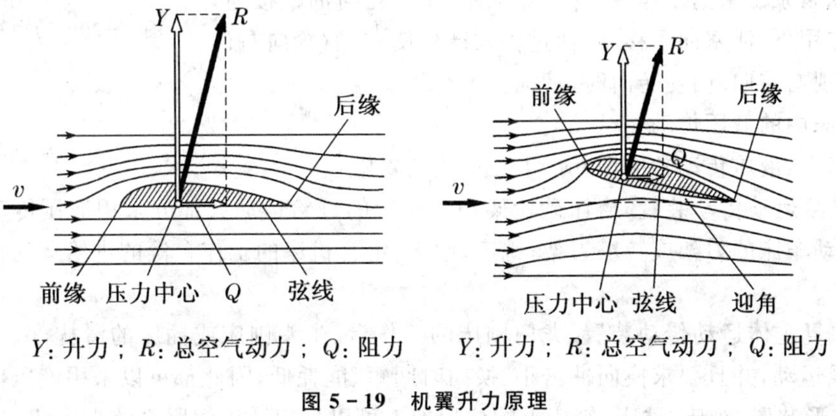

图 5-19　机翼升力原理

喷水织机的基本原理，是用水做介质，利用高压水流将纬纱从织布机的一端带到另外一段，适合的产品是比较薄的，而且原料是疏水的，比如涤纶，锦纶，晴纶等等化纤面料．其主要设备是水喷射式系统一水泵浦及喷嘴入纬，两种纬纱运用电子式蓄纱器测长贮存．纬纱之排列变化由 IC 程式控制板控制，可任意选择变化．只要操作控制箱按钮即可．

喷气织布机是用气做介质，利用高压气流将纬纱从织布机的一端带到另外一端，产品的适应性比喷水广，化纤、涤棉、全棉都可以做．

## 知识拓展

### 1．机械设备中常见的液压传动原理分析

**一、液压在汽车动力传动和动力转向系统的应用**

汽车发动机所发出的动力靠传动系传递到驱动车轮．传动系具有减速、变速、倒车、中断动力、轮间差速和轴间差速等功能，与发动机配合工作，能保证汽车在各种工况条件下的正常行驶，并具有良好的动力性和经济性．在多种传动系统中，液压传动是常见的一类．

液压传动也叫静液传动，是通过液体传动介质静压力能的变化来传递能量．主要由发动机驱动的油泵、液压马达和控制装置等组成．

汽车的转向也要有动力系统支撑．采用动力转向系统的汽车转向所需的能量，在正常情况下，只有小部分是驾驶员提供的体能，而大部分是发动机（或电机）驱动的油泵（或空气压缩机）所提供的液压能（或气压能）．

动力转向系统是在机械式转向系统的基础上加一套动力辅助装置组成的．如图 5－20，转向油泵 6 安装在发动机上，由曲轴通过皮带驱动并向外输出液压油．转向油罐 5 有进、出油管接头，通过油管分别与转向油泵和转向控制阀 2 联接．转向控制阀用以改变油路．机械转向器和缸体形成左右两个工作腔，它们分别通过油道和转向控制阀联接．

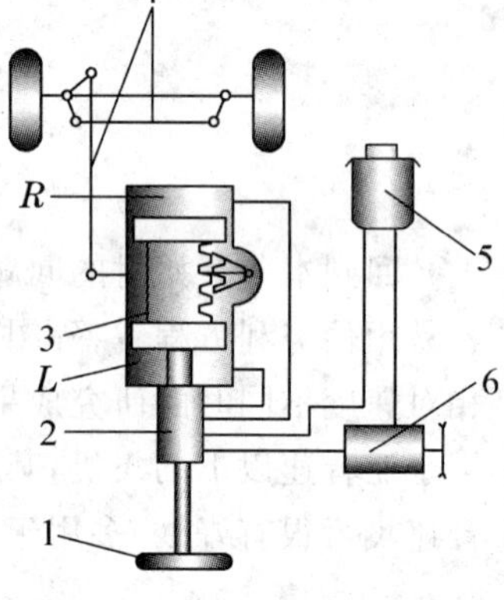

**图 5－20　动力转向系统**

当汽车直线行驶时，转向控制阀 2 将转向油泵 6 泵出来的工作液与油罐相通，转向油泵处于卸荷状态，动力转向器不起助力作用．当汽车需要向右转向时，驾驶员向右转动转向盘，转向控制阀将转向油泵泵出来的工作液与 $R$ 腔接通，将 $L$ 腔与油罐接通，在油压的作用下，活塞向下移动，通过传动结构使左、右轮向右偏转，从而实现右转向．向左转向时，情况与上述相反．

**二、机床中的液压传动**

在机床上，液压传动常应用在以下的一些装置中：

（1）进给运动传动装置．磨床砂轮架和工作台的进给运动大部分采用液压传动；车床、六角车床、自动车床的刀架或转塔刀架；铣床、刨床、组合机床的工作台等的进给运动也都采用液压传动．

（2）往复主体运动传动装置．龙门刨床的工作台、牛头刨床或插床的滑枕，由于要求做高速往复直线运动，并且要求换向冲击小、换向时间短、能耗低，因此都可以采用液压传动．

（3）仿形装置．车床、铣床、刨床上的仿形加工可以采用液压伺服系统来完成．其精度可达 0.01～0.02 mm．此外，磨床上的成形砂轮修正装置亦可采用这种系统．

(4) 辅助装置. 机床上的夹紧装置、齿轮箱变速操纵装置、丝杆螺母间隙消除装置、垂直移动部件平衡装置、分度装置、工件和刀具装卸装置、工件输送装置等，采用液压传动后，有利于简化机床结构，提高机床自动化程度.

(5) 静压支承重型机床、高速机床、高精度机床上的轴承、导轨、丝杠螺母机构等处采用液体静压支承后，可以提高工作平稳性和运动精度.

### 2. 粘滞流体

粘滞性可视为流体的内摩擦. 由于粘滞性的存在，要使一层液体相对于另一层流体滑动，或者在两个表面之间夹有一层流体，而使一个表面相对另一个表面滑动时，都需要力的作用. 液体和气体都有粘滞性，液体的粘滞性要大于气体的.

实验表明，两层流体之间的粘滞力 $f$ 正比于速度梯度和面积 $\Delta S$：

$$f=\eta\frac{\mathrm{d}v}{\mathrm{d}l}\Delta S \tag{5-20}$$

式中：$\eta$ 为液体的粘滞系数；$\mathrm{d}v/\mathrm{d}l$ 为速度梯度(图 5-21).

粘滞系数 $\eta$ 与材料的性质有关，还比较敏感地依赖于温度. 液体的粘滞系数随温度的升高而减小，气体正好相反.

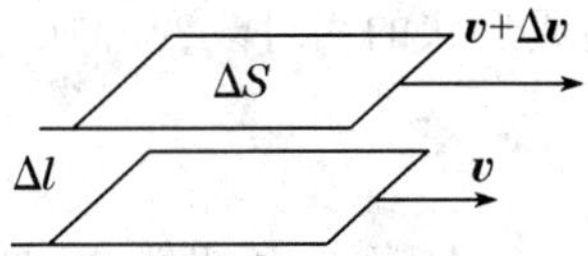

图 5-21　流体的粘滞系数

## 能力训练

1. 调查了解机械行业中的其他液压传动原理的应用，简单分析其基本原理.
2. 去当地的纺织工厂，参观喷水织机或喷气织机，并查找资料，比较它们与传统织机的不同处.
3. 参观汽车车间或维修厂，观察汽车的液压传动系统.

## 实践活动

1. 在汽车维修车间观察液压千斤顶，并试试使用中用力的情况.
2. 在金工车间观察车床，向工厂工程师请教，车床有哪些地方使用了液压传动?

## 巩固练习

1. 下列问题是否有正确?

(1) 液压传动原理与液体内部压强与深度成正比的结论无关.

(2) 伯努利方程的实质是能量转化守恒.

(3) 稳恒流动(定常流动)下，流速场的空间分布不变化.

(4) 流体没有切应力.

2. 用伯努利方程分析圆柱形水槽，水深 $H$，小孔开口深度 $h$ 多大水喷得最远?　　(　　)

A. $H/2$　　B. $H$

C. $H/4$　　D. $H/5$

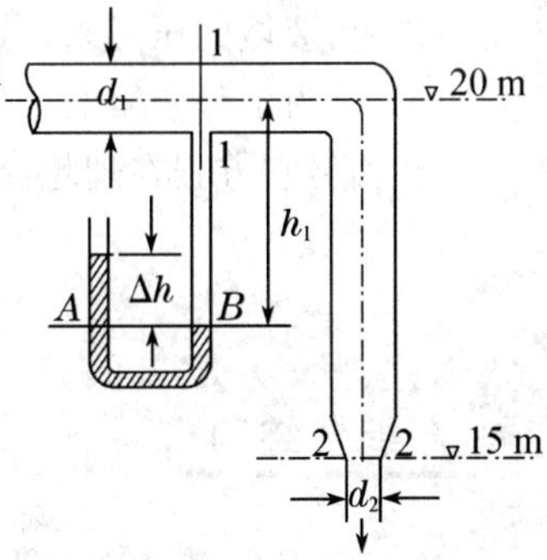

图 5-22　U 型测压管

3. 水流通过如图 5-22 所示管路流入大气，已知：U 形测

压管中水银柱高差 $\Delta h=0.2$ m，$h_1=0.72$ m$H_2O$，管径 $d_1=0.1$ m，管嘴出口直径 $d_2=0.05$ m，不计管中水头损失，试求管中流量 $q_v$.

## 本章小结

### 一、固体的弹性

1. 弹性形变和塑性形变：前者指当外力去除后，物体（构件）的形状和尺寸变形即自行消失的变形. 后者指当外力去除后，构件的形状和尺寸不能完全消失的那一部分变形称之为塑性变形.

2. 强度和刚度：强度指构件抵抗破坏的能力，刚度指构件在外力作用下抵抗弹性变形的能力.

3. 应力和应变：应力是指作用在单位面积上的内力值. 应变指物体受到应力时，它的大小或形状的相对改变. 例如

$$\text{张应变}=\varepsilon=\frac{l-l_0}{l_0}=\frac{\Delta l}{l_0}$$

4. 弯曲和扭转：弯曲的轴线变成了曲线. 扭转变形为杆件的任意两个横截面将发生绕轴线的相对转动.

应力与应变之比，即每单位应变的应力，叫该材料的弹性模量.

$$Y=\frac{\text{正应力}}{\text{张应变}}=\frac{\sigma}{\varepsilon}=\frac{N/A}{\Delta l/l_0}$$

实验证明，杨氏弹性模量与外力 $F$（或正应力、压应力）、物体长度 $L_0$、截面积 $S$ 的大小无关，而只决定于物体的材料.

### 二、流体力学及其应用

1. 在静止的流体中，只有正应力，切应力为零.

2. 理想流体，是指一种不可压缩、且无内摩擦或粘滞性的流体.

3. 流体的连续性原理，其物理实质反映了流体在流动中质量守恒.

4. 帕斯卡原理：两个活塞的速度与面积成反比；两个活塞上的力与面积成正比. 应用于液压传动，具有以下三个方面的特征：

(1) 以液体作为工作介质；

(2) 用液体的压力来传递动力；

(3) 作为工作介质的液体是在密封容器中工作，受控制进行传动的.

5. 伯努利方程在理想流体情况下的表达式为

$$z+\frac{p}{\rho g}+\frac{v^2}{2g}=\text{常数}$$

## 综合练习

1. 混凝土楼板中要加上钢丝（钢筋），目的是 (　　)

A. 增加抗压能力　　　　B. 降低抗压能力

C. 提高抗拉能力　　D. 混凝土需要钢筋联在一起

2. 关于混凝土中加上钢丝(钢筋)的说法中正确的是　(　　)

A. 楼板上下均匀加入钢丝　　B. 楼板上面加入钢丝多

C. 混凝土楼板在火灾中会坍塌　　D. 马路上的混凝土也一定要加钢丝

3. 关于斜拉桥下列说法中正确的是　(　　)

A. 索塔两侧无需对称斜拉索　　B. 桥面越宽索塔越高是为比例需要

C. 斜拉桥的跨越能力比悬索桥大　　D. 斜拉桥的跨越能力比梁式桥大

4. 结合工程实际或日常生活实例说明构件的强度、刚度和稳定性概念.

5. 什么是应力？为什么要研究应力？内力和应力有何区别和联系？

6. 材料力学的任务是什么？

7. 关于流体的性质,下列说法正确的是　(　　)

A. 因为气体可压缩,在气体中运动获得升力需更大的速度

B. 液体能用于传动装置,是因为其易于流动

C. 流体的粘滞系数与材料无关,但与温度有关

D. 附着于浸在流体中的固体壁上流体与固体表面的相对速度不为0

8. 一汽车用的液压举重机,它的活塞直径为30 cm,要把质量为150 kg的汽车举起,需要的压强是多少Pa？($g$ 取 $9.8\ m/s^2$)　(　　)

A. $2.08\times10^3$　　B. $2.08\times10^4$　　C. 14 700　　D. $2.08\times10^2$

9. 一个潜水员能依靠一个连接有“呼吸管”的面具,呼吸管的上端总在水面上就可下潜任一深度么？为什么？

10. 机床中的液压传动常应用在哪些装置中？

11. 流体的连续性原理,其物理实质是什么？

12. 按传能介质的不同,动力转向器有哪两种？简述其原理.

13. 一个圆柱形的开口水槽,其中水深为 $H$,在槽的一侧水面下 $h$ 深度处开一小孔,求射出的水流到地面时距槽底边的距离 $s$ 是多少？

14. 上题的射程要最大,$h$ 与 $H$ 的关系是什么？

15. 已知一圆杆受拉力 $F=25\ kN$,半径 $r=7\ mm$,许用应力 $[\sigma]=170\ MPa$,求此杆的应力,此杆是否满足强度要求.

16. 水在接到高处水槽的粗细均匀的水管内稳恒流动,水管的某一点比槽内水面低2 m,该点处水流的压强记录为 $10^4$ Pa,问该点处水的流速是多少？(取大气压为 $10^5$ Pa,$g$ 取 $10\ m/s^2$)

# 第 6 章

# 机械振动和波

经典物理学包含一些子学科，如力、热、电和光等，而振动和波的运动形式横跨所有这些学科，在这些分支中都有不同物理量的振动和波的运动形式. 力学中有机械振动和机械波，在电学中有电磁振荡和电磁波，光是电磁波中的一部分，量子力学又称为波动力学.

在工程力学等学科中，振动和波的应用同样是非常广泛. 是利用振动和波还是要消除振动和波是工程设计不可忽略的方面.

虽然在物理学各分支中振动和波的具体内容不同，但在运动形式上却具有极大的相似性，因此通过本章的学习，理解振动和波的运动形式，对于学习整个物理学基础知识有重要的意义，对于学习工程技术的一些学科也是有益的.

## §6.1 机械振动

### 学习目标

1. 掌握振动的概念和简谐振动的描述；
2. 理解简谐振动的位移、速度和加速度；
3. 了解谐振动系统的能量.

### 学习导入

1. 预备知识

振动(Vibration)是自然界中最普遍的一种运动形式. 物体在平衡位置附近做往复的周期性运动，称为机械振动. 电流、电压、电场强度和磁场强度围绕某一平衡值做周期性变化，称为电磁振动或电磁振荡.

一般地说，任何一个物理量的值不断地经过极大值和极小值而变化的现象，称为振动.

虽然各种振动的具体物理机制可能不同，但是作为振动这种运动的形式，它们却具有共同的特征. 学习这些共同的特征和应用正是本节的主要目的.

2. 应用导入

火车在铁轨上运行，会发生有节奏的振动，这是传统火车的印象. 传统铁轨有每根 25 m 长的铁轨组合而成，列车在通过钢轨接头时就会发出巨大的“咣当、咣当”声，这种噪声强度能达 100 dB. 在这些接头处的振动缩短了火车轮轴的寿命，还影响了火车的提速.

## 学习内容

### 6.1.1 简谐振动

简谐振动是振动的一种特殊情况，当一个物理量随时间按正弦（或余弦）规律变化时，我们称其为简谐振动，作简谐振动的物理量称为谐振量.例如弹簧振子和单摆的振动，是质点相对平衡位置的位移为谐振量.简谐振动是最简单、最基本的振动.任何复杂的振动都可视为若干简谐振动的合成.

简谐振动的振动方程为：

$$x=A\cos(\omega t+\varphi) \qquad (6-1)$$

$x$ 可以是位移、电流、场强、温度…….

式中 $A$ 是振幅，表示振动最大位移的绝对值，单位为米. $\omega$ 是角频率，表示在 $2\pi$ 秒内物体做完全振动的次数，单位为弧度/秒，符号为 rad/s，它与频率 $\nu$ 之间的关系为

$$\omega=2\pi\nu$$

$\varphi$ 是初位相，表示了初始时刻的运动状态，单位为弧度(rad).

可以得出做简谐振动的质点速度和加速度分别如下：

$$\boldsymbol{v}=\frac{\mathrm{d}x}{\mathrm{d}t}=\omega A\cos\left(\omega t+\varphi+\frac{\pi}{2}\right)$$

$$\boldsymbol{a}=\frac{\mathrm{d}^2x}{\mathrm{d}t^2}=\omega^2A\cos(\omega t+\varphi+\pi)=-\omega^2x$$

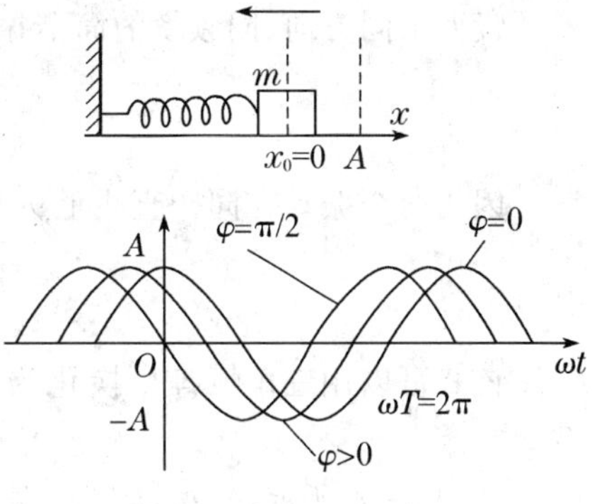

图6-1 振动曲线

即速度矢量和位移矢量的相位差为$\frac{\pi}{2}$，与加速度相位差为 $\pi$.

"相"有形态、状态的含义，当 $\omega t+\varphi$ 确定时，$x$ 的状态也被确定，因此把 $\omega t+\varphi$ 称为相位，相位的单位显然与初相位一样，为弧度(rad).当相位 $\omega t+\varphi$ 随时间变化为 $2\pi$ 的整数倍时，振动物体又回到原来的状态，可见用相位描述物体的运动状态能充分体现振动的周期性.

振动规律可以用振动曲线表示，可以用 $x-t$ 图像表示，为研究方便，也可用 $x-\omega t$ 图像表示，见图6-1.

$x-\omega t$ 图像虽然能让我们直观看出简谐振动的特征，但对于几个谐振量的叠加等问题进行分析时，余弦（或正弦）函数的计算会很复杂.为了更直观、便捷地分析谐振，可以采用旋转矢量的方法.

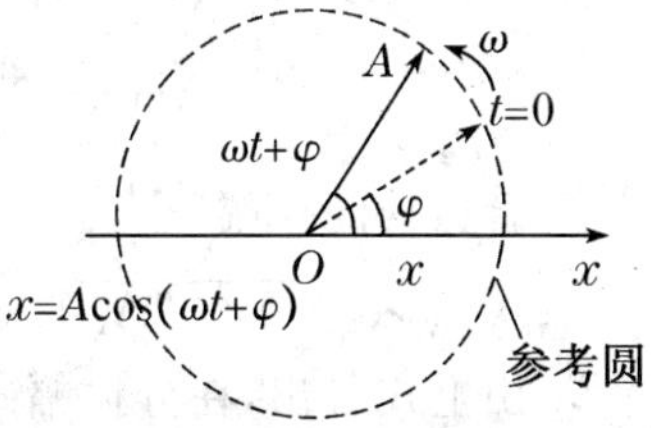

图6-2 旋转矢量

如图6-2所示，作坐标 $Ox$，自原点 $O$ 作一矢量 $\boldsymbol{A}$，它的大小恒等于 $A$，矢量 $\boldsymbol{A}$ 从初始位置与 $x$ 轴成 $\varphi$ 角开始，以角速度 $\omega$ 逆时针匀速转动，矢量 $\boldsymbol{A}$ 就称为旋转矢量.由于旋转矢量的大小与角速度不变，图中唯一的变量是 $\omega t+\varphi$，矢量 $\boldsymbol{A}$ 在 $x$ 轴上的投影恰好是作谐振动质点在 $t$ 时刻的位移：

$$x=A\cos(\omega t+\varphi)$$

由此看出旋转矢量法能更直观研究简谐运动，形象地给出了简谐振动的各物理量间的关

系，简化了分析计算.

这里要注意的是，旋转矢量法是一种形象地分析方法，不要将旋转矢量 **A** 的末端的运动看成是简谐振动，简谐振动的圆频率不能误认为是物体的圆周运动的角速度，相位则不能当成几何角度，这些物理量有本质上的区别.

【例 6-1】 一物体沿 $Ox$ 轴做简谐振动，振幅为 20 cm，圆频率为 $0.5\pi$ rad/s，旋转矢量 **A** 初始位置如图 6-3 中的实线，**A** 的投影 $P$ 点向 $Ox$ 轴正方向运动，$t=0$ 时，$OP=10$ cm，写出振动方程.

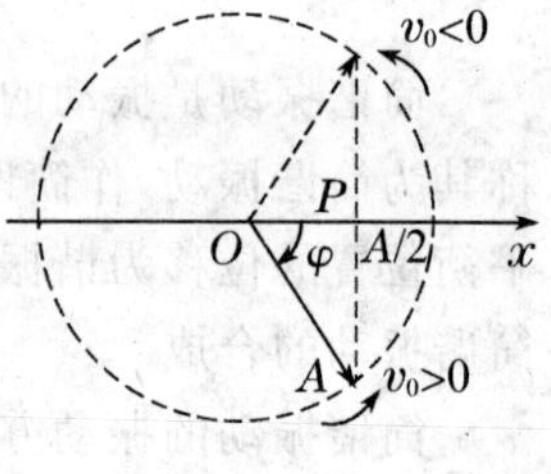

图 6-3

解：因为 $A=20$ cm，$OP=10$ cm，故

$$\varphi=-\frac{\pi}{3}$$

$$x=A\cos(\omega t+\varphi)$$

$$=20\cos(0.5\pi t-\frac{\pi}{3})\text{cm}$$

### 6.1.2 简谐振动合成

振动的合成是我们每天都要接触的自然现象，例如各种声音同时传到耳膜上，其任一点将同时参与多个声振动，形成合振动. 但由于振动合成不是线性的，而是余弦（或正弦）的合成，合成的结果比较复杂，包括同方向的振动合成，相互垂直方向振动的合成. 下面重点讨论一种最简单的情形，即两个同方向、同频率简谐振动的合成.

设两个同方向、同频率的简谐振动，$\omega_1=\omega_2=\omega$，振动方程分别表示为：

$$x_1=A_1\cos(\omega t+\varphi_1)$$

$$x_2=A_2\cos(\omega t+\varphi_2)$$

因为两个振动在同一直线上进行，质点的合振动位移等于两个位移的代数和，即

$$x=x_1+x_2$$

$$=A_1\cos(\omega t+\varphi_1)+A_2\cos(\omega t+\varphi_2)$$

该式可以用三角恒等变换化为简谐振动的标准式，也可用旋转矢量法求出合成的 $A$、$\omega$ 及 $\varphi$.

如图 6-4 所示，合振动与分振动在同一直线上，其频率与分振动的频率相同，其初位相为 $\varphi$，合振动的方程可表示为

$$x=A\cos(\omega t+\varphi)$$

根据图中的几何关系，可得初位相

$$\tan\varphi=\frac{A_1\sin\varphi_1+A_2\sin\varphi_2}{A_1\cos\varphi_1+A_2\cos\varphi_2}$$

合振动的振幅

$$A=\sqrt{A_1^2+A_2^2+2A_1A_2\cos(\varphi_2-\varphi_1)}$$

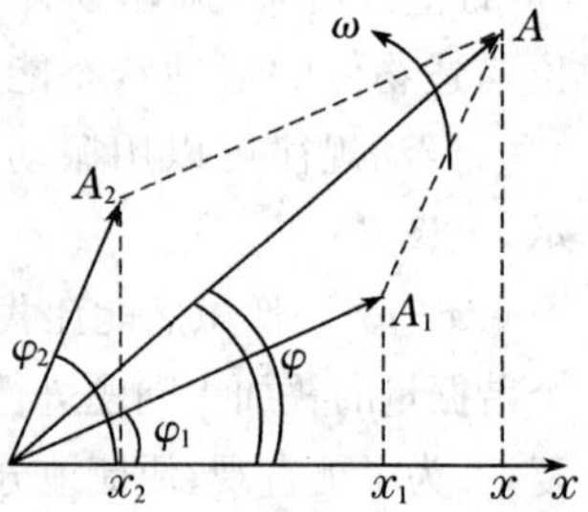

**图 6-4 简谐振动合成**

由上式看出，在分振幅确定的情况下，$A$ 的大小由 $\Delta\varphi=\varphi_2-\varphi_1$ 决定，控制 $\Delta\varphi$ 的大小，就能改变振幅 $A$，$\Delta\varphi$ 称为相位差. 上式有两个重要的特例：

(1) 两个振动同相，$\Delta\varphi=\varphi_2-\varphi_1=\pm 2k\pi$ 则振幅相加，合振动振幅最大：

$$A=A_1+A_2$$

(2) 两个振动反相，$\Delta\varphi=\varphi_2-\varphi_1=\pm(2k+1)\pi$ 则振幅相减，合振动振幅最小：

$$A=|A_1-A_2|$$

对于互相垂直时的合成,我们将在实验课程中由同学们自己观察,理论推导从略.

### 6.1.3　阻尼振动、受迫振动和共振

1. 阻尼振动

简谐振动是一种理想化的模型,例如弹簧振子是一个质量可以忽略的轻质弹簧与一个可视为质点的物体连接的系统,单摆是轻质细线与一个可视为质点的物体连接的系统,且在小角度的条件下摆动.这是因为作简谐振动的系统受到的指向平衡位置的作用力(称为恢复力),满足胡克定律 $F=-kx$,其运动方程为

$$-kx=ma \text{ 或} \frac{d^2x}{dt_2}=-\omega_0^2x,(\omega_0^2=\frac{k}{m})$$

即质点不受其他力的作用.精密车床与地基下的弹簧垫层,汽车、火车车厢与缓冲弹簧钢板等的振动,在阻力小时,都可视为弹簧振子.这样忽略阻力的振动称为无阻尼振动.作无阻尼振动时,系统的动能和势能相互转换,系统的机械能守恒.即

$$E=E_k+E_p=\frac{1}{2}kA^2[\sin^2(\omega t+\varphi)+\cos^2(\omega t+\varphi)]=\frac{1}{2}kA^2$$

弹性力是保守力总机械能守恒,$E_k$ 与 $E_p$ 相互转化,系统不与外界交换能量,这样的系统叫无阻尼自由振动系统.

然而,振动系统都要受到阻力,大多数情况下阻力不可忽略,振动的机械能不断损耗,转化为其他形式的能量.损耗振动系统的因素称为阻尼.按照能量转化的方式,它包括摩擦阻尼和辐射阻尼.前者使机械能转化为热能,后者是由于振动系统引起邻近的介质的振动,使机械能转化为波动形式辐射出去.

在一定的条件下,振动质点受到的阻力是 $v$ 的线性函数,即阻力 $f_r=-\gamma v$,$\gamma$ 为阻力系数,于是

$$-kx-\gamma v=ma$$

令 $\beta=\gamma/2m$,$\beta$ 称为阻尼系数,则上式为:

$$\frac{d^2x}{dt_2}=-\omega_0^2x+2\beta\frac{dx}{dt}$$

通过该方程的解的讨论,阻尼振动有三种情况(图6-5):

(1) $\beta>\omega_0$,振幅会迅速衰减,不能振动,这种情况称为过阻尼.

(2) $\beta=\omega_0$,运动物体很快回到平衡位置,并停在平衡位置,这种情况称为临界阻尼.

(3) $\beta<\omega_0$,称为欠(弱)阻尼,这时振动能发生,但振幅随时间按指数衰减,所以也叫阻尼振动.

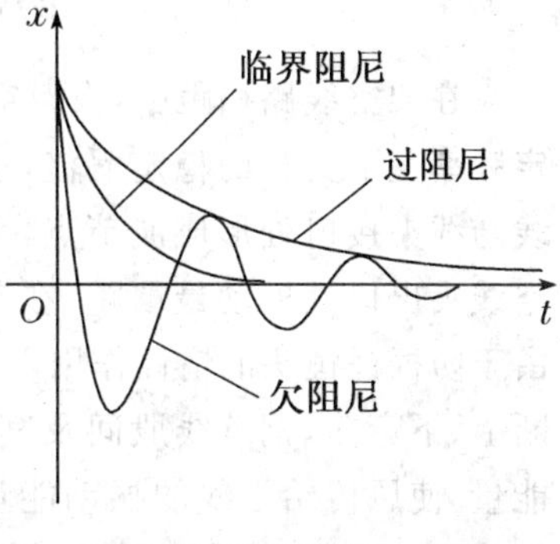

图 6-5　有阻尼振动的三种情况

在生产技术中,常根据不同的要求,采取不同的方法来控制阻尼的大小,例如在机械中加入润滑油以减少阻尼,各种乐器则使用空气箱来加大辐射阻尼,以辐射足够强的声波.而许多仪表的指针为节省测量时间,需要其摆动处于临界阻尼状态.

2. 受迫振动和共振

由于阻尼的存在，振动的机械能会不断地损耗，要使振动持续不断地进行，就要施加周期性的外力. 在周期性外力（或做功能源）作用下的振动叫做受迫振动.

对于一定的振动系统，在受迫振动中其圆频率由周期性外力决定，而振幅的大小与外力的圆频率及系统的固有圆频率有关. 我们将 $\omega_0=\sqrt{\frac{k}{m}}$ 叫做系统的固有圆频率.

稳定的受迫振动的振幅最大的现象叫做位移共振，速度振幅最大的现象叫做速度共振.

共振现象有时是有利的要加以利用，有时是有害的要设法克服. 当系统的固有圆频率小于周期性的外力的圆频率时，机械系统可以避免有害的共振，如果外力的圆频率一定，那就要尽可能降低系统的固有频率 $\omega_0$，可以通过增大系统的质量 $m$，减小劲度系数 $k$ 来实现. 在工程技术中，我们把避振的装置安装在沉重的基座上，并在基座下加上橡皮等柔软垫层，以避免有害的受迫振动. 在输电线上的防震锤也是利用较大质量 $m$ 的重锤，避免因风的周期性的策动产生共振. 本节导入部分提到的火车长轨技术，也是避免共振对于铁轨损害的例子.

铺设长轨铁路也是避免有害振动的例子. 明显的好处有减噪、节约、提速、平稳等.

超长无缝线路是由许多根标准钢轨采用“现场热铝焊”和“气压焊”的方式（用 25 m 长的标准铁轨对焊后，再将接头处打磨而成的），联结成长轨条铺成，一般长度为 2～3 km，进一步联结就可以铺成长达几十千米甚至更长的超长无缝线路.

轨道长了，热胀冷缩还是依然如故，钢轨的线膨胀是每 10 m 长度，温差达到 100℃时，变化 12 mm，在北方，冬夏温差比南方还大. 500 m 长轨，线膨胀是一个惊人的数字，如果只是处理接头处，是万万不能的. 这样大的膨胀长度是怎样处理的？主要的方法有：

(1) 铺轨时的气温选择在可能达到的中限，让热胀冷缩的数字大大减少.

(2) 将铁轨和轨枕结合加强，轨枕在道床上减少移动，让热胀冷缩分散在全程.

采用高速轮轨技术的高速铁路对技术精度要求很高. 比如钢轨间的距离误差不能超过正负 2 mm，否则呼啸疾驰的列车就会有倾覆的危险，这就要有高科技的施工技术作保障.

## 知识拓展

### 防振锤、振动筛的构造及减振原理

在架空线路档距中，当架空线受到垂直于线路方向的风力作用时，可以在其背面形成按一定频率上下交替的稳定涡流，引起导线周期性振动波，在导线与线夹接口处形成波节点，无论任何波长或频率，都是架空线夹出口处振动最严重，在节点最近的波峰安装防振锤，由于防振锤锤头的惰性作用（$m$ 大），使连接锤头的钢绞线不断上、下弯曲，钢绞线股间及其材料间都产生摩擦消耗振动能量. 使风传给导线的振动能量被消耗，不能产生大幅度的振动. 由于残存的能量减小，架空线的振幅减小，防振锤消耗的能量也随振幅下降而下降，最后能量达到平衡，架空线只能以很低的振幅振动，从而架空线减少损伤.

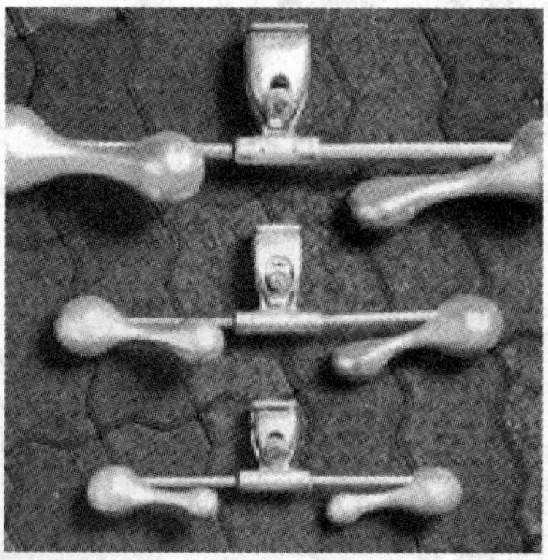

图 6-6 狗骨形防震锤

图 6-6 为一款狗骨型防震锤，是高效能，多频共震，架桥式防锤. 此型防震锤独特的补偿重量可有效控制多种频

率，比传统防震锤更有节能效果. 狗骨型设计能有效控制微风形成的各种等级震动，以有效地防止金属疲劳.

共振筛则是利用共振的典型例子.

图 6－7 是一款圆振动筛，为单轴圆运动惯性振动筛，圆振动筛是利用惯性电机工作时，偏心块产生的惯性力迫使筛箱产生振动，使加到筛机筛面上的物料产生抛掷运动，从而使一定粒度的物料颗粒透过筛孔，实现筛分操作.

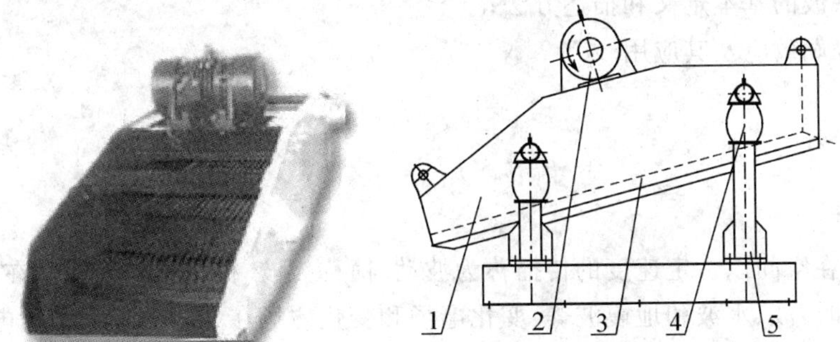


1. 筛箱；2. 惯性电机；3. 筛面；4. 橡胶簧；5. 支座

图 6－7　振动筛

## 实践活动

1. 观察脱水机的运行情况，为什么在旋转速度减小时，脱水筒会出现剧烈的晃动？
2. 了解各种高速列车的轨道技术，列表比较其特点.
3. 查找资料，高速列车有哪些新的刹车技术？

## 巩固练习

1. 试判断下列运动是否为谐运动？说明原因.

(1) 拍皮球时球的往复运动(设皮球与地面的碰撞是弹性的).

(2) 小球在半径很大的光滑凹球面上来回滑动.

(3) 漂浮在水面上的木块，将木块按下一定的距离，然后放手任其运动(水的阻力不计).

(4) 竖直悬挂的弹簧上挂一小球，将小球拉下一定的距离，然后放手任其运动(空气的阻力不计).

2. 同一弹簧振子，当它在水平位置时做谐振动和它在竖直悬挂情况下做谐振动，振动频率是相同的. 如果把它安置在光滑斜面上，它仍将是　(　　)

A. 做谐振动，频率不同　　B. 做谐振动，频率相同

C. 不能做谐振动　　D. 能否做谐振动要看角度大小

3. 说明什么情况下谐振动的速度和加速度是同向的？有一粒子在 $x=0$ 处做简谐振动，在 $t=0$ 时，位移 $x_0=0.37$ cm，初速度为零. 已知振动频率为 0.5 Hz 时，求：(1) 粒子的振幅和初位相；(2) 粒子的振动方程；(3) 粒子振动的最大速率 $v_{max}$，最大加速度 $a_{max}$.

4. 一水平放置的弹簧振子，已知质点经过平衡位置向右运动时速度 $v=10$ cm/s，周期 $T=1.0$ s，求再经过 1/3 s 的时间，物体的动能是原来的多少倍？(弹簧的质量不计)

# §6.2 机械波

## 学习目标

1. 掌握机械波的基本定义和描述方法；
2. 了解多普勒效应及其应用.

## 学习导入

1. 预备知识

振动或扰动在空间以一定速度的传播称为波动，简称为波. 机械振动或扰动在介质中的传播称为机械波，如声波、水波和地震波等. 变化电场和变化磁场在空间的传播称为电磁波，例如无线电波、光波和X射线等.

机械波只能在介质中传播，例如声波的传播要有空气作介质，水波的传播要有水作介质. 但是，电磁波（光）的传播不需要介质，它可以在真空中传播.

机械波和电磁波统称为经典波，它们代表的是某种实在的物理量的波动.

本节讨论机械波，它是其他波的基础.

2. 应用导入

多普勒效应在中学物理课程中已有所了解. 一辆汽车在我们身旁疾驰而过，耳朵听到的车上喇叭的音调会从高到低的发生变化；听身旁疾驰而过的列车的汽笛也有这样的现象，迎面而来时音调较静止时高，离去时则为低. 多普勒效应在科学技术和日常生活中有广泛应用. 如图6-8和图6-9是多普勒效应的两个重要应用. 同学们能够解释这些应用的基本原理吗？

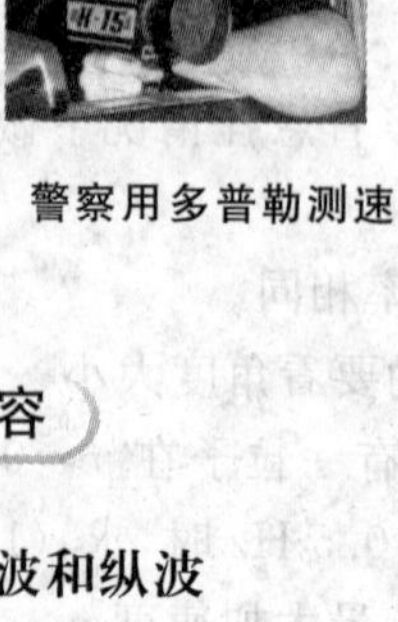

图6-8 警察用多普勒测速仪测速

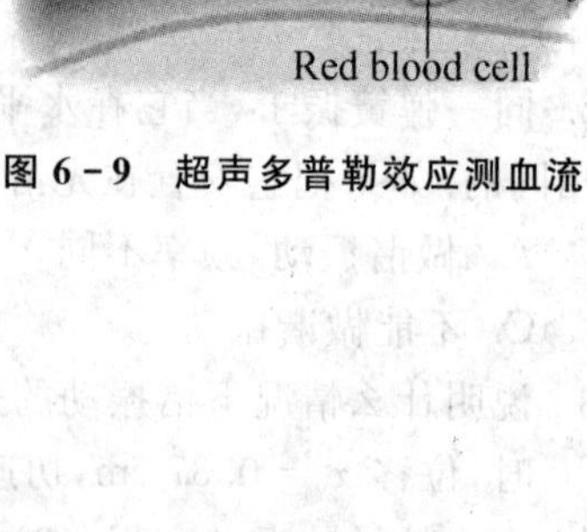

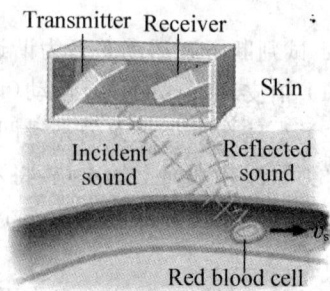

图6-9 超声多普勒效应测血流

## 学习内容

### 6.2.1 横波和纵波

波既可以是运动状态的传递而非物质的自身运动，也可以是物质本身的运动结果，甚至可把波直接看作一种粒子. 各种类型的波有其特殊性，但也有普遍的共性，例如，声波需要介质才能传播，电磁波却可在真空中传播，至于光波有时可以直接把它看作粒子（光子）的运动. 但它们都有类似的波动特点.

机械振动在弹性介质中的传播称为机械波. 弹性波产生的条件：

(1) 要有振源（波源），振源应该是能持续提供能量的受迫振动；

(2) 要有传播振动的媒质.

按振动方向和传播方向的关系，机械波可以分为两类，横波和纵波. 传播方向与振动方向垂直的波叫横波，平行的叫纵波. 自然界的波有些不是单纯的横波或纵波，例如，水波、地表波，能分解为横波与纵波来进行研究.

波在三维介质中传播，可以沿不同的方向. 沿着每个传播方向看去，远处的介质振动比近处的振动要落后，即相位落后. 从振源出发，相同的时间波传播到的地点，相位则相同. 同相的各点组成的面叫波面（波阵面），某时刻在最前面的波面叫波前；沿波的传播方向作的射线叫波射线或叫波线.

在各向同性均匀介质中，从点源发出的波沿各方向传播的速度是一样的，所以波面呈同心球状，这种波称为球面波，用平面波源产生的波，称为平面波，二者的波线与波阵面均垂直.

波源的形状各不相同，当波源到观察者的距离远大于波源的线度是，可视为点波源，而在远离波源的地方，球面波的局部区域，可近似地看成平面波，如射到地面的阳光. 按波面形状分有平面波、球面波、柱面波等.

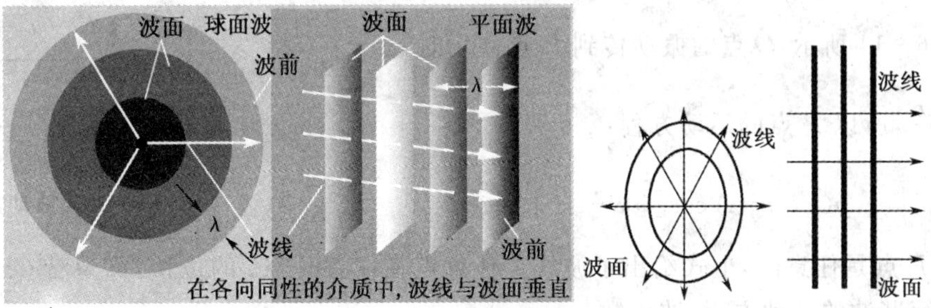


图 6－10　波的几何描述

### 6.2.2　描述波动的特征量

波的特征量有波长、波速及频率.

波长是波传播过程中，同一波线上两个相邻的、相位差为 $2\pi$（或相位相同）的两质点间的距离. 横波的两个相邻波峰（或波谷）的距离是一个波长；纵波的两个相邻密部（或疏部）的距离也是一个波长.

单位时间振动状态（或振动相位）所传播的距离称为波速 $u$，也称之相速. 波速由材料的性质和波的类型决定，比如声波在水中的速度和在钢铁中的速度是不同的，同样在钢铁中，横波和纵波的速度也是不同的.

频率是单位时间内质点振动的次数，或单位时间内波动推进的距离中所包含的完整波长的数目.

三个特征量的关系由下式决定

$$u=\frac{\lambda}{T}=\nu\lambda \qquad (6-2)$$

与振动相比，波是振动在介质中的传播，二者的特征量有联系，但又不同. 波速不是质点的实际运动速度，是振动状态的传播速度，主要由传播介质决定；波的周期（频率）与振源的相同.

由波源周期(频率)决定,一般与传播介质无关,而振动频率是由振动系统的结构决定的.

波在弹性介质中传播时,介质的质元由于振动而具有动能,因发生形变还具有弹性势能.随着扰动的传播,质元的能量也向前传播.对于机械波来说,我们把波动引起的介质的能量,称为波的能量.

【例 6-2】 某一音叉的频率为 440 Hz,问声波在空气中和在水中传播时,什么量相同?分别求出 20℃时在空气中和在水中波的特征量.

解:波的频率由波源频率决定,故在空气和水中的频率都是 440 Hz.

查表可知,20℃时空气中的声速 331 m/s,水中的声速 1 483 m/s,故

在空气中
$$\lambda=\frac{u_{空}}{v}=\frac{331}{440}=0.752(\mathrm{m})$$

在水中
$$\lambda=\frac{u_{水}}{v}=\frac{1\,483}{440}=3.370(\mathrm{m})$$

如果要用一个函数方程来表示传播波的介质中各质点的振动关系,是一个很复杂的工作.如果波源和介质中的各点都做简谐振动,相应的波称为简谐波,对于平面简谐波,可以用波函数也叫波动方程描述.

设有一平面简谐波,在无边界、无吸收的均匀介质中,沿 $Ox$ 轴正向以速度 $u$ 传播.原点 $O$ 处质点振动的方程为

$$y=A\cos(\omega t+\varphi)$$

如图 6-11 所示,$O$ 点的振动传到 $P$ 点需用时,$\Delta t=\frac{x}{u}$,相位落后 $\omega\frac{x}{u}$,所以 $P$ 点的运动方程:

$$y(x,t)=A\cos\left[\omega\left(t-\frac{x}{u}\right)+\varphi\right] \tag{6-3}$$

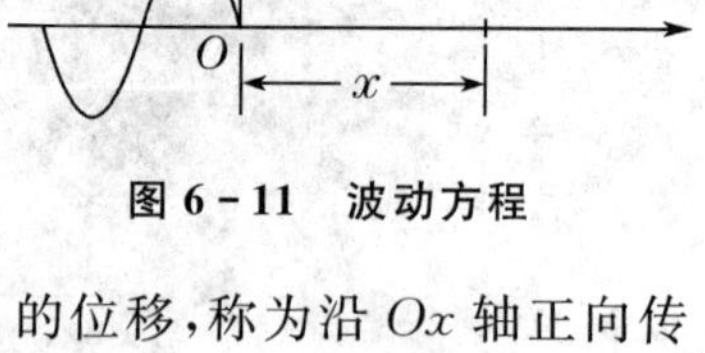

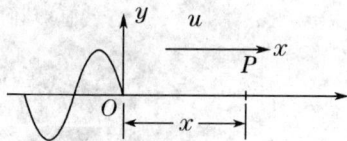

图 6-11　波动方程

由于 $P$ 点是任意的,上式给出了波线上任意点在任意时刻 $t$ 的位移,称为沿 $Ox$ 轴正向传播的平面简谐波的波动方程(波函数).

### 6.2.3　惠更斯原理

惠更斯原理的内容为,介质中任意波面上的各点,都可看作是发射子波(次级波)的波源(点源),其后的任一时刻,这些子波面的包络面(包迹)就是波在该时刻的新的波面.

由惠更斯原理,已知 $t$ 时刻的波面可得出 $t+\Delta t$ 时刻的波面(图 6-12),可进一步给出波的传播方向.

惠更斯原理的一个重要应用是解释波的衍射现象,如图 6-13 所示.

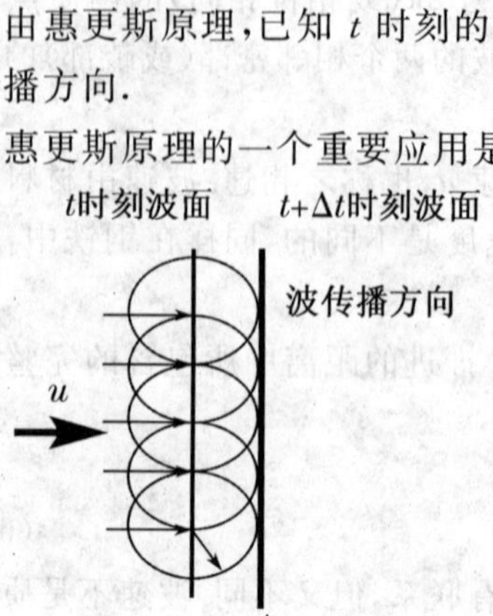


图 6-12　惠更斯原理

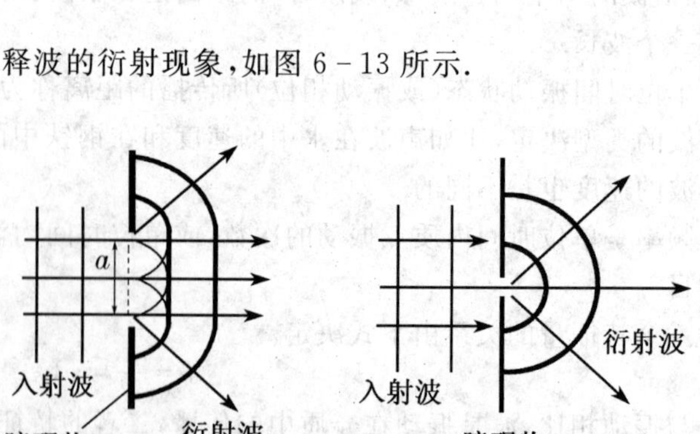


图 6-13　波的衍射明显的条件

### 6.2.4　多普勒效应

多普勒效应在各行业中应用广泛，了解其基本原理有重要的意义.

由式(6-2)，设声速为 $c$，声源和观察者相对静止时，波的频率为

$$\nu=\frac{c}{\lambda}$$

声源和观察者相对有多种情形，这里只讨论波源静止观察者运动的情形.

静止的点波源发出的球面波波面是同心圆，若观察者以速度 $v_d$ 趋近或离开波源，则波动波源相对于观察者的传播速度变为 $c'=c+u_d$，或 $c'=c-u_d$，因此观察者感受到的频率为

$$\nu'=\frac{c'}{\lambda}=\frac{c\pm u_d}{\lambda}$$

从而它与波源频率

$$\frac{\nu'}{\nu}=\frac{c'}{c}=\frac{c\pm u_d}{c}$$

该式表明，观察者以速度 $v_d$ 趋近波源时，$\nu'>\nu$，音调变高，反之变低. 类似的方法可以证明波源也运动的情形.

多普勒效应不仅适用于机械波，对于电磁波等也适用.

目前，多普勒效应已在科学研究、工程技术、交通管理、医疗诊断、气象、天体物理等各方面有十分广泛的应用，例如应用导入中的图 6-8 和图 6-9. 下面再对图 6-8 中的车速雷达作一些介绍.

**知识拓展**

#### 1. 车速雷达的原理

激光多普勒测速仪是测量通过激光探头的示踪粒子的多普勒信号，再根据速度与多普勒频率的关系得到速度. 由于是激光测量，对于流场没有干扰，测速范围宽，而且由于多普勒频率与速度是线性关系，和该点的温度，压力没有关系，是目前世界上速度测量精度最高的仪器.

LDV/PDPA 系统从功能上分为：光路部分、信号处理部分. 光路部分：采用 He-Ne 激光器或 Ar 离子激光器，是因为它们能够提供高功率的 514.5 nm，488 nm，476.5 nm 三种波长的激光. 带有频移装置的分光器将激光分成等强度的两束，经过单模保偏光纤和光纤耦合器，将激光送到激光发射探头，调整激光在光腰部分聚焦在同一点，以保证最小的测量体积，这一点就是测量体即光学探头. 接受探头将接受到的多普勒信号送到光电倍增管转化为电信号以便处理并放大，再至多普勒信号分析仪分析处理后至计算机记录，配套系统软件可以进行数据处理工作. 在流场中存在适当示踪粒子的情况下，可同时测出流动的三个方向速度及粒子直径. FSA4000 可以处理高达 175 MHz 的多普勒频率，加上 40 MHz 的频移，可以处理 1 000 m/s 以上的流场.

#### 2. 多普勒天气雷达

多普勒天气雷达的工作原理也是以多普勒效益为基础，具体表现为：当降水粒子雷达发射波束运动时，可以测定接收信号与发射信号的高频频率之间存在的差异，从而得出所需的信息. 运用这种原理，可以测定散射体相对于雷达的速度，在一定条件下反演出大气风场、气流垂

直速度的分布以及湍流情况等.这对研究降水的形成，分析中小尺度天气系统，警戒强对流天气等具有重要意义.天气雷达间歇性地向空中发射电磁波（称为脉冲式电磁波，波按持续时间分有连续波、脉冲波两类），它以近于直线的路径和接近光波的速度在大气中传播，在传播的路径上，若遇到了气象目标物，脉冲电磁波被气象目标物散射，其中散射返回雷达的电磁波（称为回波信号，也称为后向散射），在荧光屏上显示出气象目标的空间位置等的特征.

## 实践活动

1. 在哪些情况下可以体验图 6－14 中的情况？

**图 6－14　声音强度相同的情况下，低音易衍射**

2. 通常乐队和大厅中的音箱低音的器件和高音的哪个多？
3. 查找多普勒效应的各种应用.

## 巩固练习

1. 下列说法中那些是正确的？说明原因.

(1) 因为波在介质中的传播速度 $u=\nu\lambda$，所以可以用提高频率 $\nu$ 的方法来提高波在介质中的传播速度.

(2)“随波逐流”是指水中的质点随波移动.

(3)“长江后浪推前浪”这句话从物理上没有根据.

(4) 平面简谐波的方程与简谐振动方程没有本质区别.

2. 当质点以频率 $\nu$ 做简谐振动时，加速度和动能的变化频率分别是　（　）

A. 加速度是 $2\nu$，动能是 $\nu$　　B. 加速度是 $2\nu$，动能是 $2\nu$

C. 加速度是 $\nu$，动能是 $\nu$　　D. 加速度是 $\nu$，动能是 $2\nu$

3. 什么是波的能流密度？什么是波的强度？

4. 波通过介质会衰减，通常有哪些原因？

5. 一横波沿细绳传播时的波函数为 $y=0.10\cos\pi(2.5t-x)$（各量单位均为 SI 制），求：(1) 波的振幅、速度、频率和波长；(2) 求绳上质点振动时的最大速度.

# §6.3　声　音

## 学习目标

1. 理解声波的特点，了解声速、声强等概念；
2. 了解声波的若干应用.

## 应用导入

**声波干涉控制噪声的应用**

消声器的结构形式很多，从消声原理、外形结构可以分为：阻性消声器、抗性消声器等.

减振器的目的是控制振动，这又如何实现？

## 学习内容

### 6.3.1　声波、声速、声压、声强、声强级

声波是在弹性介质中传播，频率在 20～20 000 Hz 之间，能引起人产生听觉的机械波.

声波是纵波. 纵波在介质中传播时，介质各处呈现不同的疏密状态，并引起介质中压强和密度的变化，这些变化在介质中的传播速度称为声速.

声压是介质中有声波传播时的压强与无声波传播时的静压之差.

声强则是声波的能流密度，即单位面积上的平均能流，而能流与功率等同，等于力与速度的乘积. 声强的单位是瓦每平方米（$W/m^2$）.

**视窗链接**

人类对于声速的计算经历了很长时间的探索. 牛顿率先计算出了结果. 他将声音的传播过程看成是等温过程. 按照牛顿的方法，算出的声速是 288 m/s，与那时的测量值 332 m/s 有很大误差. 1749 年欧拉用更简单明了的推论导出了牛顿公式，成为历经 60 年世界上真正看懂牛顿方法的第一人. 此后又经过 60 年的变化，一个名叫拉普拉斯的法国天文学家和数学家（图 6－15），推论声波的变化应该是绝热过程，"压力应乘以比热比，声速公式才完全符合实际".

图6－15　拉普拉斯(1749～1827)

人耳可以听到的声强范围极为广泛，例如，勉强能听到的 1 000 Hz 声音的声强约为 $10^{-12}$ $W/m^2$，而最强又能达到 10 $W/m^2$，上下差了 13 个数量级.

人耳对声音强弱的主观感觉称作响度，响度大致正比于声强的对数. 所以声强级是按对数来标度的声强：

$$L=\lg\frac{I}{I_0}（贝尔）$$

如果用分贝表示，则

$$L=10\lg\frac{I}{I_0}\text{（分贝）}$$

式中 $I_0=10^{-12}\ \mathrm{W/m^2}$ 作为测定声强的标准.

### 6.3.2 超声波和次声波

频率高于 20 000 Hz 的声波叫超声波. 超声波有其独特的特点，例如：

(1) 束射特性

由于超声波的波长短，超声波射线可以和光线一样，能够反射、折射，也能聚焦，而且遵守几何光学上的定律. 即超声波射线从一种物质表面反射时，入射角等于反射角，当射线透过一种物质进入另一种密度不同的物质时就会产生折射，也就是要改变它的传插方向，两种物质的密度差别愈大，则折射也愈大.

(2) 吸收特性

声波在各种物质中传播时，随着传播距离的增加，强度会渐进减弱，这是因为物质要吸收掉它的能量. 对于同一物质，声波的频率越高，吸收越强. 对于一个频率一定的声波，在气体中传播时吸收最厉害，在液体中传播时吸收比较弱，在固体中传播时吸收最小.

(3) 超声波的能量传递特性

超声波之所以在各个工业部门中有广泛的应用，主要在于比可闻声波具有强大得多的功率. 为什么有强大的功率呢？

因为当声波到达某一物质中时，由于声波的作用使物质中的分子也跟着振动，振动的频率和声波频率一样，分子振动的频率决定了分子振动的速度. 频率愈高速度愈大. 物质分子由于振动所获得的能量除了与分子的质量有关外，是由分子的振动速度的平方决定的，所以如果声波的频率愈高，物质分子愈能得到更高的能量、超声波的频率比声波可以高很多，所以它可以使物质分子获得很大的能量；换句话说，超声波本身可以供给物质足够大的功率.

(4) 超声波的声压特性

由于超声波所具有的能量很大，就有可能使物质分子产生显著的声压作用，例如当水中通过一般强度的超声波时，产生的附加压力可以达到好几个大气压力. 液体中存起着如此巨大的声压作用，就会引起值得注意的现象.

超声波的应用具有以下的特点：

(1) 超声波具有较好的指向性——频率越高，指向性越强. 这在诸如探伤和水下声通讯等应用场合是主要的考虑因素.

(2) 频率高时，相应地波长将变短，因而波长可与传播超声波的试样材料的尺寸相比拟，甚至波长可远小于试样材料的尺寸，这在厚度尺寸很小的测量应用中以及在高分辨率的探伤应用中是非常重要的.

(3) 超声波用起来很安静，人们听不到它. 这一点在高强度工作场合尤为重要. 这些高强度的工作用可闻频率的声波来完成时往往更有效，然而遗憾的是，可闻声波工作时所产生的噪声令人难以忍受，有时甚至是对人体有害的.

超声波在军事、医疗及工业中有较大的用途. 其应用按功率的大小可分为功率超声和检测超声. 功率超声的应用包括焊接、钻孔、粉碎、清洗、乳化等，它们多属于只发射不接受的超声设备. 医生可以利用超声波成像法透视身体，但由于超声波不能穿透骨头，所以虽然超声波对人体伤害比较低，但仍不能完全取代X光.典型超声波大约2 MHz到10 MHz的频率，较高频率通常用在泌尿道碎石振波.检测超声波设备有发射又有接收.

超声波亦可用于清洁用途，是目前清洗效果最佳的方式，一般认为是这利用了超声在液体中的“空化作用”.超声波清洗机的清洁原理，在于利用超声波振动清水，使微细的气泡在水里产生，从而在气泡浮上水面时，把物件表面的油脂或污垢带走.清洗机所产生的超声波的频率约为20 k～40 kHz，可应用在珠宝、镜片或其他光学仪器、牙医用具、外科手术用具及工业零件的清洁.

频率低于20 Hz的声波叫次声波.

次声波的传播速度和可闻声波相同，由于次声波频率很低.大气对其吸收甚小，当次声波传播几千千米时，其吸收还不到万分之几，所以它传播的距离较远，能传到几千米至十几万千米以外.1883年8月，南苏门答腊岛和爪哇岛之间的克拉卡托火山爆发，产生的次声波绕地球三圈，全长十多万公里，历时108 h.1961年，苏联在北极圈内新地岛进行核试验激起的次声波绕地球转了35圈.

次声波具有极强的穿透力，不仅可以穿透大气、海水、土壤，而且还能穿透坚固的钢筋水泥构成的建筑物，甚至连坦克、军舰、潜艇和飞机都不在话下.次声穿透人体时，不仅能使人产生头晕、烦躁、耳鸣、恶心、心悸、视物模糊，吞咽困难、胃痛、肝功能失调、四肢麻木，而且还可能破坏大脑神经系统，造成大脑组织的重大损伤.次声波对心脏影响最为严重，最终可导致死亡.

次声虽然无形，但它却时刻在产生并威胁着人类的安全.在自然界，例如太阳磁暴、海峡咆哮、雷鸣电闪、气压突变；在工厂，机械的撞击、摩擦；军事上的原子弹、氢弹爆炸试验等等，都可以产生次声波.

## 知识拓展

### 1. 消声器的原理

阻性消声器是利用声波在多孔而且串通的吸声材料中，因摩擦和粘滞阻力，将声能转化为热能耗散掉，从而达到消声的目的.抗性消声器，它与阻性消声器不同，它不能直接吸收声能，而是利用管道上突变的界面或旁接共振腔，使沿管道传播的某些频率声波，在突变的界面处发生反射、干涉等现象，从而达到消声的目的.

用金属板制成的抗生消声器，具有良好地抗水及抗油性能，但一般的抗性消声器低中频降噪性能好，主频降噪性能差.特别对空气分配阀排气口的间歇排气噪声，高速冲击气流在抗性消声器内对结构零件产生强大冲击力，使其产生振动而辐射出结构噪声；另一方面气流在消声器内产生强烈的紊流现象及不稳定流动，从而产生气流再生噪声.在间歇性排气噪声试验台上的大量试验结果表明，纯抗性消声器用在空气分配阀排气降噪场合时，实际的降噪量远无小于设计的降噪量，更为严重地是有时这种消声器不但不降噪，反而会放大噪声而成为扩音器.

而抗喷阻型消声器对高频高压高气流场所又结合用消声原理中的抗性原理，即利用管道的截面突变，使声波向前传播到扩张室后反射180°后使波与波振幅相等，相位相反，相互干涉，达到最理想消声效果.

### 2. 减振器的原理

控制振动和控制噪声一样，首先应从振源入手，同时考虑控制振动的传播.振动控制的途径一般包括振动力隔离或对结构施加阻尼.振动隔离是减少从一个结构向另一个结构通过某些弹性器件的振动传播;共振的结构能通过施加阻尼来降低,可采用动力吸振器的形式或在结构的各表面应用多层材料.归纳起来,大致有如下几种途径.

(1) 激振源、控制振源振动——就是使振级控制到最小程度,这是最彻底和有效的办法.其主要方法是减小振源本身的不平衡力引起的对设备的激励;

(2) 避免共振——共振是振动的一种特殊状态,当振动机械的扰动激励力的频率与设备的固有频率一致时,就会使设备的振动更厉害,甚至起到放大作用,这个现象称共振;

(3) 减少振动响应——减振、吸振,实质上就是将振动的机械能转化为热能等其他形式的能量;

(4) 控制振动的传递率——隔振,隔振就是在振源和振动体之间设置隔振系统或隔振装置,以减小或隔离振动的传递.

图 6-16 是双向作用筒式减振器示意图.其原理是,在压缩行程时,指汽车车轮移近车身,减振器受压缩,此时减振器内活塞 3 向下移动.活塞下腔室的容积减少,油压升高,油液流经流通阀 8 流到活塞上面的腔室(上腔).上腔被活塞杆 1 占去了一部分空间,因而上腔增加的容积小于下腔减小的容积,一部分油液于是就推开压缩阀 6,流回贮油缸 5.这些阀对油的节约形成悬架受压缩运动的阻尼力.减振器在伸张行程时,车轮相当于远离车身,减振器受拉伸.这时减振器的活塞向上移动.活塞上腔油压升高,流通阀 8 关闭,上腔内的油液推开伸张阀 4 流入下腔.由于活塞杆的存在,自上腔流来的油液不足以充满下腔增加的容积,使下腔产生一真空度,这时储油缸中的油液推开补偿阀 7 流进下腔进行补充.由于这些阀的节流作用对悬架在伸张运动时起到阻尼作用.

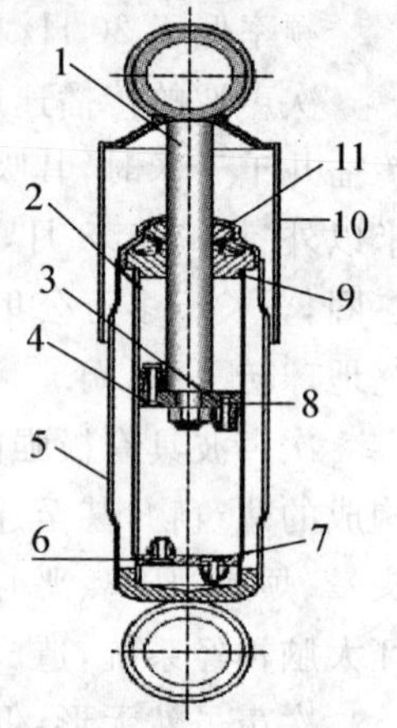


1. 活塞杆; 2. 工作缸筒; 3. 活塞; 4. 伸张阀; 5. 储油缸筒; 6. 压缩阀; 7. 补偿阀; 8. 流通阀; 9. 导向座; 10. 防尘罩; 11. 油封

**图 6-16 双向作用筒式减振器示意图**

## 实践活动

1. 了解一套音频编辑软件,如 Cool Edit Pro 等.

2. 观察学校音乐厅(报告厅)、琴房或影院的消除回声技术,它们的墙壁都用了哪些材料?

## 巩固练习

1. 下列说法中那些是正确的?说明原因.

(1) 声强和声强级都是对响度的描述,是与人的主观不可分的.

(2) 回声是声波的衍射现象.

(3) "隔墙有耳"是声波的折射现象.

(4) 一般情况下超声波比可闻声波有更大的功率.

2. 减振器的原理是什么?

## 本章小结

### 一、机械振动

1. 简谐振动的描述

简谐振动方程： $x=A\cos(\omega t+\varphi)$

圆频率： $\omega=2\pi v$

相位： $\omega t+\varphi$ 称为相位

相位差： $\Delta\varphi=\varphi_2-\varphi_1$

2. 两个同频率的简谐振动的合成

(1) 两个振动同相，$\Delta\varphi=\varphi_2-\varphi_1=\pm 2k\pi$ 则振幅相加，合振动振幅最大.

(2) 两个振动反相，$\Delta\varphi=\varphi_2-\varphi_1=\pm(2k+1)\pi$ 则振幅相减，合振动振幅最小.

### 二、机械波

1. 特征量：波长、波速和频率

2. 特征量的关系：$u=\dfrac{\lambda}{T}=v\lambda$

3. 简谐波：$y(x,t)=A\cos\left[\omega\left(t-\dfrac{x}{u}\right)+\varphi\right]$

4. 波动引起的介质的能量，称为波的能量.

能流密度 $S$ 定义为单位时间内通过垂直于波线方向单位面积波的能量.

波的强度 $I$ 定义为平均能流密度.

5. 多普勒效应：$\dfrac{v'}{v}=\dfrac{c'}{\lambda}=\dfrac{c\pm u_d}{c}$

### 三、声音

1. 声强级是按对数来标度的声强：如果用分贝表示，则 $L=10\lg\dfrac{I}{I_0}$（分贝）

2. 超声波的应用具有以下的特点：

(1) 超声波具有较好的指向性——频率越高，指向性越强.

(2) 频率高时，相应地波长将变短，在高分辨率的探伤应用中非常重要.

(3) 超声波用起来很安静，人们听不到它.

## 综合练习

1. 什么是简谐振动？其振动方程是什么？

2. 在什么情况下，简谐振动的速度和加速度是同方向的？什么时候是反方向的？

3. 有人说："当物体运动时，总受到与位移大小成正比的力，则物体做简谐振动？"是否正确？

4. 什么叫共振，共振的条件是什么？举例说明其在工业生产中的利弊.

5. 一物体沿 $Ox$ 轴作简谐振动，振幅为 30 cm，圆频率为 π rad/s，旋转矢量 **A** 初始位置如图 6-17 中的实线，**A** 的投影 $P$ 点向 $Ox$ 轴正方向运动，$t=0$ 时，$OP=15$ cm，写出振动方程.

6. 由图 6-18 中振动曲线写出初相.

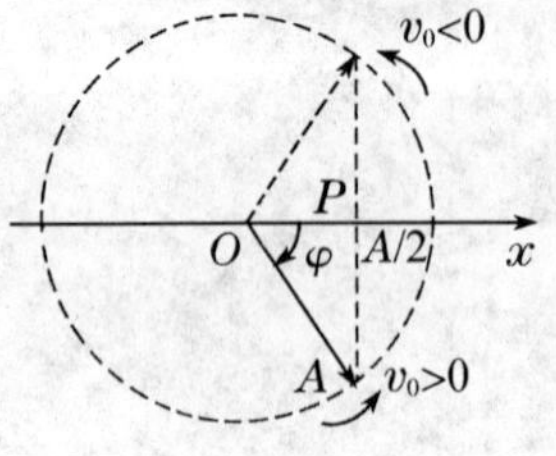


**图 6-17**

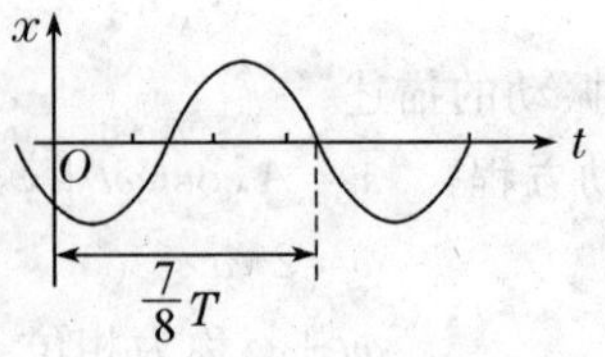


**图 6-18**

7. 已知一质点做简谐振动，振幅 $A=12$ cm，周期 $T=3$ s. $t=0$ 时，$x_0=6$ cm，$v_0<0$，求质点运动到 $x=-6$ cm 处所需最短时间.

8. 一个质点同时参与两个同方向、同频率的简谐振动，它们的振动方程分别为 $x_1=5\cos\left(10t+\frac{3}{4}\pi\right)$ cm和 $x_2=6\cos\left(10t+\frac{1}{4}\pi\right)$ cm，式中 $t$ 以 s 为单位，求振动方程.

9. 有一种电驱蚊器，它产生的电致振动频率非常接近蚊子翅膀的振动频率，这利用了什么原理？

10. 机械波产生的条件是什么？如果一个物体作机械振动，是否一定产生机械波？如果没有机械振动，是否一定没有机械波？

11. 根据波速、波长和频率的关系式 $u=\lambda v$，能否用提高频率 $v$ 的办法来增大波在指定媒质中的波速 $u$？为什么？

12. 说明波动方程 $y(x,t)=A\cos\left[\omega\left(t-\frac{x}{u}\right)+\varphi\right]$中各符号的意义.

13. 平面简谐波波源的振动圆频率 $\omega=4\pi$ rad/s，振幅 $A=2$ cm，波速 $u=4.0$ cm/s，当 $t=0$ 时，波源处于振动位移为正方向最大值，波沿 $x$ 轴正方向传播，求：(1) 波动方程；(2) 沿波传播方向距波源为$\frac{\lambda}{4}$处的振动方程及该处的振动曲线.

14. 平面简谐波 $y=2\cos(8\pi t-10x)$ m，式中 $t$ 以 s 为单位，试求：(1) 频率、波长和波速；(2) $x_1=6$ m 和 $x_2=6.5$ m 两点振动的相位差.

15. 什么是多普勒效应？有哪些应用？

16. 超声波的应用有哪些特点？为什么它能应用于厚度尺寸很小的测量以及高分辨率的探伤？

# 第7章

# 热力学基础及其应用

在我们生活与生产实际中有许多与温度有关的热现象，如金属冶炼、机械锻造、蒸汽机、内燃机以及制冷机等. 因此了解热现象及其基本规律对工程技术人员是十分重要的. 这一章我们将在介绍内能、热和功几个概念基础上，研究热力学第一定律及其对理想气体准静态过程（等体积、等压、等温过程）的应用，介绍热循环和热力学第二定律.

现代社会人们愈来愈注意能量的转换方案和能源的利用效率，其中所涉及的范围极广的技术问题，都可用热力学的方法研究，实用价值很高. 例如世界经济飞速发展，能源矛盾十分突出，于是汽车发动机的效率再次引起人们的关注，以一典型汽车发动机为例，来自燃料箱的汽油消耗功率为 70 kW，通过汽油蒸发、排气管、散热片消耗的功率约为 53 kW，然后由空调、水泵、机械摩擦、等无用功消耗约消耗 8 kW，最后只有约 9 kW 的能量用于汽车主动轮驱动汽车行驶，其效率仅为 13%，如何提供汽车的效率，就是热力学的任务之一. 热力学的理论基础是热力学第一定律与热力学第二定律，前者讨论热功转化的数量问题，后者讨论热功转化的条件与方向.

## §7.1 热力学第一定律

### 学习目标

1. 掌握内能、热和功等基本热力学概念；

2. 掌握热力学第一定律. 能计算理想气体等体、等压、等温和绝热过程中功、热量和内能的转换.

### 学习导入

在 19 世纪早期，不少人沉迷于一种神秘机械——第一类永动机的制造，因为这种设想中的机械只需要一个初始的力量就可使其运转起来，之后不再需要任何动力和燃料，却能自动不断地做功. 在热力学第一定律提出之前，人们一直围绕着制造永动机的可能性问题展开激烈的讨论，第一类永动机能够造出来吗？直至热力学第一定律发现后，第一类永动机的神话才不攻自破. 为什么第一类永动机不可能制造出来，我们将在学习本节内容后得到准确答案.

## 学习内容

### 7.1.1 热力学基本概念

1. 系统、状态参量

我们在中学里已知道物体都是由大量分子组成的，分子都在永不停息的做无规则运动，这种运动称为热运动.

在研究热现象及其规律时首先要明确研究对象，我们通常选择一部分物质作为研究对象，称为热力学系统，系统以外的称为外界，例如汽缸，汽缸内的气体称系统，汽缸壁则称外界. 另外我们用一些物理量对系统的状态进行描述，这些表征系统整体属性的物理量称为状态参量，或称宏观量，如体积、温度、压强等. 热力学采用宏观描述的方法，以热力学定律为基础，研究宏观物体的热现象，并不涉及物质的微观结构. 通过对微观粒子运动状态的说明来描述系统的方法称为微观描述，描写单个微观粒子运动状态的物理量称微观量，一般不能直接观察到也不能直接测量，如分子质量、能量. 从物质微观结构出发，运用统计平均的方法研究气体的热现象，揭示了热现象微观本质的内容称为统计物理. 热力学和统计物理从不同角度研究热现象，虽然方法不同，但是相辅相成、缺一不可.

我们研究气体时，常用气体的状态参量：体积、温度、压强来描述大量分子组成的气体的宏观状态.

气体的体积是气体分子无规则热运动所能到达的空间（如果气体被储存在容器中，容器的体积就是气体的体积），在国际单位制中体积的单位是立方米，用 $V$ 表示.

气体的压强是大量分子碰撞器壁的平均效果，等于气体对器壁单位面积上的压力，在国际单位制中，压强的单位是帕斯卡，简称帕，用 Pa 表示. 在工程实际中，常用标准大气压（atm）和毫米汞柱（mmHg）表示压强的单位，它们之间的换算关系是

$$1\ \text{atm}=1.013\times10^{5}\ \text{Pa}=760\ \text{mmHg} \tag{7-1}$$

温度反映热运动的激烈程度，系统温度越高，则分子热运动越激烈. 在国际单位制中，热力学温度是基本物理量，用 $T$ 表示，单位是开尔文，简称开，符号为 K. 在工程实际中常用摄氏温度，单位是摄氏度（℃）. 两温度的换算关系是

$$T=t+273.15 \tag{7-2}$$

**视窗链接**

**你知道这些温度吗？**

在整个宇宙当中，温度无处不存在.

绝对零度，即绝对温标的开始，是温度的最低极限，这是一个只能逼近而不能达到的最低温度；科学家 1898 年在实验室第一次得到了 −240℃ 的低温，这时，氢气变成了液氢；−190℃ 低温下出现许多奇怪现象，空气在 −190℃ 时会变成浅蓝色液体，鸡蛋会产生浅蓝色的荧光，摔在地上会像皮球一样弹起来；鲜艳的花朵会变成玻璃一样光闪闪，轻轻的一敲发出“叮当”响，重敲竟破碎了；从鱼缸捞出一条金鱼头朝下放进液体中，金鱼再取出来就变得硬梆梆，晶莹透明，仿佛水晶玻璃制成的“工艺品”，再将这“玻璃金鱼”放回鱼缸的水中，奇怪的是金鱼竟然复活了，又摆动着轻纱一般的尾巴游了起来；−170℃ 生命存活的低温极限；−130℃ 地球最低气温，地球上最低温出现在南极最高峰——文生峰，这里年平均气温 −129℃；−70℃ 北极最低气温；世界上最不怕冷的花，是出产在中国的雪莲，即使 −50℃，

也鲜花盛开；0℃水的冰点；40℃人体自身的温度极限，41℃时人体器官肝、肾、脑将发生功能障碍，连续几天42℃的高烧，足以致成年人于死命；100℃水的沸点；200℃地下热岩发电；英国从1987年开始进行岩浆发电实验，在英国一个温度最高的热岩地带，在6 000 m深处的热岩可以把水加热到200℃，然后将200℃水的热能再转为电能；500℃聚光式太阳灶；800℃火山熔岩；1 000℃（1千摄氏度）钻石的形成；6 000℃（6千摄氏度）太阳表面温度；太阳日冕的温度高达1 000 000 ℃；人类所能产生的最高温是510 000 000℃约比太阳的中心热30倍，该温度是美国新泽西的普林斯顿等离子物理实验室中的托卡马克核聚变反应堆利用氘和氚的等离子混合体于1994年5月27日创造出来的；1 000 000 000℃（10亿摄氏度）及以上宇宙大爆炸.

2. 平衡态和非平衡态

(1) 平衡态

一个密闭的容器如果储有气体，经过一段时间后将达到处处均匀的状态，如果没有外界影响，其状态不再改变，我们把不受外界影响条件下，气体的宏观性质不随时间变化的状态叫平衡态.

这种平衡态是宏观意义上的平衡态，在微观上，大量的微观粒子仍在不停地做着无规则的热运动，因此，平衡态也称"热动平衡态". 平衡态是一个理想概念，因为一个真实的热力学系统不可能完全与外界无关. 在具体问题中，只要系统的状态相对稳定，可近似地按平衡态来处理.

(2) 非平衡态

系统的宏观状态参量随时间变化的状态称为非平衡态.

3. 理想气体状态方程

(1) 理想气体

大量的实验表明，无论是什么气体，在压强不太大和温度不太低的条件下，都能较好地遵守三个实验定律，即玻意耳定律、盖·吕萨克定律和查理定律. 把在任何情况下都能遵守这三个实验定律的气体，称为**理想气体**.

(2) 理想气体状态方程

一定质量的理想气体，处于任一个平衡态时，它的状态参量和质量$M$之间的关系式满足

$$pV=\frac{M}{\mu}RT \tag{7-3}$$

式(7-3)称为**理想气体的状态方程**. 其中：$M$为气体的质量；$\mu$为气体的摩尔质量，在数值上等于1 mol气体分子的质量；$\frac{M}{\mu}$为气体的摩尔数；$R$为一常量，称为气体普适常量，在SI中，$R$的量值为$R=\frac{p_0V_0}{T_0}=8.31\ \text{J}\cdot\text{mol}^{-1}\cdot\text{K}^{-1}$，式中$p_0$、$T_0$为气体在标准状态下的压强与温度，$V_0$为气体在标准状态下的摩尔体积.

如气体的分子总数是$N$，一摩尔物质所含分子数是$N_A$(称阿佛加德罗常数)，$N_A=6.023\times10^{23}\ \text{mol}^{-1}$，则$\frac{M}{\mu}=\frac{N}{N_A}$，此时理想气体状态方程可写成

$$pV=\frac{N}{N_A}RT=NkT \tag{7-4}$$

式中$k=\frac{R}{N_A}=1.38\times10^{-23}\ \text{J}\cdot\text{K}^{-1}$，称为波尔兹曼常量. 若引进分子数密度$n=\frac{N}{V}$，理想气体状态方程又可写成

$$p=nkT \tag{7-5}$$

从上式可看出，温度一定，气体的压强与单位体积内的分子数 $n$ 成正比；而分子数密度 $n$ 一定，气体的压强与温度成正比．因此在夏季给轮胎充气不宜充的太足，以免 $n$ 太大，使压强增大，引起爆胎．

【例 7-1】　容积为 1 L 的密闭容器内的氢气，温度为 27℃时的压强为 1 atm，求该容器内氢气分子的数密度及质量．

解：根据理想气体状态方程有

$$n=\frac{p}{kT}=\frac{1.013\times10^{5}}{1.38\times10^{-23}\times300}=2.45\times10^{25}(\text{个}\cdot\text{m}^{-3})$$

$$M=\frac{\mu pV}{RT}=\frac{2\times10^{-3}\times1.013\times10^{5}\times1\times10^{-3}}{8.31\times300}=8.13\times10^{-5}(\text{kg})$$

4．准静态过程

热力学系统从一平衡态到另一平衡态的转变过程称为热力学过程，简称过程．

（1）非平衡过程

系统从某一平衡态开始，相继经历一系列的非平衡态，最后达到一个新的平衡态的过程叫做非平衡过程．

（2）准静态过程

若过程进行得相当缓慢，每一次从非平衡态过渡到平衡态所用的时间非常短，可认为过程的每一步都会达到平衡态，这种一系列中间状态都无限接近平衡态的过程称为准静态过程．

对于理想气体可用状态参量 $p$、$V$、$T$（其中只有两个是独立的）描述平衡态，在 $p$—$V$ 图上每一点对应一个平衡态，任意一条曲线对应一个准静态过程．

在生产实际中过程不可能是无限缓慢的，但是在很多情况下可近似将实际过程当作准静态过程处理，因此不作特别说明，一般情况下所讨论的过程都是准静态过程．

### 7.1.2　内能、功和热量

1．内能、内能的增量

内能是指组成物质的所有分子所包含的动能、分子间相互作用势能和分子内部粒子（包括原子、原子内部原子核与电子、原子核内的核子等）所具有的能量．

由于系统内能是由内部运动状态决定的能量，所以系统内能仅是系统状态的单值函数．对一般气体来说，其内能 $E$ 是温度 $T$ 和体积 $V$ 的函数，即 $E=E(T,V)$，而对于理想气体，分子间相互作用的势能=0，其内能仅是温度 $T$ 的函数，即 $E=E(T)$．用 $N$ 表示理想气体的总分子数，可以证明质量为 $M$，摩尔质量为 $\mu$，自由度为 $i$（对于单原子 $i=3$，双原子 $i=5$，多原子 $i=6$）的理想气体内能为

$$E=\frac{M}{\mu}\frac{i}{2}RT \tag{7-6}$$

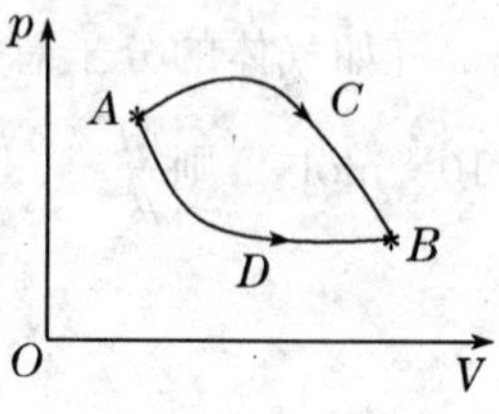

图 7-1　系统内能的改变与过程无关

这就是理想气体的内能公式．它指出，只要理想气体温度变化，其内能就一定变化．

由于物质运动是永恒的，系统的温度不可能为绝对零度，内能不可能为零．对于理想气体，常常规定 0 K 时的内能为零，这只是为了计算方便，而在热力学中经常需要知道的是内能的增量，如图 7-1 所示当系统从状态 $A$（内能为 $E_1$）变到状态 $B$（内能为 $E_2$），其内能的增量是

$\Delta E=E_2-E_1$. 同学们可以思考：系统从内能 $E_1$ 的状态 $A$ 经 $ACB$ 的过程到达内能为 $E_2$ 的状态 $B$，也可以经 $ADB$ 的过程到达 $B$，这两过程显然并不相同，系统的内能增量相同吗，结果说明什么？

2. 功和热量传递

内能是状态的函数，如果要改变系统的内能，则必须改变系统的状态，那么怎样才能通过改变状态来改变系统的内能呢？

从力学中我们知道，外力对物体做功就可以改变物体的运动状态. 在热力学中，系统也必须受到外界的作用，才能改变系统的状态，从而改变系统的内能. 改变系统的内能有两个途径，一个是对系统做功，另一个是向系统传递热量. 在学习导入中我们就通过搅拌，即外界做功使水温度升高，内能增加. 又如柴油机汽缸里的活塞在传动机构的带动下作功，急速压缩汽缸里的燃气，使之内能增加、温度升高到（柴油与空气的混合物）燃点.

图 7-2 所示为一气缸，活塞的面积为 $S$，活塞可以无摩擦地左右移动. 气缸中气体压强为 $p$，体积为 $V$. 在无限小的准静态过程中，当气体膨胀使活塞向右移动距离 $\mathrm{d}l$ 时，气体系统对活塞即对外所做的元功为 $\mathrm{d}A=pS\mathrm{d}l=p\mathrm{d}V$.

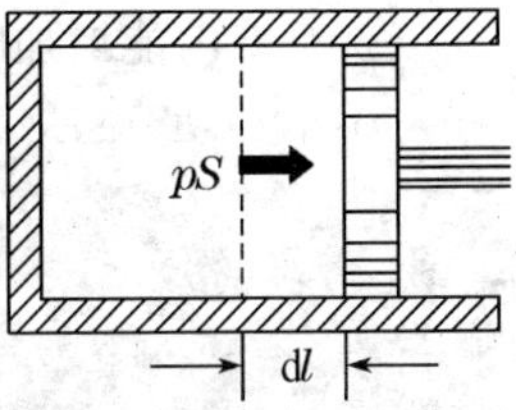

图 7-2　气体膨胀对外做功

在一个有限大小的准静态过程中，如果系统的体积由 $V_1$ 变成 $V_2$，则系统对外界所做的功的表达式为

$$A=\int_1^2\mathrm{d}A=\int_{V_1}^{V_2}p\mathrm{d}V \tag{7-7}$$

显然，当气体膨胀时做正功 $A>0$，气体被压缩时，外界对系统做正功，$A<0$.

如图 7-3 所示，气体系统由状态Ⅰ$(p_1,V_1,T_1)$沿图中曲线变化到状态Ⅱ$(p_2,V_2,T_2)$，在此过程中，气体系统对外做的功 $A$ 等于在 $p$—$V$ 图中从Ⅰ到Ⅱ的曲线与横坐标之间的曲边梯形的面积. 由此可见，功是一个过程量. 这个结论对任何形状的体积可变化的气体系统都适用.

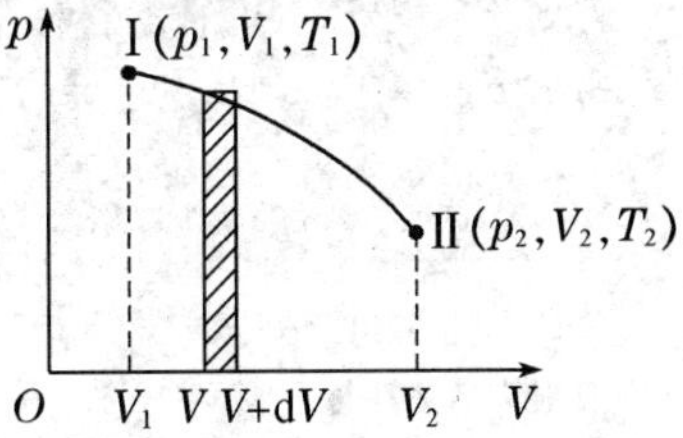

图 7-3　系统对外做功的意义

利用温度差在物体之间传递热运动能量的方式，称为热传导. 当系统与外界环境存在温度差时，系统与外界之间以热传导方式交换的运动能量就成为热量，用 $Q$ 表示. 所以可通过加热，即热量传递的方法使水升温，改变系统的内能. 在热传递中，热量用公式 $Q=Mc(T_2-T_1)$ 计算. 式中 $M$ 为物体的质量，$c$ 为比热容，$T_1$、$T_2$ 分别为始、末状态的绝对温度，$Q$ 为传递的热量. 热量 $Q$ 的正负代表系统进行热传递的方向，当 $Q>0$ 表示从外界吸收热量，$Q<0$ 则表示系统向外界放出热量. 需要指出的是热量是过程量，只在传热过程中才有意义

功 $A$ 和热量 $Q$ 的国际单位都是焦耳，符号是 J.

从上面的讨论知道，做功和传热都是改变系统内能的方式，二者都是与过程有关的量. 从微观角度看，做功与传热有着本质上的区别：做功是系统通过宏观位移来完成的，而传热是通过系统内外分子间相互作用完成的；功与大量分子宏观的有序运动能量相关联，而热量则与系统大量分子微观的无序运动能量相关联.

### 7.1.3　热力学第一定律

通过以上内容学习我们知道在一个热力学过程中，改变内能有两种方式——做功和热传递，在实际应用中，系统内能的改变可能是做功和热传递的共同结果，例如汽缸内气体内能的改变，可能是通过活塞对气体做功与外界对气体传递热量来实现的.

在热力学过程中，如果系统从状态Ⅰ变到状态Ⅱ，从外界吸取的热量是 $Q$，内能的增量是 $E_2-E_1$，同时，系统对外作功为 $A$，那么，它们的数量关系是

$$Q=(E_2-E_1)+A \qquad (7-8)$$

上式表明，系统从外界吸收的热量，一部分等于系统内能的增量，另一部分则用于系统对外界做功，这一规律称为热力学第一定律. 热力学第一定律是能量守恒和转化定律在热力学上的具体表现，它否认了能量的无中生有，所以不需要动力和燃料就能做功的第一类永动机就成了天方夜谭式的设想. 为了便于应用热力学第一定律，特作如下规定：

① 系统从外界吸收热量时，$Q$ 为正，系统向外界放出热量时，$Q$ 为负；

② 系统对外做功时，$A$ 取正，外界对系统做功时，$A$ 取负；

③ 系统内能增加时，$E_2-E_1$ 为正，系统内能减少时，$E_2-E_1$ 为负；

④ $A$、$Q$、$E_2-E_1$ 的单位必须一致，在国际单位中都是焦耳(J).

## 视窗链接

### 永动机趣谈

在历史上人们在生产中曾经幻想制造一种机器，它不需要任何动力和燃料却能不断对外做功，这种机器叫第一类永动机.

早期著名的永动机设计方案是 13 世纪法国人亨内考提出的，如图 7－4 所示，他在轮子的边缘上等距的安装 12 根活动短杆，杆端分别套上一个重球. 无论轮子转到什么位置，右边的各个重球总比左边的各个重球离轴心更远一点. 他设想右边更大的作用特别是甩过去的重球作用在离轴较远的距离上，就会使轮子按照箭头的方向永不停息的旋转下去. 但是，实际上轮子转了一两圈就停了下来. 文艺复兴时期意大利的达·芬奇也造了类似的永动机，但实验结果是否定的，他敏锐的意识到永动机是不可能实现的. 后来很多人利用流水落差(图 7－5)、浮力、轮子的惯性、毛细作用、电磁力等原理期望获得永动机设计方案的成功，但无一例外的失败了. 他们的失败，表明永动机的设计违背了自然界能量转化和守恒定律，即做功必须由能量转化而来，不能无中生有地创造. 所以热力学第一定律有另一种表述：第一类永动机是不可能造出来的.

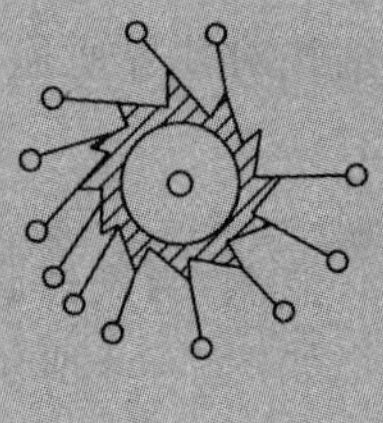

**图 7－4 亨内考的永动机**

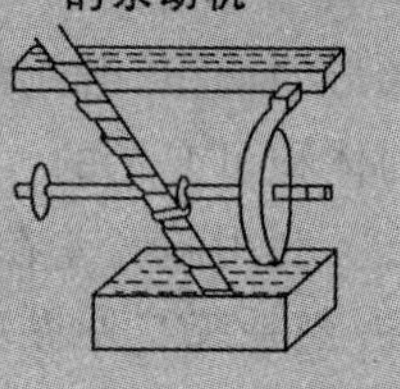

**图 7－5 流水落差的永动机**

下面我们用热力学第一定律来研究理想气体的三个等值过程和绝热过程.

1. 等体过程

在等体过程中，气体的体积保持不变，即 $\Delta V=0$

在 $p$—$V$ 图中等体过程为一条平行于 $p$ 轴的直线，如图 7－6 所示，称为等体线.

由于等体过程气体的体积不变，所以气体不做功，即 $A=0$. 根据热力学第一定律有

$$Q_V=E_2-E_1 \qquad (7-9)$$

式中：$Q_V$ 表示系统吸收的热量；$E_2-E_1$ 表示系统内能的增量. 这就表明，在等体过程中，系统从外界吸收的热量全部用来增加系统的内

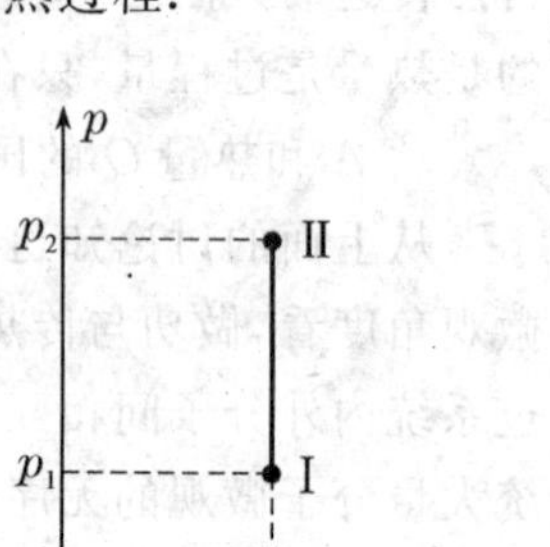


**图 7－6 等体过程**

能. 若气体放热,则放出的热量等于气体内能的减少.

为了计算热量 $Q$,需引进摩尔热容的概念,同一物体在不同过程中摩尔热容不相同. 在等体过程中,1摩尔理想气体每变化1 K所吸收或放出的热量称为定容摩尔热容量,用符号 $c_V$ 表示,它的单位是 $\mathrm{J \cdot mol^{-1} \cdot K^{-1}}$. 那么质量为 $M$,摩尔质量为 $\mu$ 的理想气体,在等体过程中温度变化为 $\Delta T = T_2 - T_1$,则所吸收的热量可表示为

$$Q_V = \frac{M}{\mu} c_V \Delta T \tag{7-10}$$

由理想气体的内能公式及式(7-10)可得

$$Q_V = \Delta E = \frac{M}{\mu}\frac{i}{2} R \Delta T \tag{7-11}$$

比较两式可得

$$c_V = \frac{i}{2} R \tag{7-12}$$

2. 等压过程

在等压过程中,气体的压强保持不变,在 $p$—$V$ 图中等压过程为一条平行于 $V$ 轴的直线,称为等压线. 如图7-7所示.

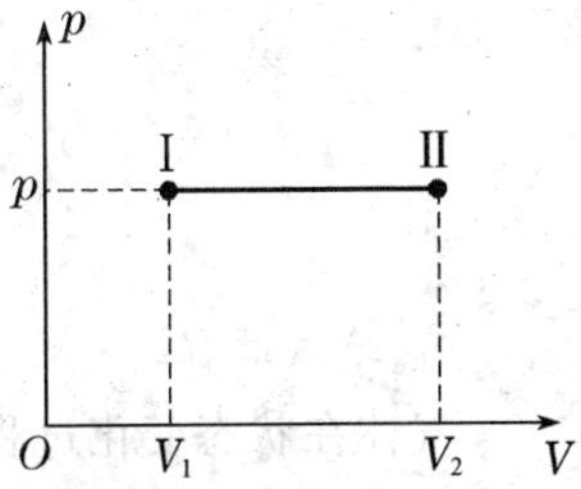

图7-7 等压过程

由于等压过程的压强不变,所以气体对外做功为

$$A = \int_{V_1}^{V_2} p \mathrm{d}V = p(V_2 - V_1) \tag{7-13}$$

根据热力学第一定律,可得等压过程气体吸收的热量为

$$Q_p = E_2 - E_1 + p(V_2 - V_1) \tag{7-14}$$

$$Q_p = \Delta E_1 + p\Delta V \tag{7-15}$$

上式表明,在等压过程中,系统吸收的热量一部分用来增加气体的内能,另一部分是系统对外做功.

根据内能公式有

$$Q_p = \frac{M}{\mu}\frac{i}{2} R\Delta T + p\Delta V \tag{7-16}$$

与上面研究方法类似,1摩尔理想气体在等压过程中每变化1 K所吸收或放出的热量称为定压摩尔热容量,用符号 $c_p$ 表示. 气体相应所吸收的热量表示为

$$Q_p = \frac{M}{\mu} c_p \Delta T \tag{7-17}$$

将理想气体状态方程及上式代入式(7-16),有

$$Q_p = \frac{M}{\mu}\frac{i}{2} R\Delta T + \frac{M}{\mu} R\Delta T = \frac{M}{\mu}\left(\frac{i}{2}R + R\right)\Delta T \tag{7-18}$$

比较式(7-17)得

$$c_p = \left(1 + \frac{i}{2}\right) R \tag{7-19}$$

对比式(7-12)得

$$c_p = c_V + R \tag{7-20}$$

上式称为迈耶公式,它说明,$c_p > c_V$ 是因为等体过程中气体吸收热量全部用来增加气体的内能,而在等压过程中气体吸收热量除了用一部分来增加气体的内能外,还要用一部分来对外做功. 即在等压过程中1摩尔的理想气体,温度升高1 K时,要比等体过程多吸收8.31 J的热

量，用以对外做功.

3. 等温过程

一定量气体的温度保持不变的过程，称为等温过程. 在 $p$—$V$ 图中等温过程是一条双曲线. 如图 7-8 所示，在等温过程中，理想气体的内能不变，即 $\Delta E=0$，因而热力学第一定律变成

$$Q_T=A=\int_{V_1}^{V_2} p\mathrm{d}V \qquad (7-21)$$

上式表明，在等温过程中，系统吸收的热量全部用来对外做功.

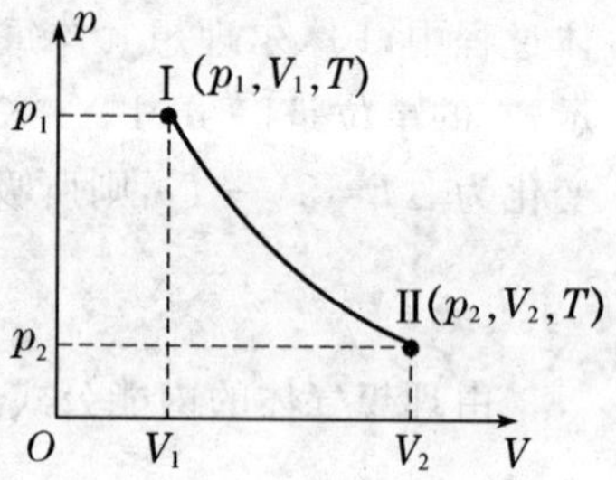

图 7-8 等温过程

设气体从状态Ⅰ($p_1,V_1,T$)等温膨胀到状态Ⅱ($p_2,V_2$, $T$)，根据理想气体的状态方程，其压强随体积变化的关系为

$$p=\frac{M}{\mu}\frac{R}{V}T \qquad (7-22)$$

所以，从状态Ⅰ等温地膨胀到状态Ⅱ，理想气体系统做功为

$$A=Q_T=\frac{M}{\mu}RT\int_{V_1}^{V_2}\frac{\mathrm{d}V}{V}=\frac{M}{\mu}RT\ln\frac{V_2}{V_1} \qquad (7-23)$$

或

$$A=Q_T=\frac{M}{\mu}RT\ln\frac{p_1}{p_2} \qquad (7-24)$$

4. 绝热过程

气体在状态变化过程中始终不与外界交换热量，这种过程称为绝热过程. 例如，在被良好的隔热材料所隔绝的系统中所进行的过程可视为绝热过程；当气体急速膨胀来不及和外界交换热量的过程也是绝热过程，如内燃机中燃气的爆炸膨胀、压缩机中空气的迅速压缩等.

在如图 7-9 的 $p$—$V$ 图中，绝热过程的曲线，称为绝热线，绝热线下的面积在数值上等于气体在绝热过程中所做的功.

若气体经绝热过程温度由 $T_2$ 变为 $T_1$，内能增量为

$$\Delta E=\frac{M}{\mu}c_V\Delta T \qquad (7-25)$$

那么根据绝热过程的定义，由于系统与外界不交换热量，即 $Q=0$，因此由热力学第一定律得气体绝热过程的功为

$$A=-(E_2-E_1)=-\frac{M}{\mu}c_V\Delta T \qquad (7-26)$$

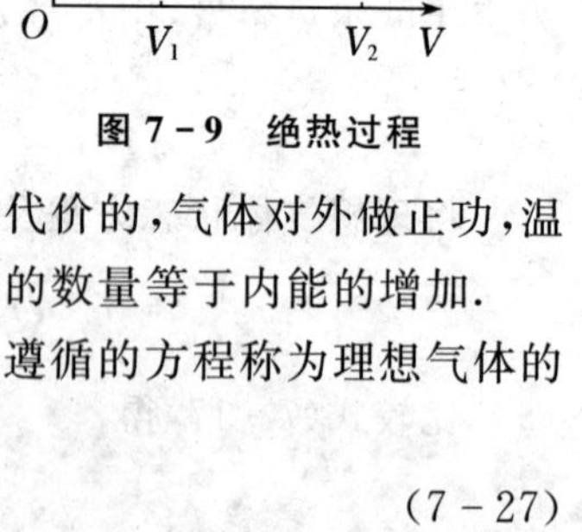

图 7-9 绝热过程

上式表明，在绝热过程中，系统对外所做的功是以减少内能为代价的，气体对外做正功，温度降低，功的数量等于内能的减少. 外界对系统做功，温度升高，功的数量等于内能的增加.

理想气体在绝热过程中 $p$、$V$、$T$ 三个状态参量同时发生变化，遵循的方程称为理想气体的绝热方程. 可以证明，理想气体的绝热方程为

$$pV^{\gamma}=\text{常数} \qquad (7-27)$$

式中 $\gamma$ 为 $c_p$ 与 $c_V$ 的比值，称为摩尔热容比，即

$$\gamma=\frac{c_p}{c_V}=1+\frac{2}{i} \qquad (7-28)$$

将理想气体状态方程 $pV=\frac{M}{\mu}RT$ 代入上式，分别消去 $p$ 和 $V$，可得

$$V^{\gamma-1}T=\text{常数} \qquad (7-29)$$

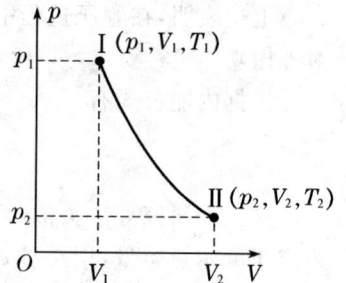

$$p^{\gamma-1}T^{-\gamma}=\text{常数} \tag{7-30}$$

为了比较绝热线和等温线，在 $p$—$V$ 图上作这两个过程的过程曲线，如图 7-10 所示，显然绝热线比等温线要陡些. 这是为什么？请同学们思考.

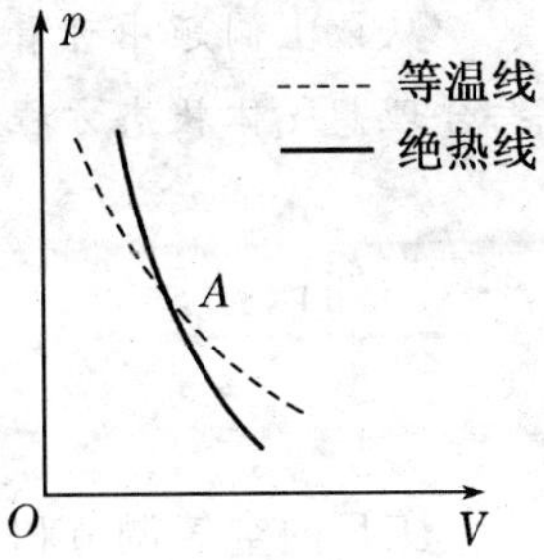


图 7-10　绝热线与等温线的比较

【例 7-2】　质量为 2.8 g、温度为 300 K、压强为 1 个大气压的氮气($N_2$)，分别经过下列过程：(1) 等压膨胀至原来体积的两倍；(2) 等温膨胀到原来体积的两倍；(3) 绝热膨胀到原来体积的两倍. 分别求上述过程中氮气所做的功、吸收的热量及内能的变化.

解：(1) 在等压过程中，气体所做的功为

$$A=\int_{V_1}^{V_2}p\mathrm{d}V=p(V_2-V_1)=\frac{M}{\mu}R(T_2-T_1)$$

由题意 $M=0.0028\ \mathrm{kg}$，$\mu=0.028\ \mathrm{kg\cdot mol^{-1}}$，$\dfrac{V_2}{V_1}=2$，$T_1=300\ \mathrm{K}$，$T_2=\dfrac{V_2}{V_1}T_1=600\ \mathrm{K}$.

代入上式得

$$A=\frac{M}{\mu}R(T_2-T_1)=\frac{0.0028}{0.028}\times 8.31\times(600-300)=249.3(\mathrm{J})$$

内能变化为 $\Delta E=\dfrac{M}{\mu}c_V(T_2-T_1)$

氮气的 $c_V=\dfrac{5}{2}R=20.8\ \mathrm{J\cdot mol^{-1}\cdot K^{-1}}$

所以 $\Delta E=\dfrac{0.0028}{0.028}\times 20.8\times(600-300)=624(\mathrm{J})$

吸热 $Q=A+\Delta E=249.3+624=873.3(\mathrm{J})$

其余(2)、(3)两问同学们可自行解答.

【例 7-3】　如图 7-11 所示，1 mol 的氧气，(1) 由 $A$ 等温的变到 $B$；(2) 由 $A$ 等体的变到 $C$，再由 $C$ 等压地变到 $B$；(3) 由 $A$ 等压的变到 $D$，再由 $D$ 等体地变到 $B$. 试分别计算上述三种情况下内能的变化、所做的功和吸收的热量.（设 $p_1=2.0\ \mathrm{atm}$，$p_2=1.0\ \mathrm{atm}$，$V_1=22.4\ \mathrm{L}$，$V_2=44.8\ \mathrm{L}$）

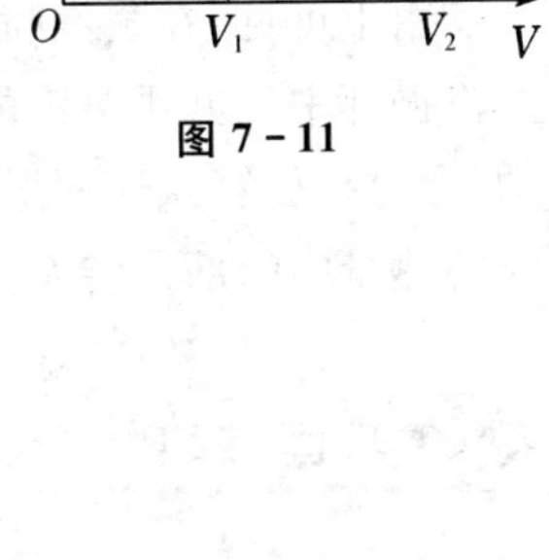

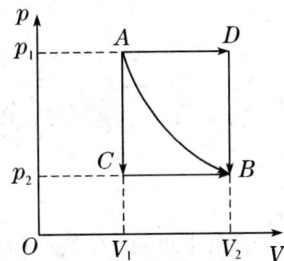

图 7-11

解：(1) 因是等温过程，故 $\Delta E=0$，过程做功为 $A=\dfrac{M}{\mu}RT\ln\dfrac{V_2}{V_1}$

因为 $\dfrac{M}{\mu}=1\ \mathrm{mol}$，$\dfrac{V_2}{V_1}=2$，$T_B=\dfrac{pV}{\frac{M}{\mu}R}=546\ \mathrm{K}=T_A$

代入上式得 $A=3145(\mathrm{J})$

过程吸热为 $Q=\Delta E+A=3145(\mathrm{J})$

(2) $A$ 到 $C$ 等体过程，故 $A_1=0$；

$C$ 到 $B$ 为等压过程，气体对外做功为

$A_2=p_2\Delta V=1\ \mathrm{atm}\times 22.4\mathrm{l}=2269(\mathrm{J})(1\ \mathrm{atm\cdot l}=101.3\ \mathrm{J})$

所以由 $A$ 经 $C$ 到 $B$，气体对外作总功为

$A=A_1+A_2=0+2269=2269(\mathrm{J})$

气体在过程吸热为

$Q=\Delta E+A=2\ 269\ \mathrm{J}$（因为由 $A$ 经 $C$ 到 $B$，$\Delta E=0$）

从以上例题中可看出，应用热力学第一定律解题，首先要搞清过程，然后抓住过程的特征，结合理想气体状态方程，再应用热力学第一定律即可顺利解题.

## 知识拓展

### 蒸汽喷射制冷原理

工厂的空气调节和车间降温采用了蒸汽喷射制冷装置. 图 7－12 是蒸汽喷射制冷装置的示意图及其相应的理想循环的 $T—s$ 图. 其工作原理遵循了能量转换和守恒定律，即为热力学第一定律的体现. 来自锅炉的工作蒸汽，由状态 1 进人喷射器. 在缩放喷管中绝热膨胀增速至状态 2. 由工作蒸汽出口处所形成的低压，将状态为 4 的制冷蒸汽从蒸发器不断地吸入混合室，并与工作蒸汽定压混合而至状态 6，随后一起进人扩压管减速增压至状态 7. 再进入冷凝器定压放热而凝结为饱和液体（状态 8）. 液体从冷凝器出来后分成两路. 大部分液体经泵压送至锅炉（状态 10），并在锅炉内定压吸热汽化而形成工作蒸汽（状态 1），从而完成工作蒸汽循环 1—2—6—7—8—10—1；其余液体经节流阀降压降温后形成低温湿蒸汽（状态 9），进人蒸发器定压吸热汽化而至状态 4，完成制冷蒸汽循环 6—7—8—9—4—6.

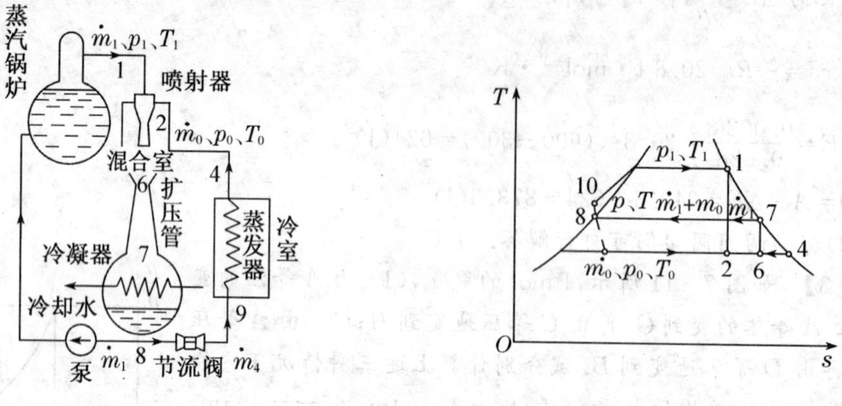


图 7－12　蒸汽喷射制冷装置及 $T—s$ 图

由上可见，在蒸汽喷射制冷装置中，除驱动液体泵需消耗功外，再没有别的耗功机械. 制冷蒸汽循环中的低压蒸汽的压缩，是依靠工作蒸汽在缩放喷管中绝热膨胀所形成的高速气流带动，通过扩压管减速而形成的. 而工作蒸汽在缩放喷管中所形成的高速气流，正是它由锅炉吸收的热量中的部分转变而来的（另一部分热量在冷凝器中传给了冷却水）.

## 巩固练习

1. 判断如下说法，正确的是（　　）

   A. 功可以全部转变为热量，但热量不可以全部变为功

   B. 热量不能自动地从低温物体传到高温物体

   C. 热量可以从高温物体传到低温物体，但不能从低温物体传到高温物体

   D. 功不能全部转变为热量

2. 1 mol 单原子理想气体从 300 K 加热到 350 K,问在下列两过程中吸收了多少热量？增加了多少内能？对外做了多少功？(1) 体积保持不变;(2) 压力保持不变.

## §7.2　热力学第二定律

### 学习目标

1. 理解热机循环过程的效率,能计算卡诺循环的效率.了解致冷机的一般原理;
2. 了解可逆过程和不可逆过程.理解热力学第二定律及其应用价值.

### 学习导入

在热力学第一定律之后,第一类永动机成为人们的科学趣话,人们开始考虑热能转化为功的效率问题.这时,又有人设计这样一种机械——它可以从一个热源无限地取热从而做功,这是一个美丽的设想,如果设计能够成立,人类可以从海洋中不断地吸取热量对外做功,而不对外界产生影响,那么世界经济发展所需要的能源问题将得到解决,这正是人类梦寐以求的.这种机械被称为第二类永动机,第二类永动机可以实现吗？通过本章的学习,我们将掌握关于热力学的基本概念与规律,了解历史上有趣的科学神话,对于目前社会上不断出现的关于永动机及其类似产品给与科学的评价,提高识别伪科学的本领.

### 学习内容

**7.2.1　热机的循环**

1. 循环过程

如果系统从某一状态出发,经历一系列的变化过程最后又回到初始状态,称这样的过程为一个循环过程.

按照循环过程进行的方向不同可把循环过程分为两类:图 7-13 中,在 $p$—$V$ 图上按顺时针方向进行的循环过程称为正循环,工作物质作正循环的机器可以吸收热量对外做功,称为热机,它是把热能不断转变成机械能的机器,热机中被利用来吸收热量并对外做功的物质称为工作物质,四冲程内燃机就属于此种循环,它的工作物质是汽油或柴油.在 $p$—$V$ 图上按逆时针

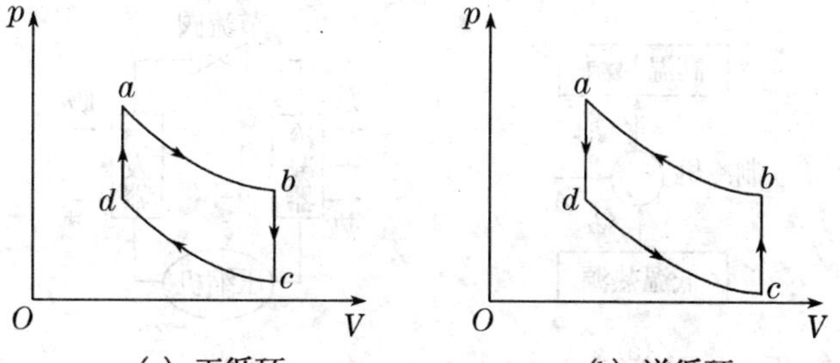


(a) 正循环　　(b) 逆循环

图 7-13　循环过程

方向进行的过程称为逆循环，工作物质作逆循环的机器可以与外界对系统做功将热量不断地从低温处向高温处传递，称为制冷机.

由循环的 $p$—$V$ 图可看出，系统经历一个循环过程后，无论是正循环还是逆循环都将回到原来的状态，其内能增量为零，这是循环过程的重要特征. 另外循环过程封闭曲线包围的面积为系统对外做功和外界对系统做功的代数和，称为净功.

图 7 - 14(a)为热机的热功转换示意图，热机至少要与两个热源交换热量. 当热机经历一个正循环后，它从高温热源吸收的热量 $Q_1$，一部分用于对外做净功 $A$，另一部分则向低温热源放出热量 $Q_2$，由热力学第一定律有

$$A=Q_1-|Q_2| \tag{7-31}$$

由此定义热机效率为

$$\eta=\frac{A}{Q_1}=\frac{Q_1-|Q_2|}{Q_1}=1-\frac{|Q_2|}{Q_1} \tag{7-32}$$

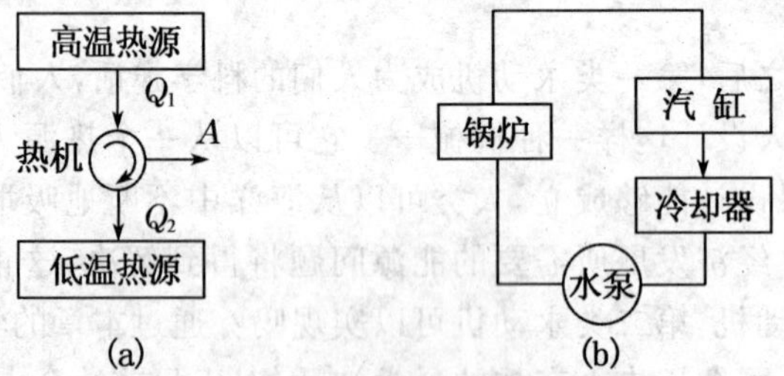


**图 7 - 14 热机循环过程**

由于热机从高温热源吸收的热量不可能全部转变为功，不可避免要向低温热源放出一部分热量，也就是说 $|Q_2|$ 不可能为零，所以热机的效率永远小于 1.

第一部实用的热机是蒸汽机，它创制于 17 世纪. 工作过程如图 7 - 14(b)所示，水泵将冷却器中的水送入锅炉，锅炉将其加热成高温高压的蒸汽，蒸汽进入气缸推动活塞运动，对外做功. 蒸汽温度降低，成为废气，进入冷却器冷却成水，再次由水泵打入锅炉，形成循环. 火车上的内燃机，四冲程汽油内燃机、喷气式飞机、火箭上的喷气机等都是热机，虽然这些热机的工作方式不同，但它们的工作原理都是基本相同的.

图 7 - 15(a)表示一个制冷机的工作示意图，外界对系统做功的值为 $A$，使其从低温热源吸收热量 $Q_2$，向高温热源放出热量 $Q_1$. 根据热力学第一定律有

$$|Q_1|-Q_2=|A| \tag{7-33}$$

$$|Q_1|=Q_2+|A| \tag{7-34}$$

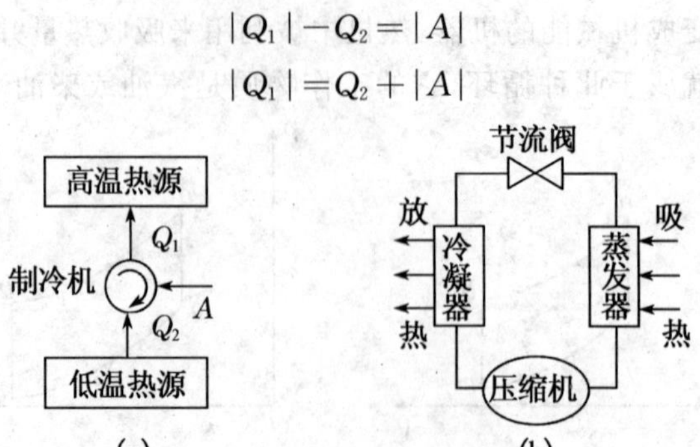


**图 7 - 15 制冷机的循环过程**

逆循环是通过外界对系统做功，将热量从低温处传向高温处，从而达到制冷的目的，通常用

$$\omega=\frac{Q_2}{|A|}=\frac{Q_2}{|Q_1|-Q_2} \tag{7-35}$$

来衡量制冷机的工作性能，$\omega$ 称为制冷系数. 上式表明，外界对系统做功一定时，从低温热源吸收的热量越多，制冷系数越大，制冷机的性能就越好.

图 7-15(b)为常用的压缩式制冷机工作原理图，压缩机从蒸发器吸收低压制冷剂蒸汽，压缩并在冷凝器放热后，成为高压的液态制冷剂，经节流阀后，进入低压的蒸发器吸收汽化热，再次成为制冷剂蒸汽，并经压缩机压缩，继续循环. 循环过程中，外界对系统做功，热量从低温处传向了高温处.

【例 7-4】 如图 7-16 所示，$abcd$ 为 1 mol 氦气的循环过程，求：(1) 循环一次对外做的净功；(2) 循环一次在吸热过程中从外界吸收的热量；(3) 循环效率.

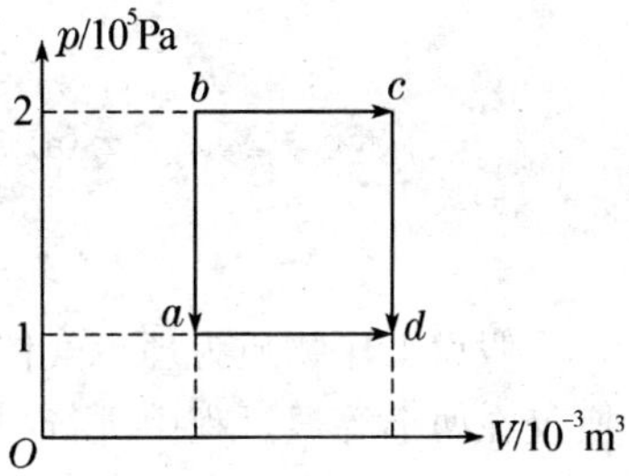

图 7-16

解：(1) 气体循环一次对外所做的净功为 $p$—$V$ 图上闭合曲线包围的面积，

即 $A=(p_b-p_a)\times(V_c-V_b)=(2-1)\times(3-2)\times10^2=100(\text{J})$

(2) 由图可知，循环过程中，吸热过程有 $a$ 到 $b$ 的等体过程，$b$ 到 $c$ 的等压膨胀过程，所以吸收的热量为

$$Q_1=Q_{ab}+Q_{bc}$$

根据等体和等压过程热量的计算公式有

$$Q_{ab}=\frac{M}{\mu}c_V(T_b-T_a),\ Q_{bc}=\frac{M}{\mu}c_p(T_c-T_b)$$

对于单原子气体，1 mol 氦气有 $i=3$，$\frac{M}{\mu}=1$，$c_V=\frac{3}{2}R$，$c_p=\frac{5}{2}R$

由此得

$$Q_{ab}=\frac{M}{\mu}\frac{3}{2}R(T_b-T_a),\ Q_{bc}=\frac{M}{\mu}\frac{5}{2}R(T_c-T_b)$$

根据理想气体状态方程

$$T_a=\frac{p_aV_a}{R},\ T_b=\frac{p_bV_b}{R},\ T_c=\frac{p_cV_c}{R}$$

所以

$$\begin{aligned}Q_1=Q_{ab}+Q_{bc}&=\frac{3}{2}V_a(p_b-p_a)+\frac{5}{2}p_b(V_c-V_a)\\&=\frac{3}{2}\times2\times(2-1)\times10^2+\frac{5}{2}\times2\times(3-2)\times10^2\\&=800(\text{J})\end{aligned}$$

(3) 该循环效率为

$$\eta=\frac{A}{Q_1}=\frac{100}{800}=12.5\%$$

2. 卡诺循环

蒸汽机自发明后效率一直很低，只有 3% 到 5% 左右. 1824 年法国青年工程师卡诺提出了

一个理想循环，该循环过程中工作物质只与一个高温热源和一个低温热源接触，这种循环称为卡诺循环，做卡诺循环的热机称为卡诺热机. 卡诺循环从理论上指出了提高热机效率的途径. 图 7－17(a)为一卡诺循环，它是由两个等温过程 1→2、3→4 和两个绝热过程 2→3、4→1 组成. 图 7－17(b)为卡诺热机的工作示意图.

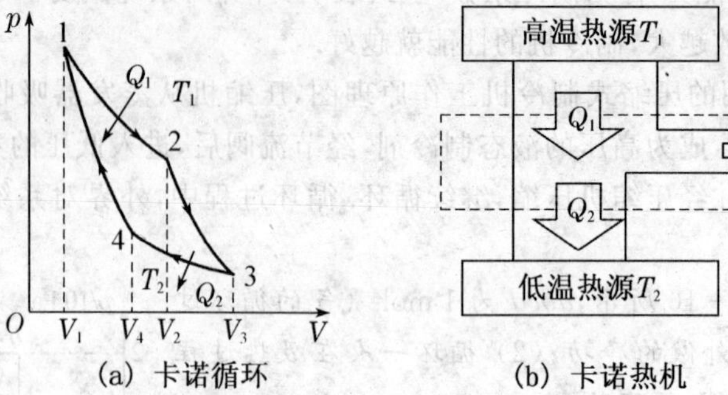


(a) 卡诺循环　　(b) 卡诺热机

**图 7－17　卡诺循环和卡诺热机**

假设工作物质为理想气体，由于 2→3 和 4→1 为绝热过程，所以整个循环过程中的热量交换仅在两个等温过程中进行. 其热机效率：1→2 等温膨胀过程，从高温热源 $T_1$ 吸收热量为

$$Q_1=\frac{m}{\mu}RT_1\ln\frac{V_2}{V_1} \tag{7-36}$$

3→4 等温压缩过程，向低温热源 $T_2$ 放出热量为

$$Q_2=\frac{m}{\mu}RT_2\ln\frac{V_4}{V_3} \tag{7-37}$$

由热机效率公式可求出卡诺循环的效率为

$$\eta=\frac{A}{Q_1}=1-\frac{|Q_2|}{Q_1}=1-\frac{T_2\ln\dfrac{V_3}{V_4}}{T_1\ln\dfrac{V_2}{V_1}} \tag{7-38}$$

再写出 2→3 和 4→1 两个过程的绝热方程：

$$T_1V_2^{\gamma-1}=T_2V_3^{\gamma-1} \tag{7-39}$$

和

$$T_1V_1^{\gamma-1}=T_2V_4^{\gamma-1} \tag{7-40}$$

比较两式可得：

$$\frac{V_2}{V_1}=\frac{V_3}{V_4}$$

最后得卡诺循环的效率：$\eta=1-\dfrac{T_2}{T_1}$　(7－41)

由上式可以看出：卡诺循环的效率值与两个热源的热力学温度有关. 如果高温热源的温度 $T_1$ 越高，低温热源的温度 $T_2$ 越低，则卡诺循环的效率越高.

图 7－18 是一个由两个等温过程和两个绝热过程组成得卡诺逆循环和卡诺制冷机的工作示意图.

其制冷系数：假设工作物质为理想气体，经过一个循环过程，外界对系统做功 $A$，使工作物质从低温热源 $T_2$ 吸收热量 $Q_2$，向高温热源 $T_1$ 放出热量 $Q_1$，推导可得卡诺制冷机的制冷系数为

$$\omega=\frac{Q_2}{|A|}=\frac{Q_2}{|Q_1|-Q_2}=\frac{T_2}{T_1-T_2} \tag{7-42}$$

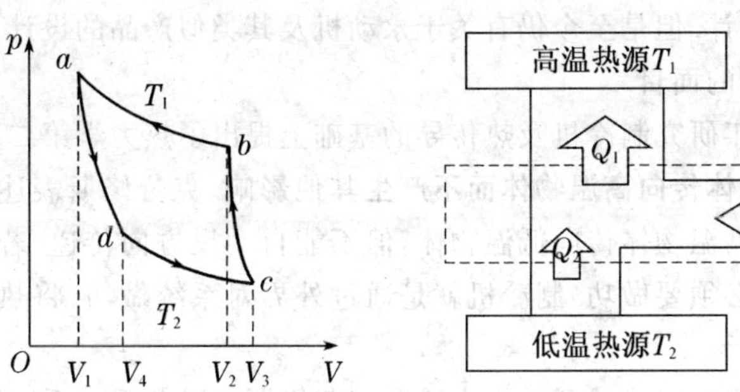


图 7-18　卡诺逆循环与卡诺制冷机

【例 7-5】 现代热电厂利用的水蒸气温度可达 580℃，冷却水的温度约为 30℃，求其效率.

解：根据卡诺循环效率公式可得

$$\eta=1-\frac{T_2}{T_1}=1-\frac{30+273}{580+273}=64.5\%$$

实际的循环和卡诺循环相差很多，其热机循环效率最高只能到 36%.

### 7.2.2　热力学第二定律

一切热力学过程都应满足能量守恒，但满足能量守恒的过程都能进行吗？热力学第二定律告诉我们，过程的进行还有个方向性的问题，满足能量守恒的过程不一定都能进行.

1. 自发过程的方向性及其限度

在没有外界的帮助下自动发生的过程称为自发过程.

自发过程在我们日常生活中随处可见，如：铁会自动生锈，而锈却不能自动变为铁；两种流体能自动地混合，但不能自动分离；两个温度不同的物体相接触时，热量会自动由高温物体传向低温物体，却不会自动地反方向传递，等等. 这些现象表明自发过程有方向性.

不仅如此，当两种流体混合均匀后，其中分子的扩散运动会随之结束；两个物体的温度差消失后，热量的流动会自动停止. 这些现象表明，**自发过程的进行是有一定限度的**.

2. 热力学第二定律的两种表述

热力学第二定律指明了自然界的这种自发过程的方向性.

1850 年和 1851 年，开尔文和克劳修斯分别在研究热机和制冷机的工作原理的基础上，提出了热力学第二定律的两种表述.

开尔文通过热机效率积热功转换的研究在 1851 年提出了热力学第二定律的一种表述：**不可能从单一热源吸收热量，使之完全变为有用功，而不放出热量给其他物体，或者说不产生其他影响**. 例如在等温膨胀过程中，系统从单一热源吸收热量，全部用来对外做功，但在该过程中，体积膨胀了，即产生了其他影响. 要使系统压缩回到原来的状态，必然要放出一部分热量给其他物体. 比如夏季我们用空调从空气中吸热，降低室温，但是这个过程不可避免地要对环境造成影响，一方面要有电能输入，另一方面要把废热排到室外，使室外温度有所升高.

开尔文表述指明，单热源热机或者说效率为 100% 的热机是不能实现的. 人们称效率是 100% 的热机为第二类永动机，所以开尔文表述也可以简述为：第二类永动机是不可能实现的. 纵观历史上层出不穷的各种永动机方案都在严格审查和实践的无情检验下一一失败了，1775 年法国科学院宣布“本科学院不再审查有关永动机的一切设计”，1956 年我国科学院也宣布不再审查关于永动机的设计. 但是至今仍有关于永动机及其类似产品的设计出现，它们都将在科学面前现出其“伪科学”的面目.

克劳修斯在 1850 年研究制冷机及热传导的基础上提出了热力学第二定律的另一种表述：**不可能把热量从低温物体传向高温物体而不产生其他影响**. 克劳修斯表述指明了热传导的方向性，即热量能自动由高温物体传向低温物体，但不能自动反方向传递. 若要将热量从低温物体传向高温物体，外界必须要做功. 制冷机就是通过外界对系统做功，将热量从低温处传向高温处的.

初看起来，热力学第二定律的开尔文表述和克劳修斯表述并无关系，其实，二者是等价的，可以证明，如果前一个表述成立，则后一个表述也成立；反之，如果后者成立，则前者也成立. 它们是一个定律，只是表述方法不同而已. 热力学第二定律的本质内容是，在孤立系统中，伴随着热现象的自然过程都具有方向性. 开尔文表述指出，功完全变为热是自然界允许的过程；反过来，把热量完全转变为功而不产生其他影响是自然界不可能实现的过程. 克劳修斯表述指出，热量从高温物体向低温物体传递是可能的自发过程；反过来，必须由外力做功才可能把热量从低温物体传递到高温物体，否则是不可能实现的.

3. 卡诺定理

在深入研究热机效率的工作中，1824 年卡诺提出了工作在温度为 $T_1$ 和温度为 $T_2$ 两热源之间的热机，遵从以下两条结论，人们称其为卡诺定理：

在相同的高温热源和相同的低温热源之间工作的一切可逆机，其效率都相同，与工作物质无关. 即

$$\eta=1-\frac{|Q_2|}{Q_1}=1-\frac{T_2}{T_1} \tag{7-43}$$

在相同的高温热源和相同的低温热源之间工作的一切不可逆机的效率不可能大于可逆机的效率. 即

$$\eta'\leqslant 1-\frac{T_2}{T_1} \tag{7-44}$$

卡诺定理的意义非常重大，但卡诺根据当时的“热质说”对定理的证明是错误的，后来开尔文和克劳修斯在深入研究和证明卡诺定理的过程中，提出了热力学第二定律，反过来由热力学第二定律的证明才是正确的.

## 知识拓展

### 电冰箱和空调

制冷设备在工业生产、科学研究和家庭生活等各个领域有着广泛的应用。各种制冷设备尽管结构不相同，但其工作原理十分类似。制冷机的工作物质一般选用沸点较低的气体，如氨的沸点为－33.5℃，$CO_2$ 的沸点为－79.5℃；$CCl_2F_2$，代号 R－12（氟里昂）的沸点为－29.8℃等，它们在室温（20℃）、常压（$1.01\times10^5$ Pa）下是气体，在室温、高压（$1.01\times10^6$ Pa）下是液体。

一般家用电冰箱是利用氨或（氟里昂）蒸汽压缩制冷，如图 7－19 所示。一定量的干燥饱和氨气在压缩机（压气机）中被绝热压缩成压强为 8.74 atm、温度为 70℃的液体，经冷凝管进行热交换，使氨冷却到 20℃，并凝结为液态氨，然后经节流阀绝热膨胀使压强降到 2.97 atm，并使温度降低，再进入位于冷冻室内的蒸发器，在蒸发器中液氨全部蒸发为气体，从冷冻室吸

收大量汽化热，氨的温度下降到－10℃，可使冷冻室内的物体温度降低到－5℃，氨从冷冻室内的物体吸收热量，温度上升，然后进入压缩机再被压缩进行下一次循环，使冷冻室维持在低温状态。

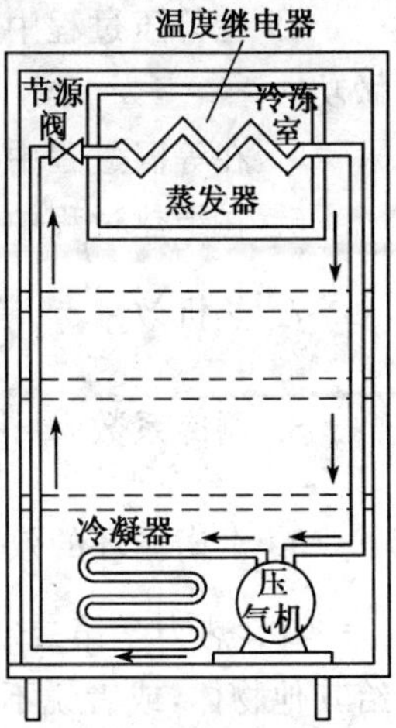

图 7－19　利用氨压缩制冷的电冰箱示意图

致冷装置的循环过程，都是从低温热源（冷藏室）吸收热量并传给高温热源（环境），其结果使放出热量的物体降低温度，使吸收热量的物体温度升高，利用它达到降温目的的就叫做制冷机，而利用它达到升温目的的就叫做热泵。由于制冷机与热泵的工作原理相同，因此可以用同一装置来实现夏季制冷、冬季供热，这种装置称为冷暖空调，图 7－20 是空调装置示意图。冬季将转移阀转到图 7－20(a)位置，这时蛇形管 $A$ 起冷凝器的作用，将由室内来的冷空气加热为热空气，再流到室内，外部的蛇形管 $B$ 起蒸发器的作用，从室外空气中吸热，从而达到取暖效果。夏季则将转移阀转到图 7－20(b)的位置，这时蛇形管 $A$ 起蒸发器作用，将室内的热空气冷却为冷空气，再流到室内，外部的蛇形管 $B$ 起冷凝器作用，吸收压缩机排出的热并输送到室外，从而达到致冷效果。

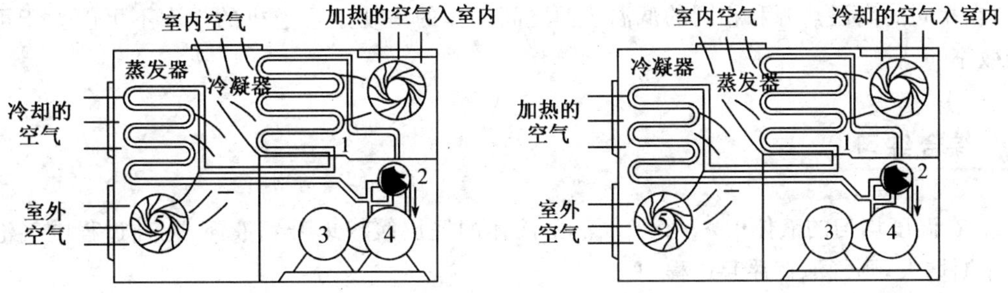

(a) 加热　　(b) 冷却

图 7－20　空调装置示意图

## 巩固练习

1. 在实际应用中，提高热机效率的可行办法是　(　　)

A. 提高高温热源的温度　　B. 降低低温热源的温度

C. 选择单原子理想气体作工作物质　　D. 增大热机功的输出

2. 热机循环的效率是 21%，那么，经一个循环吸收 1 000 J 热量，它所做的净功和放出的热量分别为　(　　)

A. 420 J；580 J　　B. 210 J；790 J　　C. 790 J；210 J　　D. 580 J；420 J

## 本章小结

1. 热力学基本概念：内能、气体系统做功、热量

2. 热力学第一定律：在系统变化的过程中，系统所吸收的热量，等于该过程中系统内能的增量和系统对外界做功的和 $Q=(E_2-E_1)+A$.

3. 在等体过程中，系统从外界吸收的热量全部用来增加系统的内能.

4. 在等压过程中，系统吸收的热量一部分用来增加气体的内能，另一部分是系统对外做功.

5. 在等温过程中，系统吸收的热量等于系统对外所做的功.

6. 在绝热过程中，系统对外所做的功等于其内能增量的负值.

7. 热机效率 $\eta=\frac{A}{Q_1}=\frac{Q_1-|Q_2|}{Q_1}=1-\frac{|Q_2|}{Q_1}$，热机的效率永远小于 1.

8. 制冷系数 $\omega=\frac{Q_2}{|A|}=\frac{Q_2}{|Q_1|-Q_2}$.

9. 卡诺循环的效率　$\eta=1-\frac{T_2}{T_1}$，卡诺制冷机的制冷系数　$\frac{T_2}{T_1-T_2}$.

10. 热力学第二定律：不可能从单一热源吸收热量，使之完全变为有用功，而不放出热量给其他物体，或者说不产生其他影响；不可能把热量从低温物体传向高温物体而不产生其他影响.

11. 卡诺定理：

在相同的高温热源和相同的低温热源之间工作的一切可逆机，其效率都相同，与工作物质无关；在相同的高温热源和相同的低温热源之间工作的一切不可逆机的效率不可能大于可逆机的效率.

## 综合练习

1. 在温度均匀的液体中，一个小气泡由液体的底层缓慢地升到液面，上升过程中气泡的体积不断增大，则气泡在浮起过程中　　（　　）

A. 放出热量　　B. 吸收热量

C. 不吸热也不放热　　D. 无法判断

2. 某理想气体系统状态变化时，内能随体积变化的关系如图 7-21 中 $AB$ 直线，则此过程是　　（　　）

A. 等压过程　　B. 等体过程

C. 等温过程　　D. 绝热过程

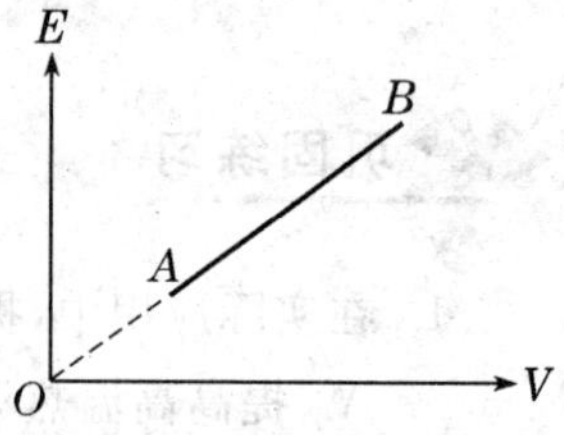

图 7-21

3. 下列表述正确的是　　（　　）

A. $\Delta Q=\Delta E+\Delta A$　　B. $Q=E+\int p\mathrm{d}V$

C. $\eta\neq 1-\frac{Q_2}{Q_1}$　　D. $\eta_{不可逆}<1-\frac{Q_2}{Q_1}$

4. 系统在某过程中吸收热量 150 J，对外做功 900 J，那么，在此过程中，系统内能的减少是________.

5. 在________过程中，系统传递的热量可以用 $p$—$V$ 图中过程曲线下的面积来表示.

6. 一卡诺循环，其高温热源的温度为 100℃，低温热源的温度为 0℃，则其循环效率为________.

7. 水在 1 个标准大气压下沸腾时，汽化热 $L=2\,264$ J/g，这时质量 $m=1$ g 的水变为水蒸汽，其体积由 $V_1=1.043$ cm$^3$ 变为 $V_2=1\,676$ cm$^3$，在该过程中吸收的热量是多少？水蒸汽对外界做的功是多少？增加的内能是多少？

8. 如图7-22所示，一系统从状态$A$沿$ABC$过程到达状态$C$，吸收了350 J的热量，同时对外做功126 J.(1) 如沿$ADC$过程，做功为42 J，求系统吸收的热量；(2) 系统从状态$C$沿图示曲线所示过程返回状态$A$，外界对系统做功84 J，问系统是吸热还是放热，数值是多少？

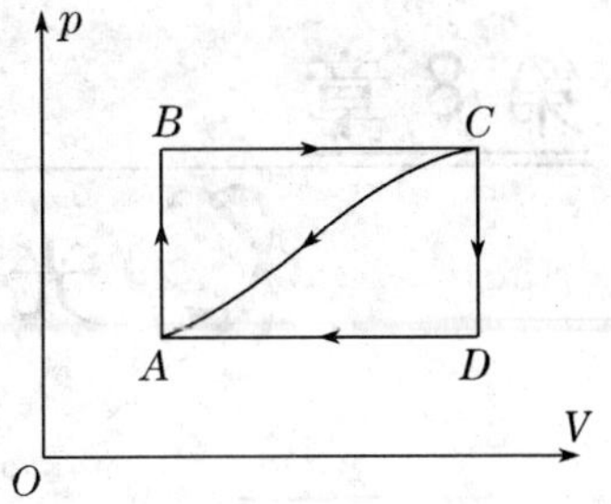

图7-22

9. 1 mol 氧，温度为300 K，体积为$2\times10^{-3}$ m³，试计算下列两过程中氧所做的功：(1) 绝热膨胀至体积为$20\times10^{-3}$ m³；(2) 等温膨胀至体积为$20\times10^{-3}$ m³，然后再等容冷却，直到温度等于绝热膨胀后所达到的温度为止.

10. 0.01 m³ 氮气在温度为300 K时，由0.1 MPa(即1 atm)压缩到10 MPa. 试分别求氮气经等温及绝热压缩后：(1) 体积；(2) 温度；(3) 各过程对外所作的功.

11. 1 mol的理想气体的$T$—$V$图如图7-23所示，$ab$为直线，延长线通过原点$O$. 求$ab$过程气体对外做的功.

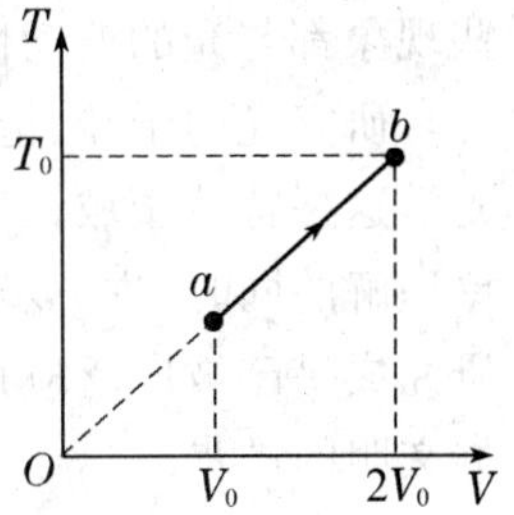

图7-23

12. 一卡诺热机的低温热源的温度为17℃，效率为20%，若只提高高温热源的温度而要将其效率提高到30%，求高温热源的温度应提高多少？

13. 一热机在1 000 K和300 K的两热源之间工作. 如果(1) 高温热源提高为1 100 K，(2) 低温热源降低为200 K，从理论上说，热机效率各可增加多少？为了提高热机效率哪一种方案为好？

14. 用一卡诺循环的致冷机从7℃的热源中提取1 000 J的热传向27℃的热源，需要做多少功？从-173℃向27℃呢？从-223℃向27℃呢？

15. 有一卡诺致冷机，从温度为-10℃的冷藏室吸取热量，而向温度为20℃的物体放出热量. 设该致冷机所耗功率为15 kW，问每分钟从冷藏室吸取的热量为多少？

16. 有一以理想气体为工作物质的热机，其循环过程如图7-24所示，试证明其热机效率为$\eta=1-\gamma\dfrac{T_B-T_C}{T_A-T_C}$.

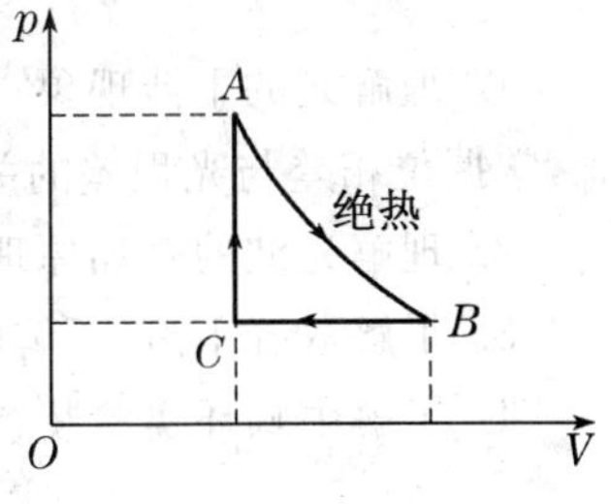

图7-24

# 第 8 章

# 光学基础

在太阳光的照射下，我们常看到肥皂泡(图 8－1)、光盘表面、蝴蝶的翅膀上呈现美丽的彩色图样. 有些眼镜片、照相机镜头等，常在玻璃表面镀上彩色的薄膜. 大家知道这是为什么吗？其实这些现象都与光的波动性有关.

研究光的干涉、衍射、偏振等既可以将波动的一般原理运用于光学这一特殊领域，又可通过探究光现象使我们在加深对波动现象理解的同时，进一步拓展知识领域. 更重要的是波动光学的许多研究成果已被广泛应用到社会生活的各个方面，极大地推动了人类文明的进步.

图 8－1　肥皂泡的干涉

## §8.1　光的干涉

### 学习目标

1. 理解光的干涉现象；了解杨氏双缝干涉实验装置，了解干涉图样，掌握光程、光程差概念，掌握位相差与光程差的关系；
2. 理解光波的叠加原理. 掌握相长干涉和相消干涉条件；
3. 了解双缝干涉. 了解等厚干涉，掌握等厚干涉的光程差；
4. 了解牛顿环实验装置. 理解牛顿环干涉图样.

### 学习导入

1. 预备知识——机械波的干涉现象

观察和研究表明，当几列波同时通过介质时，它们可以保持自己的特性(频率、振幅、振动方向、波速、传播方向等)，好像在传播过程中没有遇到其他波一样. 在几列波相遇的区域内，任意一点的振动，是各列波单独传播时在该点引起的振动合成，这一规律称为波的独立传播原理或波的线性叠加原理.

波的干涉是波的叠加的重要特例. 实验发现，两列同类波当满足频率相同、振动方向相同、相位差恒定这三个条件时，在它相遇的区域会形成某些地方振动稳定地加强，另一些地方振动稳定地减弱的现象，这种现象称为波的干涉. 能产生干涉现象的波称为相干波，相应的波源称为相干波源.

首先,我们以水波为例来观察干涉现象.

【演示实验】　将两根细金属丝固定在薄钢片上,使两根金属丝刚好接触水面.当钢片上下振动时,金属丝周期性接触水面,就产生了频率和振动方向都相同的两列水波.

这两列波相遇后,在他们重叠的区域会出现如图 8-2 所示的图样.在振动着的水面上,出现了一条条相对平静的区域和相对激烈振动的区域,这两种区域在水面上的位置是固定的.

怎样解释观察到的现象呢?

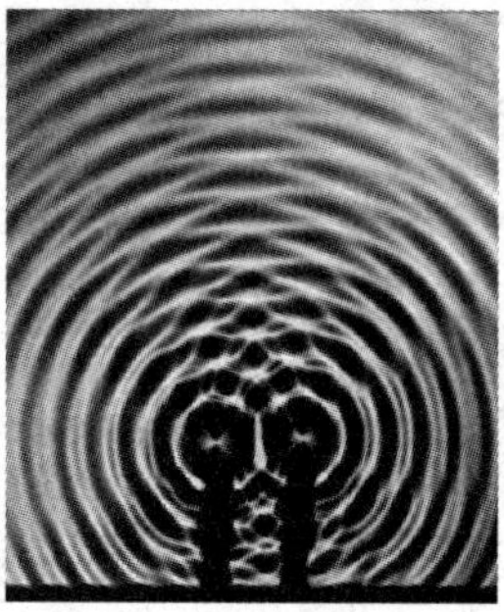

图 8-2　水波干涉图样

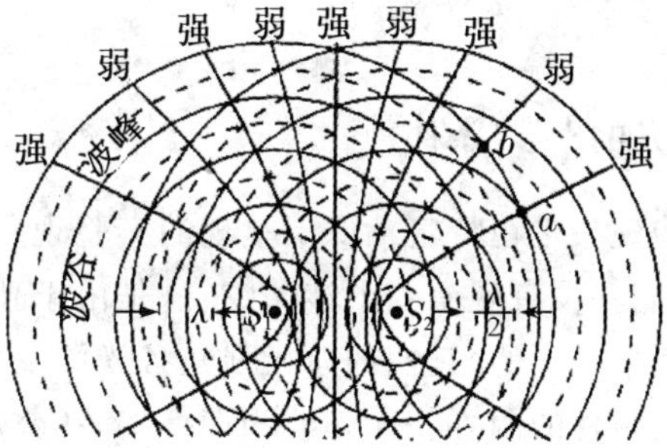


图 8-3　波的干涉示意图

如图 8-3 所示,用两组同心圆分别表示从波源 $S_1$、$S_2$ 发出的两列波,实线和虚线分别表示两列波的波峰和波谷.实线与虚线间的距离等于半个波长,实线与实线间、虚线与虚线间的距离等于一个波长.某一时刻,在水面上的某一点,如果两列波的波峰与波峰相遇,其振幅等于两列波的振幅之和,经过半个周期,变成波谷与波谷相遇,其振幅也等于两列波的振幅之和,再经过半个周期,又是波峰与波峰相遇……依此类推,这一点的振动始终加强,其振幅为两列波的振幅之和(图中实线上各点都属于这种情况).同理,某时刻两列波的波峰和波谷相遇的那些点,振动最弱,其振幅等于两列波的振幅之差(图中虚线上各点都属于这种情况).

波源满足振动频率相同、振动方向相同、相位差恒定(相位差为零是其特殊情况)才能发生干涉,这一条件称为相干条件.

相干条件是对波源而言,干涉条件是对发生干涉的空间而言.

干涉强弱是相位差的反映.干涉图象的强度分布,可以看成是相干波相位差在空间分布的一种记录.

很多情况下,我们可用波程差代替相位差进行分析.这时,波程差每变化一个波长 $\lambda$,相位差相应地变化 $2\pi$,即

$$\frac{\Delta r}{\Delta \Phi}=\frac{\lambda}{2\pi}$$

表 8-1 列出了特定 $\Delta\Phi$、$\Delta r$ 条件下的干涉结果.

**表 8-1　特定 $\Delta\Phi$、$\Delta r$ 条件的干涉结果**

| 相位差 $\Delta\Phi$ | 在波源同相条件下,波程差 $\Delta r$ | 干涉结果 |
|---|---|---|
| $\pm 2k\pi$ | $\pm k\lambda$ | 相长 |
| $\pm(2k+1)\pi$ | $\pm(2k+1)\lambda/2$ | 相消 |
| 其中:$k=0,1,2,3\cdots$ | | |

2. 应用导入

干涉现象是波动独有的特征，如果光真是一种波，就必然会观察到光的干涉现象.

光的干涉现象及随后要研究的光的衍射现象和偏振现象，都证明了光的波动性. 光波是电磁波而不是机械波，因此，虽然研究光的波动现象时采用的是机械波的处理方法，但两者有着本质的区别. 光的波动性揭示了光的本质的一个侧面. 通过研究光的干涉现象，可以使我们加深对光的波动性的理解.

## 学习内容

### 8.1.1 光的干涉(条件)

光的干涉现象是在特定条件下呈现的实验现象. 在生活中很难观察到. 例如，两盏电灯同时照明时，我们并没有观察到干涉条纹，这是由于独立光源是非相干光源的缘故. 我们通常见到的光源都是不相干的. 它们的总光强是各光源发出光波的光强的直接相加.

满足一定条件的两列相干光波相遇叠加，在叠加区域某些点的光振动始终加强，某些点的光振动始终减弱，即在干涉区域内振动强度有稳定的空间分布. 两列光波叠加产生干涉现象的条件(即相干条件)是：

(1) 两振动的相位差始终保持不变；

(2) 频率相同；

(3) 振动方向几乎相同.

获得相干光的基本原理是把一个光源的一点发出的光束设法分为两束，然后再使它们相遇. 获得相干光的基本方法是分波阵面法(如杨氏双缝干涉、洛埃镜、菲涅尔双面镜以及菲涅尔双棱镜)和分振幅法(如薄膜干涉、劈尖干涉、牛顿环和迈克尔逊干涉仪).

光具有波动性，跟机械波一样，光的频率决定于光源. 但光传播的速度及它的波长则与通过的介质有关(尽管光的传播不依赖于任何介质).

设真空中光速为 $c$，在折射率为 $n$ 的介质中为 $v$，相应的波长分别为 $\lambda$ 和 $\lambda_n$，有

$$\frac{v}{\lambda_n}=\frac{c}{\lambda}=\upsilon \tag{8-1}$$

则

$$\lambda_n=\frac{v}{c}\lambda=\frac{\lambda}{n}$$

也就是说，在折射率为 $n$ 的介质中，光的波长是真空中波长的 $1/n$.

由于波传过一个波长的距离，相位变化为 $2\pi$，若一束光在上述介质中的几何路程为 $L$，则对应的相位差为

$$\Delta\Phi=2\pi\frac{L}{\lambda_n}=2\pi\frac{nL}{\lambda} \tag{8-2}$$

上述表明，如果要对任意介质都统一地按真空中的波长来计算相位差，则必须把介质中的几何路程 $L$ 乘上介质折射率 $n$，这一乘积 $nL$ 称为光程.

对 $n=1$ 的真空或 $n\approx1$ 的空气，光程也就是路程. 一束光通过几种不同介质的光程，就是它在各介质中的光程之和.

与机械波一样，当光从光疏介质(折射率较小)垂直或近似垂直(入射角接近 0)进入光密介质(折射率较大)发生反射时，会在两介质界面上发生半波损失，这时计算光程，必须附加$\lambda/2$

的数值.

同一波面或者同一点分出的两束相干光相遇时，它们的光程差(用 $\Delta$ 表示)与其相位差 $\Delta\Phi$ 的关系为

$$\Delta\Phi = 2\pi\frac{\Delta}{\lambda} \tag{8-3}$$

两相干光的交会点干涉效果与光程差、相位差的关系如表 8-2 所示.

表 8-2　同一波面或同一点分出的两束相干光的干涉条件

| $\Delta$ | $\Delta\Phi$ | 干涉效果 | 视觉效果 |
|---|---|---|---|
| $\pm k\lambda$ | $\pm 2k\pi$ | 相长 | 明纹(中心) |
| $\pm(2k+1)\lambda/2$ | $\pm(2k+1)\pi$ | 相消 | 暗纹(中心) |
| 其中：$k=0,1,2,3\cdots$ | | | |

### 8.1.2　杨氏双缝干涉

在自然界中，严格满足相干条件的两个光源很难找到. 我们可设法从一个点(线)光源所发出光波的波阵面上分离出两部分. 由于波阵面上任意一部分均可视为新的光源，且同一波阵面上的各部分具有相同的位相，所以这些被分离出的部分波阵面可认为是位相相同，振动方向相同的. 不论点(线)光源的位相改变如何频繁，而这些次光源之间的初位相差却恒定不变. 于是，由这些次光源发出的光波，在相遇的区域将产生干涉现象.

1801 年英国的物理学家汤姆斯·杨首先用针孔做了实验，从而确认了光的波动性. 后来发现用狭缝代替针孔，干涉现象更为明显. 杨氏双缝实验是干涉现象的典型实验(图 8-4).

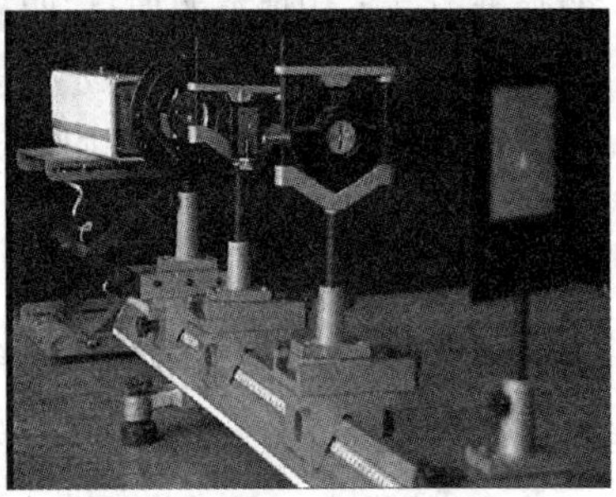

图 8-4　杨氏双缝干涉装置

如图 8-5(a)所示. 用单色光垂直照射狭缝 $S$，对与 $S$ 平行且对称的狭缝 $S_1$ 和 $S_2$ 来说，由 $S$ 所发出的光波同时到达缝距为 $d$ 的 $S_1$ 和 $S_2$，因而通过同相位的 $S_1$ 和 $S_2$ 点继续传播的光波就是由分波面形成的相干光. 结果就在远处(双缝与屏的距离 $D\gg d$)屏幕上. 形成一系列稳定的、明暗相间的干涉条纹.

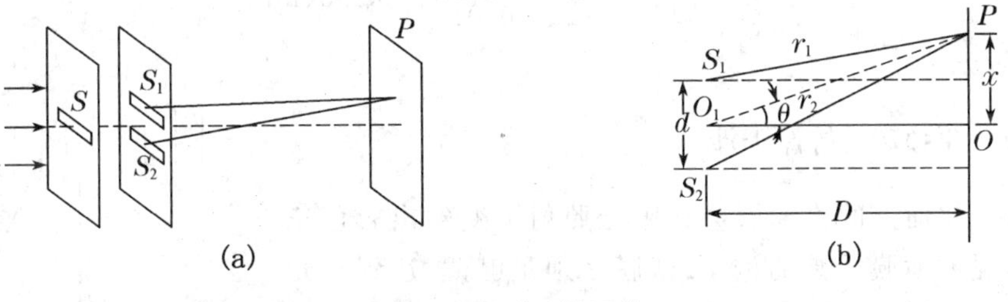


图 8-5　杨氏双缝干涉

条纹，明、暗的位置由两束光的光程差 $\Delta$ 决定：

$$\Delta=d\sin\theta=d\,\frac{x}{D}=\begin{cases}\pm k\lambda & (k=0,1,2,\cdots)\ 明\\ \pm(2k+1)\dfrac{\lambda}{2} & (k=0,1,2,\cdots)\ 暗\end{cases}$$

条纹间距：

$$\Delta l=\frac{D}{d}\lambda$$

图 8－6　红光双缝干涉图样

条纹形状：为一组与狭缝平行、等间隔的直线(图8－6).

根据以上讨论，可对两列单色波的杨氏干涉花样作如下的分析：

(1) 各级亮条纹的光强相等，相邻亮条纹或相邻暗条纹都是等间距的，且与干涉级 $k$ 无关；

(2) 当一定波长 $\lambda$ 的单色光入射时，间距 $\Delta l$ 的大小与 $D$ 成正比，而与 $d$ 成反比；

(3) 当 $D$、$d$ 一定时，间距的大小与光的波长 $\lambda$ 成正比. 历史上第一次测量波长，就是通过测量干涉条纹间距的方法来实现的；

(4) 当用白光作为光源时，除 $k=0$ 的中央亮条纹外，其余各级亮条纹都带有各种颜色. 当 $k$ 较大时，不同级数的各色条纹因相互重叠而得到均匀的强度. 正因为用白光观察时可以辨认的条纹数目很少，故一般实验都用单色光作光源；光源为白光时将得到彩色条纹；

(5) 干涉花样实质上体现了参与相干叠加的光波间相位差的空间分布. 换句话说，干涉花样的强度记录了相位差的信息. 明确这一概念对进一步了解波动光学的现代面貌是十分重要的.

【例 8－1】 在杨氏双缝干涉实验中，(1) 波长为 6 328 nm 的激光射在缝的间距为 0.022 cm 的双缝上. 求距缝 180 cm 处的光屏上所形成的相邻两个干涉条纹的间距；(2) 若缝的间距为 0.45 cm，距缝 120 cm 的光屏上所形成的相邻两个干涉条纹的间距为 0.015 cm，求光源的波长，并说明是什么颜色的光.

解：(1) 根据题中给的已知条件，$\lambda=632.8\times10^{-9}$ m，$d=0.022\times10^{-2}$ m，$D=180\times10^{-2}$ m，代入公式

$$\Delta l=\frac{D}{d}\lambda=\frac{180\times10^{-2}}{0.022\times10^{-2}}\times632.8\times10^{-9}=0.52(\mathrm{cm})$$

(2) 已知 $d=0.45$ cm，$D=120$ cm，$\Delta l=0.015$ cm

$$\lambda=\frac{d}{D}\Delta l=\frac{0.45}{120\times0.015}=562.5(\mathrm{nm})$$

即为黄光.

### 8.1.3　牛顿环　等厚干涉

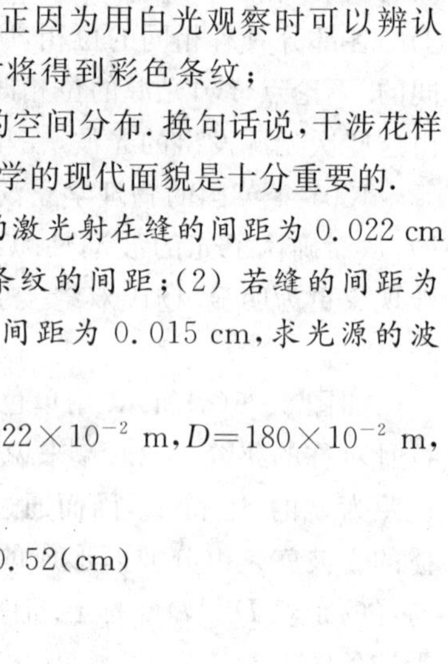


图 8－7　牛顿环

肥皂泡、水面上的汽油层会在阳光照射下变幻出彩色花纹，这是常见的薄膜干涉的例子. 薄膜必须足够薄，达到与光波波长相应的数量级，薄膜干涉现象才会明显.

下面以牛顿环为例来对薄膜干涉作一简单分析.

在一平板玻璃上，放置一块曲率半径 $R$ 很大的平凸透镜，这样，在两层玻璃之间就会形成一层厚度不等的空气薄膜. 这层膜在两玻璃的接触点(也就是如图 8－7 所示的 $O$ 处)最薄

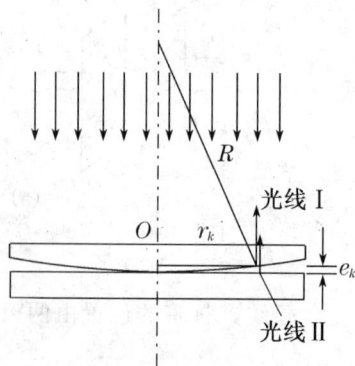

(厚度为零)，随着离 $O$ 点距离 $r$ 的增大而变厚.

当波长为 $\lambda$ 的单色平行光垂直照射于平凸透镜时，沿入射光方向可以观察到一系列以接触点为中心的同心圆环状条纹(图 8-8). 这是由于空气膜上下两个表面反射光相互干涉所致. 因为在薄膜厚度相同处的干涉情况相同，亦即干涉条纹依薄膜的等厚线分布，所以称为等厚干涉.

这一现象由牛顿最先发现，故得名牛顿环.

由图 8-7 进行光路分析. 在距接触点 $r_k$ 处产生第 $k$ 级牛顿环，此处空气层的厚度为 $e_k$，空气层上表面反射的光束Ⅰ与下表面反射的光束Ⅱ的光程差为

$$\Delta=2e_k+\frac{\lambda}{2} \tag{8-4}$$

其中 $\frac{\lambda}{2}$ 为光在下表面反射时产生的半波损失.

由图 8-7 的几何关系可证得(读者自己证明)产生明暗条纹的条件为

$$\Delta=\begin{cases} k\lambda & \text{明纹}\quad k=1,2\cdots \\ (2k+1)\dfrac{\lambda}{2} & \text{暗纹}\quad k=0,1,2\cdots \end{cases}$$

由于平板玻璃与平凸透镜凸面之间不可能是理想的点接触，牛顿环的中心只能是一个暗斑而不是暗点(图 8-8).

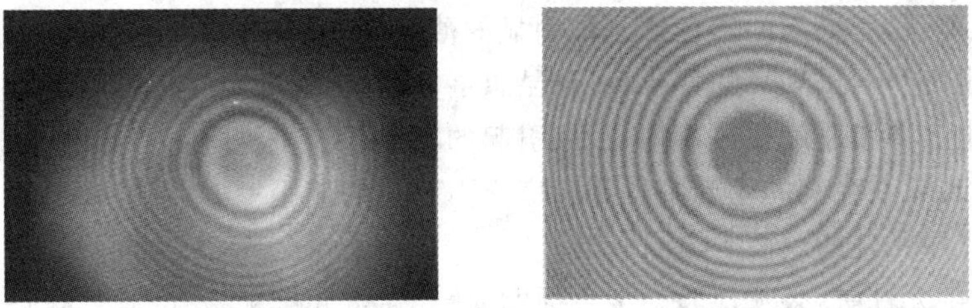

(a) 白光牛顿环条纹　　(b) 黄光牛顿环条纹

**图 8-8　白光和黄光牛顿环**

【例 8-2】　在牛顿环实验中，透镜的曲率半径为 5.0 m，而透镜的直径为 2.0 cm，使用的光波波长为 589 nm. 问在空气中可以产生多少个环形干涉条纹？(设透镜凸面与平板玻璃为良好接触)

解：根据牛顿环亮环半径公式得

$$r=\sqrt{(2k+1)\frac{\lambda}{2}R}\,(k=0,1,2,3\cdots)$$

$$k=\frac{r^2}{R\lambda}-\frac{1}{2}=\frac{1}{589\times10^{-7}\times5\times10^2}-\frac{1}{2}=33.5$$

亮纹的最大级次为 33 级，有 34 个完整的亮纹.

## 知识拓展

### 光的干涉现象的应用

在生活中我们总能看到很多干涉现象的例子.

如图 8-9 所示为蝉的翅膀，可以看见在蝉翼的表面闪亮着五彩的条纹(图 8-10).

当油滴在水面上就能形成一层很薄的油膜时，在水面的油膜就映射出美丽的彩色条纹(图 8-11).

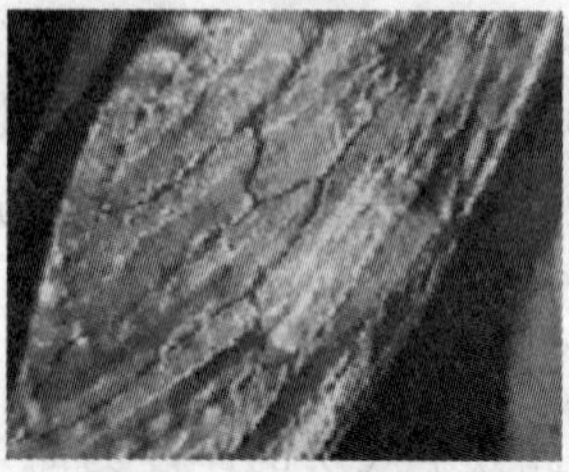

图 8－9　蝉的翅膀

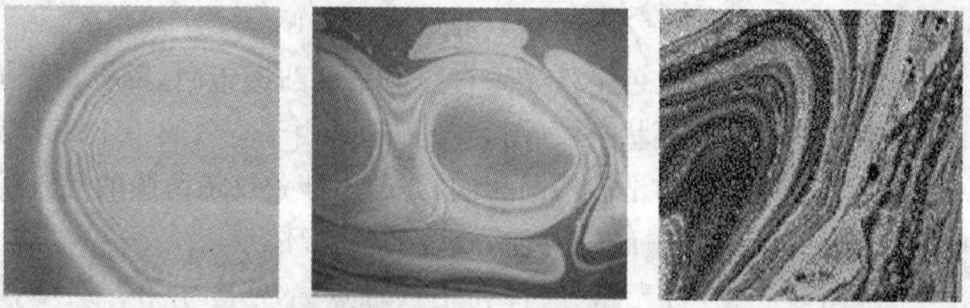

图 8－10　蝉翼表面五彩的条纹

图 8－11　油膜美丽的彩色条纹

当肥皂液变成肥皂泡沫或者薄膜的时候，总是能闪耀着七彩的光.

在日光照射下，肥皂泡的彩色便是最明显的薄膜干涉的例子. 薄膜的油脂和金属表面上极薄的氧化层，也都显示出灿烂的薄层色. 在昆虫诸如蜻蜓、蝉和甲虫等的翼上，也可以看到彩色的干涉图样. 由于薄膜厚度往往不均匀，故引起的等厚干涉条纹是不规则的曲线.

这些干涉现象在我们的生产中也有着广泛而重要的应用.

**一、检查光学元件的表面**

在磨制光学元件时，必须检验光学表面的质量. 通常先把被检查的表面与一个标准的表面相接，然后在单色光照射下，从观察两个表面间的空气薄膜所形成的干涉条纹形状来判断其表面是否符合标准.

如图 8－12 所示从这里可以观察到明暗相间的干涉条纹. 如果是一组互相平行的直线条纹就表明被检验的表面是平整的. 如果干涉条纹发生弯曲、畸变，就表明被测表面有缺陷. 根据条纹的弯曲、畸变的形状和不规则程度，就可确定被测表面的缺陷所在以及它与标准平面相差的程度（以光的波长来计算）如图 8－13 所示，这样就为进一步加工提供了依据. 这种检验光学元件质量的光学仪器称为平面干涉仪.

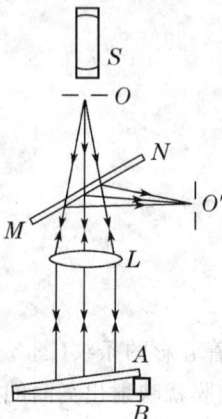

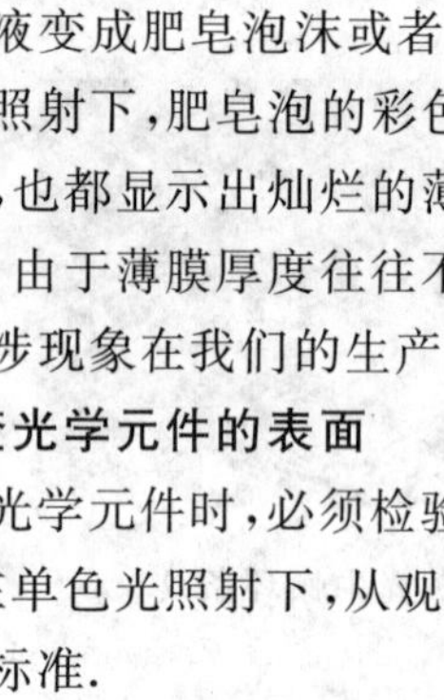


图 8－12　平面干涉仪原理

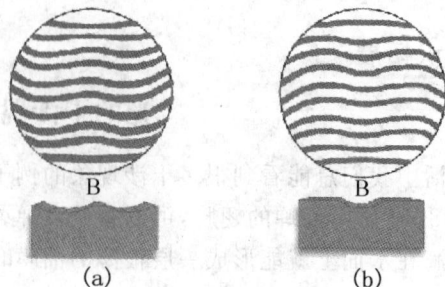

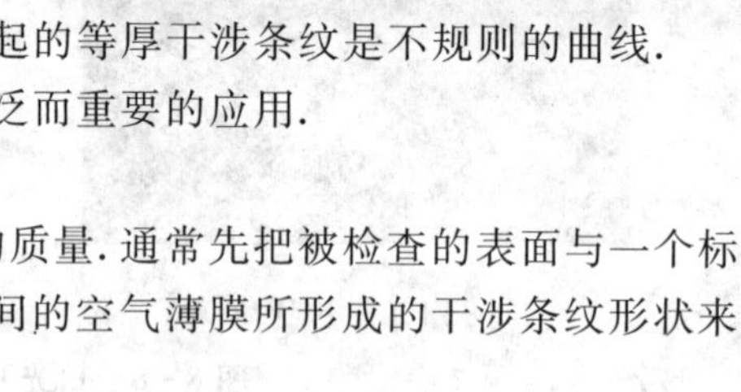


图 8－13　干涉法检验光学表面的质量

## 二、镀膜光学元件

在比较复杂的光学系统中光能的反射损失是严重的，对于由六个透镜组成的光学系统，光能的反射损失约占一半左右．现代的一些复杂的光学系统如变焦距物镜包括十几个透镜，光能的损失就更为严重．此外光在透镜表面上的反射还会造成杂散光，严重影响光学系统的成像质量．

在光学仪器中为了减少在光学元件（透镜、棱镜等）表面上的反射损失，可以在透镜和棱镜的表面涂上一层薄膜（一般用氟化镁）．当薄膜的厚度是入射光在薄膜中波长的 1/4 时，在薄膜的两个面上反射的光，路程差恰好等于半个波长，发生干涉，相互抵消．这就大大减少了光的反射损失，增强了透射光的强度．这种薄膜叫增透膜．照相机的镜头以及测距仪、潜望镜上用的光学元件的表面为了减少反射损失都镀上了增透膜（图 8－14）．

图 8－14　渡膜光学元件

入射光一般都是白光，是由各种不同波长的单色光复合而成的．增透膜不可能使所有波长的反射光都被抵消，因此，在确定薄膜厚度时，应该使各种色光中波长处于中间部分的绿色光，即人的视觉最敏感的光，在垂直入射时使其反射光完全抵消．这时，红光和紫光并没有显著削弱．所以，有增透膜的光学镜头看上去呈紫红色．

干涉现象还有很多生活中的现象和生活生产中的应用（如全息技术等），希望大家能细心寻找，发现身边的物理现象．

### 实践活动

### 用牛顿环测量透镜的曲率半径

根据牛顿环产生明暗条纹的条件

$$\Delta=\begin{cases} k\lambda & \text{明纹}\quad k=1,2\cdots \\ (2k+1)\dfrac{\lambda}{2} & \text{暗纹}\quad k=0,1,2\cdots \end{cases}$$

在实验中，暗纹比较容易观察，则由暗纹产生条件及式(3)，得

$$R=\frac{r_k^2}{k\lambda},$$

其中 $k=0,1,2\cdots$ 为暗纹的级次，$r_k$ 为这一级次暗环的半径，$\lambda$ 为入射光波长，$R$ 为透镜的曲率半径．

由上式可以看出，若用波长 $\lambda$ 为已知的单色光产生牛顿环，则测出各级暗环的半径 $r_k$，即可计算出透镜的曲率半径 $R$．但是，由于平板玻璃与平凸透镜凸面之间不可能是理想的点接触，牛顿环的中心只能是一个暗斑而不是暗点，$r_k$ 就很难确定，因此用上式计算 $R$ 就会引起较大的不确定度．为了减小这个不确定度，同时减小误差，我们采用两环直径之平方差的公式进行测量．对于第 $m$ 级暗环($k=m$)有

$$m\lambda R=r_m^2$$

对第 $n$ 级暗环($k=n$)有

$$n\lambda R=r_n^2$$

以上两式相减，并设 $m>n$，得

$$(m-n)\lambda R=r_m^2-r_n^2$$

设牛顿环直径 $D_m=2r_m$，$D_n=2r_n$，则

$$R=\frac{D_m^2-D_n^2}{4(m-n)\lambda}$$

这就是用牛顿环法测定透镜曲率半径 $R$ 的计算公式.

### 巩固练习

1. 用波长为 693.4 nm 的激光做双缝干涉实验，双缝间距为 0.7 mm，求距双缝 5 m 的屏幕上相邻两明纹间的距离.

2. 在杨氏双缝干涉中，缝距 $d=0.45$ mm，缝与光屏的距离 $D=1.2$ m. 测得 11 条明纹之间的间距为 1.5 cm. 求单色光源的波长及对应的颜色.

3. 波长为 633 nm 的单色光在牛顿环实验中，得到下列测量结果：第 $k$ 级暗纹直径为 11.26 mm，第 $k+5$ 级暗纹的直径为 15.92 mm，求透镜的曲率半径 $R$.

4. 从牛顿环的中心数起，第 5 暗纹和第 15 暗纹的直径分别为 1.40 mm 和 3.40 mm. 透镜的曲率半径为 381 mm，求入射光的波长.

## §8.2 光的衍射

### 学习目标

1. 理解光的衍射现象；
2. 了解单缝衍射.

### 学习导入

声音的“隔墙有耳”的现象，是早就为人类所知的现象，这是声波绕过墙这样的障碍物的结果. 本节通过光的衍射的学习，进一步了解波的衍射的基本性质和应用.

图 8－15 是水波的衍射情况. 下方为波源，上方为通过挡板间的狭缝后的波形. 当狭缝较宽时，基本上被限制在波源与狭缝边缘连接的直线内，挡板后的“阴影区”基本符合几何条件. 当狭缝的宽度与波长差不多时，在狭缝后的整个区域里传播着以缝为中心的环形波.

图 8－15 水波通过窄缝时的衍射

衍射是波的另一重要特征，一切波都有衍射现象. 波要有明显的衍射现象的条件是，缝的

宽度或障碍物的尺寸与波长差不多或更小.

## 学习内容

### 8.2.1　单缝衍射

机械波的衍射在条件满足时比较容易观察到,而光的衍射现象却难以观察到,这是什么原因呢?这还是由于衍射的条件造成的.光的波长只有几百纳米,这样的尺度物体平时不常见,因此很难看到光的衍射现象.

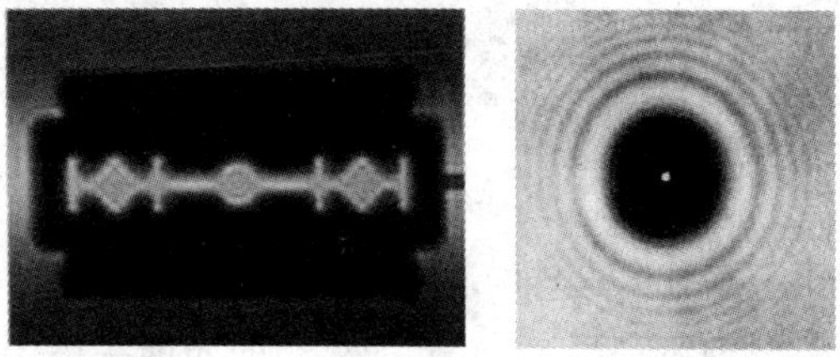

图 8－16　刀片边缘的衍射和圆孔

最早发现衍射现象的是意大利物理学家格里马地,在 1665 年出版他写的书中记载观察到光线通过棍棒后的强弱分布,发现光的分布没有截然的边界,不能用当时通行的光的微粒说来解释.

当光投射到一个针孔、刀片边缘(图 8－16)和一条狭缝时,可以看到光通过小孔和障碍物后的衍射现象.

图 8－17 是红光通过单缝衍射实验的分析示意图.图中 $a$ 是缝宽,$\varphi$ 称为衍射角,在衍射的光屏上,出现亮纹和暗纹,这是来自单缝上不同位置的光在光屏处迭加后光波加强或减弱的结果.图中右侧的 $I$ 为强度分布示意.这与两列光波干涉时产生干涉图样的理论是类似的.

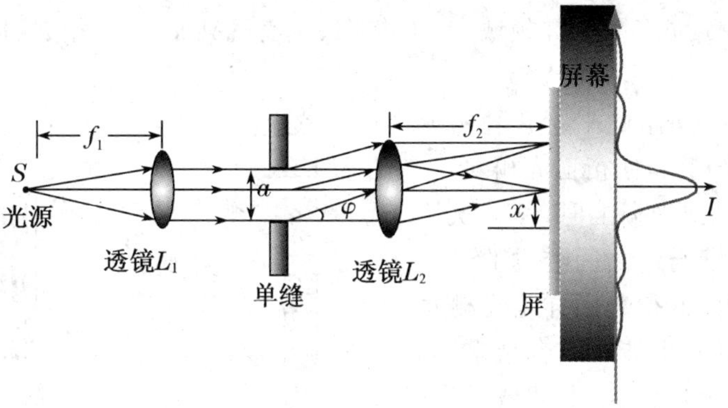


图 8－17　单缝衍射

对于单色光,衍射图样是黑白相间的条纹,中间的最宽,对于白光,中间是白色,彩色条纹分布在两边.整个衍射图样的宽度超过了缝宽,绕过了光的几何阴影区,这是光的衍射现象.

通过理论分析,当衍射角 $\varphi$ 满足

$$a\sin\varphi=\pm 2k\frac{\lambda}{2}(k=1,2,3,\cdots)\qquad(8-5)$$

屏上呈现暗条纹,对应于 $k=1,2,3,\cdots$,分别叫做第 1 级、第 2 级、第 3 级、……暗条纹,当衍射角 $\varphi$ 满足

$$a\sin\varphi=\pm(2k+1)\frac{\lambda}{2}(k=1,2,3,\cdots)\qquad(8-6)$$

呈现明条纹,对应于 $k=1,2,3,\cdots$,分别叫做第 1 级、第 2 级、第 3 级、……明条纹.以上两式中

正负号表示各级条纹分别于中央明纹的两侧.

【例 8-3】 证明单缝衍射中央明纹的宽度是其他明纹宽度的两倍.

解：中央明纹的宽度 $l_0$ 由两个第 1 级暗纹之间的距离给出，由于 $\varphi$ 很小，中央明纹的边缘距离 $x_1 \approx \varphi_1 f_2 = \dfrac{\lambda}{a} f_2$，故

$$l_0 = 2x_1 = \frac{2\lambda}{a} f_2$$

其他任意相邻的暗条纹间的距离，即明纹宽度为

$$l = \varphi_{k+1} f_2 - \varphi_k f_2 = \left[(k+1)\frac{\lambda}{a} - k\frac{\lambda}{a}\right] f_2 = \frac{\lambda}{a} f_2$$

由此可见，单缝衍射中央明纹的宽度是其他明纹宽度的两倍，而其他明纹的宽度相等.

理论证明，大部分(93%)的光能集中于中央明纹，其他明纹的光强相对很弱，且光强随级数的增大而减小(虽然宽度相等).

单缝越窄，条纹分布范围就越宽，光的衍射现象就越显著. 反之光的衍射现象就越不明显，当 $a \gg \lambda$ 时，就只能观察到一条亮纹，即单缝的像，这就是几何光学的情形. $a$ 越大，明纹的宽度就越窄而不易分辨.

### 8.2.2 光栅衍射

单缝衍射，缝较宽时，明纹亮度虽较强，但衍射不显著，相邻的明条纹的间隔越窄，不易分辨；若缝很窄，间隔虽可加宽，但明纹的亮度却显著减小. 这两种情况都难以确定条纹的宽度，难以应用于精确测量波长等研究领域. 怎样使明纹本身既亮又窄，且相邻明纹分得很开呢？光栅可以做到.

由大量等宽、等间距的平行狭缝构成的光学元件称为光栅，也叫衍射光栅. 当一束平行单色光照射到光栅上时，每一狭缝都要产生衍射，而缝与缝之间透过的光又要干涉，即光栅产生的衍射图样是光栅每条单缝的衍射和缝间干涉的综合结果. 如图 8-18 和图 8-19 所示. 图中 $d = a + b = \dfrac{l}{N}$ 称为光栅常数.

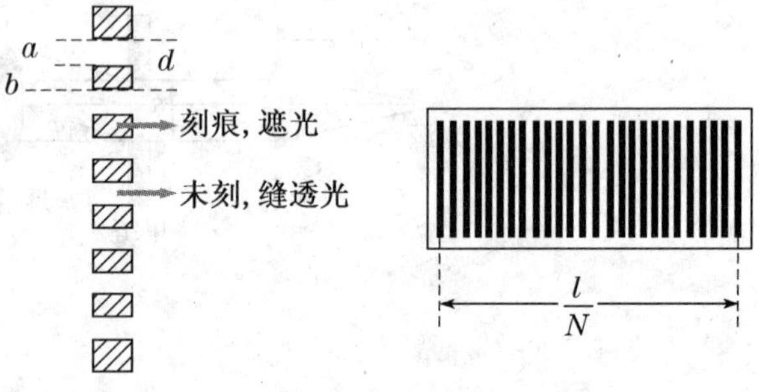


图 8-18 光栅

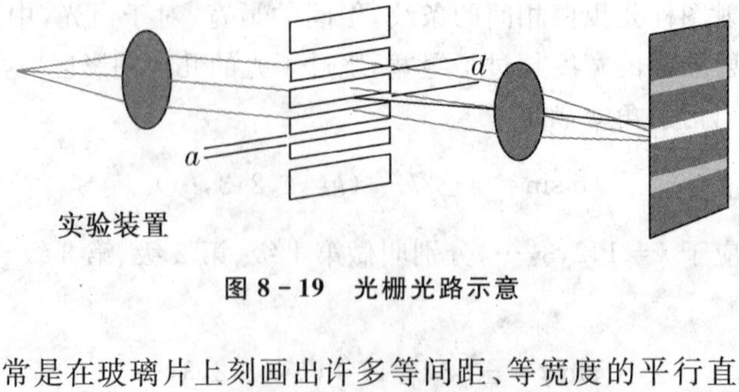


图 8-19 光栅光路示意

光栅的制作：通常是在玻璃片上刻画出许多等间距、等宽度的平行直线，刻痕处相当于不透光的毛玻璃，而刻痕间可以透光，相当于一个单缝. 这样制作的光栅又叫透射光栅. 我们也可在金属表面刻槽，刻制部位对入射光进行漫反射，未刻部位则作规则的定向反射，称为反射光

栅. 下面着重分析透射光栅的衍射规律.

如图 8-20 所示,当波长为 $\lambda$ 的单色光垂直投射到光栅上时,透过缝沿衍射角 $\varphi$ 的方向行进的平行光经透镜聚集于 $P$ 点. 从相邻缝射出的两条对应的光程差为

$$\delta=(a+b)\sin\varphi=d\sin\varphi \qquad (8-7)$$

当满足下面式(8-8)时,两条光线干涉加强,光屏上出现明纹. 式(8-8)称为光栅方程.

$$d\sin\varphi=\pm k\lambda, k=0,1,2,3,\cdots \qquad (8-8)$$

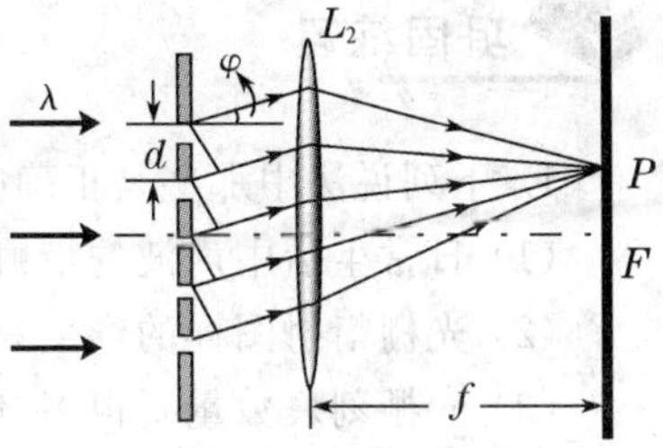

图 8-20　光栅光路

式中:$k$ 为明纹级数;$\varphi_k$ 为 $k$ 级明纹的衍射角. 只有满足衍射方程的条件才能在屏上出现明纹,且从图中看出,每一狭缝产生衍射极大的位置相同,所以随着狭缝的增多,明纹的亮度将增大,而且实验表明,缝数增加时明纹也变细了,从而得到了既亮又窄,且相邻明纹分得很开的条纹. 明纹之间则是一片黑暗的背景.

由光栅方程可知,在给定光栅常量的情况下,出现明纹条件的衍射角 $\varphi$ 的大小与入射光波长有关. 当入射光为白光时,组成它的各单色光将产生各自的条纹,形成白光的光谱,称为光栅光谱,其中央条纹或零级条纹仍为白光,在两旁,对称地排列着第 1 级、第 2 级、第 3 级、……光谱. 在同一 $k$ 值条件下,波长越短,$\varphi$ 越小,因此每级光谱由中央向外从紫色到红色依次排开. $\varphi$ 与波长近似成正比,因此光栅光谱是均匀排列的. 光栅常用于光谱分析.

## 知识拓展

### 光 波 炉

光波炉是最新推出的家用烹调用炉,号称微波炉的升级版的光波炉与微波炉的原理不同. 微波炉是利用磁控管加热的,但光波微波组合炉是在微波炉炉腔内增设了一个光波发射源,能巧妙地利用光波和微波综合对食物进行加热. 光波微波组合炉在工作时,光源、磁控管可以同时启动. 两者既可以单独使用,又可以组合使用,全部功能均采用最新高科技数码控制. 在使用中既可以微波操作,又可用光波单独操作,还可以光波、微波组合操作. 因此,光波炉兼容了微波炉的功能. 从结构上看,光波炉在炉腔上部设置了光波发射器和光波反射器. 光波反射器可以确保光波在最短时间内聚焦热能最大化,这也是光波炉在结构上与普通微波炉的重要区别. 相比微波炉,光波炉具有加热速度快、加热均匀、能最大限度地保持食物的营养成分不损失等诸多优点. 光波微波组合炉主要用途在于能大大提高微波炉的加热效率,并在烹饪过程中最大程度地保持食物的营养成分,在烹饪食物时尽量减少水分的丧失. 其实光波是微波炉的辅助,只对烧烤起作用. 没有微波,光波炉只相当于普通烤箱. 市场上的光波炉都是光波、微波组合炉.

## 能力训练

思考这样一个问题:小孔成像是衍射现象么? 用易拉罐等器材分别试验小孔衍射和小孔成像有什么不同.

### 巩固练习

1. 下列说法中那些是正确的？说明原因.

(1) 日常生活中声波的衍射比光波的衍射更加显著是因为光的波长小.

(2) 光栅衍射图样的产生只是由衍射现象形成.

(3) 光栅刻痕数量要很多,但各刻痕之间的距离不一定要相等.

(4) 光栅衍射光谱和棱镜光谱的图样没有区别.

2. 在单缝衍射实验中,波长为 $\lambda$ 的单色光垂直入射到宽度为 $2\lambda$ 的单缝上,第 1 级暗纹对应的衍射角为 （ ）

A. 45° B. 30° C. 60° D. 90°

## §8.3 光的偏振

### 学习目标

1. 了解光的偏振现象及光的横波性；
2. 理解起偏和检偏概念.掌握马吕斯定律；
3. 理解反射与折射起偏概念.掌握布儒斯特定律.

### 应用导入

你看过立体电影吗？你知道它的道理吗？它就是应用光的偏振现象的一个例子:在观看立体电影时,观众要戴上一副特制的眼镜,这副眼镜就是一对透振方向互相垂直的偏振片.这样,从银幕上看到的景象才有立体感.如果不戴这副眼镜看,银幕上的图像就模糊不清了.这是为什么呢？

这要从人眼看物体说起.人的两只眼睛同时观察物体,不但能扩大视野,而且能判断物体的远近,产生立体感.这是由于人的两只眼睛同时观察物体时,在视网膜上形成的像并不完全相同,左眼看到物体的左侧面较多,右眼看到物体的右侧面较多,这两个像经过大脑综合以后就能区分物体的前后、远近,从而产生立体视觉.

立体电影是用两个镜头如人眼那样从两个不同方向同时拍下景物的像,制成电影胶片.在放映时,通过两台放映机,把用两台摄影机拍下的两组胶片同步放映,使这略有差别的两幅图像重叠在银幕上.这时如果用眼睛直接观看,看到的画面是模糊不清的.要看到立体电影,要在每架电影机前装一块偏振片,它的作用相当于起偏器.从两架放映机射出的光,通过偏振片后,就成了偏振光.左右两架放映机前的偏振片的透振方向互相垂直,因而产生的两束偏振光的偏振方向也互相垂直.这两束偏振光投射到银幕上再反射到观众处,偏振方向不改变.观众用上述的偏振眼镜观看,每只眼睛只看到相应的偏振光图像,即左眼只能看到左机映出的画面,右眼只能看到右机映出的画面,这样就会像直接观看物体那样产生立体感觉.这就是立体电影的原理.当然,实际放映立体电影是用一个镜头,两套图像交替地印在同一电影胶片上,还需要一套复杂的装置. 这里就不详述了.

## 学习内容

### 8.3.1　偏振

光的电磁理论告诉我们,光是横波,而横波和纵波在某些性质上是不同的. 以机械波为例,如图 8 - 21 所示. 在波的传播路径上若放置一个窄缝,对横波而言,只有当窄缝方向与振动方向平行时,它才可以穿过窄缝继续前行;而当窄缝方向与其振动方向垂直时,由于振动受限,故无法穿过窄缝再向前传播. 但对纵波来说,由于振动方向与传播方向平行,波向前传播时是不会受到窄缝影响的.

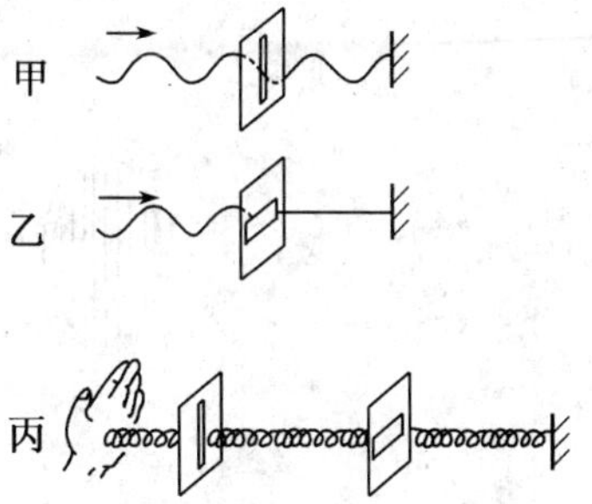


图 8 - 21　横波和纵波

那么,对光波而言,是否也存在这样的“窄缝”呢? 答案是肯定的,偏振片就起到了这一作用.

研究指出,引起视觉感受、使照相底片感光等,起主导作用的是电磁波中的电场强度矢量,我们把这一矢量称为光矢量,对应的振动则叫做光振动.

自然光是大量微观粒子的独立运动综合形成的. 由于粒子数巨大并且他们各自发出的光其光矢量的取向、大小都随时间做无规则变化,因此,在与传播方向垂直的各个方向都有光振动,从统计上讲强度相等. 自然光可以用图 8 - 22 表示.

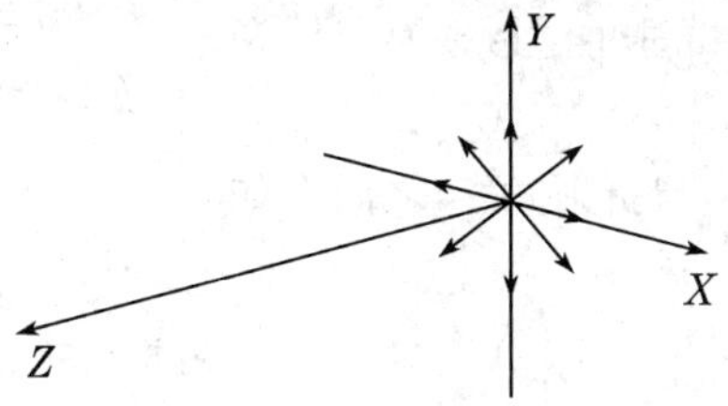


图 8 - 22　自然光

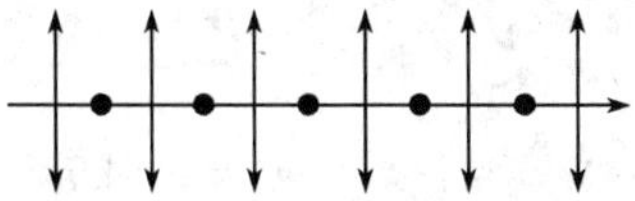

图 8 - 23　自然光侧视图

自然光可以沿着与光传播方向垂直的任意方向上分解成两束振动方向相互垂直、振幅相等、无固定相位差的非相干光. 图 8 - 23 实际上是图 8 - 22 的侧视图,向右的箭头表示光的传播方向,而点和短竖线则表示两个相互垂直的光振动,它们数目相等、相互间隔,平均分布,意味着这两个方向振动强度一样.

某些物质能吸收特定方向的光振动,而只让与这个方向垂直的光振动通过. 利用这些物质就能制成偏振片.

偏振片允许通过的光振动方向称为偏振化方向. 根据我们前边的讲述推知,当两片偏振片的偏振化方向相互垂直叠放时,将不会有光能连续通过这两片偏振片. 根据这一点,偏振片不仅可以用来把自然光变成偏振光,也可以用来判断偏振光的振动方向. 也就是说,偏振片既可以用来起偏,也可以用来检偏.

### 8.3.2　马吕斯定律

振幅为 $A_0$ 的偏振光,垂直入射偏振片,从偏振片透出的是线偏振光,振幅为：$A_0\cos\alpha$.

振动方向为：平行于偏振片的偏振化方向.

强度为：$I=I_0\cos^2\alpha$.

上式为马吕斯定律，即振幅投影定律，其中 $\alpha$ 为入射光矢量的振动方向与偏振片的偏振化方向的夹角.

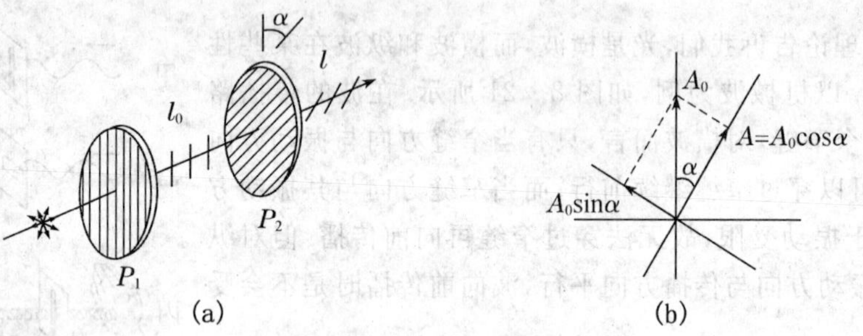


图 8-24 马吕斯定律

### 8.3.3 布儒斯特定律

自然光在两种各向同性介质的分界面上反射和折射时，在一般情况下反射光和折射光都是部分偏振光.

当入射角满足：$\tan i_0=\frac{n_2}{n_1}$时，则反射光是振动方向垂直入射面的线偏振光，折射光是部分线偏振光，折射光线与反射光线垂直，上式为布儒斯特定律. $i_0$ 称为布儒斯特角或者起偏角.

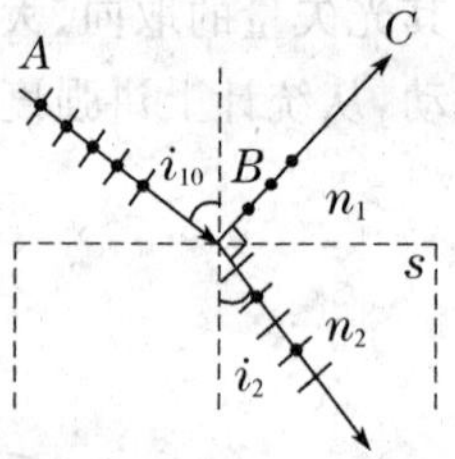


图 8-25 布儒斯特角

由折射定律 $n_1\sin i_1=n_2\sin i_2$ 可知，起偏角 $i_0$ 与折射角 $i_2$ 之间有如下关系：

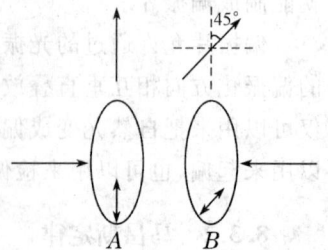

$$i_0+i_2=\frac{\pi}{2}$$

即当入射角为起偏角时，反射光线恰好与折射光线相互垂直，如图 8-25 所示.

【例 8-4】 一束自然光从空气射到一平板玻璃上，入射角为 56.5°，测得此时的反射光为完全偏振光，求此玻璃的折射率以及折射线的折射角.

解：反射光是完全偏振光时，入射角是布儒斯特角 $i_0=56.5°$. 根据布儒斯特定律

$$\tan i_0=\frac{n_2}{n_1}$$

$$n_2=n_1\tan i_0=1\tan 56.5°=1.51$$

当以布儒斯特角入射时，必有

$$i_0+\gamma=90°$$

所以，折射角为

$$\gamma=90°-56.5°=33.5°$$

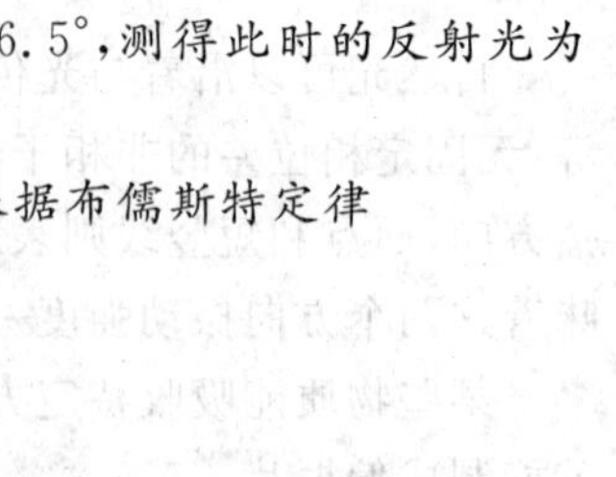


图 8-26

【例 8-5】 两偏振片 $A$ 和 $B$ 排成一列，两者得透振方向成 45°，如图 8-26 所示，入射光是线偏振光，他的振动方向与 $A$ 的透振方向相同，试求：同一入射光分别由左边入射和右边入射时，出射光的强度之比.

解：设入射光光强为 $I_0$，从左边入射时，透过 $A$、$B$ 的光强分别为：

$$I_A = I_0 \cos^2 0° = I_0$$

$$I_B = I = I_A \cos^2 45° = \frac{1}{2} I_0$$

从右边入射时，透过 $B$、$A$ 的光强分别为

$$I'_B = I_0 \cos^2(90° - 45°) = \frac{1}{2} I_0$$

$$I'_A = I' = I'_B \cos^2 45° = \frac{1}{4} I_0$$

所以两种情况下透射光强之比为

$$I : I' = 2 : 1$$

## 知识拓展

### 1. 摄影技术——在摄影镜头前加上偏振镜消除反光

在拍摄表面光滑的物体，如玻璃器皿、水面、陈列橱柜、油漆表面、塑料表面等，常常会出现耀斑或反光，这是由于光线的偏振引起的. 在拍摄时加用偏振镜，并适当地旋转偏振镜面，能够阻挡这些偏振光，以消除或减弱这些光滑物体表面的反光或亮斑. 要通过取景器一边观察一边转动镜面，以便观察消除偏振光的效果. 当观察到被摄物体的反光消失时，即可以停止转动镜面.

图 8－27(a)中这张照片拍摄时没有加偏振滤镜，玻璃面上的反射光现象很明显. 此照片拍摄时相机指向与玻璃大约成 45°. 图 8－27(b)的照片是加上偏振滤镜后拍摄的. 相机指向与玻璃仍然是 45°左右. 可以看出，虽然偏振滤镜消去了大部分的反射光，但是仍然有一部分反射光存在. 这是因为在 45°离布儒斯特角甚远，玻璃面上的反射光是部分偏振光，偏振滤镜无法把这样的反射光全部滤去. 图 8－27(c)在拍摄时调整了相机的位置，使相机与玻璃面的夹角大约在 55°，基本上等于布儒斯特角. 从玻璃面上反射光是线偏振光，用偏振滤镜可以把反射光几乎全部滤去. 从这几张照片中可以看出，只有以布儒斯特角入射的光线，其反射光才会是线偏振的.

(a)　　(b)　　(c)

图 8－27　偏振滤镜消去反射光

### 2. 液晶显示技术

现代生活中我们越来越离不开液晶显示技术了，无论是大型的电脑显示器，还是许多人家

里购置的液晶电视，或者是已经是被人们广泛使用的手机等手持电子设备都是用液晶显示装置来作为“面子”. 而液晶的工作原理就恰好和偏振光有着很大的联系.

自从1985年世界第一台笔记本电脑诞生以来，LCD(Liquid Crystal Display，液晶显示屏)就一直是笔记本电脑的标准显示设备. 相对于现在台式机所使用的CRT阴极射线管显示器来说，LCD显示屏具有较低的功耗，无辐射等诸多优点，大大地降低了使用者视力下降的程度.

简单地说，屏幕能显示的基本原理就是在两块平行板之间填充液晶材料，通过电压来改变液晶材料内部分子的排列状况，以达到遮光和透光的目的，来显示深浅不一，错落有致的图象，而且只要在两块平板间再加上三元色的滤光层，就可显示彩色图像.

对于更深层次的了解，有兴趣的话可以参考经典的解释：精确地说，屏幕之所以能显示，原理就在于像素点是通过成组的液晶形成的，光线必须通过多层物质才能在屏幕上成像. 液晶屏幕一共有两个偏振光过滤层，其中第一层只允许特定角度的偏振光线通过，而其他的光线全被阻掉. 通过第一层的光线继续经过一个液晶薄层，显卡将电荷施加到这些液晶上. 电荷的强度决定了液晶的扭曲程度，而它们的扭曲程度又决定了光波通过他们的路径. 然后，以新的角度振动的光线穿过第二个偏振光过滤层，光线经过一个彩色滤光层呈现为红、绿、蓝三原色，根据这些原色光的不同强度和混合比例就会产生不同的色彩以及色彩的深浅.

另一方面，采用液晶屏幕的笔记本电脑，在使用当中要比传统CRT显示器省电，原因在于液晶屏幕不需要磁性介质，所以具有诸多的环保优势，并且通过很小的电流就可以改变液晶的排列状况，以达到清晰显示图像的目的.

## 实践活动

在身边寻找带有液晶显示器的废旧电子器件，例如液晶电子钟、液晶计算器、数字多用表、液晶显示玩具等，小心取下液晶显示器最外面的一块塑料片，它就是一个很好的偏振片. 有些太阳镜的镜片也是偏振的. 用这样的偏振片研究光的偏振不仅装置简单，而且效果令人满意，特别是用来判别入射光是不是偏振光十分方便.

1. 将偏振片放于眼睛的前方，观察通过窗户进入室内的自然光. 不断改变偏振片角度，感觉光线的亮暗程度. 实验结果是__________，这是因为_______________.

2. 如图8-28所示，将一个手电筒发出的光束以一定角度射向玻璃板，眼睛通过偏振片观察反射光，(同时不断改变偏振片角度). 实验结果是______，这是因为______________.

3. 在上述实验装置中，不断改变入射光束的入射角，再观察反射光的偏振情况. 实验结果是______，这是因为________________.

图8-28

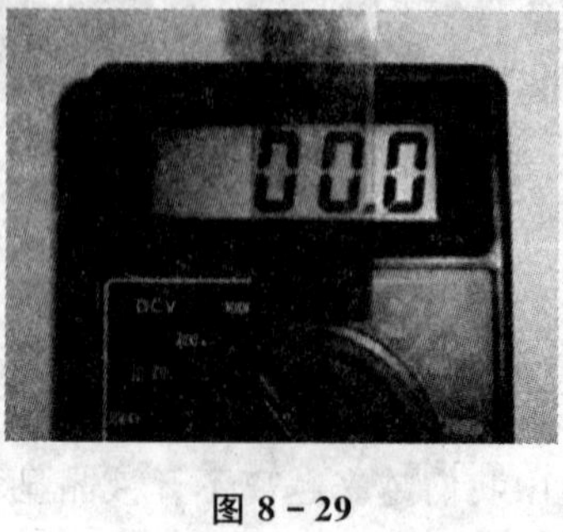


图8-29

4. 如图 8－29 所示，将偏振片叠放在数字电表的液晶显示器上，观察显示器的明暗变化. 为什么不同方向的放置会有不同的结果？

## 巩固练习

1. 两个偏振片紧靠在一起，将他们放置在一光源前面以致没有光通过，如果将其中的一片旋转 180°，将会产生下述现象中的　（　）

A. 透过偏振片的光强先增强，然后又减少到 0

B. 透过偏振片的光强先增强，然后又减少到非零值的最小值

C. 透过偏振片的光强在整个过程中始终增强

D. 透过偏振片的光强先增强，再减弱，然后再增强

2. 当两偏振片的偏振化方向由相交 30°变成相交 45°角时，透射光的强度变化多少？(提示：自然光透过第一片偏振片后，光强减少一半)

## 本章小结

干涉和衍射是波动特有的现象. 光的干涉和衍射从一个侧面支持了光的电磁波理论；而偏振现象则进一步说明了光波是横波.

为了定量研究需要，有时将相位差这一概念转化为光程差来进行操作，将波的干涉理论运用于光学研究，明确了光的干涉条件. 据此讨论了双缝干涉、薄膜干涉、光栅衍射等一系列波动光学的有关问题. 光学应用是一个十分广阔的技术领域，本章只略举几个实例，让读者对此能形成一个粗浅的认识.

本章核心内容及重要公式有：

1. 从同一波面(或同一点)上分出的两束相干光的干涉条件：

光程差 $\Delta=\pm k\lambda$，干涉相长，明纹中心；

光程差 $\Delta=\pm(2k+1)\dfrac{\lambda}{2}$，干涉相消，暗纹中心.

其中 $k=0,1,2,3\cdots$

2. 单缝衍射：

$a\sin\varphi=\pm 2k\dfrac{\lambda}{2}$，暗纹中心；

$a\sin\varphi=\pm(2k+1)\dfrac{\lambda}{2}$，明纹中心.

其中 $k=1,2,3\cdots$

3. 透射光栅公式：

$d\sin\varphi=\pm k\lambda$，明纹位置，其中 $k=0,1,2,3\cdots$

## 综合练习

1. 从一狭缝透出的单色光经过两个平行狭缝照射到 120 cm 远的幕上，若此两狭缝相距为 0.20 mm，幕上所产生干涉条纹中两相邻亮线间距离为 3.60 mm，则此单色光的波长以 mm

为单位,其数值为 ( )

A. $5.50\times10^{-4}$ B. $6.00\times10^{-4}$ C. $6.20\times10^{-4}$ D. $4.85\times10^{-4}$

2. 用波长为 650 nm 之红色光作杨氏双缝干涉实验,已知狭缝相距 $10^{-4}$ m,从屏幕上量得相邻亮条纹间距为 1 cm,如狭缝到屏幕间距以 m 为单位,则其大小为 ( )

A. 2 B. 1.5 C. 3.2 D. 1.8

3. 在双缝干涉实验装置中,用一块透明薄膜($n=1.2$)覆盖其中的一条狭缝,这时屏幕上的第四级明条纹移到原来的零级明纹的位置.如果入射光的波长为 500 nm,试求透明薄膜的厚度.

4. 用波长不同的光 $\lambda_1=600$ nm 和 $\lambda_2=450$ nm 观察牛顿环,观察到用 $\lambda_1$ 时的第 $k$ 个暗环与用 $\lambda_2$ 时的第 $k+1$ 个暗环重合,已知透镜的曲率半径为 190 cm.求用 $\lambda_1$ 时第 $k$ 个暗环的半径.

5. 波的衍射现象的本质是什么?在日常经验中为什么声波的衍射比光波的衍射显著?杨氏双缝实验是干涉实验,还是衍射实验?

6. 波长为 589 nm 的光垂直照射到 1.0 mm 宽的缝上,观察屏在离缝 3.0 m 远处,在中央衍射极大任一侧的头两个衍射极小间的距离,如以 mm 为单位,则为 ( )

A. 0.9 B. 1.8 C. 3.6 D. 0.45

7. 在光栅的夫琅和费衍射中,当光栅在光栅所在平面内沿刻线的垂直方向上做微小移动时,则衍射花样 ( )

A. 向光栅移动方向相同的方向移动 B. 向光栅移动方向相反的方向移动

C. 中心不变,衍射花样变化 D. 没有变化

8. 自然光与线偏振光、部分偏振光有何区别?用哪些方法可以获得线偏振光?用哪些方法可以检验线偏振光?

9. 在真空中行进的单色自然光以布儒斯特角 $i_B=57°$ 入射到平玻璃板上.下列叙述不正确的是 ( )

A. 入射角的正切等于玻璃的折射率

B. 反射线和折射线的夹角为 $\pi/2$

C. 折射光为部分偏振光

D. 反射光的电矢量的振动面平行于入射面

10. 设自然光以入射角 57°投射于平板玻璃面后,反射光为平面偏振光,则该平面偏振光的振动面和平板玻璃面的夹角等于 ( )

A. 0° B. 33° C. 57° D. 69°

11. 水的折射率为 1.33,玻璃的折射率为 1.50.当光由水中射向玻璃而反射时,布儒斯特角是多少?当光由玻璃射向水面而反射时,布儒斯特角又是多少?

# 第9章

# 电路基础及其应用

现代科学设备、生产设施、家用电器等都需要有效地使用和控制电流，这就需要掌握电路的基本知识.这一章在中学所学知识的基础上，进一步学习关于恒定电流（大小和方向都不随时间变化的电流）的知识和它们的应用，它是工程技术人员必须掌握的基本知识，也是学习复杂电路的基础.

欧姆定律是本章的基础，要切实掌握这一规律并学会用来分析和解决直流电路的电流、电压、功率和有关电源方面的问题.

## §9.1　电路基本概念

### 学习目标

1. 掌握电路的基本概念和基本物理量；
2. 了解电阻定律；
3. 掌握欧姆定律、基尔霍夫定律；
4. 学会使用万用表.

### 学习内容

#### 9.1.1　电路的基本概念

1. 电路

简单地说，电流流通所提供的路径叫做电路.电路处处连通叫做通路.只有通路，电路中才有电流通过.电路某一处断开叫做断路或者开路.电路某一部分的两端直接接通，使这部分的电压变成零，叫做短路.

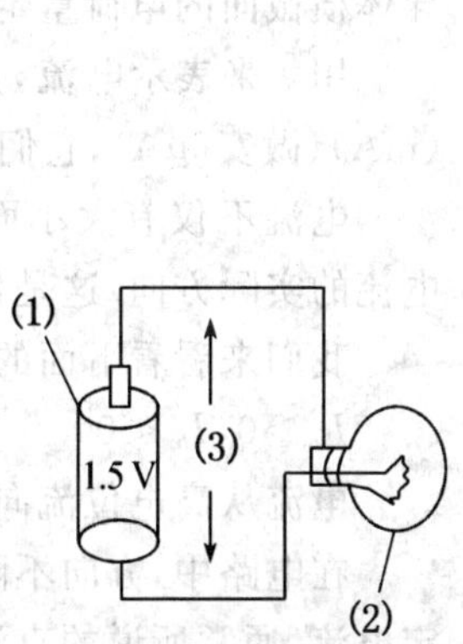

图9-1　电路

我们在分析研究问题时，常采用模型化的方法，研究电路问题也是如此，首先要建立电路模型，然后进行定量分析.我们先了解一下电路的组成，电路由三个部分组成（图9-1）：

(1) 电源——能提供电能的能源（例如：我们都熟悉的电池）；

(2) 用电装置，我们统称为负载（例如：我们熟悉的灯泡）；

(3) 联接电源与负载的导线.

2. 电源

把其他形式的能转换成电能的装置叫做电源．发电机、干电池等都是电源．通过变压器和整流器，把交流电变成直流电的装置叫做整流电源．晶体三极管能把前面送来的信号加以放大，又把放大了的信号传送到后面的电路中去，晶体三极管对后面的电路来说，可以看作是信号源．整流电源、信号源有时也叫做电源．

3. 电源电动势

电池是能够提供直流电的常用电源，类型很多，如用于手电筒和半导体收音机的干电池；用于实验室和汽车里的蓄电池；用于电子手表和电子计算器里的银锌电池（俗称钮扣电池）；用于光电检测电路、人造卫星和宇宙飞船中的硅光电池．电源有两个极，正极的电势高，负极的电势低，两极间存在电压．不同的电源，两极间电压大小不同．不接用电器时，干电池的电压约为1.5 V，蓄电池的电压约为2 V．由此可见，电源两极间电压的大小，是由电源本身的性质决定的．在物理学中，引用电动势来表示电源的这种特性．电源的电动势等于电源没有接入电路时两极间的电压．电源的电动势用符号 $E$ 表示，电动势的单位跟电压的单位相同，也是伏．

电源的电动势表示电源把其他形式的能转化成电能的本领，也表示电源在电路中做功的本领．例如，干电池的电动势1.5 V，表明在电池的电路中流过1 C的电荷时电源能做1.5 J的功．

4. 负载

把电能转换成其他形式的能的装置叫做负载．电动机能把电能转换成机械能，电阻能把电能转换成热能，电灯泡能把电能转换成热能和光能，扬声器能把电能转换成声能．电动机、电阻、电灯泡、扬声器等都叫做负载．晶体三极管对于前面的信号源来说，也可以看作是负载．

### 9.1.2 电路的基本物理量

1. 电流

电流是指电荷做规则的定向运动（图 9-2），我们虽然看不见摸不着，但可以感觉到，例如：灯炮的亮灭．

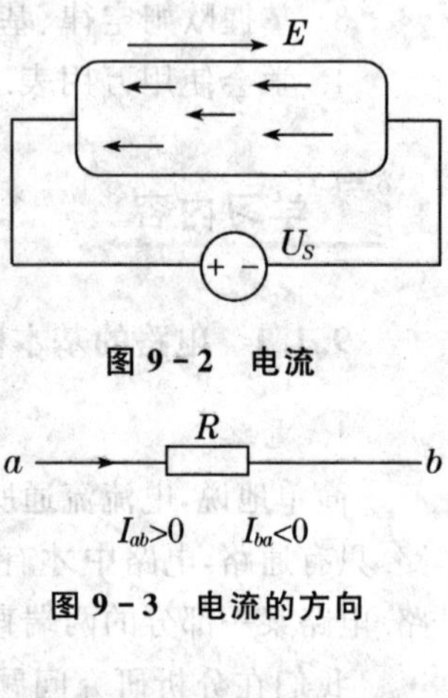


**图 9-2 电流**

电流有大小之分：引入电流强度来描述它，把单位时间内通过导体横截面的电荷量定义为电流强度．

用 $I$ 来表示电流，则 $I=\mathrm{d}Q/\mathrm{d}t$ 电流的单位为安倍（A），毫安（mA）、微安（μA），它们的换算关系如下：$1\ \mathrm{A}=10^3\ \mathrm{mA}=10^6\ \mu\mathrm{A}$

电流不仅有大小而且有方向，我们规定正电荷运动的方向为电流的实际方向．这是什么意思呢？

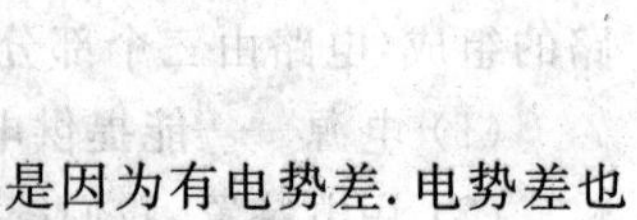


**图 9-3 电流的方向**

我们来看看下面的例子，如图 9-3 所示．

$I_{ab}>0, I_{ba}<0$

电流从高电位流向低电位，可见电流不仅有大小还有方向．

在电路中，方向不随时间改变的电流叫做直流，方向和强弱都不随时间改变的电流叫做恒定电流．通常所说的直流一般是指恒定电流．

2. 电压

河水之所以能够流动，是因为有水位差；电荷之所以能够流动，是因为有电势差．电势差也就是电压．电压是形成电流的原因．在电路中，电压常用 $U$ 表示．电压的单位是伏（V），也常用毫伏（mV）或者微伏（uV）做单位．$1\ \mathrm{V}=1\,000\ \mathrm{mV}$，$1\ \mathrm{mV}=1\,000\ \mu\mathrm{V}$．

我们在分析电路问题时，经常会遇到电压的方向改变问题，给分析带来困难，这就要求我们规定电压参考方向，就是假定电压降低的方向. 在电路图中用'＋''－'号标出电压的参考方向用，若 $U_{ab}$ 为正值则 $a$ 点电势高于 $b$ 点电势，反之 $U_{ab}$ 为负值，则 $b$ 点电势高于 $a$ 点电势. 电路中某点的电势随参考点的变化而变化.

3. 电阻

电路中把电流通过有阻碍作用并且造成能量消耗的部分叫做电阻. 电阻常用 $R$ 表示. 电阻的单位是欧(Ω)，也常用千欧(kΩ)或者兆欧(MΩ)做单位. 1 kΩ＝1 000 Ω，1 MΩ＝1 000 000 Ω.

### 9.1.3　电阻定律和电阻器

电阻是导体本身的一种性质，它的大小决定于导体的材料、长度和横截面积. 实验表明，在一定温度下，导体的电阻 $R$ 跟它的长度 $l$ 成正比，跟它的横截面积 $S$ 成反比. 这就是电阻定律. 可用公式表示为

$$R=\rho\frac{l}{S}$$

式中的比例常量 $\rho$ 跟导体的材料有关，是一个反映材料导电性能的物理量，叫做材料的电阻率. 横截面积和长度都相同的不同材料的导体，$\rho$ 越大，电阻越大. 由电阻定律 $R=\rho\frac{l}{S}$ 知，材料的电阻率 $\rho$ 在数值上等于这种材料制成的长为 1 m、横截面积为 1 $m^2$ 的导体的电阻. 在国际单位制中，$R$、$l$、$S$ 的单位分别是 Ω、m、$m^2$，所以电阻率的单位是 Ω・m(欧・米).

表 9-1 列出了 20℃常温下一些常用材料的电阻率.

**表 9-1　几种常用材料在 20℃ 时的电阻率**

| 材料 | $\rho$/(Ω・m) | 材料 | $\rho$/(Ω・m) |
|---|---|---|---|
| 铜 | $1.7\times10^{-8}$ | 钨 | $5.3\times10^{-8}$ |
| 铁 | $1.0\times10^{-7}$ | 镍铬合金 | $1.0\times10^{-6}$ |
| 铝 | $2.9\times10^{-8}$ | 铁铬铝合金 | $1.4\times10^{-6}$ |
| 石墨 | $(8\sim13)\times10^{-6}$ | 镍铜 | $5.0\times10^{-7}$ |
| 碳 | $3.5\times10^{-5}$ | 硅 | $2.3\times10^{3}$ |

从表中可以看出，纯金属的电阻率小，合金的电阻率大，导线一般都用电阻率小的铝或铜来制作，电炉、电阻器的电阻丝一般用电阻率大的合金制作.

各种材料的电阻率都随温度的变化而变化. 金属的电阻率随温度的升高而增大. 利用金属的这一性质可以用铂丝制造电阻温度计，其测温范围可在－263～1 000℃之间. 有些合金如锰铜合金和镍铜合金，电阻率随温度的变化特别小，常用来制作标准电阻.

### 9.1.4　导体　半导体　超导体

人们一般根据物体的导电性能将物体区分为导体和绝缘体，其实导体和绝缘体之间没有绝对的界限. 绝缘体并非绝对不导电，只是绝缘体的电阻率很大. 不同材料的绝缘体有不同的承受电压的本领，即耐压值. 当电压超过耐压值时，绝缘体会被击穿而导电. 例如，一般电工钳子的橡胶绝缘手把耐压值为 500 V.

在室温下，金属导体的电阻率一般约为 $10^{-8}\sim10^{-6}$ Ω・m，绝缘体的电阻率约为 $10^{8}\sim$

$10^{18}\ \Omega\cdot m$. 有些材料，它的导电性能介于导体和绝缘体之间，而且电阻随温度的增加而减小，这种材料叫做半导体. 半导体的电阻率约为 $10^{-5}\sim10^{6}\ \Omega\cdot m$，不遵守欧姆定律. 锗、硅、砷化镓、锑化铟等都是半导体材料. 半导体的导电性能可以由外界条件所控制，如改变半导体的温度，使半导体受到光照，在半导体中加入其他微量杂质等，可以使半导体的导电性能发生显著的变化. 人们利用半导体的这种特性，制成了热敏电阻、光敏电阻、晶体管等各种电子元件，并且发展成为集成电路.

集成电路是把晶体管以及电阻、电容等元件，同时制作在很小的一块半导体晶片上，并且把它们按照电子线路的要求连接起来，使之成为具有一定功能的电路. 在超大规模集成电路中，在面积比小拇指还小的一块半导体晶片上可以集成上百万个电子元件. 集成电路的制成开辟了微电子技术的时代. 个人计算机中的处理器、存储器都是由大规模集成电路制成的. 半导体在现代科学技术中发挥了重要作用.

金属的电阻率随温度的降低而减小. 人们发现，有些物质在某一温度之下，它们的电阻率会突然减小到无法测量的程度，它们的电阻突然变为零. 这种现象叫做超导现象. 能够发生超导现象的物质叫做超导体. 材料由正常状态转变为超导状态的温度，叫做超导材料的转变温度（或叫临界温度），用 $T_c$ 表示. 例如，铅的转变温度 $T_c=7.0$ K，水银的转变温度 $T_c=4.2$ K，铝的转变温度 $T_c=1.2$ K.

超导现象是1911年荷兰物理学家昂纳斯（1853～1926年）首先发现的. 他在测量汞的电阻与温度的关系时发现，当温度下降到4.2 K附近时，汞的电阻突然下降为零，这时汞处于超导状态，如图9-4所示. 昂纳斯杰出的工作，使他荣获1913年诺贝尔物理学奖. 现已发现有几十种元素，几千种合金和化合物是超导体. 对超导体的研究是当今科研项目中最热门的课题之一.

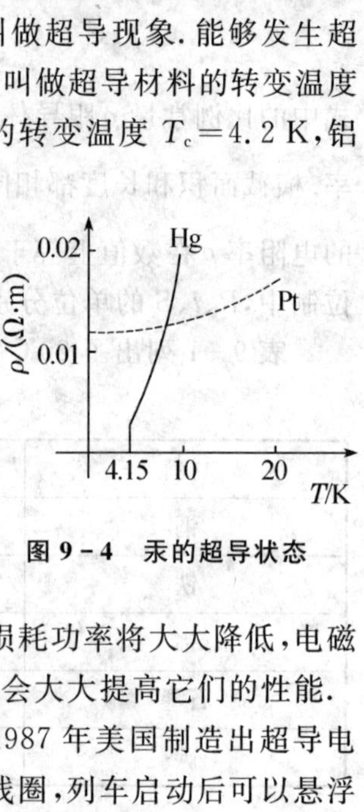

**图 9-4 汞的超导状态**

超导在技术中的应用具有十分诱人的前景，超导体的电阻率几乎为零，在远距离输电中，如果使用超导输电线，将可避免电能的大量消耗. 在大型的电磁铁和电机中，如果用超导材料做成线圈，损耗功率将大大降低，电磁铁和电机的功率就可以大大提高. 各种电子器件如能实现超导化，将会大大提高它们的性能.

各国科学家在寻找超导材料的同时已在着手研究超导的应用. 1987年美国制造出超导电动机. 我国继德、日之后研制成功磁悬浮列车，在列车下部装上超导线圈，列车启动后可以悬浮在铁轨上. 这样就大大减小了列车与铁轨之间的摩擦，车速可达550 km/h. 我国在上海的第一条磁悬浮铁路已投入使用，白天运行最高时速433 km/h，从浦东机场到龙阳路地铁车站31 km，仅仅用6分多钟. 常温超导材料一旦研制成功，超导将得到广泛的应用，那将会引起工业的又一次深刻变革.

### 9.1.5 欧姆定律和电功率

1. 欧姆定律

德国物理学家欧姆（1787～1854年）经过实验研究得出：导体中的电流 $I$ 跟导体两端的电压 $U$ 成正比，跟导体的电阻 $R$ 成反比，即

$$I=\frac{U}{R}\text{或}U=IR$$

这个结论就是在初中学过的欧姆定律. 欧姆定律是电路分析中，最基本、最重要的定律

之一.

由上式可见,如果电阻固定,则电流的大小与电压成正比;如果电压固定,电流的大小与电阻成反比,它反映电阻对电流的阻碍作用.

电阻的倒数叫电导,用 $G$ 表示,它的国际单位为西门子(S). 在电流、电压参考方向一致时,欧姆定律可表示为 $I=GU$.

2. 导体的伏安特性

导体中电流 $I$ 和电压 $U$ 的关系可以用图线来表示. 用横轴表示电压 $U$,用纵轴表示电流 $I$,画出的 $U-I$ 图线叫做导体的伏安特性曲线. 凡遵从欧姆定律的导体,电流跟电压成正比,伏安特性曲线是通过坐标原点的直线(图 9-5),具有这种伏安特性的电学元件叫做线性元件.

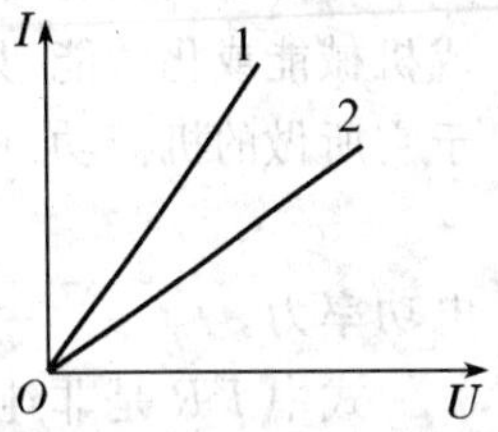

**图 9-5　伏安特性曲线**

实验证明,欧姆定律只适用于金属和电解质溶液. 对气体导电(如日光灯管中的气体)和某些电器件(如晶体管)不适用. 对欧姆定律不适用的导体和器件,电流和电压不成正比,伏安特性曲线不是直线,这种电学元件叫做非线性元件.

3. 电功　电功率　电热功率

在导体两端加上电压,导体内就建立了电场,自由电荷在电场力的作用下发生定向移动,电场力对自由电荷做功. 如果导体两端的电压为 $U$,通过导体任一横截面的电荷量 $q=It$,那么,电场力所做的功 $W=qU$,所以

$$W=UIt$$

在电路中,电场力所做的功通常叫做电流的功,简称电功. 上式表示,电流在一段电路上所做的功等于这段电路两端的电压 $U$、电路中的电流 $I$ 和通电时间 $t$ 三者的乘积.

在国际单位制中,$U$、$I$、$t$ 的单位分别取 V、A、s,电功 $W$ 的单位为 J.

电流所做的功跟完成这些功所用时间的比值,叫做电功率,用 $P$ 表示,即

$$P=\frac{W}{t}=UI$$

上式表示,一段电路上的电功率 $P$ 等于这段电路两端的电压 $U$ 和电路中电流 $I$ 的乘积. 式中 $U$、$I$ 的单位分别是 V、A,功率 $P$ 的单位是 W.

用电器上一般都标明额定电压和额定功率. 例如,标有“220 V　40 W”的白炽灯泡,表明接在 220 V 的电源上,功率为 40 W. 电压过高,实际功率会大于额定功率,用电器有烧毁的危险;电压过低,日光灯、电风扇等用电器难以起动,不能正常工作. 用电器的额定电压必须与电源电压保持一致.

电场力对电荷做功的过程,是电能转化为其他形式能量的过程. 在金属导体中,除了自由电子外,还有金属正离子. 电流通过电阻元件时,自由电荷在电场力的作用下做定向移动的过程中,会不断地与离子发生碰撞,把动能传给离子,使离子热运动加剧,在宏观上的表现就是电能转化成内能.

英国物理学家焦耳(1818～1889 年)通过实验指出,电流通过导体时产生的热量,跟电流的二次方、导体的电阻和通电时间的乘积成正比,这就是焦耳定律. 其数学表达式为

$$Q=I^2Rt$$

如果用电器是纯电阻(白炽灯、电炉、电热器等),电流所做的功将全部转换成热量,应用欧姆定律 $U=IR$,则有

$$Q=W=UIt=\frac{U^2}{R}t=I^2Rt$$

单位时间内电流产生的热量 $P=\frac{Q}{t}$，通常称为电热功率. 电热功率 $P$ 为

$$P=UI=\frac{U^2}{R}=I^2R$$

如果电路中有电动机、电解槽等用器时，通常叫做非纯电阻电路. 这时大部分电能转化成机械能或化学能，只有一小部分转化成内能. 所以，对电动机输入的电能所做的电功 $W$，等于它所做的机械功 $W_J$ 跟焦耳热 $Q$ 之和，即

$$W=W_J+Q \text{ 或 } UIt=W_J+I^2Rt$$

电功率为

$$P=UI=P_J+I^2R$$

式中 $I^2R$ 是非纯电阻电路上的电热功率，只是总电功率 $P=UI$ 中的一部分，$P_J$ 是电能转化成机械能、化学能的功率. 显然 $U\neq IR$，欧姆定律在此已不适用. 因此，$W=I^2Rt$ 与 $P=I^2R$ 只适用于纯电阻电路，对于非纯电阻电路必须用 $W=UIt$ 和 $P=UI$ 计算.

【例 9-1】 加在内阻 $r=2.00\ \Omega$ 的电动机上的电压为 110 V，通过电动机的电流为 5.00 A，求

(1) 电动机消耗的电功率 $P$；

(2) 电动机消耗的电热功率 $P_Q$；

(3) 电动机的效率.

解：(1) 负载是非纯电阻电路，电功率为

$$P=UI=110\times5.00=550(\text{W})$$

(2) 电动机消耗的电热功率

$$P_Q=I^2r=5.00^2\times2.00=50.0(\text{W})$$

(3) 电动机将电能转化为机械能的功率

$$P_J=P-P_Q=550-50=500(\text{W})$$

效率为

$$\eta=\frac{P_J}{P}=\frac{500}{550}\approx0.91=91\%$$

### 9.1.6 含源电路的欧姆定律

1. 闭合电路欧姆定律

闭合电路由两部分组成. 一部分是电源外部的电路，叫做外电路，包括用电器和导线. 另一部分是电源内部的电路，叫做内电路. 外电路的电阻叫做外电阻. 内电路也有电阻，通常叫做电源的内电阻，简称内阻. 理论分析表明，在闭合电路中，电源电动势等于外电路电压和内电路电压之和，

$$E=U_{外}+U_{内}$$

在图 9-6 所示的闭合电路中，电流为 $I$，外电阻为 $R$，内阻为 $r$，虚线方框表示电源，电动势为 $E$. 由欧姆定律可知，$U_{外}=IR$，$U_{内}=Ir$，代入 $E=U_{外}+U_{内}$ 得

$$E=IR+Ir$$

可以变形为

$$I=\frac{E}{R+r}$$

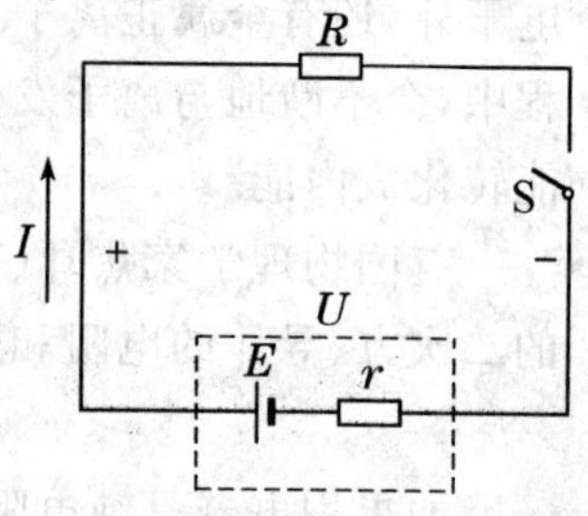

图 9-6 闭合电路

上式表明，闭合电路中的电流跟电源的电动势成正比，跟内外电阻之和成反比．这个结论叫做闭合电路的欧姆定律．

2．路端电压跟负载的关系

外电路的电势降落，也就是外电路两端的电压，通常叫做路端电压，用$U$表示．$U=IR$，代入$E=IR+Ir$得

$$U=E-Ir$$

由此可知路端电压跟负载的关系：

(1) 当外电阻$R$增大时，电流$I$减小，路端电压$U$增大．相反，当外电阻及减小时，电流$I$增大，路端电压$U$减小．

(2) 当外电路断开时，$R$变为无穷大，电流$I=0$，$U=E$，称为开路电压．开路时的路端电压等于电源的电动势．

(3) 当电源两端短路时，外电阻$R=0$，路端电压$U=IR=0$，$I=E/r$，常叫做短路电流．电源的内阻一般都很小，如干电池内阻小于1 Ω，铅蓄电池内阻在0.005 Ω～0.1 Ω，所以短路电流很大，会烧坏电源，甚至引起火灾事故，应避免电源短路．

3．闭合电路中的功率

将式$E=U_{外}+U_{内}$两端乘以电流$I$，得到

$$EI=U_{外}I+U_{内}I$$

式中：$EI$表示电源提供的电功率；$U_{外}I$表示外电路上消耗的电功率，也叫做电源的输出功率；$U_{内}I$是内电路上消耗的电功率．电源提供的电能只有一部分消耗在外电路上，还有一部分消耗在内阻上转化为内能．在什么情况下，电源的输出功率$P$为最大值呢？由闭合电路欧姆定律可以得到

$$P=UI=I^2R=\left(\frac{E}{R+r}\right)^2R=\frac{E^2}{\frac{(R-r)^2}{R}+4r}$$

由上式可得到$P$随$R$变化的情况，如图9-7所示．当$R=r$时，输出功率$P$有最大值，

$$P_{max}=\frac{E^2}{4r}$$

上式表明，当负载电阻等于电源内阻时，电源的输出功率最大，这时称负载与电源匹配，在电子线路中经常用到匹配的概念．

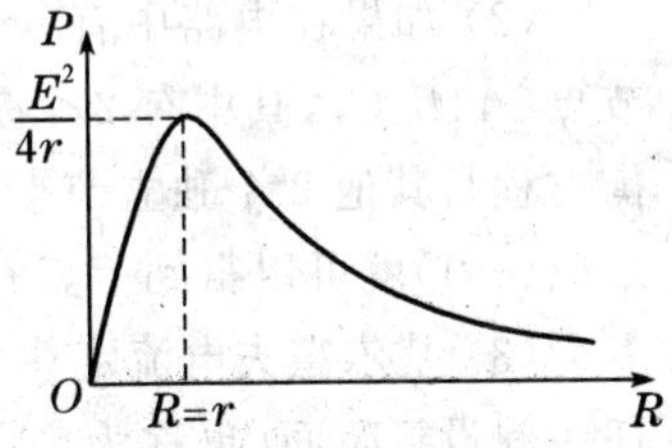


图9-7　输出功率变化曲线

### 9.1.7　基尔霍夫定律

电路的基本定律除了欧姆定律以外，主要还有基尔霍夫电流定律和基尔霍夫电压定律．凡运用欧姆定律和电阻串并联公式就能求解的电路称为简单电路；否则就是复杂电路．求解复杂电路，一般要应用上述的基尔霍夫两条定律，它们不仅适用于简单电路，也适用于复杂电路．

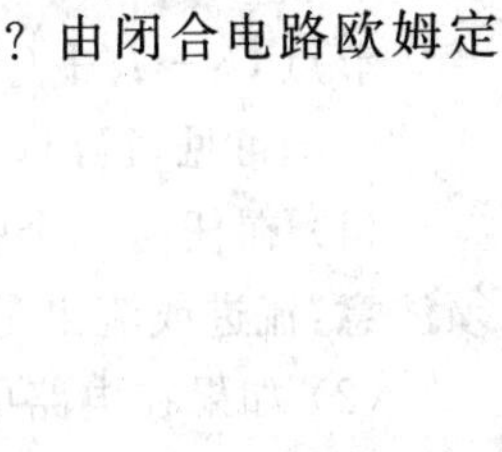


图9-8　回路电路

1．几个有关的电路名词

(1) 支路．每一段不分支的电路称为支路．如图9-8中$AaB$，$AbB$，$AdcB$都是支路，而$Ad$不是支路．支路$AaB$，$AdcB$中有电源称为含源支路，支路$AbB$中没有电源称为无源支路．

(2) 节点．三条和三条以上的支路的连接点叫做节点．如图9-8

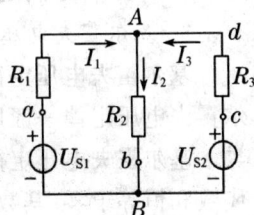

中 $A$ 点和 $B$ 点都是节点.

(3) 回路.电路中任一闭合路径叫做回路.如图 9-8 中 $AaBbA$，$AdcBaA$，$AdcBbA$ 都是回路.只有一个回路的电路叫做单回路电路.

(4) 网孔.在回路内部不含有支路的，这一种回路叫网孔.如图 9-8 中 $AbBbA$ 和 $AdcBbA$ 都是网孔，而 $AdcBaA$ 则不是网孔.

(5) 网络.一般把包含元件较多的电路称为网络.实际上电路和网络两个名词可以通用.支路是构成节点、网孔、回路的基础，因而也是构成电路结构的基础.

2. 基尔霍夫电流定律

基尔霍夫电流定律也可称为节点电流平衡方程式，简称 KCL.基尔霍夫电流定律是用来确定连接在同一节点上的各支路电流之间的相互关系.

在图 9-9 所示的电路中有 8 个两端元件、5 条支路、3 个节点、6 个回路、3 个网孔.基尔霍夫电流定律可叙述为：在任何一个瞬间、对于任何一个节点(如图 9-9 中 $A$、$B$、$C$)，流进该节点的电流代数和恒等于零.其数学表达式为

$$\sum I = 0$$

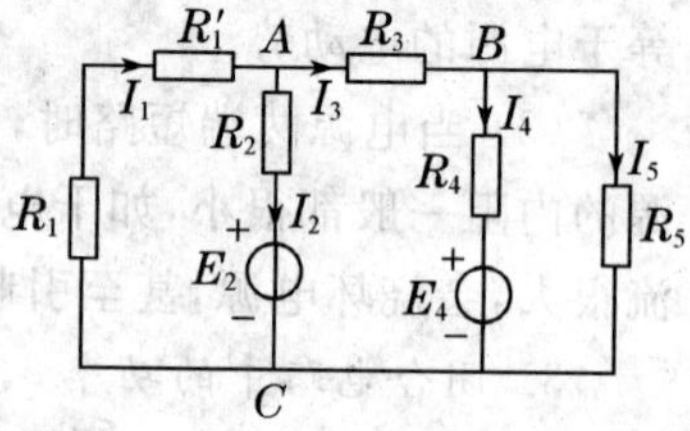


图 9-9 KCL 电路

为统一起见，可约定：流入节点的电流为“+”，流出节点的电流为“-”.

节点 $A$：$I_1 - I_2 - I_3 = 0$

节点 $B$：$I_3 - I_4 - I_5 = 0$

节点 $C$：$-I_1 + I_2 + I_4 + I_5 = 0$

由上可见，得出以下几条结论：

(1) 在任何一个瞬间、对任何一个节点，流进节点的电流一定等于流出该节点的电流，必须注意：流进或流出是针对所假设的电流参考方向而言的.

(2) 如果在电路中有 $n$ 个节点，则其中有$(n-1)$个是独立节点.在图 9-9 电路中有 3 个节点($A$，$B$、$C$)，其中有 2 个是独立节点(任选 2 个)，剩下的是非独立节点，即该节点的电流平衡方程是其他 2 个独立节点电流平衡方程的线性组合.若将节点 $A$ 方程和节点 $B$ 方程相加后乘以$(-1)$就可以得到节点 $C$ 的方程，即$(A+B)\times(-1)=C$.

(3) 基尔霍夫电流定律也可以把它推广应用于包围部分电路的任一假设封闭面(也称为广义节点).在任何瞬间通过任一封闭面的电流代数和也恒等于零.例如，图 9-10 所示的电路中有 6 条支路电流 $I_1 \sim I_6$，如果只求 $I_4$、$I_5$、$I_6$ 之间的关系，那么作一个封闭面即可(虚线所示)，它切割了 $I_4$、$I_5$、$I_6$ 支路，而与支路 $I_1$、$I_2$、$I_3$ 无关，所以 $I_4 - I_5 - I_6 = 0$ 亦满足 KCL 方程.

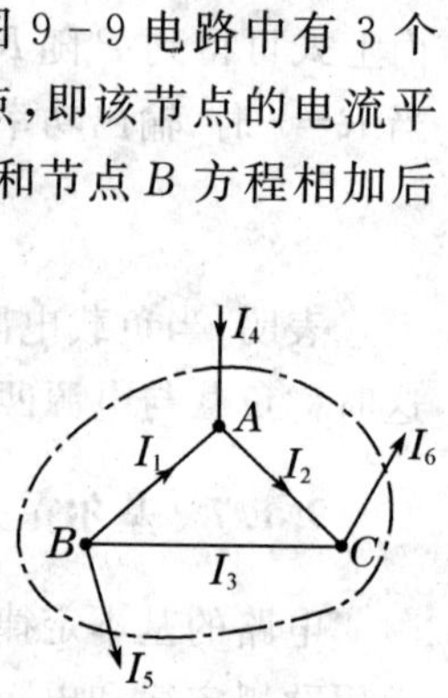


图 9-10 封闭面中的基尔霍夫电流定律

3. 基尔霍夫电压定律

基尔霍夫电压定律也称之为回路电压平衡方程式，简称 KVL.基尔霍夫电压定律一般用来确定回路中各段电压之间的相互关系.

基尔霍夫电压定律可叙述为：在任何一个闭合电路中沿任一回路循行方向，各段电压降的代数和恒等于零.其数学表达式为

$$\sum U = 0$$

在图 9-11 电路中先假设各条支路电流（$I_1 \sim I_4$）的参考方向和回路的循行方向为 $ABCD$，根据 KVL 可列写出如下方程：

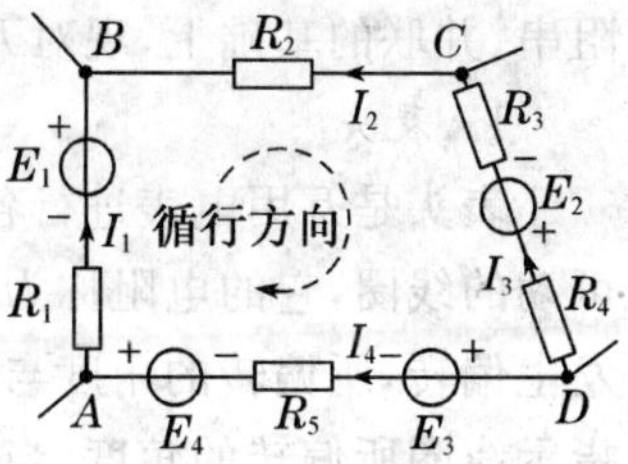

图 9-11 KVL 电路

$$U_{AB}+U_{BC}+U_{CD}+U_{DA}=0$$

根据含源支路欧姆定律可写出：

$U_{AB}=R_1 \cdot I_1-E_1$

$U_{BC}=-R_2 \cdot I_2$

$U_{CD}=-(R_3-R_4) \cdot I_3-E_2$

$U_{DA}=R_5 \cdot I_4+E_3-E_4$

将上面 4 个方程式相加后得到一个新的方程，经整理和移项后可列写如下：

$$R_1 \cdot I_1-R_2 \cdot I_2-(R_3+R_4) \cdot I_3+R_5 \cdot I_4=E_1+E_2-E_3+E_4$$

由此可见：方程的右边是沿回路循环方向闭合一周所有的电动势的代数和，方程的左边是沿回路循环方向闭合一周各电阻元件上电压降的代数和. 即

$$\sum RI=\sum E$$

这是基尔霍夫电压定律的第二种表达形式，在这里作这样一个约定：电动势的参考方向与回路循行方向一致时为"+"，反之为"−"；电流的参考方向与回路循行方向一致时，在电阻上产生的电压降为"+"，相反时为"−".

【例 9-2】 在图 9-12 所示电路图中，$I_1=4\ \text{A}$，$I_2=-2\ \text{A}$，$I_3=1\ \text{A}$，$I_4=-3\ \text{A}$，求电流 $I_5$ 的数值.

解：这 5 条支路电流是流进或流出 $O$ 点的，根据 KCL 有

$$I_1-I_2-I_3-I_4+I_5=0$$

所以，
$$I_5=-I_1+I_2+I_3+I_4=-4-2+1-3=-8\ \text{A}$$

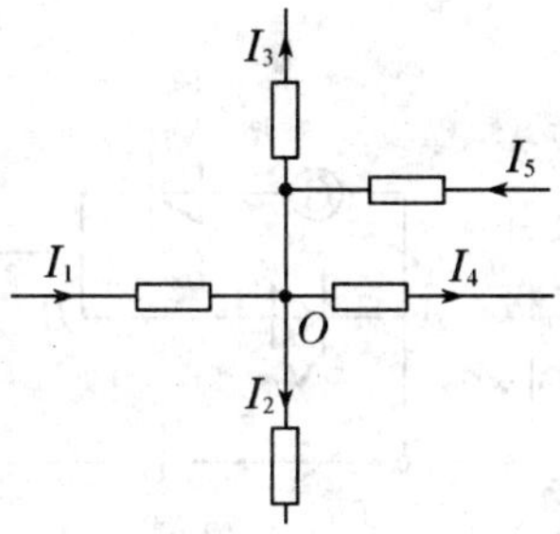

图 9-12

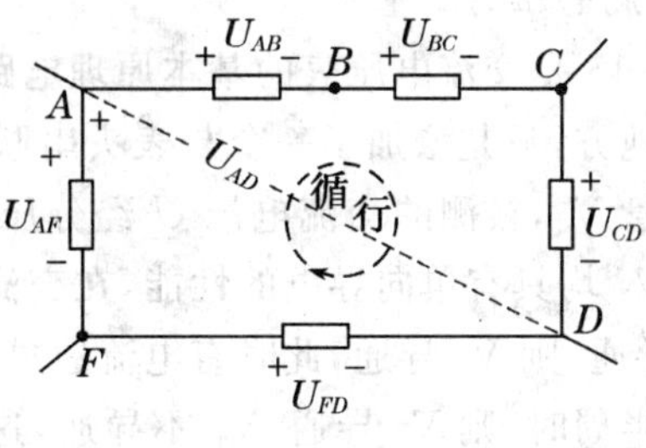

图 9-13

【例 9-3】 在图 9-13 所示的闭合电路中，各支路元件是任意的，各电压参考方向如图. 已知 $U_{AB}=3\ \text{V}$，$U_{BC}=4\ \text{V}$，$U_{FD}=-6\ \text{V}$，$U_{AF}=8\ \text{V}$，求：(1) $U_{CD}$；(2) $U_{AD}$.

解：(1) 取顺时针方向为回路循行方向，根据 KVL 可列出

$$U_{AB}+U_{BC}+U_{CD}+U_{DF}+U_{FA}=0$$

$$U_{CD}=-U_{DF}-U_{FA}-U_{AB}-U_{BC}=-6+8-3-4=-5\ \text{V}$$

(2) 设 $ADFA$ 为一假想回路，取顺时针方向为回路循行方向，列写 KVL 方程：

$$U_{AD}+U_{DF}+U_{FA}=0$$

$$U_{AD}=-U_{DF}-U_{FA}=U_{FD}+U_{AF}=-6+8=2\ \text{V}$$

### 9.1.8 万用电表的基本原理和使用

一般的万用电表可用来测量直流电压、直流电流、电阻及交流电压等，在上面所讨论的电

阻串、并联的基础上，现对万用电表的基本原理做一介绍.

1. 表头

表头是万用电表进行各种不同测量的公用部分. 它是一个很灵敏的测量机构，内部有一个可动的线圈，它的电阻称为表头的内阻. 线圈通有电流之后，与永久磁铁互相作用产生磁场力，发生偏转，所偏转的角度与线圈中通过的电流成正比. 固定在线圈上的指针随线圈一起偏转，指示线圈所偏转的角度. 当指针指示满标度时，线圈中所通过的电流称为满偏电流. 内阻和满偏电流是描述表头特性的两个参数，分别以 $R_g$ 和 $I_g$ 表示.

2. 直流电压的测量

将表头串联一分压电阻 $R$，即构成一个最简单的直流电压表，如图 9－14 所示. 测量时，要将电压表并联在被测电压 $U$ 的两端，这时通过表头的电流为：

$$I=\frac{U}{R_g+R}$$

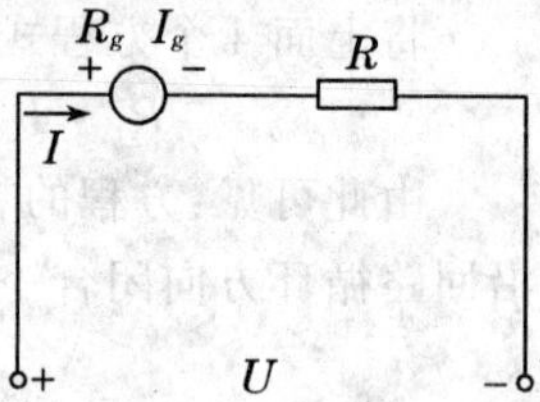

图 9－14　直流电压表

由于表头内阻 $R_g$ 和分压电阻 $R$ 的值是不变的，因此，通过表头的电流与被测电压成正比. 只要在标度盘上按电压刻度，则根据指针的偏转，就能指示被测电压的值.

分压电阻根据电压表的量程确定. 电压表的量程 $U_L$ 是指这个电压表所能测量的最大电压. 显然，当被测电压 $U=U_L$ 时，通过表头的电流 $I=I_g$，用欧姆定律即可求出分压电阻的值是

$$R=\frac{U_L-R_gI_g}{I_g}$$

在万用电表中，用转换开关分别将不同数值的分压电阻与表头串联，就能得到几个不同的电压量程.

3. 交流电压的测量

图 9－15 是交流电压表的基本原理电路图，与直流电压表所不同的地方，只是增加了一个与表头串联的二极管 $V_1$ 及并联的二极管 $V_2$，被测的交流电压 $U$ 经分压电阻 $R$ 分压. 二极管 $V_1$ 和 $V_2$ 均具有单向导电的性能，在交流电压的正半周时，若 $V_2$ 不导通，则 $V_1$ 导通，此时有电流通过表头；相反，在交流电压的负半周时，则 $V_2$ 导通，$V_1$ 不导通，这时，被测的交流电流在 $AB$ 之间被 $V_1$ 断开，并被 $V_2$ 所短路，因而没有电流通过表头. 所以，虽然被测电压是交流电压，但通过表头的却是单方向的电流，使指针所偏转的角度基本上与被测的交流电压 $U$ 成正比，从而测出被测电压的值.

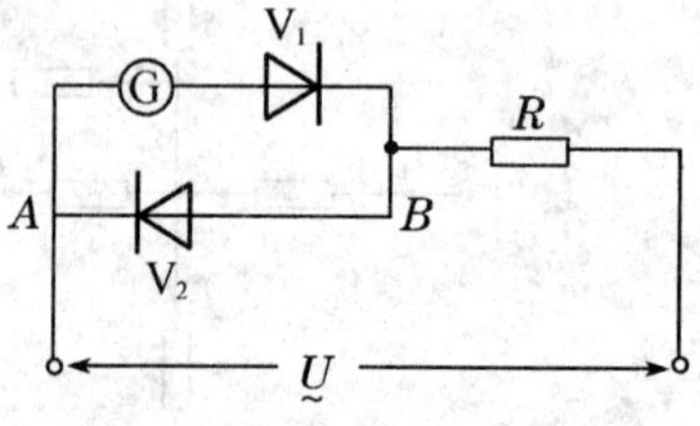

图 9－15　交流电压表

4. 直流电流的测量

将表头并联一分流电阻. 即构成一个最简单的直流电流表. 如图 9－16 所示. 测量某一负载中的电流时，要将电流表与该负载串联，使被测电流 $I$ 通过电流表. 根据并联电路的性质，这时通过表头的电流是

$$I_G=\frac{R}{R_g+R}I$$

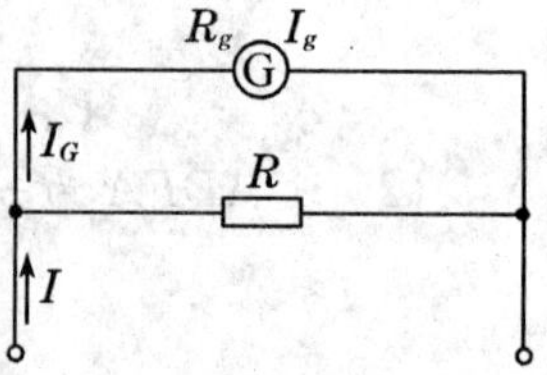

图 9－16　直流电流测量

上式表明，在一定的分流电阻下，通过表头的电流 $I_G$；与被测电

流 $I$ 成正比. 所以，只要在标度盘上按电流刻度，则根据指针偏转就能直接指示被测电流的值.

分流电阻由电流表的量程 $I_L$ 确定. 当被测电流 $I=I_L$ 时，表头中的电流 $I_G=I_g$，由欧姆定律算出

$$R=\frac{R_g I_g}{I_L-I_g}$$

实际的万用电表是利用转换开关，将电流表制成多量程的，如图 9-17 所示.

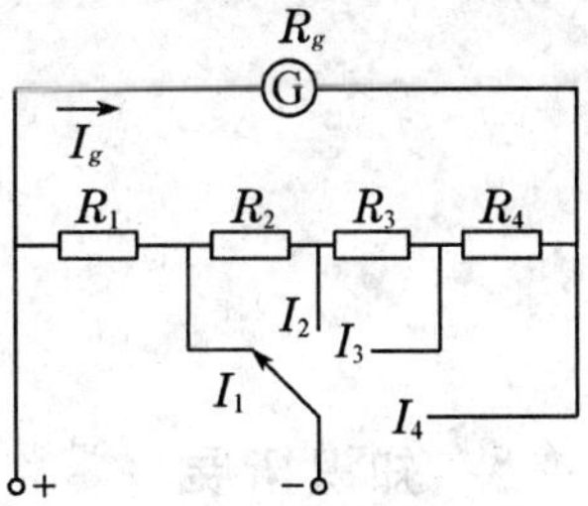

图 9-17　电流表量程

5. 电阻的测量

在万用电表中装有欧姆表的电路，可以用来测量电阻，其基本原理如图 9-18 所示. G 是内阻为 $R_g$、满偏电流为 $I_g$ 的电流表；$R$ 是可变电阻，也叫调零电阻；电池的电动势是 $E$，内阻是 $r$.

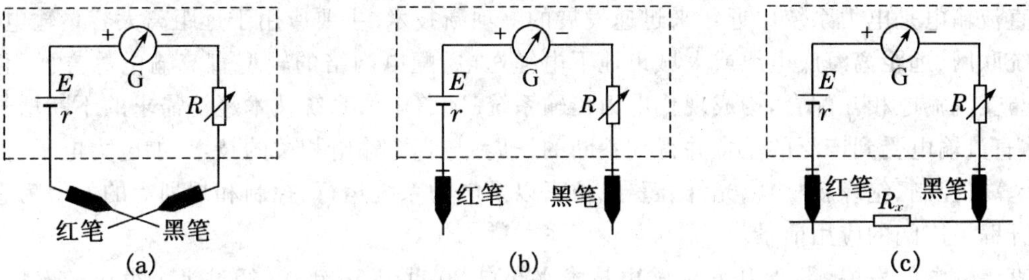

图 9-18　电阻测量

当红、黑表笔相接时[图 9-18(a)]，调节 $R$ 的阻值，使

$$I_g=\frac{E}{R_g+R+r}$$

则指针指到满刻度，表明红、黑表笔间的电阻为零. 当红、黑表笔不接触时[图 9-18(b)]，电路中没有电流，指针不偏转，即指着电流表的零点，表明表笔间的电阻是无穷大. 当红、黑表笔间接入某一电阻 $R_x$ 时[图 9-18(c)]，则通过电流表的电流为

$$I=\frac{E}{R_g+R+r+R_x}$$

$R_x$ 改变，$I$ 随着改变. 可见每一个 $R_x$ 值都有一个对应的电流值 $I$. 在刻度盘上直接标出与 $I$ 对应的电阻 $R_x$ 的值，只要用红、黑表笔分别接触待测电阻的两端，就可以从表盘上直接读出它的阻值.

用欧姆表来测电阻是很方便的，但是电池用久了，它的电动势和内阻都要变化，那时欧姆表指示的电阻值误差就相当大了，所以，欧姆表只能用来粗略地测量电阻.

【例 9-4】　图 9-19 表示某万用表的直流电压表部分，它有五个量程，分别是 $U_1=2.5\ \text{V}$，$U_2=10\ \text{V}$，$U_3=50\ \text{V}$，$U_4=250\ \text{V}$，$U_5=500\ \text{V}$，表头参数 $R_g=3\ \text{k}\Omega$，$I_g=50\ \mu\text{A}$，求各分压电阻.

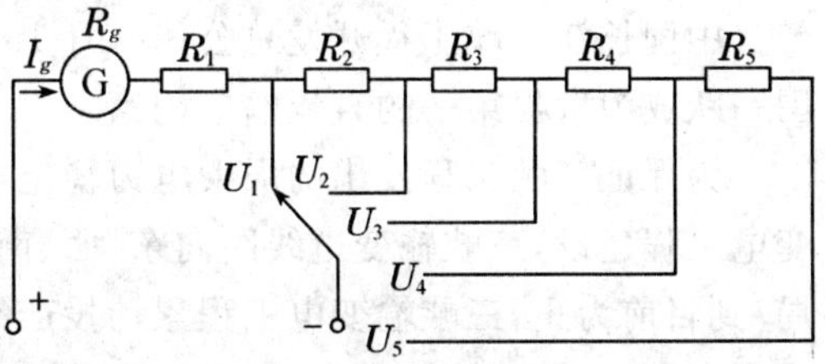

图 9-19

解：用欧姆定律分别求出各分压电阻的值为

$$R_1=\frac{U_1-R_g I_g}{I_g}=\frac{2.5-3\times10^3\times50\times10^{-6}}{50\times10^{-6}}\ \Omega=47(\text{k}\Omega)$$

$$R_2=\frac{U_2-U_1}{I_g}=\frac{10-2.5}{50\times10^{-6}}\ \Omega=150(\text{k}\Omega)$$

$$R_3=\frac{U_3-U_2}{I_g}=\frac{50-10}{50\times10^{-6}}\ \Omega=800(\text{k}\Omega)$$

$$R_4=\frac{U_4-U_3}{I_g}=\frac{250-50}{50\times10^{-6}}\ \Omega=4\times10^3(\text{k}\Omega)$$

$$R_5=\frac{U_5-U_4}{I_g}=\frac{500-250}{50\times10^{-6}}\ \Omega=5\times10^3(\text{k}\Omega)$$

## 知识拓展

### 直流输电技术

直流输电是电力系统中近年来迅速发展的一项新技术. 主要应用于远距离大容量输电、电力系统联网、远距离海底电缆或大城市地下电缆送电、配电网络的轻型直流输电等方面. 直流输电与交流输电相互配合，构成现代电力传输系统. 随着电力系统技术经济需求的不断增长和提高，直流输电受到广泛的注意并得到不断的发展. 与直流输电相关的技术，如电力电子、微电子、计算机控制、绝缘新材料、光纤、超导、仿真以及电力系统运行、控制和规划等的发展为直流输电开辟了广阔的应用前景.

直流输电的发展：① 高压直流输电技术兴起自 20 世纪 50 年代，经过半个世纪的发展，已经成为成熟的输电技术；② 高压直流输电技术起步在 20 世纪 50 年代，而突破性的发展却在 80 年代. 随着晶闸管技术的发展和现代电网发展的需要，80 年代，全世界共建成了 30 项直流输电工程，直流输电在电网中发挥了重要作用.

与交流输电相比，其优点及特点：

① 输送容量大；② 输送功率的大小和方向可以快速控制和调节；③ 直流输电系统的投入不会增加原有电力系统的短路电流容量，也不受系统稳定极限的限制；④ 直流架空线路的走廊宽度约为交流线路的一半，可以充分利用线路走廊的资源；⑤ 直流电缆线路没有交流电缆线路中电容电流的困扰，没有磁感应损耗和介质损耗，基本上只有芯线电阻损耗，绝缘电压相对较低；⑥ 直流输电工程的一个极发生故障时另一个极能继续运行，且可充分发挥其过负荷能力，即可以不减少或少减少输送功率损失；⑦ 直流本身带有调制功能，可以根据系统的要求作出反应，可以对机电振荡产生阻尼，可以阻尼低频振荡，从而提高电力系统暂态稳定水平；⑧ 能够通过换流站的无功功率控制调节系统的交流电压；⑨ 大电网之间通过直流输电互联（如背靠背方式），两个电网之间不会互相干扰和影响，且可迅速进行功率支援等.

中国长江三峡工程开发总公司 9 月 15 日发布消息称，三峡工程输变电线路的建设，使中国一跃成为世界第一的直流输电国家.

为保证三峡工程发出的强大电力稳定可靠输出，国家电网公司展开了规模巨大的三峡输变电工程建设，三峡输变电线路向东、西、南、北四个方向辐射，奠定了全国电网互联的基本格局. 到目前为止，三峡输变电工程累计投产线路总长 6 740 km，其中直流线路总长 1 865 km，建成直流交换站 5 座，换流站容量 1 272 kW. 目前在建的 2 172 km 线路中，直流输电线路有 1 075 km. 在三峡输变电工程建设中，创造了直流输电工程规模世界最大，直流工程技术水平世界最高，单个换流变压器容量世界最大，直流工程建设工期世界最短，直流输电运行经济指标世界最优等多个“世界之最”. 随着三峡输变电工程的投入运行，在直流输电领域，我国电网的安全运行和经济技术指标已经居于世界前列.

三峡直流线路的投运,使华中电网与华东电网间的联网规模进一步扩大,缓解了华东电网用电紧张的局面,并为华中、华东两网之间的余缺调剂、事故支援、备用共享创造了条件.三峡至广东直流输电工程运行后,使华中电网与南方电网形成互联,全国“西电东送、南北互供”的联网格局基本形成,并大大提高了电网的稳定水平和电能质量.

## 巩固练习

1. 一段导线接在 10 V 电压上,通过的电流是 2.0 A,若将它均匀拉伸为原长的 2 倍,再接在 10 V 电压上,通过它的电流是多少?

2. 有一电源,当外电路电阻为 2.0 Ω 时,电路中的电流为 1.0 A;当外电路电阻为 5.0 Ω 时,电路中的电流为 0.5 A,求这个电源的电动势和内阻.

3. 一台内阻为 2 Ω 的电动机,加在电动机两端的电压是 10 V,通过的电流是 0.3 A,问

(1) 电动机消耗的总功率是多少?

(2) 电动机转变为机械能的功率是多少?

4. 有一闭合电路,电源电动势为 6.0 V,内阻为 0.5 Ω,外电路电阻为 2.5 Ω,求:

(1) 电源的输出功率;

(2) 电源消耗的总功率;

(3) 改变外电路电阻,求电源的最大输出功率.

5. 试求图 9－20 所示电路中各未知电流的大小.

6. 试求图 9－21 所示电路中的电压 $U_1$、$U_2$ 和 $U_{cb}$.

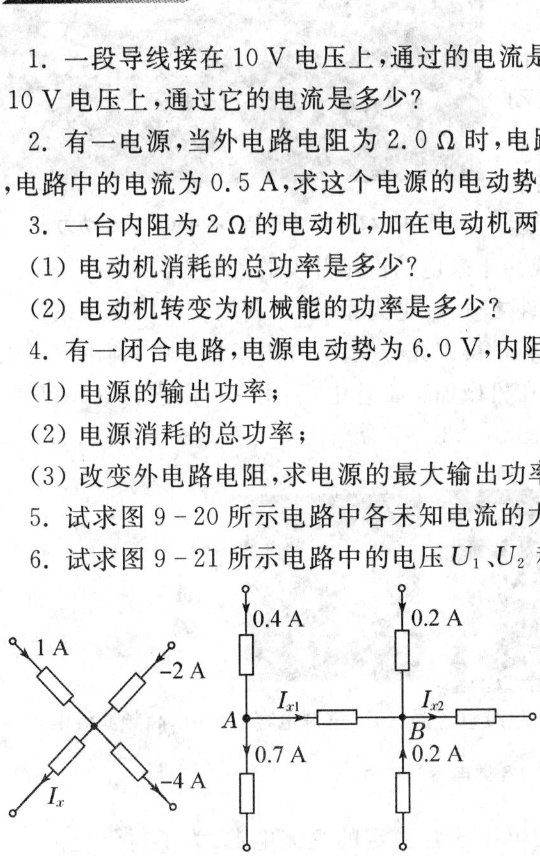


**图 9－20**

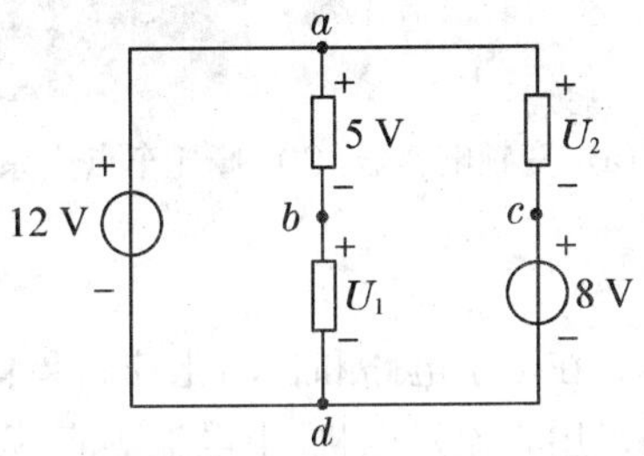


**图 9－21**

# §9.2　电容器及其应用

## 学习目标

1. 了解电容器的结构及电路符号,掌握电容量的概念,会计算平行板电容器的电容;
2. 了解电容器的种类及选用方法;
3. 理解电容器充、放电过程,及充放电时电容器端电压与电路电流的关系;
4. 了解电容器储能的情况.

## 学习导入

图 9 - 22 雷克萨斯 GS 450h 混合动力车

图 9－22 为丰田汽车公司的雷克萨斯 GS 450h 混合动力车，已于 2006 年在美国正式上市，是首款完全混合动力车(Full Hybrid).

目前，一些知名的汽车公司如通用、福特、克莱斯勒、丰田、本田、日产等已成功地将动力同时采用内燃机和电动机电池组作为能源的混合电动驱动技术运用到汽车上. 这种混合电动车中的超级电容器，能在发动机或制动时快速向负载释放或吸收能量，从而避开发动机在低转速、大负荷和高转速、高负荷费油的状态下运行，既省油，又减少污染. 所以超级电容器已成为未来电动汽车开发的重要方向之一.

电容器也是电工和电子技术中常用的元件之一. 在电力系统中，利用它可以改善系统的功率因数，降低输送线路的功率损失，使电源的容量得以充分利用；在电子技术中，利用它可以起到滤波、耦合、隔直、调谐、旁路、选频等作用；在机械加工工艺中，利用它可以进行电火花加工. 可见，电容器是一种应用非常广泛的元件，见图 9－23.

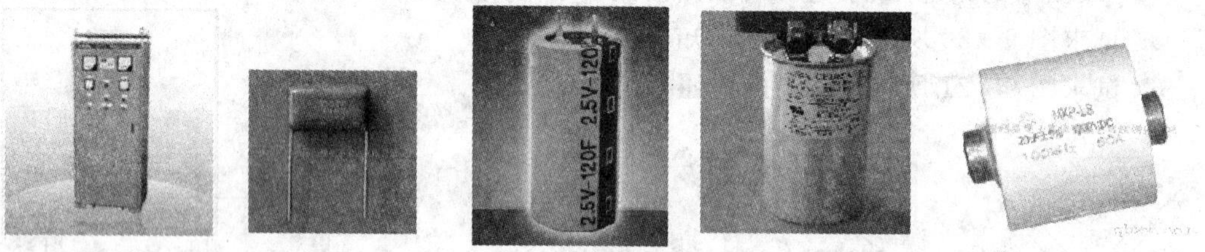


(a) 变频电容器 (b) 摩托车点火系电容器 (c) 超级电容器 (d) 空调电容器 (e) 高频滤波电容器

图 9 - 23 各类电容器

在电子电路和自动化控制装置中，需要用电压非常稳定的直流电源. 为了得到直流电，除了采用直流发电机、干电池等直流电源外，目前广泛采用各种半导体直流电源. 其输入电压为正弦交流电压，输出则是稳定可调的直流电压，而电容器是直流稳压电源完成这一过程的很重要的元件.

通过本节内容的学习，对电容器及其工作原理将会有更深一步的认识.

## 学习内容

### 9.2.1 电容器和电容

导体上可以保留一定量的电荷，即导体具有储存电荷的能力. 但单独的导体储存电荷的本领较小，为了提高导体储存电荷的本领，把导体做成一定的结构，被绝缘物隔开的两个导体的组合叫做**电容器**，组成电容器的两个导体叫做**极板**，中间的绝缘物质叫做电容器的介质. 常见的电容器的介质有空气、纸、云母、塑料薄膜和陶瓷等. 根据介质材料的不同，把电容器分成空气、液体、无机、有机介质电容器等几类.

常见电容器的符号见表9-2.

**表9-2　常见电容器的图形符号**

| 名称 | 图形符号 | 名称 | 图形符号 |
|---|---|---|---|
| 电容器 | 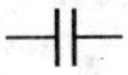 | 可变电容器 |  |
| 电解电容器 | 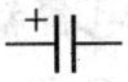 | 微调电容器 | 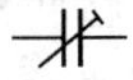 |

如果把电容器的两个极板分别接到直流电源两端，如图9-24所示，它的两极板之间便产生电压，同时在电场力作用下，自由电子发生运动，使两个极板分别带上数量相等性质相反的电荷. 与电源正极相连的极板带上正电荷，与电源负极相连的极板上带上负电荷. 实验证明，对任何一个电容器来说，两极板间的电压都随所带电荷量的增加而增加，而且其中任一极板所储存的电荷量跟两极板间的电压成正比，它们的比值是一个恒量. 不同的电容器，这个比值一般是不同的. 所以，**电容器所带的电荷量与它的两极板间的电压的比值**，表征了电容器的特性，这个比值叫做电容器的**电容量**，简称**电容**. 如果用$Q$表示电容器所带的电荷量，用$U$表示它两极板间的电压，用$C$表示它的电容，那么

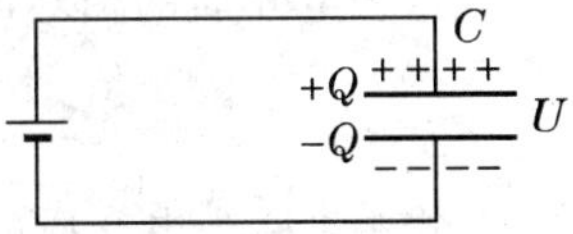


**图9-24　电容器与电源相接后极板带电荷**

$$C=\frac{Q}{U} \tag{9-1}$$

上式表示，电容器的电容在数值上等于两极板间的电势差为1 V时电容器所带的电荷量. **电容是表示电容器储存电荷本领的物理量**.

电容是电容器的**固有特性**，外界条件变化、电容器是否带电或带多少电都不会使电容改变. 只有当电容器两极板间的正对面积、极板间的距离或极板间的介质(即介电常数)变化时，它的电容才会改变.

在国际单位制中，电容的单位是法拉，简称法，符号是F. 这个名字是为了纪念法拉第而定的. 如果电容器带1 C的电荷量时，两极板间的电势差是1 V，电容器的电容就是1 F. 法这个单位太大，常用较小的单位，微法($\mu$F)和皮法(pF)，它们之间的换算关系为

$$1\ \mathrm{F}=10^{6}\ \mu\mathrm{F}=10^{12}\ \mathrm{pF}$$

必须注意到，不只是电容器中才具有电容，实际上任何两导体之间都存在着电容. 例如两根传输线之间，每根传输线与大地之间，都是被空气介质隔开的，所以，也都存在着电容. 一般情况下，这个电容值很小，它的作用可忽略不计. 如果传输线很长或所传输的信号频率很高时，就必须考虑这一电容的作用. 另外在电子仪器中，导线和仪器的金属外壳之间也存在电容. 上述这些电容通常叫做**分布电容**，虽然它的数值很小，但有时却会给传输线路或仪器设备的正常工作带来干扰.

### 9.2.2　平行板电容器

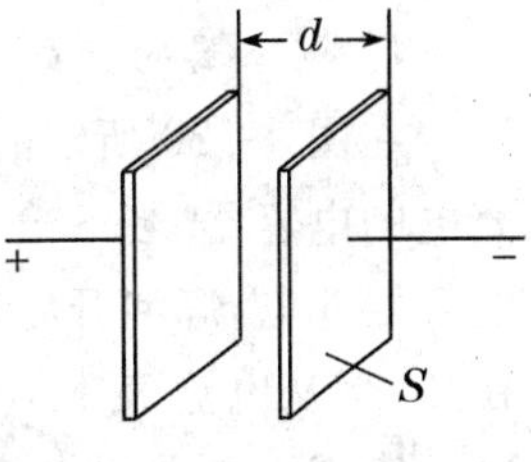


**图9-25　平行板电容器结构**

图9-25示出了平行板电容器的简单结构. 它由相互平行的金属板隔以电介质而构成，其电容与两极板的相对位置、极板的形状和大小以及两极板间的电介质有关. 理论和实验可以证明，**平行板**

**电容器的电容与极板正对面积 $S$ 成正比，而与极板间距离 $d$ 成反比**. 如果两极板间是真空，则平行板电容器的电容 $C_0$ 可表示为

$$C_0=\frac{\varepsilon_0 S}{d} \tag{9-2}$$

式中：$\varepsilon_0$ 为真空中的电容率或介电常数，$\varepsilon_0\approx 8.85\times10^{-12}$ F/m；$S$、$d$、$C_0$ 的单位分别是 $m^2$、m、F.

如果在两极板间插入像纸、云母、陶瓷等**电介质**时，电容器的电容会成倍增大. 不同的电介质对电容器的影响不同. 两极板间充满电介质时的电容 $C$ 跟两极间为真空时电容 $C_0$ 的比值，叫做这种电介质的**相对电容率**（也叫做相对介电常数），用 $\varepsilon_r$ 表示，即

$$\varepsilon_r=\frac{C}{C_0}=\frac{\varepsilon}{\varepsilon_0} \tag{9-3}$$

式中 $\varepsilon$ 称为电介质的电容率或电介质的介电常数，单位与 $\varepsilon_0$ 相同.

在电介质中，平行板电容器的电容为

$$C=\frac{\varepsilon_0\varepsilon_r S}{d}=\frac{\varepsilon\cdot S}{d} \tag{9-4}$$

上式说明，电容器的电容是由两极板的形状、大小、两极的相对位置以及极板间的电介质决定的. 表 9-3 给出了几种电介质的相对电容率，空气的相对电容率可近似等于 1.

**表 9-3　几种电介质的相对电容率**

| 电介质 | 真空 | 空气 | 石蜡 | 纸 | 陶瓷 | 云母 | 聚苯乙烯 | 玻璃 |
|---|---|---|---|---|---|---|---|---|
| 相对电容率 | 1 | 1.000 55 | 2.0～2.1 | 约为 5 | 6 | 6～8 | 2.56 | 5～10 |

【例 9-5】　有一平行板电容器，两极板间距离是 $d$，电容是 $C$，用一个电压为 $U$ 的电源对它充电后，使极板与电源继续保持连接. 如果把两极板间距离减小为 $d'=d/2$，而保持极板正对面积不变，电容器所带电荷量是变化前的多少倍？

解：极板距离减小后电容增大，电容器与电源保持连接，极板间电压等于电源电压，$U'=U$，所以

$$Q'=C'U'=2CU=2Q$$

电荷量变为原来的两倍.

**思考**：如果电容器充电后撤去电源，将极板间距离减小为 $d'=d/2$，电容器所带电荷量是多少？极板间电压是多少？

### 9.2.3　电容器的充电和放电

电容器的应用很广泛，其中最主要的就是利用它在一定的条件下进行充电和放电的特点. 下面我们就来分析充电和放电的过程.

1. 电容器的充电

在图 9-26 所示的电路中，$C$ 是一个电容量很大的未充电的电容器. 当 S 合向接点 1 时，电源（其内阻忽略）向电容器充电，灯泡开始较亮，然后逐渐变暗，说明充电电流在变化. 从电流表 $PA_1$ 上可观察到充电电流在减小，而从电压表 PV 上看出电容器两端电压 $U_C$ 在上升. 经过一定

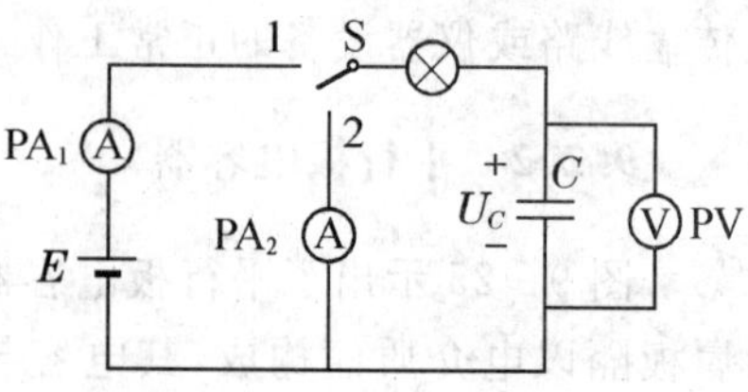


**图 9-26　电容器充电**

时间后，灯泡不亮了，电流表 $PA_1$ 的指针回到零，此时电压表 PV 上指出的电压等于电源的电动势（即 $U_C=E$）.

为什么电容器在充电时，电流会由大变小，最后变为零呢？这是由于 S 刚闭合的一瞬间，电容器的极板和电源之间存在着较大的电压，所以，开始充电电流较大. 随着电容器极板上电荷的积聚，两者之间的电压逐渐减小，电流也就越来越小. 当两者之间不存在电压时，电流为零，即充电结束. 此时电容器两端的电压 $U_C \approx E$，电容器中储存的电荷 $q=CU \approx CE$.

2. 电容器的放电

在图 9－26 所示的电路中，电容器充电结束后（这时 $U_C \approx E$），如果把 S 从接点 1 合向接点 2，电容器便开始放电. 这时，从电流表 $PA_2$ 上看出电路中有电流流过，但电流在逐渐减小（灯泡由亮逐渐变暗，最后不亮），而从电压表 PV 上看到电容器两端的电压 $U_C$ 在逐渐下降，过一段时间后，电流表和电压表的指针都回到零，说明电容器放电过程已结束.

在电容器放电过程中，由于电容器两极板间的电压使回路中有电流产生. 开始时这个电压较大，因此，电流较大，随着电容器极板上正、负电荷的不断中和，两极板间的电压越来越小，电流也就越来越小. 放电结束，电容器两极板上的正、负电荷全部中和，两极板间就不存在电压，因此，电路中的电流为零.

必须注意的是，**电路中的电流是由于电容器的充放电所形成的，并非电荷直接通过电容器中的介质**.

通过对电容器充放电过程的分析，可以得到这样的结论：**当电容器极板上所储存的电荷发生变化时，电路中就有电流流过；若电容器极板上所储存的电荷恒定不变，则电路中就没有电流流过**. 所以，电路中的电流为

$$i=\frac{\Delta q}{\Delta t}$$

因为 $q=CU_C$，可得 $\Delta q=C\Delta U_C$. 所以

$$i=\frac{\Delta q}{\Delta t}=C\frac{\Delta U_C}{\Delta t} \tag{9-5}$$

上式中，$\frac{\Delta U_C}{\Delta t}$ 为电压的变化率，也可表达为 $\frac{\mathrm{d}U_C}{\mathrm{d}t}$，所以，电容器上的电流又可表达为

$$i=C\frac{\mathrm{d}U_C}{\mathrm{d}t} \tag{9-6}$$

3. 电容器能够隔直流、通交流

电容器两极板间填充的是绝缘介质. 电容器接通直流电源时，仅仅在刚接通的短暂时间内发生充电过程，只在这短暂过程有电流流过电容器. 此后由于直流电源电压恒定不变，电容器两端电压也恒定不变，因此，电容器中不会有电流流过，相当于电容器把直流电流隔断. 所以，电容器可以起到隔直流的作用.

电容器接在交流电路中（交流电的峰值不能超过电容器的耐压值），由于交流电压的大小和方向随时间不断变化，致使电容器进行反复充放电，电路中相应不断出现交变电流，因此，交流电流能通过电容器（即通交流）. 必须指出，这里所指的交流电流是电容器反复充放电形成的电流，并非电荷直接通过电容器中的介质.

4. 电容器质量的判别

通常用万用表的电阻挡（$R\times100$ 或 $R\times1$ K）来判别较大容量的电容器质量，就是利用了电容器的充放电作用. 如果电容器的质量很好，漏电很小，将万用表的表棒分别与电容器的两端接

触，则指针会有一定的偏转，并很快回到接近于起始位置的地方. 如果电容器的漏电量很大，则指针回不到起始位置，而停在标度盘的某处，这时指针所指出的电阻数值即表示该电容器的漏电阻值. 如果指针偏转到 0 Ω 位置之后不再回去，则说明电容器内部已经短路. 如果指针根本不偏转，则说明电容器内部可能断路，或电容量很小，充放电电流很小，不足以使指针偏转.

### 9.2.4 电容器中的电场能量

1. 带电电容器的能量

把一个已充电的电容器两极板用导线短路，可以看到放电的火花. 这一事实说明，充电后的电容器中具有能量. "电容焊"就是利用这种放电火花的热能熔焊金属的.

下面来计算电容器充电后所储存的电能.

电容器充电时，极板上的电荷 $q$ 逐渐增加，两极板间的电压 $U_C$ 也在逐渐增加，电压是与电荷量成正比的，即 $q=CU_C$. 如图 9-27所示，如果把充入电容器的总电荷量 $q$ 分成许多细小的等分，每一小等分的电荷量为 $\Delta q$. 在某一时刻电容器的端电压为 $U_C$，此时电源对电容器所做的功应为 $U_C\Delta q$，这就是电容器储存的能量增加的数值. 把各个不同的电压下充入 $\Delta q$ 所做的功加起来，就是电源输入电荷量为 $q$ 时所做的总功，也就是储存于电容器中的能量. 因为 $\Delta q$ 可分得非常小，故所求的值可用以最后的稳定电压 $U_C$ 为高，以输入的电荷量 $q$ 为底的三角形面积来表示. 所以，储存在电容器中的电场能量为

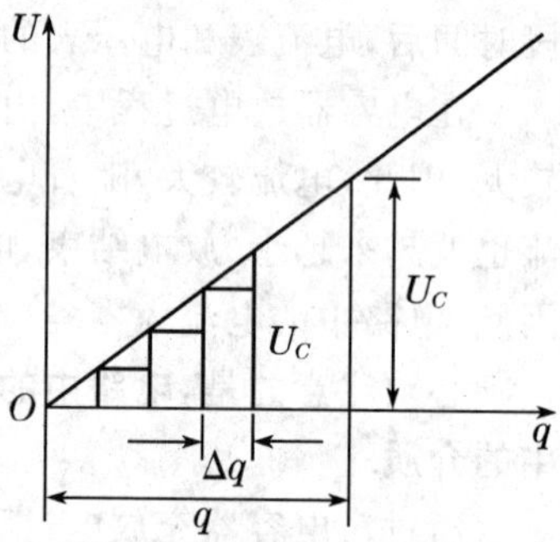

图 9-27　电容存储能量的计算

$$W_e=\frac{1}{2}qU_C=\frac{1}{2}CU_C^2 \tag{9-7}$$

式中：电容 $C$ 用 F 作单位；电压 $U_C$ 用 V 作单位；电荷量 $q$ 用 C 作单位；计算出的能量用 J 作单位.

上式说明，**电容器中储存的电场能量与电容器的电容成正比，与电容器两极板之间的电压平方成正比.**

电容器和电阻器都是电路中的基本元件，但它们在电路中所起的作用却不相同. 电容器两端电压增加时，电容器便从电源吸收能量储存在它两极板之间的电场中，而当电容器两端电压降低时，它便把原来所储存的电场能量释放出来，即电容器本身只与电源进行能量的交换，而并不消耗能量，所以说电容器是一种储能元件. 电阻器则与此不同，它在电路中的作用是把电能转换为热能，然后将热能辐射至空间或传递给别的物体，即在电阻器上所进行的电能与热能之间的能量转换是不可逆的，因此说电阻器是耗能元件. 当然，实际的电容器由于介质漏电及其他原因，也要消耗一些能量，使电容器发热，这种能量消耗称为**电容器的损耗**.

2. 静电场的能量

电容器带电后，它的两极板之间存在着电场. 电容器的充电过程就是在两极板之间建立电场的过程. 根据平行板电容器公式 $C=\frac{\varepsilon\cdot S}{d}$ 和电势差与场强的关系 $U=Ed$，可得出平行板电容器带电后两极板间电场的能量为

$$W_e=\frac{1}{2}CU^2=\frac{1}{2}\frac{\varepsilon\cdot S}{d}(E\cdot d)^2=\frac{1}{2}\varepsilon\cdot E^2\cdot S\cdot d=\frac{1}{2}\varepsilon\cdot E^2\cdot V \tag{9-8}$$

式中 $V=Sd$ 为两极板间的容积，即平行板电容器中电场占据的空间. 由此可得静电场单位体

积中所具有的能量，称为**电场的能量密度**，用符号 $W_e$ 表示

$$W_e=\frac{W_e}{V}=\frac{1}{2}\varepsilon\cdot E^2 \tag{9-9}$$

上式虽然是从平行板电容器这一特例导出，但是，它对任何电场均正确. 在非匀强电场中，各点场强 $E$ 的大小不同，可用微积分的方法求出电场的能量. 这里不作过多讲述.

综上所述，带电电容器的能量有两种表示式. 式 $W_e=\frac{1}{2}qU_C=\frac{1}{2}CU_C^2$ 表明，能量是和电荷相联系的，能量应属于电荷；而式 $W_e=\frac{W_e}{V}=\frac{1}{2}\varepsilon\cdot E^2$ 表明，能量是和电场相联系的，能量应属于电场. 能量究竟属于何者，对静电场而言，无法判断. 因为静电场和电荷是不可分割地联系在一起的. 有静电场必有电荷，有电荷必有静电场. 然而，对随时间变化的电场而言，情况就不一样了. 电视台发射的电磁波，一旦发射，就独立地向外传播. 电磁波是携带能量传播的. 这样，才使千家万户得以收到电视台的节目. 由此可见，能量属于电场的观点是符合实际情况的. 能量是物质的固有属性之一，电场具有能量是电场物质性的一种表现.

【例 9-6】　某电容器标有“10 μF，450 V”. 当充电到 400 V 时，它所储存的电能为多少？

解：$W_e=\frac{1}{2}CU_C^2=\frac{1}{2}\times 10\times 10^{-6}\times 400^2=0.8(\text{J})$

一般的电容器虽然储能不多，但是，如果使电容器的能量在很短时间内释放出来，却可得到较大的瞬时功率. 在照相机的闪光灯中，在激光的产生，甚至受控热核反应的实验中，都利用到电容器快速放电而获得的瞬间大功率.

**知识拓展**

## 超级电容器

超级电容器是介于传统电容器和充电电池之间的一种新型储能装置，其容量可达几百至上千法拉. 与传统电容器相比，它具有容量大、充电时间短、使用寿命长、温度特性好、节约能源和绿色环保等特点. 超级电容器用途广泛：用作起重装置的电力平衡电源，可提供超大电流的电力；用作车辆启动电源，启动效率和可靠性都比传统的蓄电池高，可以全部或部分替代传统的蓄电池；用作车辆的牵引能源可以生产电动汽车、替代传统的内燃机、改造现有的无轨电车；用在军事上可保证坦克车、装甲车等战车的顺利启动(尤其是在寒冷的冬季)、作为激光武器的脉冲能源. 此外还可用于其他机电设备的储能能源.

现将超级电容器的工作原理和发展状况简单介绍如下：

一般认为超级电容器包括双电层电容器和电化学电容器两大类.

**一、双电层电容器**

早在 1897 年，德国人 Helmholtz 就提出了基于超级电容器的双电层理论. 当金属插入电解液中时，金属表面上的净电荷将从溶液中吸引部分不规则分布的带异种电荷的离子，使它们在电极－溶液界面的溶液一侧离电极一定距离处排成一排，形成一个电荷数量与电极表面剩余电荷数量相等而符号相反的界面层. 该界面由两个电荷层组成，一层在电极上，一层在溶液中，因此称作双电层. 由于界面上存在一个位垒，因而两层电荷都不能越过边界而中和，按照电容器原理而形成一平板电容器. 由于其距离非常小，一般在 0.5 nm 以下，加之采用特殊电极材料后使其表面积成万倍地增加，从而产生了极大的电容量.

## 二、电化学电容器

电化学电容器按电极材料的不同可分为金属氧化物电化学电容器和导电性高分子聚合物电化学电容器，即法拉第准电容. 对于电化学电容器，其存储电荷的过程不仅包括双电层上的存储，而且包括电解液中离子在电极活性物质中由于氧化还原反应导致的电荷在电极中的储存. 与双电层超级电容器的静电容量相比，相同表面积下的电化学电容器的容量要大 10～100 倍.

当前，由于石油资源日趋短缺，并且燃烧石油的内燃机尾气排放对环境的污染越来越严重（尤其是在大、中城市），人们都在研究替代内燃机的新型能源装置. 目前已经进行混合动力、燃料电池、化学电池产品及应用的研究与开发，取得了一定的成效. 但是由于它们固有的使用寿命短、温度特性差、化学电池污染环境、系统复杂、造价高昂等致命弱点，一直没有很好的解决办法. 而超级电容器以其优异的特性扬长避短，可以部分或全部替代传统的化学电池用于车辆的牵引电源和启动能源，并且具有比传统的化学电池更加广泛的用途. 正因为如此，世界各国（特别是西方发达国家）都不遗余力地对超级电容器进行研究与开发. 其中美国、日本和俄罗斯等国家不仅在研发生产上走在前面，而且还建立了专门的国家管理机构（如：美国的 USABC、日本的 SUN、俄罗斯的 REVA 等），制定国家发展计划，由国家投入巨资和人力，积极推进. 就超级电容器技术水平而言，目前俄罗斯走在世界前面，其产品已经进行商业化生产和应用，并被第 17 届国际电动车年会（EVS-17）评为最先进产品，日本、德国、法国、英国、澳大利亚等国家也在急起直追，目前各国推广应用超级电容器的领域已相当广泛.

总的来说，当前美国、日本、俄罗斯的产品几乎占据了整个超级电容器的市场，实现产业化的超级电容器基本上都是双电层电容器. 在我国，目前主要有北京有色金属研究总院、锦州电力电容器有限责任公司、北京科技大学等 10 余家单位在进行超级电容器的研发，但从整体来看，我国在超级电容器领域的研究与应用水平明显落后于世界先进水平.

### 能力训练

在收音机中，利用谐振电路的特性来选择所需的电台信号，抑制某些干扰信号. 某收音机的输入回路，可简化为由一电阻元件、电感元件及可变电容元件串联组成的电路，该串联电路固有频率为 $f_0=\frac{1}{2\pi\sqrt{LC}}$，当电源频率等于电路的固有频率时，电路发生谐振，此时电路中的电流 $I$ 达到最大值. 请分析我们在收听收音机时为什么旋转选台旋钮就可以选台，并写出这里所使用的公式，给出变化量之间的关系.

### 巩固练习

1. 有一电容器两极板电势差为 $U$，带电荷量为 $Q$，如果使它带的电荷量再增加 $4.0\times10^{-8}$ C，两极板间的电势差就增加 50 V，这个电容器的电容是多大？

2. 一个平行板电容器，两极板正对面积是 100 $\text{cm}^2$，两板距离等于 1 mm，

(1) 当极间电介质为空气时，求其电容值；

(2) 当板间夹有云母片（$\varepsilon=6$）时，它的电容是多少？

3. 选用电容器的一般原则是什么？电解电容器在使用时应注意什么？

4. 为什么说电容器能隔直流、通交流？

## 本章小结

### 一、电流　欧姆定律

导体中产生电流的条件：导体两端存在电压.

电流的定义式 $I=\frac{q}{t}$；电流的单位：安(A).

欧姆定律　$I=\frac{U}{R}$ 或 $U=IR$

### 二、电阻定律

导体的电阻 $R$ 跟它的长度 $l$ 成正比，跟它的横截面 $S$ 成反比，即 $R=\rho\frac{l}{S}$，$\rho$ 为导体的电阻率.

### 三、电功　电功率

计算电功和电功率的普遍公式：

电功　$W=UIt$　电热　$Q=I^2Rt$

电功率　$P=UI$　电热功率　$P=I^2R$

在纯电阻电路中：

$$Q=W=UIt=\frac{U^2}{R}t=I^2Rt$$

$$P=UI=\frac{U^2}{R}=I^2R$$

在非纯电阻电路中：

$$W=W_J+Q$$

$$UIt=W_J+I^2Rt$$

$$P=UI=P_J+I^2R$$

### 四、电阻的联接

串联电路中每个电阻上的电压跟它的电阻成正比，串联电路有分压作用.

并联电路总电流等于各支路电流之和，并联电路有分流作用.

### 五、闭合电路欧姆定律

1. 电源的电动势等于电源没有接入电路时两极的电压，$E=U_{外}+U_{内}$

2. 闭合电路欧姆定律　$I=\frac{E}{R+r}$

3. 电压关系　$E=IR+Ir=U+Ir$

4. 功率关系　$P=EI=I^2R+I^2r$

5. 电源最大输出功率　$P_{max}=\frac{E^2}{4r}$（当 $R=r$ 时）

## 六、基尔霍夫定律

1. 基尔霍夫电流定律也可称为节点电流平衡方程式，简称 KCL. 在任何一个瞬间、对于任何一个节点，流进该节点的电流代数和恒等于零.

2. 基尔霍夫电压定律也称之为回路电压平衡方程式，简称 KVL. 在任何一个闭合电路中沿任一回路循行方向，各段电压降的代数和恒等于零.

## 综合练习

1. 额定电压为 220 V、额定功率为 40 W 的灯泡，它的灯丝电阻为________. 如果把这只灯泡接到 110 V 的电源上，灯的实际功率是________.（设灯丝电阻不变）

2. 将 $R_1=10\ \Omega$，$R_2=50\ \Omega$ 的两电阻串联后加上电压 $U$，测得上 $R_1$ 上电压 $U_1=20$ V，则可求得 $R_2$ 上的电压 $U_2=$________，总电压＝________.

3. 有一电路，电源的电动势为 1.5 V，内阻为 0.12 Ω，外电路电阻为 1.08 Ω，则电路中的电流为________，路端电压为________，内电路的电压为________.

4. 某电路由串联电池组供电，每个电池的电动势都是 2 V，内阻都是 0.2 Ω，测得路端电压为 19 V，外电路电流为 0.5 A，则电池组由________个电池串联而成.

5. 扩大电压表的量程是在电压表上________联一个电阻，该电阻起________作用.

6. 将 5 Ω、10 Ω、15 Ω 三个电阻适当联接，可得到的最小等效电阻将（　　）

A. 小于 5 Ω　　B. 在 5 Ω 到 10 Ω 之间

C. 在 10 Ω 到 15 Ω 之间　　D. 大于 15 Ω

7. 电阻 $R_1$ 与 $R_2$ 并联时消耗功率之比为 4∶3. 若将它们串联起来，接在电压相同的同一电路上，则 $R_1$ 与 $R_2$ 消耗的电功率之比是（　　）

A. 4∶3　　B. 3∶4　　C. 16∶9　　D. 9∶16

8. 一个电压表的量程是 3 V，当给它串联一个 6 kΩ 的电阻后，去测一个电动势是 3 V 的电源时，示数是 1 V，那么这个电压表的内阻是（　　）

A. 2 kΩ　　B. 6 kΩ　　C. 3 kΩ　　D. 1 kΩ

9. 有 4 个相同的电池，每个电池的电动势为 1.5 V，内阻为 0.1 Ω. 现给一段电阻为 0.025 Ω 的外电路供电，采用哪种方式联接时输出功率最大（　　）

A. 全部串联　　B. 全部并联

C. 两个串联后再并联起来　　D. 两个并联后再串联起来

10. 一段导线接在 10 V 电压上，通过的电流是 2.0 A，若将它均匀拉伸为原长的 2 倍，再接在 10 V 电压上，通过它的电流是多少？

11. 有一电源，当外电路电阻为 2.0 Ω 时，电路中的电流为 1.0 A；当外电路电阻为 5.0 Ω 时，电路中的电流为 0.5 A，求这个电源的电动势和内阻.

12. 一台内阻为 2 Ω 的电动机，加在电动机两端的电压是 10 V，通过的电流是 0.3 A，问：(1) 电动机消耗的总功率是多少？(2) 电动机转变为机械能的功率是多少？

13. 一盏标有“220 V，100 W”的灯泡，其正常工作时的电流和电阻各是多少？该灯泡正常工作多长时间消耗 1 kW·h 的电？

14. 在图 9－28 所示的电路中，$R_1=2\ \Omega$，$R_2=4\ \Omega$，$R_3=6\ \Omega$，电源内阻为 0.6 Ω，求：

(1) 断开 S 时，$R_1$ 和 $R_2$ 两端电压之比和它们消耗的功率之比；

(2) 接通 S 时，$R_2$ 和 $R_3$ 所消耗的功率之比；

(3) 若接通 S 时，流过 $R_3$ 的电流是 0.8 A，则电源的电动势是多少？

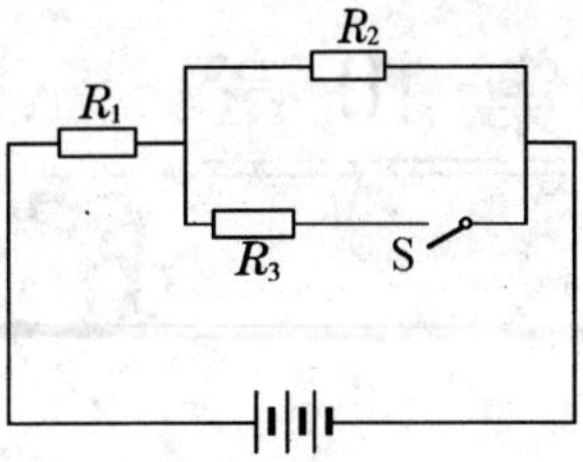

图 9－28

15. 图 9－29 为多用表的电压挡电路，其表头的内阻 $R_g=700\ \Omega$，满偏电流 $I_g=0.50$ mA. 求 10 V，50 V，250 V 各挡的分压电阻 $R_1$，$R_2$，$R_3$ 各是多少欧姆？

16. 电路如图 9－30 所示，求电路中的电流 $i$，$U_{ab}$，$U_{ac}$.

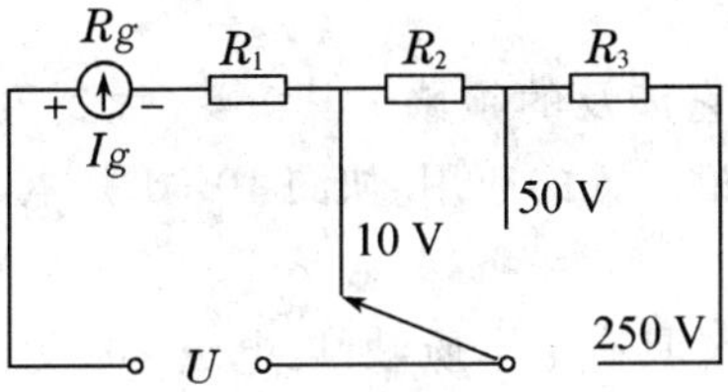

图 9－29

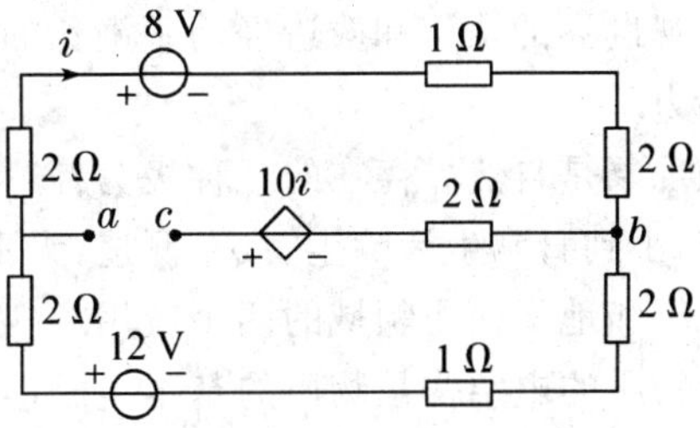

图 9－30

17. 电路如图 9－31 所示，求图 9－31(a)中的 $i_1$、$i_2$.［提示：参考图 9－31(b)］

18. 在图 9－32 所示电路中，已知 $U_1=10$ V，$E_1=4$ V，$E_2=2$ V，$R_1=4\ \Omega$，$R_2=2\ \Omega$，$R_3=5\ \Omega$，1、2 两点间处于开路状态，试计算开路电压 $U_2$.

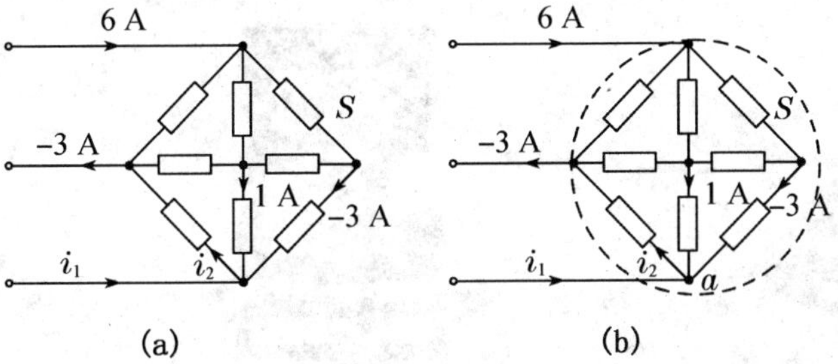

图 9－31

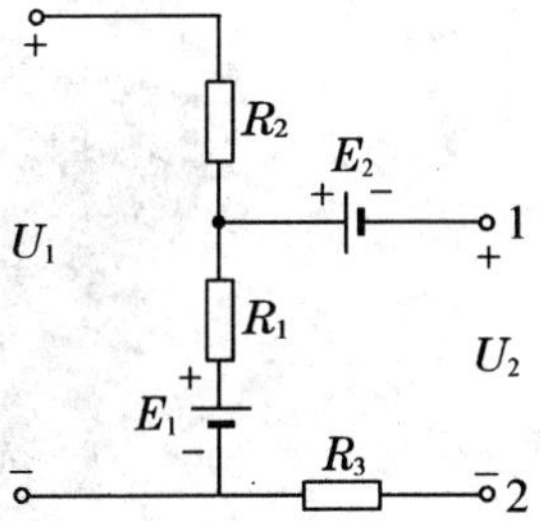

图 9－32

# 第 10 章

# 电磁学及其应用

从公元前 600 年认识电磁现象，到如今电磁学已发展成为物理学中相当完善的一个分支，人类对客观世界的认识和改造经历了漫长的过程，在这一过程中，电与磁的研究与应用展现了巨大的活力.

电磁现象是自然界存在的一种极为普遍的现象，它涉及的领域极其广泛. 大到卫星发射、热核反应，小到日常生活除尘、汽车测速，无不涉及电磁现象的应用. 如图 10－1 是电磁理论在电子计算机和地下探测领域的两个应用.

由于物质的电结构是物质的基本组成形式，而磁又具有电本质，所以电磁学成为研究物质过程必不可少的基础，也是研究化学和生物学某些基元过程的基础. 电磁技术的日臻完善，也促进了技术科学的发展. 电技术在能源的合理开发、输送和使用方面起着重要作用，在机电控制和自动化、信息的传递和电测、电子计算机的性能改进和广泛使用等方面，也起着重要作用. 本章我们将学习电场、磁场的基本知识和定律，探究它们在实践中的普遍应用，为今后的专业知识和技能的学习打下基础.

(a) 磁芯存储器

(b) 地下金属探测仪

图 10－1　电磁理论的应用实例

## §10.1　电相互作用和静电场

### 学习目标

1. 了解两种电荷及物质的电结构；

2. 掌握静电场的电场强度的概念以及场强的叠加原理，会用叠加原理求解简单电场问题；

3. 了解静电场；会用库仑定律计算静电力；

4. 理解并掌握导体的静电平衡条件；了解静电场中导体表明电荷的分布及静电屏蔽现象，并能解释生活、生产中一些静电屏蔽的实例.

## 学习导入

如图 10－2 所示，左图为某厂 1 300 职工饭堂 FSRJTL 设备（除烟尘环保设备）开机使用前情景，右图为 FSRJTL 设备开机使用后情景，箭头方向为排气口，二者对比，FSRJTL 设备除黑烟效果十分理想，可以达到肉眼看不见任何黑烟. 2003 年 6 月 20 日投入使用. 2003 年 10 月 23 日经东莞市环保局监测站监测：火烟处理前含尘浓度 160 mg/Nm$^3$、二氧化硫浓度 1 310 mg/Nm$^3$；火烟处理后含尘浓度 7.20 mg/Nm$^3$、二氧化硫浓度 30 mg/Nm$^3$. 其除尘效率≥95.5%、脱硫效率≥97.7%，除尘和脱硫一体化效果十分理想.

图 10－2　除烟尘环保设备

不少工业部门，在生产过程中会产生大量的烟尘. 如处理不当，会严重污染大气环境. 因此，"除尘"就成为现代化工业生产迫切需要解决的一个问题. 在多种除尘方法中，电除尘技术自 20 世纪初问世以来，由于具有除尘效率高、电能消耗小、处理气量大、能处理高温及有害气体等优点，已被越来越多的生产部门所采用，上述设备就是一个典型的实例. 再如首钢在烧结、冶炼、电力等生产环节上使用了大型静电除尘器，其除尘效率可达 99%以上，使外排粉尘量减少了 94%.

这样好的除尘效果是怎样实现的呢？我们再看看身边的很多现象，为什么电视机的荧光屏上会蒙上薄薄的灰尘？为什么有的人身上带电，碰到某些物体就如同触电一样？通过本章节的学习，我们可以得到上述问题以及更多类似问题的答案，更重要的是，能够应用在本章节中学习到的知识，去解决生活、工作中遇到的实际问题.

## 学习内容

### 10.1.1　物质的电结构

1. 电荷　电荷守恒定律

自然界只存在两种电荷：正电荷和负电荷. 同种电荷相互排斥，异种电荷相互吸引. 电荷的多少叫做**电荷量**，常用 $Q$（或 $q$）表示. 在国际单位制中，电荷量的单位是库仑，简称库，用字母 C

表示.

用摩擦的方法可以使物体带电.用丝绸摩擦过的玻璃棒带正电荷,用毛皮摩擦过的硬橡胶棒带负电荷.在**摩擦起电**过程中,一个物体失去一些电子而带正电,另一个物体得到这些电子而带负电.

另一种重要的起电方法是静电感应.取一对与大地绝缘的金属柱体 $A$ 和 $B$,它们起初彼此接触且不带电,当把另一个带电的金属球 $C$ 移近时,将发现 $A$ 和 $B$ 都带了电,靠近 $C$ 的金属柱体带的电荷与 $C$ 异号,较远的**电荷**带的电荷与 $C$ 同号.这种现象就是**静电感应**.

摩擦起电和静电感应的实验表明,起电过程是电荷从一个物体(或物体的一部分)转移到另一物体(或同一物体的另一部分)的过程.

大量事实说明,**电荷既不能被创生,也不能被消灭,只能从一个物体转移到另一个物体,或者从物体的一部分转移到另一部分,在转移的过程中,电荷的总量不变**.这个结论叫做**电荷守恒定律**.

2. 物质的电结构

近代物理学的发展已使我们对带电现象的本质有了深入的了解.物质是由分子、原子组成的,而原子又由带正电的原子核和带负电的电子组成.原子核中有质子和中子,中子不带电,质子带正电.一个质子和一个电子所带的电量数值相等.该数值用 e 表示.

物质内部固有的存在着电子和质子这两类基本电荷正是各种物体带电的内在根据.由于在正常情况下物体中任何一部分所包含的电子的总数和质子的总数是相等的,所以对外界不显电性.但是,如果在一定的外因作用下,物体(或物体的一部分)得到或失去一定数量的电子,使得电子和质子的总数不再相等,物体就呈现电性.

金属导体里,原子中的最外层电子(价电子)可以摆脱原子的束缚,在整个导体中自由运动.这类电子叫做**自由电子**.

一切导体所以能够导电,是因为它们内部存在着可以自由移动的电荷,这种电荷叫做**自由电荷**.在不同类型的导体中,自由电荷的微观本质是不一样的.金属中的自由电荷就是自由电子.在电解液和电离的气体中,自由电荷是正、负离子.

在绝缘体中,绝大部分电荷都只能在一个原子或分子的范围内作微小的位移,这种电荷叫做**束缚电荷**.由于绝缘体中自由电子很少,所以它们的导电性能很差.

在半导体中导电的粒子(叫做载流子),除带负电的电子外,还有带正电的"空穴".

上述物质结构表明,电荷的量值是不连续的,即量子化的.电荷的量值有个基本单元,即一个质子或一个电子所带电量的绝对值 e,每个原子核、原子或离子、分子,以至宏观物体所带的电量,都只能是这个**基本电荷**的整数倍.这个常数最早是由美国科学家密立根用实验测得的.现在测得基本电荷的精确值为

$$e=(1.602\,177\,33\pm0.000\,000\,49)\times10^{-19}\ \mathrm{C}$$

通常可取

$$e=1.60\times10^{-19}\ \mathrm{C}$$

### 10.1.2 静电力和静电场

1. 静电力

两个静止的带电体之间的作用力,叫做**静电力**.

观察表明,两个静止的带电体之间的作用力除与电荷的数量及相对位置有关外,还依赖于

带电体的大小、形状及电荷的分布情况. 要用实验直接确立所有这些因素对静电力的影响是困难的. 但是，如果带电体的线度比带电体之间的距离小得多，问题就会大为简化. 满足这个条件的带电体叫做**点电荷**.

18 世纪末，法国物理学家库仑(1736～1806 年)设计了一扭秤，用实验研究了静止的点电荷间的作用，于 1785 年发现了以下规律：

**在真空中，两个静止点电荷 $\boldsymbol{q}_1$ 和 $\boldsymbol{q}_2$ 之间相互作用力的大小，跟它们的电荷量的乘积成正比，跟它们的距离 $\boldsymbol{r}$ 的二次方成反比，作用力的方向在它们的连线上.** 这个规律叫做**真空中的库仑定律**. 其数学表达式为

$$\boldsymbol{F}_{12}=k\frac{q_1q_2}{r^2}\boldsymbol{r}_{12} \tag{10-1}$$

式中 $\boldsymbol{F}_{12}$ 表示对 $q_1$ 的 $q_2$ 作用力，$\boldsymbol{r}_{12}$ 表示由 $q_1$(施力电荷)指向 $q_2$(受力电荷)方向的单位矢量，如图 10-3 所示. $k$ 为比例系数，在 SI 单位制中，实验测得其数值为

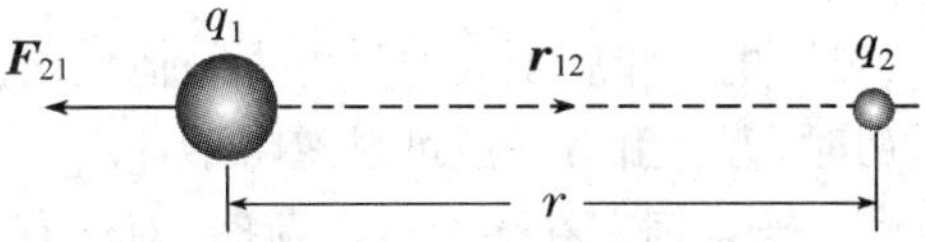


**图 10-3　库仑定律**

$$k=8.987\,551\,8\times10^9\ \mathrm{N\cdot m^2\cdot C^{-2}}$$

为使由库仑定律导出的其他公式具有较简单的形式，通常将库仑定律中的比例系数写为

$$k=\frac{1}{4\pi\varepsilon_0} \tag{10-2}$$

式中，$\varepsilon_0$ 为真空的电容率(或真空中的介电常数)，所以库仑定律又可写为

$$\boldsymbol{F}_{12}=\frac{1}{4\pi\varepsilon_0}\cdot\frac{q_1q_2}{r^2}\boldsymbol{r}_{12} \tag{10-3}$$

无论 $q_1$、$q_2$ 的正负如何，此式都适用. 当 $q_1$、$q_2$ 同号时，$\boldsymbol{F}_{12}$ 沿 $\boldsymbol{r}_{12}$ 方向，即为排斥力；当 $q_1$、$q_2$ 异号时，$\boldsymbol{F}_{12}$ 沿 $-\boldsymbol{r}_{12}$ 方向，即为吸引力. 电荷 $q_2$ 对电荷 $q_1$ 的作用力 $\boldsymbol{F}_{21}=\boldsymbol{F}_{12}$，即静电相互作用满足牛顿第三定律.

虽然库仑定律是通过宏观带电体的实验研究总结出来的规律，但物理学进一步的研究表明：原子结构，分子结构，固体、液体的结构，以至化学作用等问题的微观本质都和电磁力(其中主要部分是库仑力)有关. 而在这些问题中，万有引力的作用却是十分微小的.

### 视窗链接

1785 年库仑利用自己发明的扭秤研究了电荷间的相互作用力. 库仑实验装置的主要部分是一个扭力测微计 $M$(如图 10-4 所示). $M$ 下面夹了一根金属丝，金属丝下端悬挂一根玻璃棒，棒的一端有一个平衡小球 $B$，玻璃棒保持水平. 再取一个与 $A$ 相同的金属小球 $C$，它与 $A$ 带同种电荷，将 $C$ 球悬挂于 $A$ 球附近，它们之间的斥力使玻璃棒转过一个角度，向相反方向扭转 $M$，使 $A$ 球回到原来的位置，这时金属丝的扭转弹力的力矩与电荷间斥力的力矩平衡. 从 $M$ 转过的角度就可以计算出电荷间的作用力的大小. 库仑用钮秤实验测得电荷之间的作用力与距离的二次方成反比，后来科学家用越来越精确的实验验证了二次方反比定律.

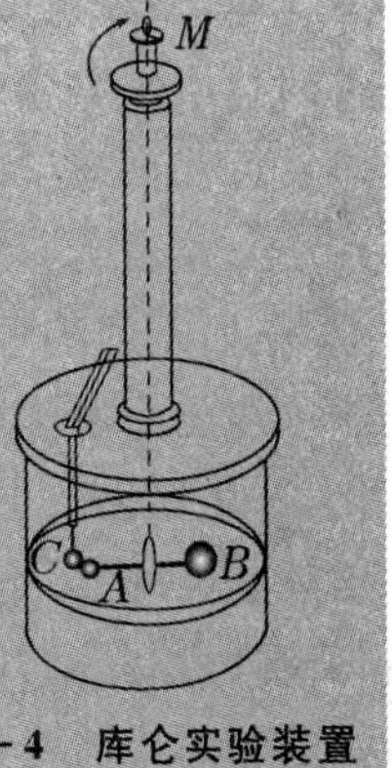


**图 10-4　库仑实验装置**

【例 10-1】　试比较电子和质子间的静电引力和万有引力的大小. 已知电子质量是 $9.1\times10^{-31}$ kg，质子质量为 $1.67\times10^{-27}$ kg.

解：电子和质子间的静电引力即库仑力的大小为

$$F=k\frac{q_1q_2}{r^2}$$

万有引力 $F'$ 大小为

$$F'=G\frac{m_1m_2}{r^2}$$

所以

$$\begin{aligned}\frac{F}{F'}&=\frac{kq_1q_2}{Gm_1m_2}\\&=\frac{9.0\times10^{9}\times1.60\times10^{-19}\times1.60\times10^{-19}}{6.67\times10^{-11}\times9.1\times10^{-31}\times1.67\times10^{-27}}\\&=2.3\times10^{39}\end{aligned}$$

可见，电子和质子间的静电力是他们之间万有引力的 $2.3\times10^{39}$ 倍. 在研究微观粒子间相互作用时，万有引力一般可以忽略不计.

当空间存在多个点电荷时，对于任意两个点电荷间的静电力，库仑定律仍被证明是正确的. 也就是说某个点电荷受到来自其他点电荷的总静电力应等于所有其他点电荷单独作用时的静电力的矢量和，这一结论称为**静电力叠加原理**.

例如，由 $q_1,q_2,\cdots,q_n$ 组成的点电荷系对另一点电荷 $q_0$ 的静电力分别为 $\boldsymbol{F}_1,\boldsymbol{F}_2,\cdots,\boldsymbol{F}_n$，$q_0$ 受到的总静电力 $\boldsymbol{F}$ 为

$$\begin{aligned}\boldsymbol{F}&=\boldsymbol{F}_1+\boldsymbol{F}_2+\cdots+\boldsymbol{F}_i+\cdots+\boldsymbol{F}_n=\sum_{i=1}^{n}F_i\\&=\sum_{i=1}^{n}\frac{q_0q_i}{4\pi\varepsilon_0r_i^2}\boldsymbol{r}_i\end{aligned}\qquad(10-4)$$

式中 $r_i$ 是 $q_0$ 与 $q_i$ 之间的距离，$\boldsymbol{r}_i$ 是 $q_i$ 指向 $q_0$ 的单位矢量，如图 10－5 所示. 静电力叠加原理是从实验得到的基本原理，由此导致描述电场的一些重要物理量，如电场强度、电势等，也都满足叠加原理.

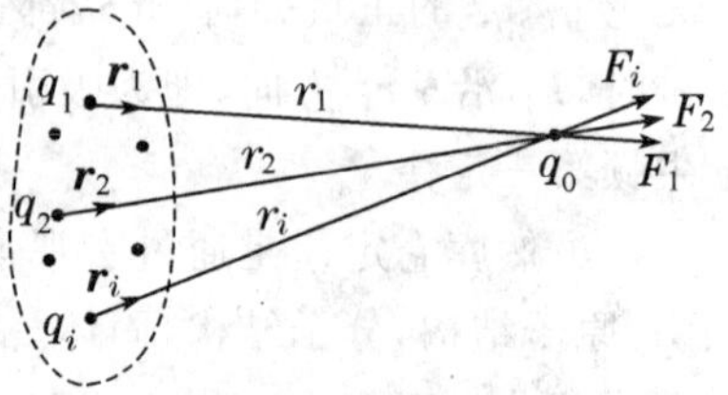


**图 10－5 静电力叠加原理**

2. 静电场

如上所述，库仑力可以发生在两个相隔一定距离的电荷之间，而在两个电荷之间并不需要有任何由分子、原子组成的物质作媒介. 那么，这些力究竟是怎样传递的呢？

近代物理学的发展证明，电力是通过电场来作用的.

实验表明，凡是有电荷的地方，四周就存在着电场，即任何电荷都在自己周围的空间激发电场；而电场的一个基本性质是，它对于处在其中的其他电荷都有力的作用，称为**电场力**.

当电荷发生变化时（包括电荷量的变化或电荷的变速运动等），其周围的电场也随之而变化，这个变化的电场又会在其周围产生变化的磁场，形成统一的电磁场，以波的形式向外传播，这就是电磁波. 电磁波是以光速在空间中传播的. 由于光速极快，因此，在通常情况下，变化电场传播所需的时间极短，是难以察觉的. 但是，随着科学技术的发展，人们已有足够的手段来证明电场的传播是需要时间的.

现在，科学实验和生产实践完全肯定了场的观点，并证明电磁场可以脱离电荷和电流而独立存在，它具有自己的运动规律；电磁场和实物（即由原子、分子组成的物质）一样具有能量、动量等属性. 即电磁场是物质的一种形态.

本章只讨论相对于观察者静止的电荷在其周围空间产生的电场，即静电场.

### 10.1.3 电场强度 电场的叠加

1. 电场强度

不同的带电体系具有不同的电场，同一电荷体系的电场在空间具有一定的分布.为了定量地描述电场中各点电场的性质，引入物理量——电场强度.

电场对处于其中的电荷施以作用力，这是电场的一个重要性质.为了描述该性质，可引入一个正的试验电荷 $q_0$ 来检测电场. $q_0$ 的电荷量必须很小，以至把它放进电场中对原有的电场几乎没有什么影响；其次，试验电荷的几何线度要充分小，可以把它看成是点电荷，使能细致地反映电场中各点的性质.

通常将产生电场的电荷称为**场源电荷**，把电场中某考察点称为**场点**.

现在我们来研究电场中任一固定点的性质.按照库仑定律，在电场中任一固定点 $P$，试验电荷所受的静电力是和试验电荷的电量 $q_0$ 成正比的.如果把试验电荷的电量增大到原来的 2、3、4、…、$n$ 倍(但必须满足试验电荷条件)，那么在该点的静电力 $F$ 也增大到原来的 2、3、4、…、$n$ 倍，而力的方向不变；如果把试验电荷换成等量异号的电荷，则力的大小不变，方向反转.因此，对于电场中的固定点来说，比值 $\boldsymbol{F}/q_0$ 是一个无论大小和方向都与试验电荷无关的矢量，它是反映电场本身性质的.我们把它定义为电场强度，简称场强，用 $\boldsymbol{E}$ 来表示：

$$\boldsymbol{E}=\frac{\boldsymbol{F}}{q} \tag{10-5}$$

式(10-5)表明，电场中任意一点电场强度的大小等于单位正电荷在该点所受电场力的大小，其方向与正电荷在该点所受电场力的方向一致.

在 SI 制中的单位是 N/C(牛顿/库仑)或 V/m(伏/米).一般而言，空间不同的场点其电场强度的大小和方向都不同，即矢量 $\boldsymbol{E}$ 是空间坐标的一个矢量点函数，即 $\boldsymbol{E}=\boldsymbol{E}(\boldsymbol{r})$ 或 $\boldsymbol{E}=\boldsymbol{E}(x,y,z)$.

电视机的荧光屏上常会蒙上薄薄的灰尘，是因为电视机在工作时，荧光屏聚集了大量的电荷，在周围空间建立起一个电场.该电场将空中大量带有异性电荷的微粒吸了过去.

2. 单个点电荷产生的电场

由库仑定律和电场强度定义式，可确定真空中点电荷周围的电场强度.

若电场是由一个点电荷 $q$ 产生的，我们来计算与 $q$ 相距为 $r$ 处 $P$ 点的场强.设想把试验电荷 $q_0$ 放在场点 $P$，则 $q_0$ 受到的力为

$$\boldsymbol{F}=\frac{1}{4\pi\varepsilon_0}\ \frac{qq_0}{r^2}\boldsymbol{r}_0$$

由 $\boldsymbol{E}$ 的定义式(10-5)可得，$P$ 点的场强为

$$\boldsymbol{E}=\frac{1}{4\pi\varepsilon_0}\frac{q}{r^2}\boldsymbol{r}_0 \tag{10-6}$$

式中 $\boldsymbol{r}_0$ 为由场源电荷指向场点方向的单位矢量.若 $q>0$，$\boldsymbol{E}$ 沿 $\boldsymbol{r}_0$ 方向；若 $q<0$，$\boldsymbol{E}$ 沿 $-\boldsymbol{r}_0$ 方向，即 $\boldsymbol{r}_0$ 方向的反方向.

在上面的计算中，场点 $P$ 是任意的，所以电荷 $q$ 产生的电场在空间的分布为：(1) $\boldsymbol{E}$ 的方向处处沿以 $q$ 为中心的矢径($q>0$ 时)或其反方向($q<0$ 时)；(2) 场源电荷确定时，$\boldsymbol{E}$ 的大小只与距离 $r$ 有关，所以在以 $q$ 为中心的每个球面上场强的大小相等.通常说，这样的场强是球对称的.式(10-6)还说明，$\boldsymbol{E}$ 与 $r^2$ 成反比；当 $r\to\infty$时，$\boldsymbol{E}\to 0$.

3. 场强叠加原理

可以证明，当若干个点电荷同处于一个空间时，它们在 $P$ 点产生的场强等于这些点电荷在该点产生的场强的矢量和. 即

$$\boldsymbol{E}=\boldsymbol{E}_1+\boldsymbol{E}_2+\boldsymbol{E}_3+\cdots+\boldsymbol{E}_n$$

这一结论被称为场强叠加原理.

应用这一原理，理论上可以计算点电荷系的电场中任意一点的场强.

4. 任意带电体的场强

更多的电场是由任意带电体形成的. 带电体上的电荷一般是连续分布的，当它们不能被看作点电荷时，可将带电体分解为许多无限小的电荷元 $dq$，每个电荷元可当成点电荷. 根据电场强度的叠加原理，用积分方法就可计算电荷连续分布的带电体产生的电场强度了. 设电荷元 $dq$ 产生的电场强度为 $d\boldsymbol{E}$，则有

$$d\boldsymbol{E}=\frac{1}{4\pi\varepsilon_0}\frac{dq}{r^2}\boldsymbol{r}_0$$

式中 $r$ 为电荷元 $dq$ 到场点 $P$ 的距离，$\boldsymbol{r}_0$ 是电荷元指向场点方向的单位矢量，如图 10-5 所示. 则整个带电体在该点的场强为

$$\boldsymbol{E}=\int d\boldsymbol{E}=\int\frac{1}{4\pi\varepsilon_0}\frac{dq}{r^2}\boldsymbol{r}_0 \tag{10-7}$$

实际应用中，带电体所带电荷可能是线分布、面分布或体分布. 在具体计算时，可根据不同情况将带电体分割为线元、面元或体元，先计算电荷元的场强，然后叠加求积分.

【例 10-2】 半径为 $R$ 的均匀带电细圆环，电量为 $q$. 求圆环轴线上任一点的电场强度.

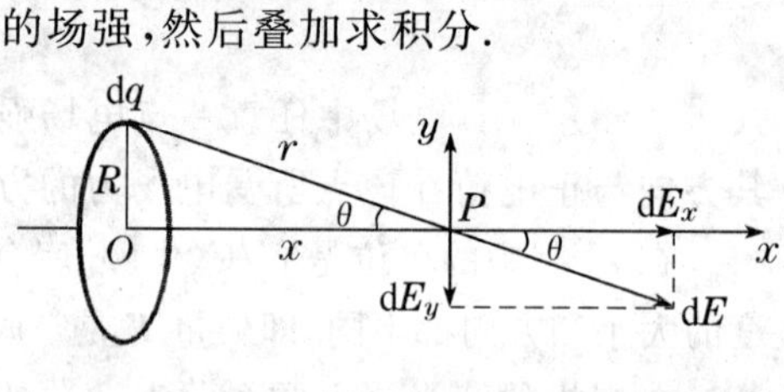

图 10-6

解：取如图 10-6 所示的坐标，设场点 $P$ 距原点（环心）为 $x$，在环上取电荷元 $dq=\lambda dl=\frac{q}{2\pi R}dl$，电荷元 $dq$ 在 $P$ 点场强的大小为

$$d\boldsymbol{E}=\frac{1}{4\pi\varepsilon_0}\frac{dq}{r^2}=\frac{\lambda dl}{4\pi\varepsilon_0 r^2}$$

由于圆环对 $P$ 点是轴对称的，故可将 $d\boldsymbol{E}$ 分解为平行和垂直于轴线的两个分量 $dE_x$ 和 $dE_y$，圆环上各电荷元的 $dE_y$ 相互抵消，故 $P$ 点场强大小为

$$\boldsymbol{E}=\int dE_x=\int\frac{\lambda dl}{4\pi\varepsilon_0 r^2}\cos\theta=\frac{\lambda\cos\theta}{4\pi\varepsilon_0 r^2}\int_0^{2\pi R}dl=\frac{q}{4\pi\varepsilon_0 r^2}\cos\theta$$

$$=\frac{qx}{4\pi\varepsilon_0(x^2+R^2)^{3/2}}$$

$P$ 点场强的方向沿 $x$ 轴方向.

当 $x=0$ 时，$\boldsymbol{E}=0$，即环心处场强为零.

当 $x\gg R$ 时，则有 $\boldsymbol{E}=\frac{q}{4\pi\varepsilon_0 x^2}$.

### 10.1.4 静电场中的导体 静电屏蔽

在乌云密布的雷雨天，突出地面的房屋、树木、人畜经常遭受雷击，而在建筑物顶上安装了避雷针后为什么就不会遭受雷击呢？

1. 导体、绝缘体和半导体

按照电荷是否容易传导或转移，习惯上把物体大致分为两类：① 电荷能够从产生的地方迅速转移或传导到其他部分的那种物体，叫做导体；② 电荷几乎只能停留在产生的地方的那种物体，叫做绝缘体. 金属、石墨、电解液、人体、地、电离了的气体等都是导体；玻璃、橡胶、丝绸、琥珀、松香、瓷器、油类、未电离的气体等都是绝缘体.

2. 导体的静电平衡

导体的特点是其体内存在着自由电荷，它们在电场的作用下可以移动，从而改变电荷分布；反过来，电荷分布的改变又会影响到电场的分布. 由此可见，有导体存在时，电荷的分布和电场的分布相互影响、相互制约. 当一带电体系中的电荷静止不动，从而电场分布不随时间变化时，我们说该带电体系达到了**静电平衡**.

我们定性地分析一下静电平衡的条件. 把一个不带电的均匀的金属导体放进场强为 $E_0$ 的电场中，由于静电感应，在导体两端出现了等量的正负电荷，这些正、负电荷在导体内产生反方向的电场 $\boldsymbol{E}'$，如图 10-7(a)所示. 这个电场与外电场叠加，使导体内部的电场减弱. 随着感应电荷的不断增加，$\boldsymbol{E}'$ 也不断增强，直到 $\boldsymbol{E}'-\boldsymbol{E}_0=0$，如图 10-7(b)所示.

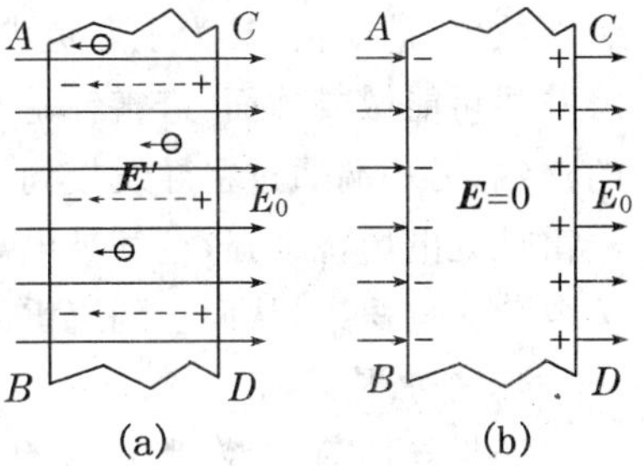


**图 10-7　静电感应**

这时，导体内的自由电子不再做定向移动. 导体处于静电平衡状态. 因此，导体处于静电平衡状态的条件是：

**导体内部任意一点的场强为零.**

从导体静电平衡的条件出发，还可以直接导出以下几点推论：

(1) **导体处于静电平衡时，整个导体是一个等势体，其表面是等势面.**

满足导体静电平衡条件时，在导体内部或表面上任意两点间移动电荷时，电场力不做功(即 $W=qU=0$)，这说明导体上任意两点间的电势差为零.

(2) **导体以外靠近其表面处的场强处处与表面垂直.**

电场线处处与等势面正交，所以导体外的场强必与它的表面垂直.

3. 导体表面的电荷和电场

处于静电平衡状态的导体，电荷只分布在导体的外表面上. 这是因为，假如导体内部某处有电荷，它附近的场强就不可能为零，导体就不能处于静电平衡状态. 在导体表面上电荷的分布与导体本身的形状以及附近带电体的状况等多种因素有关. 对于孤立导体，实验表明，导体的曲率愈大处(例如尖端部分)，表面电荷面密度也愈大；导体曲率较小处，表面电荷面密度也较小；在表面凹进去的地方(曲率为负)，电荷密度更小.

如果导体有尖端，由于尖端处电荷特别密集，电场特别强，可以导致周围空气电离而产生大量的带电粒子. 在强电场的作用下，与尖端上电荷异号的带电粒子受尖端电荷的吸引，飞向尖端，使尖端上电荷中和掉；与尖端上电荷同号的带电粒子受到排斥而从尖端附近飞开. 这种现象叫做**尖端放电**.

静电除尘就是利用气体放电的电晕现象，使荷电尘粒在电场力的作用下趋向集尘极，从而达到除尘目的的. 如图 10-8 所示，为一种管式除尘器的示意图. 将金属圆筒作为集尘极，在管心悬挂一根金属线作为放电极. 当施加在放电极与集尘极间的电压足够大时，放电极附近形成强电场使气体电离，生成大量正、负离子，形成电晕区. 在放电极附近可看到蓝色光点或条状光辉，并听到噼啪声．放电极又叫电晕极或电晕线，常与电源负极相连．当含尘气流送入时，尘粒因与自由电子、负离子碰撞结合在一起而成为带电粉尘，在集尘极与放电极间电场力驱使下移到接地的集尘极并释放所携带的电荷，沉积在积尘极上，实现净化气流的目的．最后通过振打或冲洗使积灰落入灰斗．

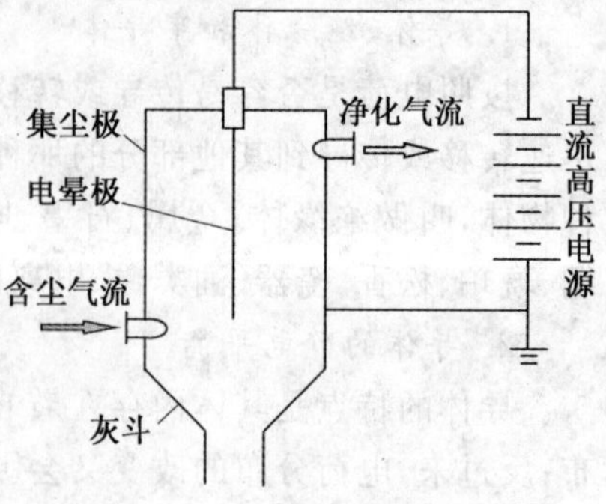

图 10-8 管式除尘器示意图

电除尘器的种类繁多．但基本上都是由壳体、气体分流装置，放电极与集尘极系统及供电系统等组成．

在雷雨季节，带电云层因静电感应，在云地之间聚集了大量异种电荷．这时在平地凸起的树木、人畜可能产生尖端放电，遭受雷击．为了避免尖端放电，高压电器设备的电极和零部件表面必须做得十分光滑并尽可能做成球面．避雷针是利用尖端放电的原理制成的．避雷针尖锐的一端安装在建筑物的顶端，另一端通过粗导线接到深埋在地下的金属板上．当带电的雷雨云层接近地面时，由于避雷针处电场特别强，空气被电离，形成放电通道，使云地间电流通过导线不断地流入地下，避免电荷大量积累，从而达到避雷的目的．

4. 静电屏蔽

如果导体有空腔，腔内没有净电荷，在外电场中达到静电平衡时，电荷只能分布在外表面，导体内和空腔内任何一处的电场强度都为零．如果把任一物体放入空心导体的空腔内，该物体就不受任何外电场的影响，从而空腔导体起到了屏蔽外电场的作用，如图 10-9(a)所示．

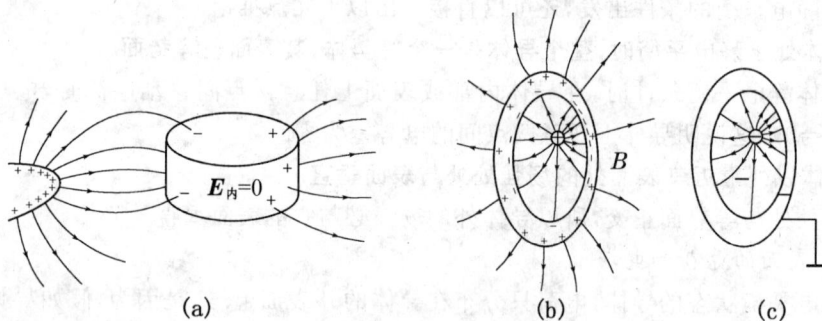

图 10-9 静电屏蔽原理

另一方面，也可以使任何带电物体不去影响别的物体，如图 10-9(b)所示，把带电体放入一个金属壳 $B$ 内，由于静电感应，在金属壳 $B$ 的内、外表面将分别出现等量异号的感应电荷，$B$ 的外表面电荷所产生的电场就会对外界产生影响，为了消除这种影响，可把 $B$ 接地，如图 10-9(c)所示，外表面的感应电荷因接地而被中和，相应的电场随之消失，这样金属壳内带电体的电场就对壳外不再产生影响了．

由此可见，一个接地的空腔导体，外界的电场既不会影响腔内的物体，腔内带电体的电场也不会影响腔外的物体，这就是**静电屏蔽**原理．

静电屏蔽原理在生产技术上有许多应用：为了避免外界电场对某些精密的电磁测量仪器的干扰，或者为了避免一些高压设备对外界的影响，一般都在这些设备的外围安装接地的金属网罩．用来传送微弱信号的连接导线，也往往在导线外面包一层用金属丝纺织的屏蔽线层，用于避免外界的干扰.

## 知识拓展

### 人体静电效应

科学证实,人体的确是一个带电体.

互握的手同时感到针刺性的电击,这种情况在天气干燥情况下非常多见. 调查与分析表明:这是“人体静电效应”作怪的结果.

科学实验已经证实:一般都带有几十至几百伏的静电压,而脱衣时和用脚蹬地时,静电压更要高.“人体静电”的强弱还与周围环境、人的穿着、行为和人的个体等因素有关:空气干燥比空气湿润强;穿化纤合成革比棉织品强;毛毯、化纤地毯比一般地面强;个别人比一般人强(与每个人的人体电阻不同有关);妇女一般比男人静电强(可能与女性爱穿化纤品有关).

人体带电的方式大体有三种:

1. 摩擦带电

(1) 人的行动和工作将使穿着的衣服与其他物体、穿的鞋与地面发生摩擦,从而使衣服和鞋子带上静电荷,通过传导或静电感应. 最终使人呈带电状态.

(2) 人的行动和工作将使工作服、帽子、手套等相互摩擦产生静电,引起人体带电.

(3) 穿上、脱下衣服、手套、帽子和鞋子时,人体与其剥离、摩擦引起人体带电.

2. 感应带电

带电的物体靠近不带电的人体时,由于静电感应现象,使人体带上静电荷.

3. 接触传导带电

(1) 人体接近或接触带电物体时,由于静电放电而使电荷转移,最终使人体和身上穿着的衣服、携带的物品等带电.

(2) 人在有带电微粒的空间活动和工作时,由于带电的灰尘、雾、粉尘及高压产生的离子等附着于人体上,而使人体和身上穿着的衣服、携带的物品等带电.

那么,“人体静电效应”到底对人们的生活、工作有多大的危害呢?

危害主要有两点:一点是力的吸附作用,“人体静电”容易吸附空气中和地面上的灰尘,污染衣物不卫生,对人体健康不利;最重要的一点就是“静电火花放电”在危险的易燃易爆场所,会使带电人体犹如一根一触即发的导爆索.

日本报道一例汽车加油女工加油,由于静电火花放电引起火灾,烧成重伤的惨剧.

装有空调、地毯、塑料墙面的封闭环境以及人们身上的高分子化合物制品往往是“人体静电”产生的源泉和引燃致爆的罪魁祸首. 因此,“人体静电”的安全防护已经受到国内外人们的关注与重视,许多国家制定了相应的防静电法规,我国也在静电防护方面做了大量科学实验.

为减少静电积累,平时少穿化纤衣物,多穿棉织品. 有些电子元件生产人员还要佩戴接地电腕带以消除静电.

## 能力训练

静电除尘是在放电极与集尘极之间进行的,为维持稳定的电晕放电,必须选用非均匀电场,因而场强的计算较为困难. 一般常把电除尘器的电场视为静电场,并以所得结果为基础,再通过实验予以必要的修正，作为设计的依据.

若用 $r_a$ 和 $r_b$ 分别来表示电晕极与集尘极的半径，且已知其高度 $L \gg r_b$，并设电晕极单位长度带电荷为 $-\tau$.

(1) 问你将选择具有何种对称性的静电场模型计算两极间的电场.

(2) 设两极间电压为 $U$，请用所学的有关知识求出距电晕极轴线为 $r$ 处的场强大小表达式.

### 巩固练习

1. 电荷量是 1 C 的电荷中含有多少个基本电荷？

2. 两个相同的金属小球，一个带的电荷量为 $+2.0\times10^{-11}$ C，另一个带的电荷量为 $-4.0\times10^{-11}$ C，求：(1) 两球相距 0.1 m 时，它们之间的静电力有多大？(2) 把两球接触后分开，使它们仍相距 0.1 m，它们之间的静电力有多大？

3. 有两个电量相等符号相反的电荷(称为电偶极子)$\pm q$，相距为 $l$，求电偶极子连线的中垂线上一点的场强.

4. 试分析人体为何有静电现象.

## §10.2 稳恒磁场和运动电荷间的相互作用

### 学习目标

1. 了解物质的电结构，理解磁现象的电本质；

2. 掌握电磁感应的定义，会计算三种电流(直线电流、环形电流和通电螺线管)及它们简单组合后产生的的磁场大小，并会判断电流产生的磁场的方向；

3. 掌握运动电荷及电流在磁场中受力的大小和方向的分析方法；

4. 了解本节知识在实际应用中的一些实例.

### 学习导入

显像管电视机在我国城市和乡村极其普及，你知道它是怎样显像的吗？磁电系仪表是实验室中常用的电工仪表，你知道它是怎样工作的吗？它们都利用了磁场对电的作用，通过本章节的学习，你将找到这些问题的答案，并能解释生产、生活中很多类似的问题.

### 学习内容

实验证明，在静止电荷周围存在着静电场(在上一节中我们已经讨论过). 如果电荷运动，它周围不仅存在着电场，而且还存在磁场. 当电荷运动形成稳恒电流时，它周围的磁场称为稳恒磁场.

### 10.2.1　稳恒电流的磁场

1. *磁现象的电本质*

通过高中阶段的学习，我们已经知道在磁铁和电流的周围都存在着磁场，并且磁铁之间、磁铁与通电导线之间、两根通电导线之间均有力的相互作用，这些磁现象是怎样产生的呢？

导体中的电流是由电荷的运动形成的，因此，电流的磁场是由电荷的运动产生的. 那么，磁铁的磁场是否也来源于电荷的运动呢？安培在实验的基础上，提出了著名的分子电流假说. 他认为在原子、分子内部存在着环形电流，叫做分子电流，分子电流使每一个物质微粒都成为一个小磁体，它的两侧相当于两个磁极（图 10-10）. 若这样一些分子电流定向地排列起来，在宏观上就会显示出 N、S 极来（图 10-11）. 近代物理学研究表明，物质内部确实存在着分子电流，它是由原子内电子绕原子核的旋转运动形成的.

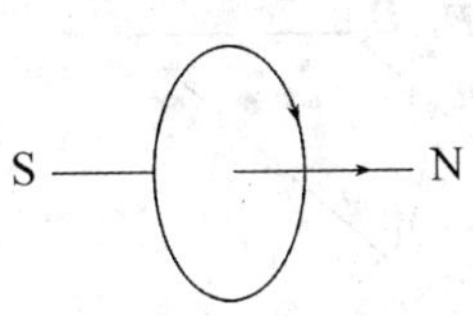


**图 10-10　分子电流**

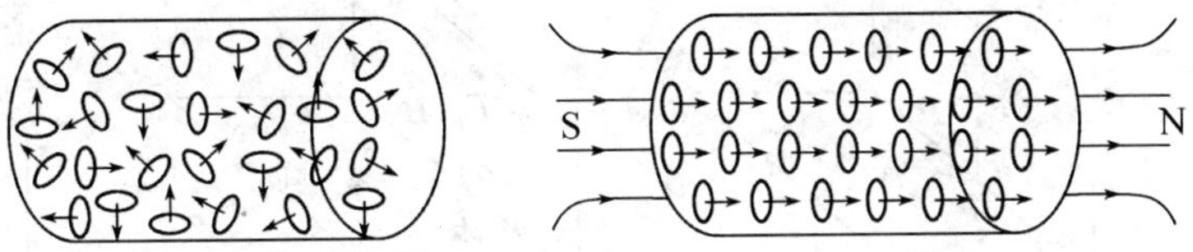


(a) 分子电流杂乱无章排列　　(b) 分子电流定向排列

**图 10-11　分子电流排列**

可见，无论导线中的电流（传导电流）还是磁铁，它们的本源都是一个，即电荷的运动. 也就是说，前面提到的各种磁现象都可归结为运动着的电荷之间的相互作用，即一切磁现象都来自于电荷的运动. 这就是物质磁性的电本质.

应该注意的是，电荷之间的磁相互作用与库仑作用不同. 无论电荷是静止还是运动，它们之间都存在着库仑力，但是只有运动着的电荷之间才存在着磁相互作用. 运动电荷之间的磁相互作用是通过磁场来传递的.

2. *磁场的描述*

磁场的强弱和方向用物理量磁感应强度 $\boldsymbol{B}$ 来描述. 磁场中某点磁感应强度 $\boldsymbol{B}$ 的数值反映了该点磁场的强弱，磁感应强度 $\boldsymbol{B}$ 方向为该点磁场的方向. 如同用试验电荷在静电场中受力来定义电场强度 $\boldsymbol{E}$ 一样，这里我们用运动的试验电荷在磁场中所受的力来定义磁感应强度 $\boldsymbol{B}$. 一个电量为 $q$ 的运动试验正电荷以任意的速度 $\boldsymbol{v}$ 通过场点 $P$ 时，实验已经证明：

(1) 沿着或逆着磁场（$\boldsymbol{B}$）的方向运动时，运动电荷不受力；

(2) 无论运动电荷以多大速率和什么方向通过 $P$ 点，运动电荷所受到的力 $\boldsymbol{F}$ 总是既垂直于该点的磁场（$\boldsymbol{F}\perp\boldsymbol{B}$），又垂直于运动电荷的速度（$\boldsymbol{F}\perp\boldsymbol{v}$）. 即磁场给运动电荷的作用力是侧向力，它只改变运动电荷速度的方向，而不改变其速度数值.

(3) 当运动电荷的速度 $\boldsymbol{v}$ 垂直于磁场方向（$\boldsymbol{v}\perp\boldsymbol{B}$）时，运动电荷所受磁场力最大，用 $F_{\mathrm{m}}$ 表示. 而以相同速率沿其他方向运动时，所受力都较小.

进一步实验表明：尽管不同电量（$q>0$），不同速度在垂直于磁场方向通过 $P$ 点得到各自不同的 $F_{\mathrm{m}}$，但其 $F_{\mathrm{m}}$ 与乘积 $qv$ 之比相同. 即

$$\frac{F_{\mathrm{m1}}}{q_1 v_{\perp 1}}=\frac{F_{\mathrm{m2}}}{q_2 v_{\perp 2}}=\cdots=\frac{F_{\mathrm{m}i}}{q_i v_{\perp i}} \tag{10-8}$$

式中 $F_{\mathrm{m}i}$ 表示 $q_i$ 以垂直于磁场方向的速度 $v_{\perp i}$ 通过 $P$ 点时所受到的磁场力. 可见，**比值 $\boldsymbol{\frac{F_{\mathrm{m}}}{qv_{\perp}}}$ 是**

**一个与运动电荷无关的量**. 在磁场中的不同点，这个比值一般不同，但对磁场中一确定点，它是一个确定值. 可见这个比值反映了该点磁场的特性. 所以，可定义

$$B=\frac{F_{\mathrm{m}}}{qv_{\perp}} \tag{10-9}$$

为场点 $P$ 处**磁感应强度 $\boldsymbol{B}$** 的数值. 显然，$\boldsymbol{B}$ 的数值反映了该点磁场的强弱.

如前所述，磁场力 $\boldsymbol{F}$ 总是既垂直于该点的磁场（$\boldsymbol{F}\perp\boldsymbol{B}$），又垂直于运动电荷的速度（$\boldsymbol{F}\perp\boldsymbol{v}$），即 $\boldsymbol{F}$ 垂直于 $\boldsymbol{B}$ 和 $\boldsymbol{v}$ 所决定的平面. 我们规定：$\boldsymbol{v}\times\boldsymbol{B}$（$\boldsymbol{v}$ 与 $\boldsymbol{B}$ 的矢量积）所决定的矢量方向与 $\boldsymbol{F}$ 的方向一致. 因 $\boldsymbol{v}$ 是给定的，$\boldsymbol{F}$ 由实验测得，则场点 $P$ 处磁感应强度 $\boldsymbol{B}$ 的方向由上述规定唯一给出. 如图 10－12 所示. $\boldsymbol{v}$、$\boldsymbol{B}$、$\boldsymbol{F}$ 方向之间的关系具有矢量矢积的右手关系：若右手半握，四个弯曲手指的方向由 $\boldsymbol{v}$ 转向 $\boldsymbol{B}$，这时大拇指表示 $\boldsymbol{F}$ 的方向.

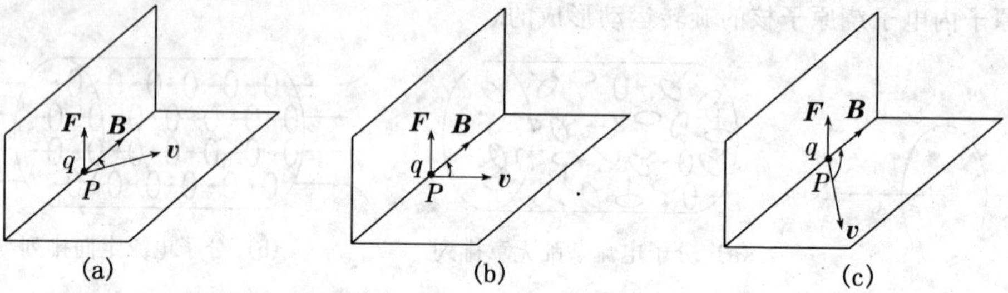


**图 10－12　磁感应强度的方向**

在 SI 制中，磁感应强度 $\boldsymbol{B}$ 的单位为 T（特斯拉，简称特）.

$$1\ \mathrm{T}=1\ \mathrm{N/(A\cdot m)}$$

为了形象地描绘磁场的分布，类比电场中引入电场线的方法作磁感应线. 图 10－13 是条形磁铁周围磁场的磁感线，图 10－14 是蹄形磁铁周围磁场的磁感线.

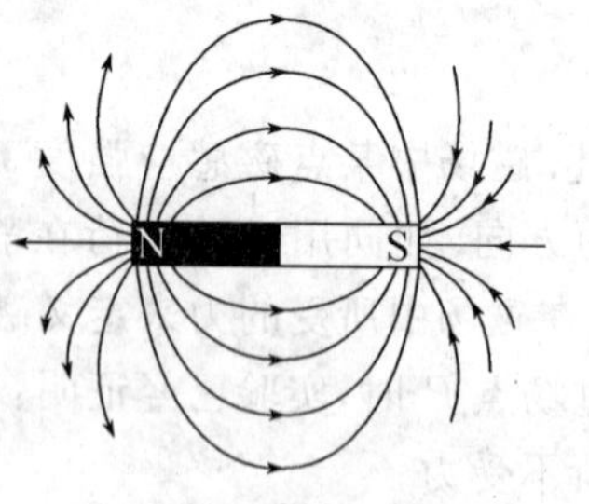


**图 10－13　条形磁铁的磁感线**

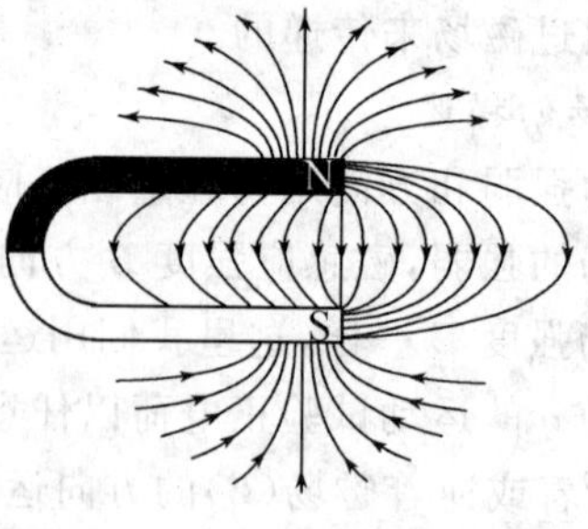


**图 10－14　蹄形磁铁的磁感线**

显然磁感应线是磁场的一种辅助性的图示法，而具有根本意义的是磁感应强度 $\boldsymbol{B}$.

3. 稳恒电流的磁场

运动电荷激发磁场，最通常和最有意义的是稳恒电流所激发的磁场，即稳恒磁场. 法国物理学家安培（1775～1836 年）对此问题进行了深入细致的研究，给出了判断稳恒电流所产生的磁场方向的方法，叫做**右手螺旋定则**，后人称为**安培定则**. 安培定则可以判断直线电流、环形电流及通电螺线管的磁场方向. 方法如下：

(1) 直线电流的磁场. **直线电流磁场的磁感应线都是环绕通电直导线的闭合曲线，磁感应线在垂直于导线的平面内，是一系列同心圆**，如图 10－15(a)所示. 磁感应线的方向可用安培定则判定：**用右手握住直导线，让垂直于四指的拇指指向电流方向，弯曲的四指所指的就是磁**

**感应线的方向**[图 10 - 15(b)].

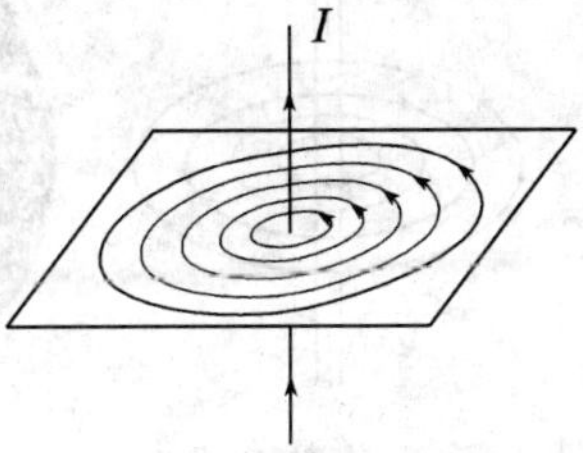


(a) 直线电流磁场的磁感应线分布

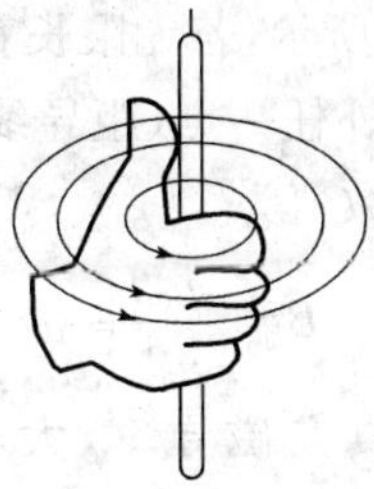

(b) 安培定则

**图 10 - 15　直线电流磁场的磁感应线与安培定则**

(2) 环形电流的磁场. **环形电流磁场的磁感应线是一些围绕环形导线的闭合曲线**[图 10 - 16(a)]. 磁感应线的方向也可以用安培定则来判定:**让右手弯曲的四指指向电流方向,则与四指垂直的拇指所指的方向,就是环形电流中心轴线上磁感应线的方向**[图 10 - 16(b)].

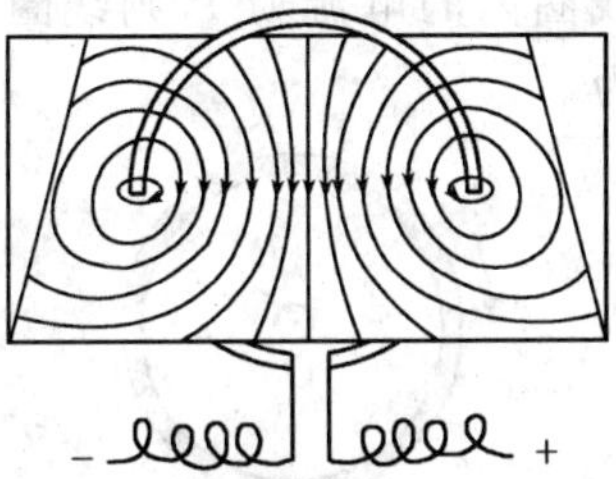


(a) 环形电流磁场的磁感应线分布

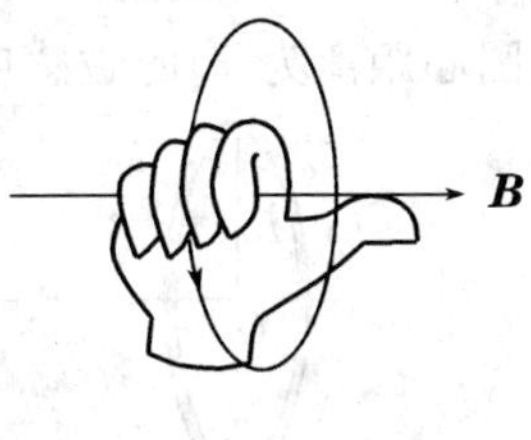


(b) 安培定则

**图 10 - 16　环形电流磁场的磁感应线与安培定则**

(3) 通电螺线管的磁场. 通电螺线管的磁场与条形磁铁的磁场很相似. 螺线管的一端相当于条形磁铁的 N 极,另一端相当于 S 极. **螺线管外部的磁感应线都是从 N 极出来进入 S 极;螺线管内部的磁感应线与螺线管中心轴线平行,方向由 S 极指向 N 极,并和外部的磁感应线相接,形成闭合曲线**. 长直通电螺线管内部的磁场可以近似视为匀强磁场[图 10 - 17(a)]. 通电螺线管的 N 极方向也可以用安培定则来判定:**让右手弯曲的四指指向电流的方向,则与四指垂直的拇指所指的方向,就是通电螺线管的 N 极指向**[图 10 - 17(b)].

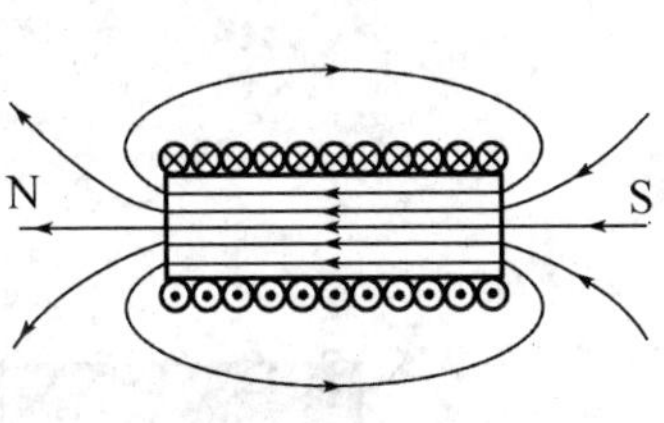


(a) 磁感线分布

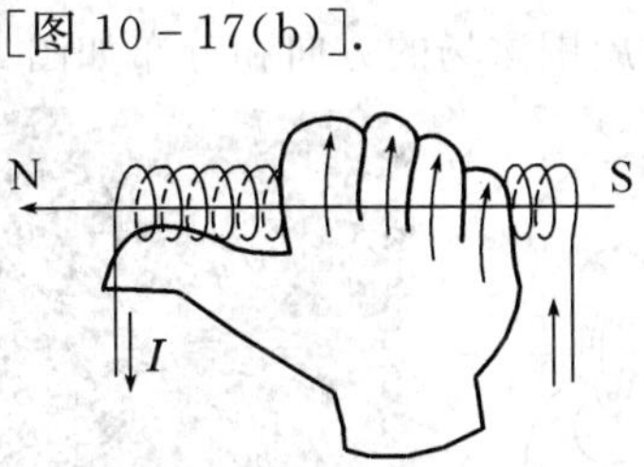


(b) 安培定则

**图 10 - 17　磁感线分布与安培定则**

电流磁场的强弱可以由毕奥—萨伐尔定律计算得到. 但在实际应用中,大多采用实验的方法测定. 下面给出几种常用的典型载流导体的磁场计算方法.

(1) 无限长载流直导线外的磁场

如图 10－18 所示，若无限长直导线内电流强度为 $I$，则直导线外任一点(距导线距离为 $r$)处的磁感应强度 $\boldsymbol{B}$ 的数值为

$$B=\frac{\mu_0 I}{2\pi\cdot r} \qquad (10-10)$$

式中，$\mu_0$ 为真空磁导率，大小为 $\mu_0=4\pi\times 10^{-7}\ \mathrm{N/A^2}=1.257\times10^{-6}\ \mathrm{N/A^2}$.

在实际中遇到的当然不可能真正是无限长的直导线.然而若在闭合回路中有一段长度为 $l$ 的直导线，在其附近 $r=l$ 的范围内式(10－10)近似成立.

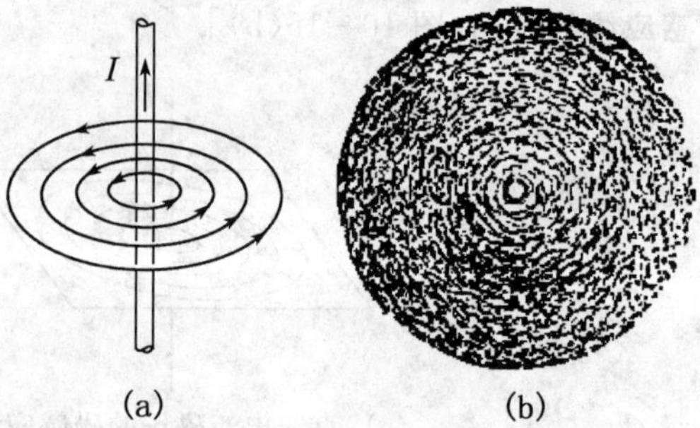


图 10－18　无限长载流直导线外磁场的方向和分布

无限长载流直导线外的磁场的方向和分布如图 10－18 所示.

(2) 载流圆线圈周围的磁场

如图 10－19(a)所示，载流圆线圈的半径为 $R$，线圈内的电流为 $I$，则线圈轴上任一点 $P$(该点距线圈圆心距离为 $x$)的磁感应强度 $\boldsymbol{B}$ 的数值为

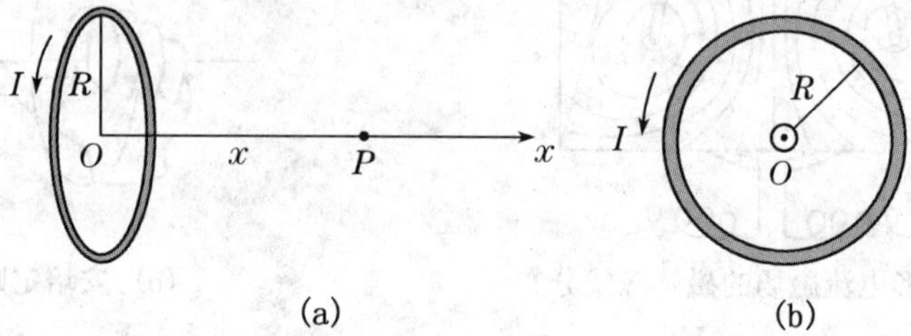


图 10－19　载流圆线圈

$$B=\frac{\mu_0}{2}\frac{IR^2}{(R^2+x^2)^{3/2}} \qquad (10-11)$$

上式中若 $x=0$，则 $P$ 点与载流圆线圈的圆心 $O$ 重合，如图 10－19(b)所示，这是式(10－11)的一种特殊情况，该点的磁感应强度 $\boldsymbol{B}$ 的数值为

$$B=\frac{\mu_0}{2}\frac{I}{R} \qquad (10-12)$$

载流圆线圈周围磁场的方向和分布如图 10－20 所示.

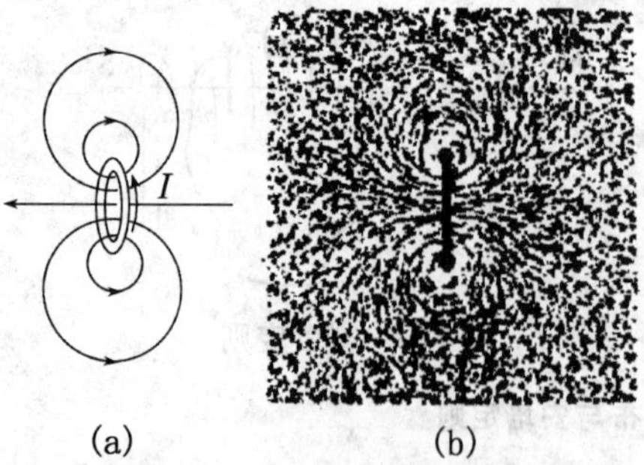


图 10－20　载流圆线圈周围磁场的方向和分布

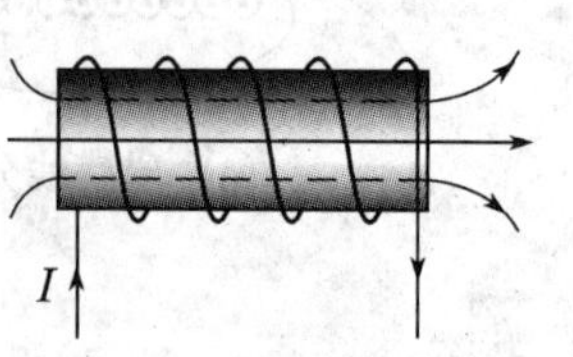


图 10－21　载流螺线管中的磁场

(3) 载流螺线管中的磁场

如图 10－21 所示，表示一无限长载流空心长直密绕螺线管，其单位长度上的匝数为 $n$，螺

线管中的电流为 $I$，则螺线管轴线上磁感应强度 $\boldsymbol{B}$ 的数值为

$$B=\mu_0 nI \tag{10-13}$$

这表明在密绕的无限长螺线管轴线上的磁场是均匀的.其实这结论不仅适用于轴线上，在整个无限长螺线管内部的空间里磁场都是均匀的，其磁感应强度的大小为 $\mu_0 nI$，方向与轴线平行.

在无限长螺线管两端点处轴上的磁感应强度是中间的一半，即

$$B=\frac{1}{2}\mu_0 nI \tag{10-14}$$

对于有限长的螺线管来说，只要 $L\gg R$，上述式(10-13)和(10-14)也近似地适用.

为了得到一个螺线管的磁场在空间分布的全貌，我们给出整个空间的磁感应线分布图(图 10-22).应当指出的是除了端点附近，在一个长螺线管外部的空间里，磁感应线很稀疏，这表示磁场在那里是很弱的.在螺线管长度 $L\to\infty$ 的极限情形下，整个外部空间的磁感应强度趋于 0.因此，无限长的密绕载流螺线管是这样一种理想的装置，它产生一个匀强磁场，并把它全部限制在自己的内部.

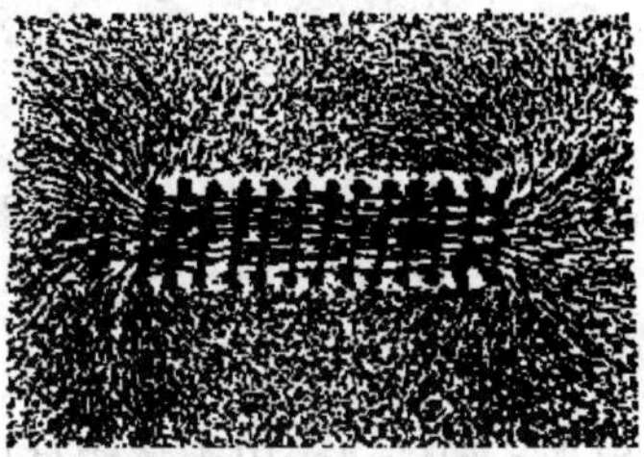

**图 10-22　载流螺线管中的磁场分布**

【例 10-3】　亥姆霍兹(德国，1821～1894)线圈.在实验室中，常应用亥姆霍兹线圈产生所需要的不太强的均匀磁场，它是由一对相同半径的载流圆线圈组成，当它们之间的距离等于它们的半径时，试计算两线圈轴线上中点的磁感应强度.从计算结果将看到，这时在两线圈中点附近的磁场是近似均匀的.

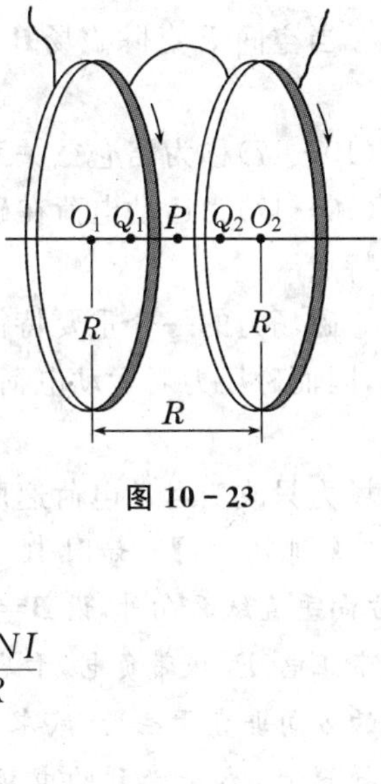


**图 10-23**

解:设两个线圈的半径为 $R$，各有 $N$ 匝，每匝中的电流均为 $I$，且流向相同，如图 10-23 所示.两线圈在轴线上各点的磁场方向均沿轴线向右，在圆心 $O_1$、$O_2$ 处磁感应强度相等，大小都是

$$B=\frac{\mu_0 NI}{2R}+\frac{\mu_0 NIR^2}{2(R^2+R^2)^{3/2}}=\frac{\mu_0 NI}{2R}\left(1+\frac{2}{2\sqrt{2}}\right)=0.677\,\frac{\mu_0 NI}{R}$$

在两线圈间的轴线上中点 $P$ 处，磁感应强度的大小为

$$B=2\,\frac{\mu_0 NIR^2}{2\left[R^2+\left(\frac{R}{2}\right)^2\right]^{3/2}}=\frac{8\mu_0 NI}{5\sqrt{5}R}=0.716\,\frac{\mu_0 NI}{R}$$

此外，在 $P$ 点两侧各只 $R/4$ 处的 $Q_1$、$Q_2$ 两点，磁感应强度等于

$$B_Q=\frac{\mu_0 NIR^2}{2\left[R^2+\left(\frac{R}{4}\right)^2\right]^{3/2}}+\frac{\mu_0 NIR^2}{2\left[R^2+\left(\frac{3R}{4}\right)^2\right]^{3/2}}=\frac{\mu_0 NI}{2R}\left(\frac{4^3}{17^{3/2}}+\frac{4^3}{5^3}\right)=0.712\,\frac{\mu_0 NI}{R}$$

在线圈轴线上其他各点，磁感应强度的量值几乎都介于 $B_0$ 与 $B_P$ 之间，由此可见:在 $P$ 点附近轴线上的磁场基本是均匀磁场，其分布情况如图 10-24 所示.图中虚线是按式(10-11)绘出的每个圆形载流线圈在其轴线上所激发的磁场分布.实线是代表两线圈所激发磁场的叠加曲线.

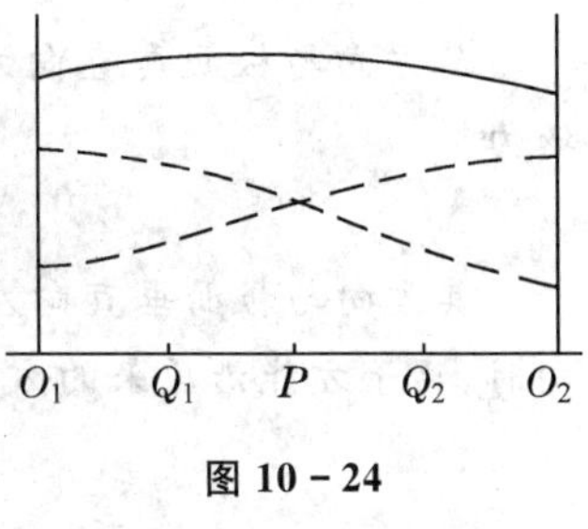


**图 10-24**

### 10.2.2 带电粒子在磁场中的运动

1. 洛仑兹力

在本节前面内容中，我们已经知道运动电荷在磁场中会受到力的作用，这个力叫做**洛仑兹力**. 虽然该力因为与电荷的运动速度 $\boldsymbol{v}$ 垂直而不做功，但它会改变带电粒子运动的方向，这有许多实际的应用. 在某些情况下，巧妙地配以适当的电场 $\boldsymbol{E}$ 可以非常有效地控制带电粒子的运动，从而达到各种既定目的. 大家经常接触的电视显像管就是一个很好的应用实例. 它的工作原理我们将在后面进行介绍.

设正点电荷 $q$ 以与 $\boldsymbol{B}$ 成 $\theta$ 角的速度通过场点 $P$. 实验证明在所有情况下，运动电荷所受磁场力（即洛仑兹力）满足下式：

$$F=qvB\sin\theta \tag{10-15}$$

$\boldsymbol{F}$ 的方向由矢量 $\boldsymbol{v}$ 与 $\boldsymbol{B}$ 的矢量积 $\boldsymbol{v}\times\boldsymbol{B}$ 决定. 因此运动电荷在磁场中受到的磁场力可表为矢量式：

$$\boldsymbol{F}=q\boldsymbol{v}\times\boldsymbol{B} \tag{10-16}$$

根据式(10－16)由矢量运算可知，当速度 $\boldsymbol{v}$ 垂直于磁场方向（$\boldsymbol{v}\perp\boldsymbol{B}$）时，运动电荷所受磁场力最大，即

$$F_m=qv_{\perp}B$$

当空间 $P$ 点除磁场 $\boldsymbol{B}$ 外还存在电场 $\boldsymbol{E}$ 时，则运动电荷通过 $P$ 点所受到的合力 $\boldsymbol{F}$ 为

$$\boldsymbol{F}=\boldsymbol{q}(\boldsymbol{E}+\boldsymbol{v}\times\boldsymbol{B}) \tag{10-17}$$

式(10－17)称为洛仑兹关系式，它包含两部分：电场力——$q\boldsymbol{E}$，磁场力（洛仑兹力）——$q\boldsymbol{v}\times\boldsymbol{B}$. 式(10－17)为运动电荷在磁场中受力的基本公式，显然它包含了在磁场中运动电荷受力的所有特点.

磁场力的一个重要特征是，无论磁场中运动电荷的速度 $\boldsymbol{v}$ 怎样，洛仑兹力 $\boldsymbol{F}$ 总是与 $\boldsymbol{v}$ 垂直，因而磁场力对运动电荷不做功，即

$$\boldsymbol{F}\cdot\boldsymbol{v}=0 \tag{10-18}$$

磁场力只改变运动电荷速度的方向，而不改变其数值（速率）

【例 10－4】 如图 10－25 是速度选择器的原理图. 它是由均匀磁场（方向垂直纸面向外，设 $\boldsymbol{B}=1.0\times10^{-3}$ T）中两块金属板 $P_1$、$P_2$ 构成. 其中 $P_1$ 板带正电，$P_2$ 板带负电，于是两板间产生一匀强电场（设 $\boldsymbol{E}=300\ \mathrm{V\cdot m^{-1}}$），电场的方向垂直于磁场. 试求当速度 $\boldsymbol{v}$ 不同的正离子沿图示方向进入速度选择器时，离子受到的电场力 $f_0$ 的方向和洛仑兹力 $f_{\mathrm{m}}$ 的方向. 速度为多大的正离子才能沿原来的方向直线前进，并穿过速度选择器？

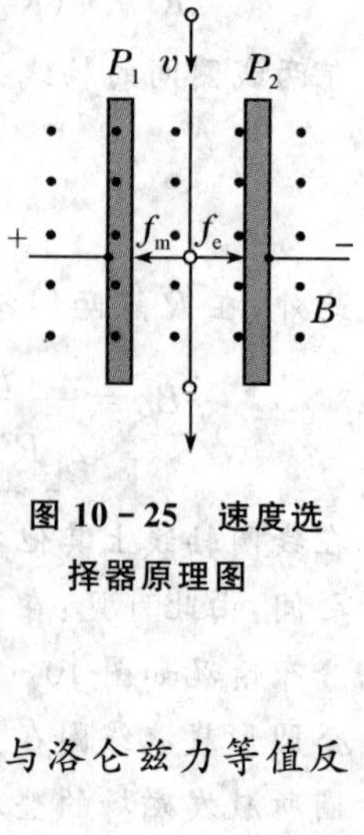

图 10－25 速度选择器原理图

解：对于正离子 $q>0$，则离子受的电场力

$$\boldsymbol{f}_{\mathrm{e}}=q\boldsymbol{E}$$

其方向与板面垂直向右. 设离子运动的速度为 $\boldsymbol{v}$，则离子所受的磁场力

$$\boldsymbol{f}_{\mathrm{m}}=q\boldsymbol{v}\times\boldsymbol{B}$$

其方向与板面垂直向左. 当离子的速度大小恰好使离子所受的电场力与洛仑兹力等值反向时，离子方能沿原来的方向直线前进，并穿过速度选择器，即要满足

$$qE=qvB$$

可见，只有当速度大小 $\boldsymbol{v}=\boldsymbol{E}/\boldsymbol{B}$ 的离子，才可通过速度选择器. 所以能利用调节 $\boldsymbol{E}$ 或 $\boldsymbol{B}$ 的大小改变通过离子的速度. 将题中数据代入得

$$v=\frac{E}{B}=\frac{300}{1.0\times10^{-3}}=3.0\times10^{5}(\mathrm{m\cdot s^{-1}})$$

即只有速度等于 $3.0\times10^{5}\ \mathrm{m\cdot s^{-1}}$ 的离子才能穿过速度选择器.

2. 带电粒子在磁场中的运动

(1) $\boldsymbol{v}\perp\boldsymbol{B}$ 情形

当带电粒子以垂直于磁场的方向进入磁场时，粒子在垂直于磁场的平面内做匀速圆周运动，洛仑兹力提供了向心力，于是有下面的关系

$$qvB=\frac{mv^{2}}{R}$$

式中 $m$ 和 $q$ 分别是粒子的质量和电量，$R$ 是圆形轨道的半径. 由上式可得粒子沿圆形轨道运动的半径为

$$R=\frac{mv}{qB} \tag{10-19}$$

粒子运动的周期 $T$，即粒子运动一周所需要的时间为：

$$T=\frac{2\pi R}{v}=\frac{2\pi m}{qB} \tag{10-20}$$

以上关系表明，尽管速率大的粒子在大半径的圆周上运动，速率小的粒子在小半径的圆周上运动，但它们运行一周所需要的时间却都是相同的. 这个重要的结论是回旋加速器的理论依据.

(2) $\boldsymbol{v}$ 与 $\boldsymbol{B}$ 间有任意夹角 $\alpha$

如图 10－26 所示，$\boldsymbol{v}$ 与 $\boldsymbol{B}$ 间有任意夹角 $\alpha$，我们可以将粒子的运动速度 $\boldsymbol{v}$ 分解为垂直于磁场的分量 $v_{\perp}$ 和平行于磁场的分量 $v_{\mathrm{p}}$，它们分别表示为

$$v_{\perp}=v\sin\alpha \text{ 和 } v_{\mathrm{p}}=v\cos\alpha$$

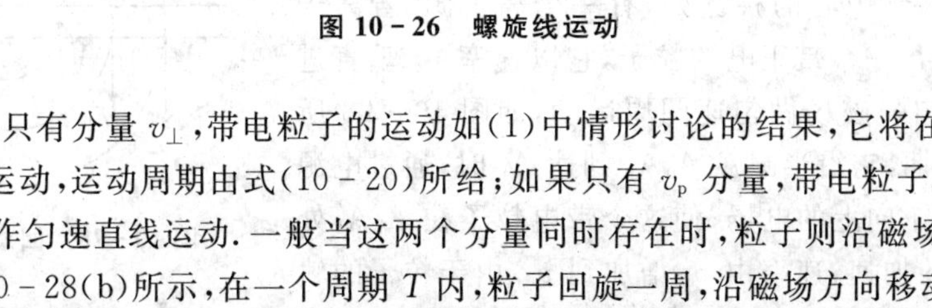

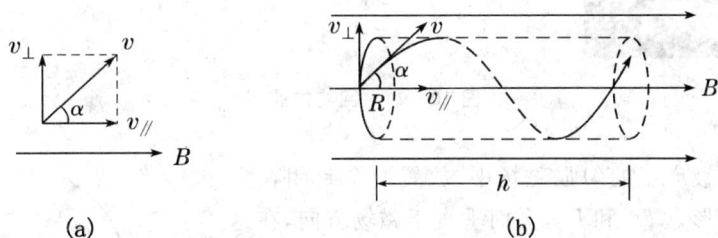

**图 10－26　螺旋线运动**

显然，如果只有分量 $v_{\perp}$，带电粒子的运动如(1)中情形讨论的结果，它将在垂直于磁场的平面内作圆周运动，运动周期由式(10－20)所给；如果只有 $v_{\mathrm{p}}$ 分量，带电粒子不受磁场力，它将沿 $\boldsymbol{B}$ 的方向作匀速直线运动. 一般当这两个分量同时存在时，粒子则沿磁场的方向作螺旋线运动，如图 10－28(b)所示，在一个周期 $T$ 内，粒子回旋一周，沿磁场方向移动的距离为

$$h=v_{\mathrm{p}}T=\frac{2\pi m v_{\mathrm{p}}}{qB} \tag{10-21}$$

这个距离称为**螺旋线的螺距**. 上式表示螺旋线的螺距 $h$ 与 $v_{\perp}$ 无关. 这意味着，无论带电粒子以多大的速率进入磁场，也无论沿何方向进入磁场，只要它们平行于磁场的速度分量 $v_{\mathrm{p}}$ 是相同

的，它们螺旋运动的螺距就一定相等．如果它们从同一点射入磁场，那么它们必定在沿磁场方向上与入射点相距螺距 $h$ 整数倍的地方又会聚在一起．这与光束经透镜后聚焦的现象相类似，故称为**磁聚焦**．电子显微镜中的磁透镜就是磁聚焦原理的应用．

3．回旋加速器

近几十年来，人们研制和建造了多种粒子加速器，其性能也不断提高．回旋加速器的应用已远远超出原子核物理和粒子物理领域，在诸如材料科学、表面物理、分子生物学、光化学等其他科技领域都有着重要应用．在工、农、医各个领域中加速器广泛用于同位素生产、肿瘤诊断与治疗、射线消毒、无损探伤、高分子辐照聚合、材料辐照改性、离子注入、离子束微量分析以及空间辐射模拟、核爆炸模拟等方面．在生活中，电视和 $X$ 光设施等都是小型的粒子加速器．那么到底什么是回旋加速器？它又是怎样工作的呢？

回旋加速器是用人工方法产生高速带电粒子的装置．是探索原子核和粒子的性质、内部结构和相互作用的重要工具，在工农业生产、医疗卫生、科学技术等方面也都有重要而广泛的实际应用．

1932 年美国物理学家劳伦斯发明了第一台回旋加速器，利用这种装置可获得能量极高的粒子．

质量为 $m$、电荷量 $q$ 不变的粒子，在匀强磁场中做圆周运动的轨道半径随速度的增加而增大，但其运动周期却不变．这是回旋加速器工作的基本原理．图 10－27 是回旋加速器的构造示意图．

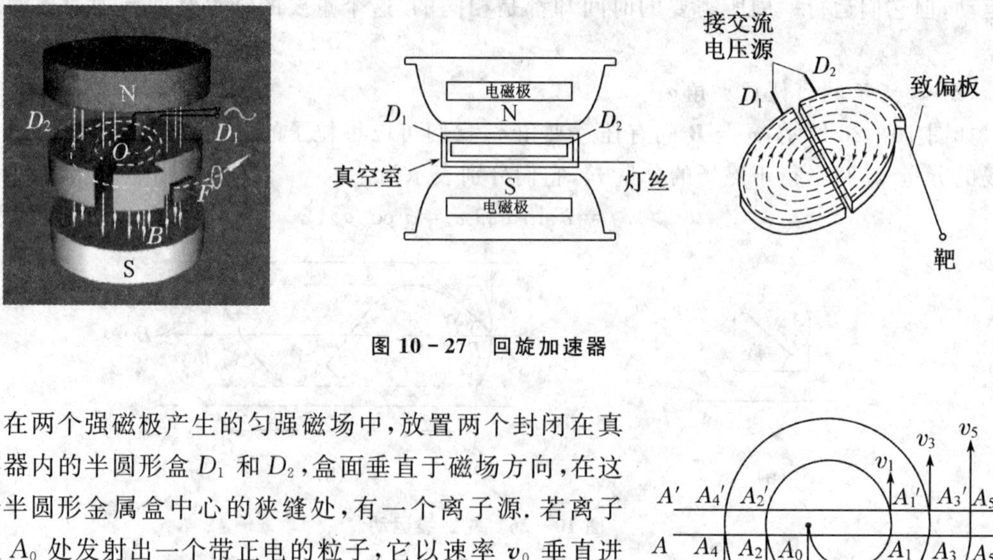


图 10－27　回旋加速器

在两个强磁极产生的匀强磁场中，放置两个封闭在真空容器内的半圆形盒 $D_1$ 和 $D_2$，盒面垂直于磁场方向，在这两个半圆形金属盒中心的狭缝处，有一个离子源．若离子源从 $A_0$ 处发射出一个带正电的粒子，它以速率 $\boldsymbol{v}_0$ 垂直进入金属盒内的匀强磁场做匀速圆周运动，如图 10－28 所示．经过半个周期，它沿半圆弧 $A_0A_1$ 到达 $A_1$ 时，通过电源在 $A_1A_1'$ 处加一个向上的电场，使这个带电粒子在 $A_1A_1'$ 处受到一次电场的加速，速率由 $v_0$ 增加到 $v_1$．由于粒子的轨道半径跟它的速率成正比，因而该粒子将沿更大的半径做圆周运动．再过半个周期，粒子将沿半圆弧 $A_1'A_2'$ 到达 $A_2'$ 时，再加一个向下的电场，使粒子又一次受到电场的加速，速率增加到 $v_2$，粒子做圆周运动的半径也将进一步增大．如此继续下去，每当粒子运动到 $A_1A_1'$、$A_3A_3'$、… 时，都要受到一个向上的电场的加速，每当粒子运动到 $A_2'A_2$、$A_4'A_4$、… 处时都要受到一个向下

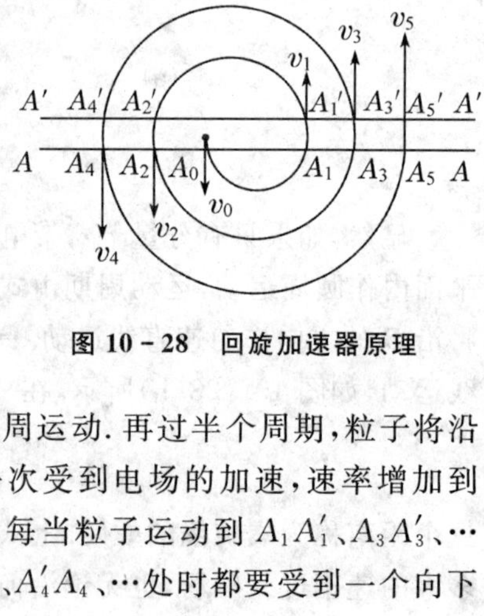


图 10－28　回旋加速器原理

的电场的加速，因此粒子将沿螺旋线 $A_0A_1A_1'A_2'A_2\cdots$ 回旋下去，半径越来越大，速率也不断增大.

4. 显像管扫描原理

利用带电粒子在磁场中运动时受到洛伦兹力作用而发生偏转的原理，可以制成显像管. 显像管是电视机的“心脏”.

显像管主要由三部分构成：电子枪、磁偏转线圈、荧光屏. 电子枪、荧光屏的作用与“示波器”的相同，而显像管的磁偏转线圈分为行偏转与场偏转两组(图 10－29).

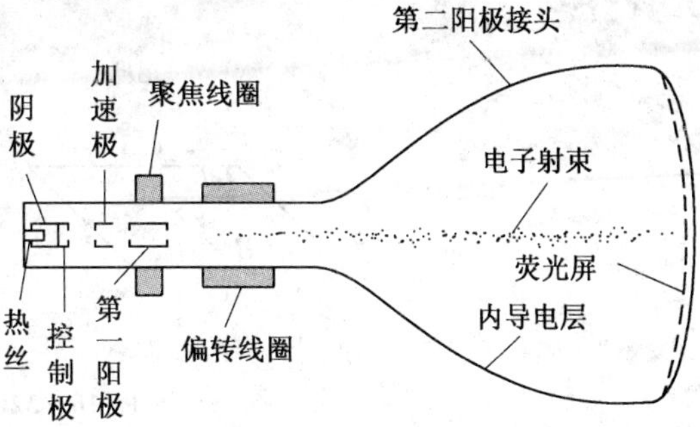

图 10－29　显像管构造

行偏转线圈呈马鞍形，紧套在显像管颈椎部，当它通有电流时，形成竖直方向的磁场(图 10－30). 而场偏转线圈直接绕在磁环上，它所产生的磁场是水平的(图 10－31).

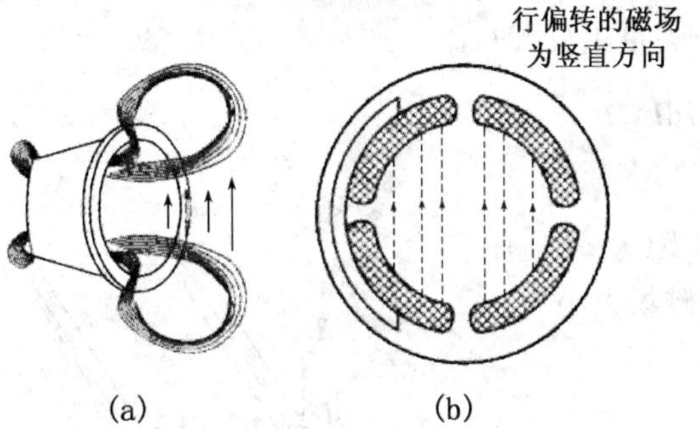

图 10－30　行偏转线圈

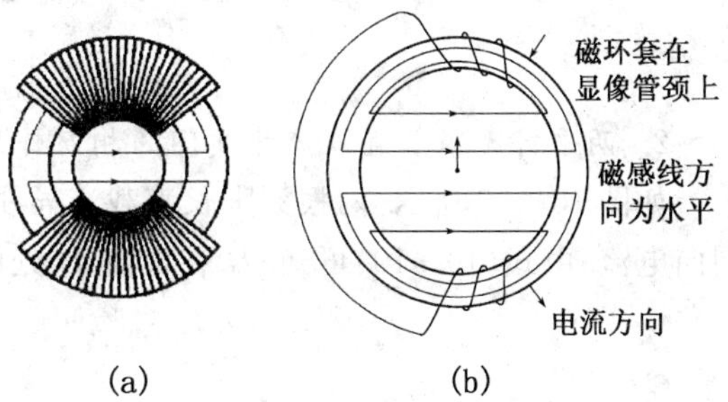

图 10－31　场偏转线圈

根据左手定则，电子枪发射的电子束在射向荧光屏时，由于受到行线圈磁场作用而左右偏转，同时又受到场线圈磁场作用而上下偏移. 若偏转线圈中通有锯齿波电流，电子束就会自左向右，自上而下一行一行地在屏上扫描过来. 由于人眼视觉的暂留效应，扫描线将形成光栅. 用电视信号去调制电子束的强弱，就可显示图像.

### 10.2.3　磁场对电流的作用

为什么并行的高压输电线之间要有一定的距离？一般的电线都是圆形截面，而一些车间里为什么会有矩形截面的电线？这些问题都和磁场对载流导体的作用有关.

1. 安培力和安培定律

磁场最基本而又最重要的性质是，放在磁场中的载流导体要受到磁场的作用. 安培通过大量实验，于 1820 年 12 月提出了能够反映磁场对载流导线作用规律的**安培定律**. 它是描述磁场中某点 $P$ 处的电流元所受到的作用力的规律，电流元受到的此作用力称为**安培力**. 安培力是导体中定向运动的电荷在磁场中所受洛仑兹力的宏观表现.

所谓**电流元**，就是一段极短的载流导体，长度为 $\mathrm{d}l$，通过它的电流强度为 $I$，电流元的大小等于 $I\mathrm{d}l$，电流元的方向就是电流流动的方向，电流元可记为 $I\mathrm{d}\boldsymbol{l}$.

当电流元所在处的磁感应强度矢量为 $\boldsymbol{B}$，$I\mathrm{d}\boldsymbol{l}$ 和所在处的磁感应强度矢量 $\boldsymbol{B}$ 间的夹角为 $\varphi$ 时，电流元受到的作用力 $\mathrm{d}\boldsymbol{F}$ 的大小与 $I\mathrm{d}l$、$B$、$\sin\varphi$ 的乘积成正比. 即

$$dF = k \cdot I \cdot dl \cdot B \cdot \sin\varphi \tag{10-22}$$

$k$ 为比例系数，在 SI 制中，$k=1$. $d\boldsymbol{F}$ 的方向总是垂直于 $Id\boldsymbol{l}$ 和 $\boldsymbol{B}$ 所构成的平面，并且满足右手螺旋法则，如图 10-32 所示. 故上式可写成矢量式

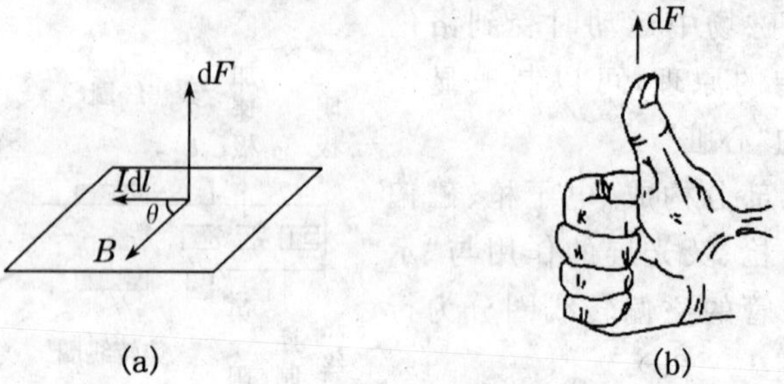


**图 10-32　右手螺旋法则**

$$d\boldsymbol{F} = Id\boldsymbol{l} \times \boldsymbol{B} \tag{10-23}$$

由于磁场力满足叠加原理，所以要计算一段有限长载流导线 $L$ 所受的安培力，应对所有的 $d\boldsymbol{F}$ 求矢量和，又因为电流是连续的，实际是求矢量积分. 即

$$\boldsymbol{F} = \int_{(L)} Id\boldsymbol{l} \times \boldsymbol{B} \tag{10-24}$$

2. 两平行无限长直载流导线间的相互作用

如图 10-33 所示：两根无限长直载流导线相距为 $a$，通有同向电流. 由式(10-10)可知，$I_1$ 在电流 $I_2$ 处的磁场大小为

$$B_1 = \frac{\mu_0 I_1}{2\pi a}$$

又由安培定律，$I_2 dl_2$ 在 $a$ 处受 $I_1$ 磁场的安培力大小为

$$dF_{12} = I_2 \cdot dl_2 \cdot B_1 \cdot \sin\varphi = \frac{\mu_0 I_1 I_2}{2\pi a} = dl_2$$

同理 $I_2$ 磁场对 $I_1 dl_1$ 的安培力大小为

$$dF_{21} = \frac{\mu_0 I_1 I_2}{2\pi a} dl_1$$

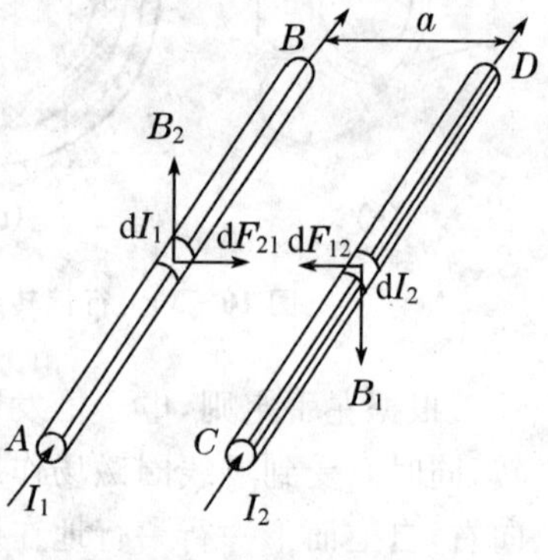


**图 10-33　两平行无限长直载流导线间的作用**

两力的方向相反. 故：**同方向的两平行电流之间的相互作用力大小相等、方向相反，分别作用在两导线上，并相互吸引.** 同理可以证明，**反方向的两平行电流之间相互作用力大小相等、方向相反，分别作用在两导线上，并相互排斥.**

【例 10-5】 架在空中的两条高压电线，其中任意一根电线中电流的磁场都要对另一根电线中电流施加安培力. 设有两根相互平行的载流直导线，相距为 $a$，分别通有方向相同的电流 $I_1$、$I_2$. 求两根导线单位长度上所受的安培力.

解：首先计算载流导线 1 对导线 2 上一段电流元 $I_2 dl_2$ 的作用力，如图 10-35 所示. 由式(10-10)可知，$I_1$ 在 $I_2 dl_2$ 处所产生的磁场大小为 $B_1 = \frac{\mu_0 I_1}{2\pi a}$，方向与导线 2 垂直，并垂直纸面向里. 根据安培力公式，$I_2 dl_2$ 所受的作用力大小为

$$dF_{12} = I_2 \cdot dl_2 \cdot B_1 = \frac{\mu_0 I_1 I_2}{2\pi a} dl_2$$

同理可求出载流导线 2 产生的磁场对载流导线 1 上一段电流元 $I_1 dl_1$ 作用力的大小为

$$dF_{21}=I_1\cdot dl_1\cdot B_2=\frac{\mu_0 l_1 I_2}{2\pi a}dl_1$$

单位长度的载流导线上所受作用力的大小为

$$F=\frac{dF_{12}}{dl_2}=\frac{dF_{21}}{dl_1}=\frac{\mu_0 I_1 I_2}{2\pi a}$$

由计算结果表明，输电线之间的安培力与相互距离成反比，在输电线路中，输电线之间都是平行排列的，因此相邻两线之间的安培力不容忽视. 特别是当导线中的电流较大时，如高压输电线，这种作用力更不能忽略，否则会造成短路等重大事故. 为避免危害，就要适当增大它们之间的距离. 但当输电线在用电车间内时，就不允许将它们的距离拉得过大，这时可将截面为圆形的导线换为截面为矩形的导线. 由理论计算可知，在同样距离、同样电流的情况下，矩形截面导线之间的安培力是圆形截面导线之间的 0.83 倍.

3. 载流线圈在均匀磁场中受到的磁力矩

实际电路一般是闭合的，所以研究载流线圈在磁场中受安培力的情况具有重要意义. 制造电动机和磁电式电表等的理论依据，就是磁场对通电线圈的作用规律. 设在均匀磁场 $B$ 中，有一刚性的矩形平面线圈 $abcd$，边长分别为 $l_1$ 和 $l_2$，在线圈中通有电流 $I$，如图 10－34 所示.

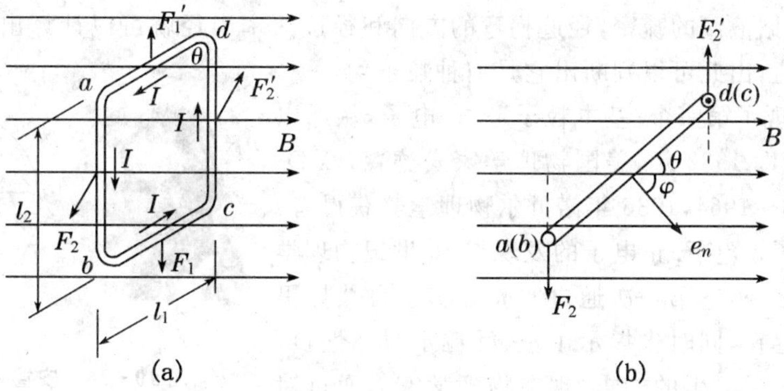


图 10－34　载流线圈在均匀磁场中的受力

当线圈平面与 $\boldsymbol{B}$ 的方向成 $\theta$ 角（线圈平面的法向单位矢量 $\boldsymbol{n}$ 与 $\boldsymbol{B}$ 成 $\varphi$ 角）时，与 $\boldsymbol{B}$ 垂直的导线 $ab$、$cd$ 受到的安培力大小为

$$F_2=F_2'=BIl_2$$

而导线 $bc$、$da$ 受到的安培力大小为

$$F_1=F_1'=BIl_1\sin\theta$$

由图 10－34 可见，$F_1$ 与 $F_1'$ 方向相反，并在同一直线上. 其作用是线圈受到张力，对于刚性线圈可不考虑其作用. 而 $F_2$ 与 $F_2'$ 方向相反，但不在一直线上，形成了力偶. 力偶的力臂为 $l_1\cos\theta$. 所以，安培力在线圈上产生的力矩大小为

$$M=F_2 l_1\cos\theta=BIl_1 l_2\cos\theta=BIS\cos\theta=BIS\sin\varphi$$

如果线圈有 $N$ 匝，则线圈所受磁力矩的大小为

$$M=NBIS\sin\varphi \qquad (10-25)$$

虽然式(10－25) 是从矩形线圈推导出来的. 可以证明，当线圈为任意形状时它仍然适用. 正因为在磁力矩的作用下，载流线圈会发生转动，才能制造出给人类带来无数便利的电动机、磁电式电表等设备.

## 知识拓展

### 云室与正电子的发现

现代高能粒子物理学的发展，是以高能加速器与探测技术的发展为基础的. 云雾室（简称云室）是设计精巧、生动直观的一种探测器，在物理学史上曾发挥了重要作用. 图 10 - 35 为早期的云室照片.

图 10 - 35　云室

云室是英国物理学家查尔斯 · 威尔逊（Charles T. Wilson，1869～1959）于 1895 年发明的，为此威尔逊获得了 1927 年诺贝尔物理学奖.

云室的工作原理简述如下. 云室内充满液体的饱和蒸汽，当云室体积迅速膨胀时，引起温度下降，并出现过热蒸气，如果此时有带电粒子通过，则它会在所经过的路径上电离，以这些电离的离子为凝结中心凝成一连串小水滴. 若用照相机拍下来，就可以看到入射粒子的轨迹. 整个云室必须放在均匀磁场内，为的是使带电粒子的轨迹在里面偏转，根据液滴的疏密，径迹拐弯的方向和径迹曲率半径就可以计算出粒子的速度、动量和质量等量值，由此可以判断出它是何种粒子.

1897 年发现了第一个“基本粒子”——电子，从那以后又过了 35 年即 1932 年，美国物理学家安德森（C. D. Anderson，1883～1964，1936 年诺贝尔物理学奖获得者）利用云室发现了正电子. 正电子的发现是 20 世纪物理学最重大的发现之一，它第一次通过实验证实了自然界里确实有反粒子存在，同时也揭示了正、反粒子对称性，可以说是粒子物理学诞生的标志. 现在物理学家们通过对各种粒子的研究和比较已经发现所有的粒子都是配成对的，配成对的粒子称为正、反粒子，正、反粒子的一部分性质相同，另一部分性质相反. 图 10 - 36(a) 为安德森的照片，图 10 - 36(b) 为安德森当时在加州理工学院用威尔逊云室拍得的带电粒子径迹照片的示意图.

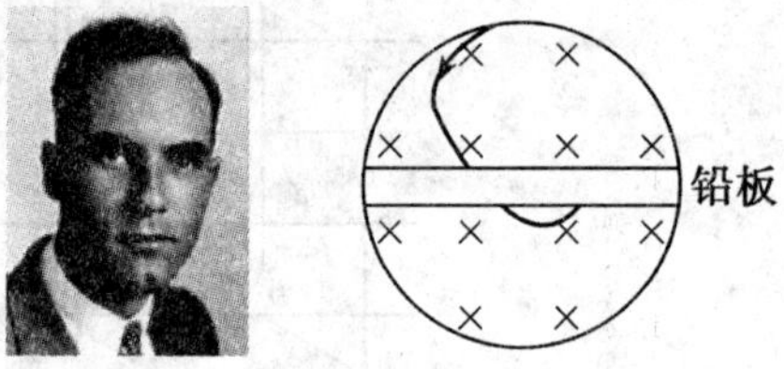


(a)　(b)

图 10 - 36　安德森与云室内带电粒子径迹照片示意图

## 能力训练

在上述知识拓展内容当中，请你定性分析下面问题：

(1) 试用所学过的电磁学有关知识说明安德森当时是如何根据照片[图 10 - 36(b)]判断出这一未知粒子是正电子的？

(2) 说明图中粒子径迹的曲率半径变小的原因，要求写出有关公式.

## 巩固练习

1. 一个电流元 $Id\boldsymbol{l}$ 放在磁场中某点，当它沿 $x$ 轴放置时不受力. 如果把它转向 $y$ 轴正方向时，则受到的力沿 $z$ 轴的负方向，试问磁感应强度 $\boldsymbol{B}$ 指向何方？

2. 有两个相同的细圆环，半径均为 $R$，其平面法线正交，通以相同的电流 $I$，如图 10－37 所示. 试求它们的共同环心处的磁感应强度的大小和方向.

3. 一根弯曲的载流导线在匀强磁场中，应如何放置才不受磁场力的作用？

4. 画出图 10－38 中电荷 $q$ 在匀强磁场中所受洛仑兹力的方向，并写出其大小表达式.

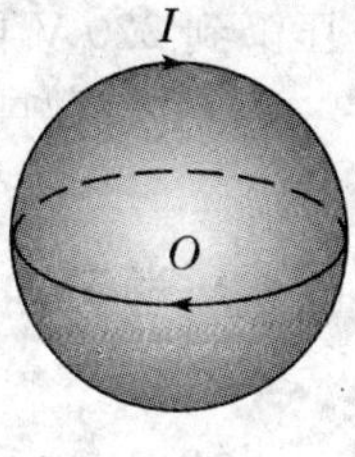


图 10－37

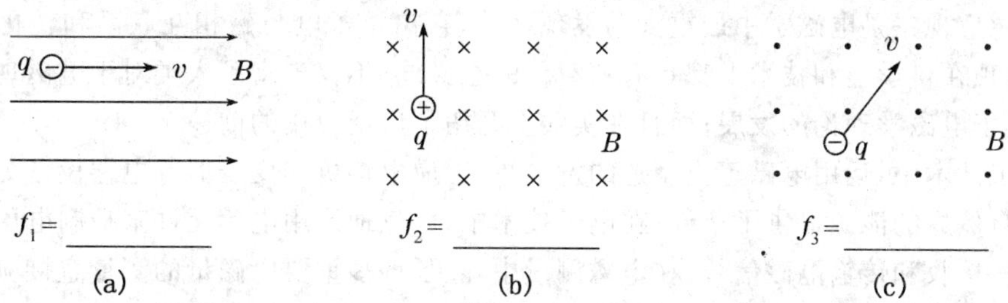


图 10－38

## §10.3　电磁理论的建立与电磁波的发现

### 学习目标

1. 掌握法拉第电磁感应定律，能使用该定律计算线圈及直导线组成的回路中产生的感应电动势及感应电流的大小；

2. 会用楞次定律判断感应电动势的方向；

3. 理解自感及互感现象，能够用自感和互感现象解释生活、生产中的一些应用实例.

### 学习导入

汽车已越来越多地进入我国百姓的日常生活. 日本本田汽车公司 2005 年秋季到 2006 年 1 月份生产了紧凑型 MPV 时韵(Stream)轿车，然而漂亮的外型和舒适的内车设计并没有使其受到消费者的青睐. 日本本田汽车公司 2006 年 9 月 6 日宣布召回的 63 099 辆汽车中，相当一部分就是 MPV 时韵(Stream)，原因是一些时韵 MPV 的车速表出现无法正常工作的现象.

图 10－39　车速表

汽车、摩托车的车速表(图 10－39)上，指针偏转的角度随着速度的变化而发生相应的变化，它是怎样工作的呢？

我们再来看看，我国的市电是电压为 220 V、频率为 50 Hz 的交变电流，但发电厂要先用升压变压器将电压升高后再向远距离的用户输送，到了目的地之后，必须再用降压变压器将电压降到 220 V 再输送给用户.那么,变压器是怎样升压和降压的呢?

上述实例是典型的电磁感应现象在技术上的应用.下面我们就来逐一学习相关知识.

## 学习内容

### 10.3.1 法拉第电磁感应定律

电磁感应现象是电磁学中最重大的发现之一,它揭示了电与磁相互联系和转化的重要方面.它的发现在科学上和技术上都具有划时代的意义.它不仅丰富了人类对于电磁现象本质的认识,推动了电磁学理论的发展;而且在实践上开拓了广泛应用的前途.

在电工技术中,运用电磁感应制造的发电机、感应电动机和变压器等电器设备为充分而方便地利用自然界的能源提供了条件;在电子技术中,广泛地采用电感元件来控制电压或电流的分配、发射、接收和传输电磁信号;在电磁测量中,除了许多重要电磁量的测量直接应用电磁感应原理外,一些非电磁量也可用之转换成电磁量来测量,从而发展了多种自动化仪表.

1. 磁通量

在磁场中穿过任一曲面 $S$ 的磁感线的条数称为穿过该面的**磁通量**,简称**磁通**,用 $\Phi$ 表示.在 SI 单位制中,磁通单位为 Wb(韦伯).$1\ \mathrm{Wb}=1\ \mathrm{T}\cdot\mathrm{m}^2=1\ \mathrm{N}\cdot\mathrm{m}\cdot\mathrm{A}^{-1}$.为了计算穿过任意曲面 $S$ 的磁通量,需将曲面 $S$ 分割成无限多个面积元,如图 10-40 所示.任取一个面积元 $\mathrm{d}S$,穿过该面积元的磁通量为

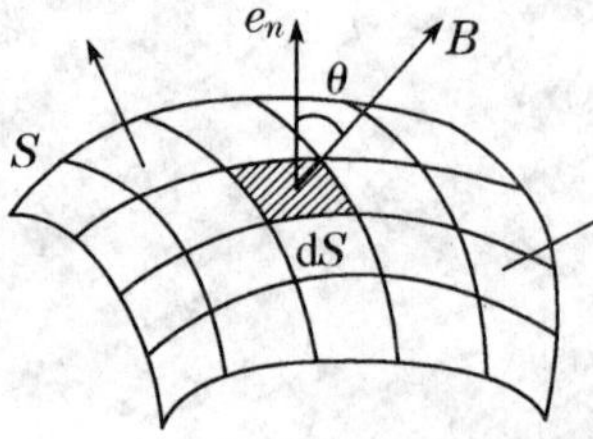


图 10-40 面元

$$\mathrm{d}\Phi=B\cdot\mathrm{d}S_{\perp}=B\cdot\cos\theta\cdot\mathrm{d}S=\boldsymbol{B}\cdot\mathrm{d}\boldsymbol{S}\qquad(10-26)$$

式中 $\theta$ 是面积元 $\mathrm{d}\boldsymbol{S}$ 的法向单位矢量 $\boldsymbol{e}_n$ 与磁感应强度 $\boldsymbol{B}$ 之间的夹角,$\mathrm{d}\boldsymbol{S}=\mathrm{d}S\boldsymbol{e}_n$ 是**面积元矢量**.

磁通量是标量,穿过整个曲面 $S$ 的磁通量等于穿过每一个面积元磁通量的代数和,因此,对式(10-26)积分,可得到穿过整个曲面 $S$ 的磁通量为

$$\Phi=\int_S\boldsymbol{B}\cdot\mathrm{d}\boldsymbol{S}=\int_S B\cos\theta\mathrm{d}S\qquad(10-27)$$

积分遍及整个曲面.

如果曲面是一闭合曲面,如图 10-41 所示,则穿过曲面 $S$ 的磁通量为

$$\Phi=\oint_S\boldsymbol{B}\cdot\mathrm{d}\boldsymbol{S}=\oint_S B\cos\theta\mathrm{d}S\qquad(10-28)$$

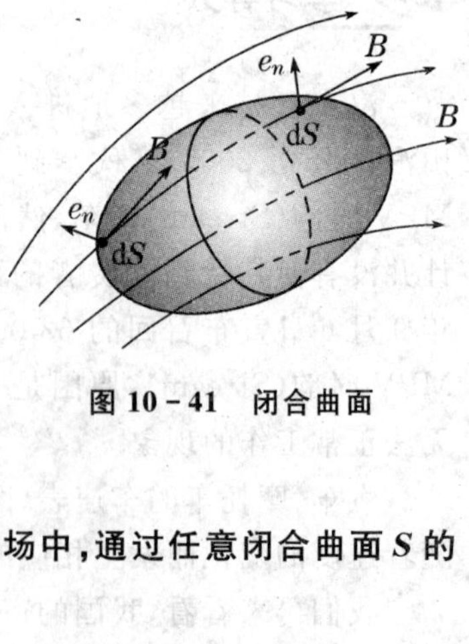


图 10-41 闭合曲面

对于闭合曲面 $S$,我们取外法线方向为法线的正方向,根据这一约定,当磁感应线穿出闭合曲面时,$\boldsymbol{B}$ 与 $\boldsymbol{e}_n$ 的夹角 $\theta$ 满足 $0\leqslant\theta\leqslant\frac{\pi}{2}$,相应的磁通量为正;当磁感应线穿入闭合曲面时,$\boldsymbol{B}$ 与 $\boldsymbol{e}_n$ 的夹角 $\theta$ 满足 $\frac{\pi}{2}\leqslant\theta\leqslant\pi$,相应的磁通量为负,如图 10-41 所示.经计算可知,式(10-28)的结果必为零,即**在任意磁场中,通过任意闭合曲面 $S$ 的磁通量必为零**.

2. 法拉第电磁感应定律

1820 年，奥斯特关于电流的磁效应的发现引起了科学界的普遍关注，对其逆现象是否能够发生进行了大量的研究. 英国物理学家法拉第(M. Faraday，1791～1867)经过十多年的辛勤努力，终于在 1831 年通过实验发现了电磁感应现象. 其内容为：**不论采用什么方法，只要使通过导体回路所包围面积的磁通量发生变化，则回路中便会有电流产生**. 这种现象称为**电磁感应**，这种现象所产生的电流称为**感应电流**.

既然回路中有感应电流，那么回路中一定存在电动势，称**感应电动势**. 在法拉第的实验中，假若保持实验中其他条件不变，只改变导体闭合回路的电阻，感应电流会发生改变，而回路中的感应电动势不变，说明磁通量的变化直接产生感应电动势，而不是感应电流. 我们还可以考察非导体闭合回路或导体非闭合回路，实验发现，只要回路中的磁通量发生变化，就会产生感应电动势，但不会产生感应电流. 可见在理解电磁感应现象时，感应电动势是比感应电流更为本质的物理量.

大量的实验证明，**在电磁感应现象中产生的感应电动势的大小与穿过回路的磁通量对时间的变化率成正比**. 各物理量使用国际单位时，其表达式为

$$\varepsilon=\frac{\mathrm{d}\Phi}{\mathrm{d}t} \tag{10-29}$$

上述结论叫做**法拉第电磁感应定律**.

若回路由 $N$ 匝线圈组成，且穿过每匝线圈的磁通量相等，则法拉第电磁感应定律可写成

$$\varepsilon=N\frac{\mathrm{d}\Phi}{\mathrm{d}t} \tag{10-30}$$

若电磁感应现象是由闭合电路中一部分导线做切割磁感线运动产生的(图 10-42)，则由法拉第电磁感应定律可知道，其产生的感应电动势大小为

$$\varepsilon=N\frac{\mathrm{d}\Phi}{\mathrm{d}t}=Blv \tag{10-31}$$

式中：$B$ 为匀强磁场的磁感应强度；$l$ 为切割磁感应线运动的导线的有效长度；$v$ 为导线匀速切割磁感应线的速度.

若闭合回路的电阻为 $\boldsymbol{R}$，则回路中的感应电流为

$$I=\frac{\varepsilon}{R} \tag{10-32}$$

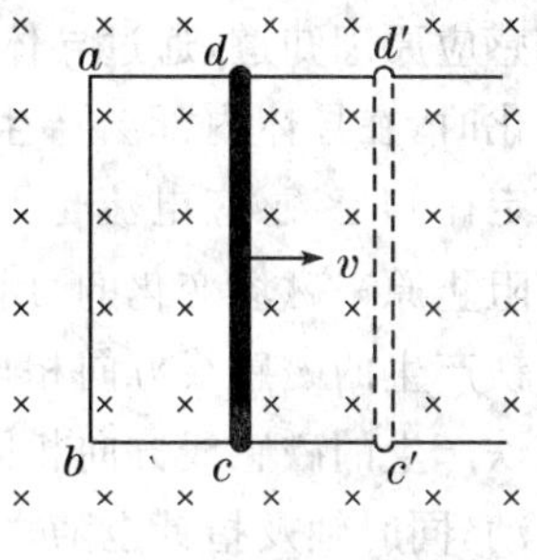


**图 10-42　导线切割磁感线运动**

上面几式可以确定感应电动势或感应电流的大小，其方向则要由楞次定律确定.

3. 楞次定律

关于感应电动势的方向问题，俄国物理学家楞次(Lenz，1804～1865)在法拉第的研究资料的基础上通过实验总结出如下规律：**感应电流的磁通总是力图阻碍引起感应电流的磁通变化**. 这是楞次定律的第一种表述形式.

电磁感应现象实际上是能量转换的过程，在此过程中能量是守恒的. 因此，楞次定律也可以表述为：**当导体在磁场中运动时，导体中由于出现感应电流而受到的磁场力(安培力)必然阻碍此导体的运动**. 当电磁感应是由于导体在磁场中运动所引起时，如果我们关心的只是感应电流的机械后果，使用这种表述就更为方便.

在计算时如果考虑到感应电动势的方向，可以把法拉第电磁感应定律写成下式：

$$\varepsilon=-N\frac{d\Phi}{dt} \tag{10-33}$$

若电磁感应现象是由闭合电路中一部分导线做切割磁感线运动产生的(图 10－43),感应电流的方向还可用**右手定则**确定:**伸开右手,使拇指与其余四指垂直,且都与手掌在同一平面内,让磁感应线垂直穿入手心,拇指指向导线运动方向,则四指所指的方向就是导线中感应电流的方向.**

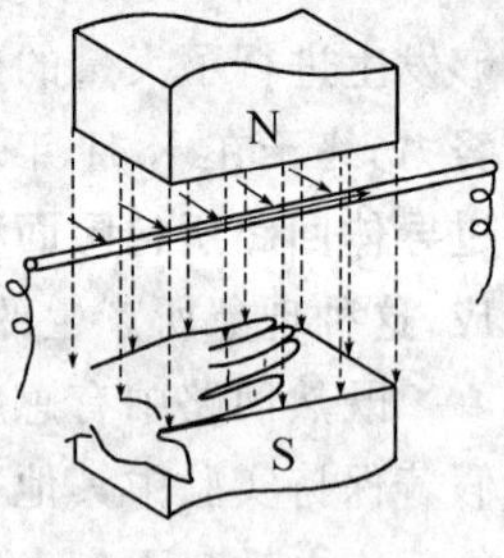

图 10－43 右手定则

右手定则是由楞次定律得到的,因此在导线切割磁感应线运动时,用这两种方法判断感应电动势方向的结论是一样的.

4. 车速表

汽车驾驶室内的车速表是指示汽车行驶速度的仪表.它是利用电磁感应原理,使表盘上指针的摆角与汽车的行驶速度成正比.车速表主要由驱动轴、磁铁、速度盘,弹簧游丝、指针轴、指针组成.其中永久磁铁与驱动轴相连.在表壳上装有刻度为千米/小时的表盘.

永久磁铁的磁感线方向如图 10－44(a)所示.其中一部分磁感线将通过速度盘,磁感线在速度盘上的分布是不均匀的,越接近磁极的地方磁感线数目越多.当驱动轴带动永久磁铁转动时,则通过速度盘上各部分的磁感线将依次变化,顺着磁铁转动的前方,磁感线的数目逐渐增加,而后方则逐渐减少.由法拉第电磁感应原理知道,通过导体的磁感线数目发生变化时,在导体内部会产生感应电流.又由楞次定律知道,感应电流也要产生磁场,其方向是阻止原来磁场变化的.用楞次定律判断出,顺着磁铁转动的前方,感应电流产生的磁感线与磁铁产生的磁感线方向相反,因此它们之间互相排斥;反之后方感应电流产生的磁感线方向与磁铁产生的磁感线方向相同,因此它们之间相互吸引.由于这种吸引作用,速度盘被磁铁带着转动,同时轴及指针也随之一起转动.

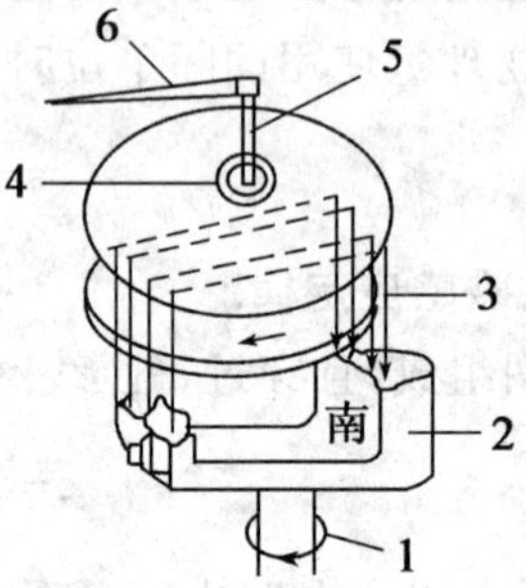

(a) 车速表简图

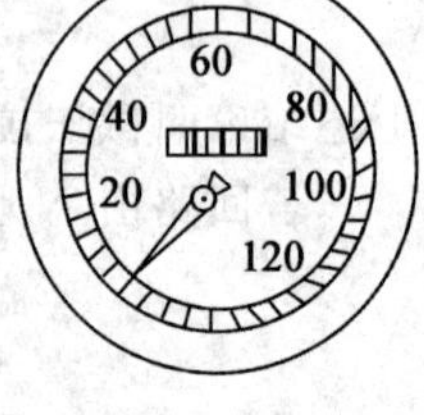

(b) 标度盘简图

图 10－44 车速表和标度盘简图

为了使指针能根据不同车速停留在不同位置上,在指针轴上装有弹簧游丝,游丝的另一端固定在铁壳的架上.当速度盘转过一定角度时,游丝被扭转产生相反的力矩,当它与永久磁铁带动速度盘的力矩相等时,则速度盘停留在那个位置而处于平衡状态.这时,指针轴上的指针便指示出相应的车速数值.

永久磁铁转动的速度和汽车行驶速度成正比.当汽车行驶速度增大时,在速度盘中感应的电流及相应的带动速度盘转动的力矩将按比例地增加,使指针转过更大的角度,因此车速不同指针指出的车速值也相应不同.当汽车停止行驶时,磁铁停转,弹簧游丝使指针轴复位,从而使指针指在"0"处.

### 10.3.2 自感与互感 磁场的能量

1. 自感

当一线圈的电流发生变化时,通过线圈自身的磁通量也要发生变化,进而在回路中产生感应电动势.这种现象称为**自感现象**.这种电动势称为**自感电动势**.

不同线圈产生自感现象的能力不同. 讨论一个 $N$ 匝线圈，如果线圈是密绕的，则每一匝可近似看成一条闭合曲线，线圈电流激发的穿过每匝的磁通近似相等，叫做**自感磁通**，记作 $\Phi_L$. 按照法拉第定律，当 $\Phi_L$ 变化时每匝的自感电动势为 $-\dfrac{d\Phi_L}{dt}$，整个线圈是 $N$ 匝的串联，故整个线圈的自感电动势

$$\varepsilon_L = -N\frac{d\Phi_L}{dt} \tag{10-34}$$

因为穿过线圈每一匝的磁通近似相同，为了方便起见，引入一个新物理量**自感磁链**（或**磁通匝数链**）$\psi_L$：

$$\psi_L = N\Phi_L \tag{10-35}$$

式(10-34)便可写为

$$\varepsilon_L = -\frac{d\psi_L}{dt} \tag{10-36}$$

因为线圈中电流所产生的磁场在空间任意点的磁感应强度与电流成正比，所以通过此线圈的磁链也与电流成正比，即

$$\psi_L = Li \tag{10-37}$$

式中比例系数 $L$ 称为**自感系数**，简称**自感**. 其数值与线圈的大小、几何形状、匝数及磁介质的性质有关. 在 SI 制中，自感的单位是 H(亨利)，$1\ \mathrm{H}=1\ \mathrm{Wb}\cdot\mathrm{A}^{-1}=1\ \mathrm{V}\cdot\mathrm{s}\cdot\mathrm{A}^{-1}$，H 是个很大的单位，平时多采用 mH(毫亨)和 μH(微亨). 在线圈的大小和形状保持不变，并且附近不存在铁磁质的情况下，自感 $L$ 为常数. 因此有

$$\varepsilon_L = -\frac{d\psi_L}{dt} = -L\frac{di}{dt} \tag{10-38}$$

自感现象在日常生活和工程技术中有广泛的应用. 日光灯镇流器，无线电技术中的扼流圈，电子仪器中的滤波装置等都是应用自感现象的简单例子.

图 10-45 是日光灯的电路图，它主要是由灯管、镇流器和启动器组成的. 镇流器是一个带铁芯的线圈. 启动器的构造如图 10-46 所示，它是一个充有氖气的小玻璃泡，里面装上两个极，一个固定不动的静触片和一个用双金属片制成的 U 形触片，当闭合开关后，启动器自动接通，电流经过灯管两端的灯丝产生热，聚集在管内灯丝附近的液态汞，受热变成蒸气，使管内具有导电的条件. 此后，启动器的触片自动断开，使通过镇流器的电流突然减少，从而产生很高的自感电动势，使灯管两端的电压升高，管内水银蒸气被击穿导电，日光灯开始发光.

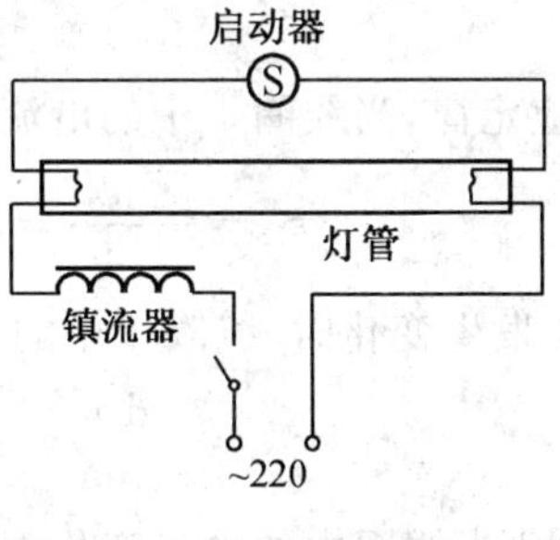


**图 10-45 日光灯的电路图**

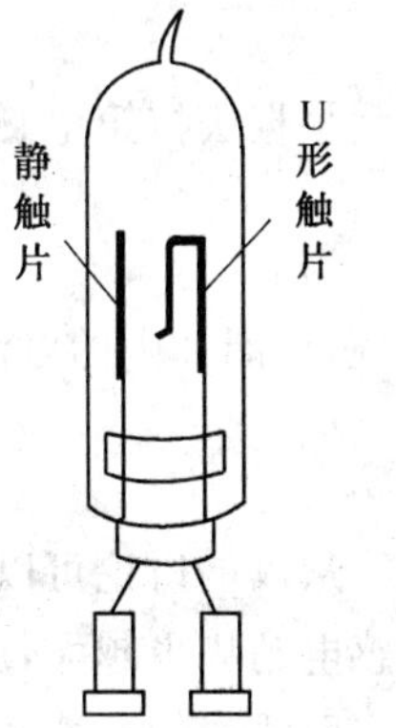


**图 10-46 启动器的构造**

在日光灯正常发光后，由于通过镇流器线圈的交流电不断变化，线圈中就有自感电动势，它总是阻碍电流变化的，使电流不会过大，这时镇流器起着降压限流的作用，保证日光灯的正常工作.

但自感现象有时也会带来危害. 例如在大自感和强电流的电路中，接通或断开电路时会产生很大的自感电动势，从而击穿空气形成电弧，造成事故或烧坏设备，甚至危及工作人员的生

命安全. 为避免这类事故的发生，电业部门须在输电线路上加装一种特殊的灭弧开关——油开关或负荷开关，以避免电弧的产生.

2. *互感*

根据法拉第电磁感应定律，当一个线圈的电流发生变化时，必定在邻近的另一个线圈中产生感应电动势，反之亦然. 这种现象称为**互感现象**，这种现象中产生的电动势称为**互感电动势**.

图 10－47 中的 1 和 2 是两个闭合线圈. 当线圈 $l$ 由于某种原因而有电流 $i_1$ 时，它的磁场对线圈 $l$ 及 2 都将提供磁通（依次记作 $\Phi_{11}$ 及 $\Phi_{12}$）. 如果 $i_1$ 随时间而变，则 $\Phi_{11}$ 及 $\Phi_{12}$ 也随时间而变，两个线圈都有感应电动势. $\Phi_{11}$ 的变化在线圈 1 中感应的电动势就是自感电动势，$\Phi_{12}$ 的变化在线圈 2 中感生的电动势则叫做线圈 $l$ 对 2 的互感电动势. 反之，线圈 2 中有变化电流时（不问起因如何），它也对线圈 1 及 2 提供变化磁通（依次记作 $\Phi_{21}$ 及 $\Phi_{22}$），由 $\Phi_{22}$ 的变化在线圈 2 中感应的电动势是自感电动势，由 $\Phi_{21}$ 的变化在线圈 1 中感应的电动势则叫做 2 对 1 的互感电动势.

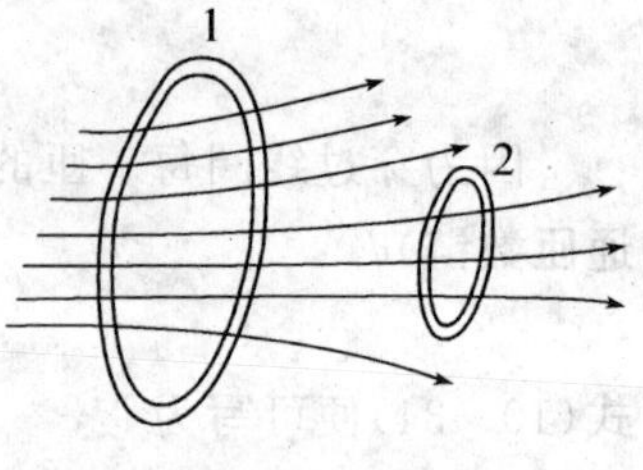

**图 10－47　互感**

当两个线圈的电流可以互相提供磁通时，就说它们之间存在**互感耦合**（简称存在**互感**）.

若两线圈的形状、大小、相对位置及周围介质（设周围不存在铁磁质）的磁导率均保持不变，则线圈 1 中的电流 $i_1$ 所产生的并通过线圈 2 的磁链应与 $i_1$ 成正比，即

$$\psi_{12}=M_{12}i_1 \tag{10-39}$$

同理，线圈 2 中的电流 $i_2$ 所产生的并通过线圈 1 的磁链应与 $i_2$ 成正比，即

$$\psi_{21}=M_{21}i_2 \tag{10-40}$$

上两式中的 $M_{12}$ 和 $M_{21}$ 为两个比例系数. 理论和实验都证明，它们的大小相等，可统一用 $M$ 表示，称为两线圈的**互感系数**，简称**互感**. 互感的单位也是亨利. 其数值与两线圈的形状、大小、相对位置及周围介质的磁导率有关. 于是上两式可简化为

$$\psi_{12}=Mi_1, \qquad \psi_{21}=Mi_2$$

根据法拉第电磁感应定律，当线圈 1 中的电流 $i_1$ 发生变化时，线圈 2 中的互感电动势为

$$\varepsilon_{12}=-\frac{d\psi_{12}}{dt}=-M\frac{di_1}{dt} \tag{10-41}$$

同理，线圈 2 中的电流 $i_2$ 发生变化时，线圈 1 中的互感电动势为

$$\varepsilon_{21}=-\frac{d\psi_{21}}{dt}=-M\frac{di_2}{dt} \tag{10-42}$$

从以上讨论可以看出，当线圈中的电流变化率一定时，$M$ 越大，则在另一线圈中所产生的互感电动势也越大，反之亦然. 可见互感系数是反映线圈间互感强弱的物理量.

两线圈的互感系数 $M$ 与这两线圈各自的自感系数 $L_1$、$L_2$ 有如下关系

$$M=k\sqrt{L_1L_2} \tag{10-43}$$

其中 $0\leqslant k\leqslant 1$ 称为**耦合系数**，当线圈 1 中的电流 $i_1$，产生的磁场使穿过线圈 2 的磁通等于穿过自身的磁通时，耦合系数 $k=1$，这称为**全耦合**.

互感现象也被广泛地应用于无线电技术和电磁测量中. 各种电源变压器、中周变压器、输入或输出变压器等都是利用互感现象制成的. 但是互感现象有时也会招致麻烦. 例如，电路之间由于互感而相互干扰，影响正常工作. 人们不得不设法避免这种干扰，磁屏蔽就是避免这种干扰的一种方法.

在日常生活和生产中，常常需用各种不同的交流电压. 如工厂中常用的三相或单相异步电动机，它们的额定电压是 380 V 或 220 V；照明电路和家用电器的额定电压是 220 V；机床照明，低压电钻等，只需要 36 V 以下的电压；在电子设备中还需要多种电压；而高压输电则需要用 110 kV、220 kV 以上的电压输电. 所以在实际中，输电、配电和用电所需的各种不同的电压，都是通过变压器进行变换后而得到的.

变压器主要由铁芯和线圈（也叫绕组）两部分组成，如图 10－48. 变压器是按电磁感应原理工作的. 如果把变压器的原线圈接在交流电源上，在原线圈中就有交流电流流过，交变电流将在铁心中产生交变磁通，这个变化的磁通经过闭合磁路同时穿过原线圈和副线圈. 我们知道，交变的磁通将在线圈中产生感生电动势，因此在变压器原线圈中产生自感电动势的同时，在副线圈中也产生了互感电动势. 这时，如果在副线圈上接上负载，那么电能将通过负载转换成其他形式的能.

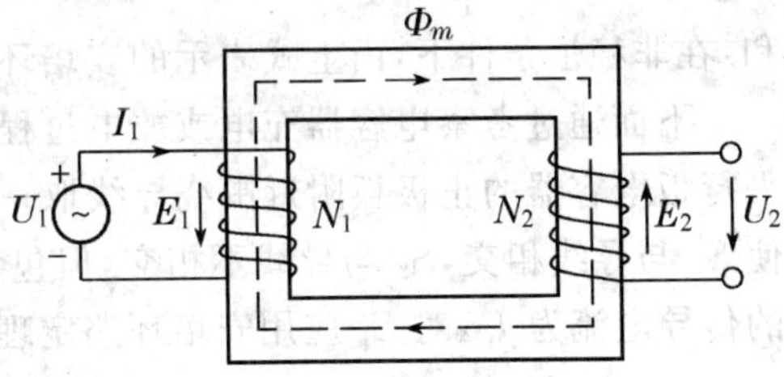

图 10－48　变压器原理

当变压器的原线圈接上交流电压后，在原、副线圈中通有交变的磁通，若漏磁通略去不计，可以认为穿过原，副线圈的交变磁通相同，因而这两个线圈的每匝所产生的感应电动势相等. 设原线圈的匝数是 $N_1$，副线圈的匝数是 $N_2$，穿过它们的磁通是 $\Phi$，那么原、副线圈中产生的感应电动势的大小分别为

$$\varepsilon_1 = N_1 \frac{d\Phi}{dt} \qquad \varepsilon_2 = N_2 \frac{d\Phi}{dt}$$

原、副线圈自身的电阻很小，可以忽略不计，则原、副线圈两端电压的大小分别为 $U_1 \approx E_1$，$U_2 \approx E_2$，因此得到

$$\frac{U_1}{U_2} \approx \frac{N_1}{N_2} = K \tag{10-44}$$

式中 $K$ 称为变压比.

可见，变压器原、副线圈的端电压之比等于这两个线圈的匝数之比.

### 10.3.3　麦克斯韦方程组和电磁波

“如果电场或磁场随着时间变化，则变化的磁场会产生电场，变化的电场又会产生磁场. 这时，电与磁成为紧密相关、不可分割的统一的电磁场.”麦克斯韦在库仑、安培和法拉第等科学家工作的基础上，用场的观点总结电磁学的全部定律. 为了完善这些定律，他提出了感应电场和位移电流的假说，将电磁场的基本规律概括为一组完美的方程式，即麦克斯韦方程组.

1. *感应电场*

在电磁感应现象中，只要闭合回路中的磁场发生变化，在导体中就有感应电动势. 麦克斯韦在分析法拉第电磁感应定律时提出：当空间中的磁场随时间发生变化时，就在周围空间激起感应电场. 如果该空间存在着导体回路，这个感应电场就在此回路中产生感应电动势，并形成感应电流. 感应电场又叫涡旋电场. 实验证实麦克斯韦提出的感应电场是客观存在的，它并不取决于导体的存在与否. 如果在空间同时存在静电场和感应电场，则静电场的环路定理（场强 $\boldsymbol{E}$ 的环流等于零，即 $\oint \boldsymbol{E} \cdot d\boldsymbol{l} = 0$）就不再适用，其合场强的环流也不再为零，而应为

$$\oint E \cdot dl = -\iint_S \frac{dB}{dt} \cdot dS \tag{10-45}$$

2. 位移电流

在稳恒电流情况下，无论载流回路处于真空还是磁介质中，其磁场都满足安培环路定理，即 $\oint B \cdot dl = \mu_0 \sum_i I_i$，式中 $\sum I$ 是穿过以闭合回路 $L$ 为边界的任意曲面 $S$ 的传导电流的代数和. 在非稳恒条件下，由上式表示的安培环路定理是否还能成立呢？

下面通过考察电容器充电或放电过程来进行具体分析，如图 10-49 所示，在一正充电的平行板电容器的正极板附近围绕导线取一闭合回路 $L$，以 $L$ 为周界作两个任意的曲面 $S_1$、$S_2$，使 $S_1$ 与导线相交，$S_2$ 与导线不相交，但包含正极板，且与 $S_1$ 组成闭合曲面 $S$. 设某时刻线路中的传导电流为 $I_0$，对 $S_1$ 应用安培环路定理得

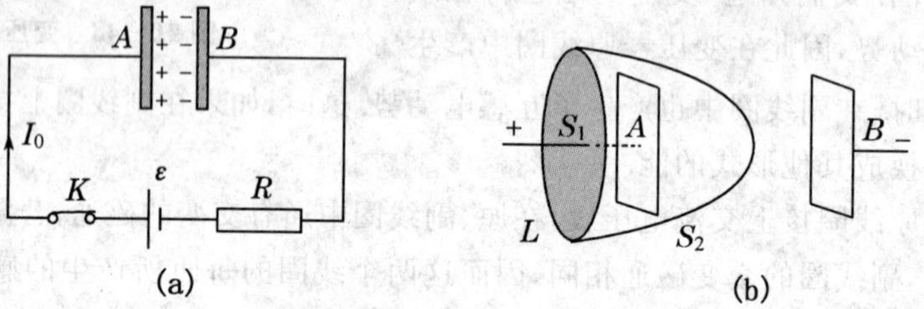


图 10-49 电容器的充、放电

$$\oint_L \boldsymbol{H} \cdot d\boldsymbol{l} = I_0 \tag{10-46}$$

式中 $\boldsymbol{H} = \frac{\boldsymbol{B}}{\mu}$，为磁场强度.

对 $S_2$ 应用安培环路定理，并注意到传导电流不能通过电容器两极板间的空间. 则得

$$\oint_L \boldsymbol{H} \cdot d\boldsymbol{l} = 0 \tag{10-47}$$

式(10-46)和(10-47)表明，磁场强度沿同一闭合回路的环量有两种相互矛盾的结果. 这说明稳恒磁场的环路定理对非稳恒情况不适用，我们应寻找新的规律来代替.

为探求这一新规律，我们仍以电容器的充放电过程为例进行分析. 容易理解，当充电电路通过一传导电流 $I_0$ 时，电容器极板上的电荷必然变化，电容器的两板间虽然没有传导电流，但在电容器中存在变化的电场，也就是说，$\frac{d\boldsymbol{E}}{dt}$不等于零. 因为平板电容器的电场大小为 $E = \frac{\sigma}{\varepsilon_0}$，设 $\boldsymbol{D} = \varepsilon_0 \boldsymbol{E}$，则有$\frac{d\boldsymbol{D}}{dt}$不等于零.

由于电容器极板上电荷的变化率等于传导电流，可以推导出

$$I_0 = \iint_{S_2} \frac{d\boldsymbol{D}}{dt} \cdot d\boldsymbol{S} \tag{10-48}$$

可见，$\iint_{S_2} \frac{d\boldsymbol{D}}{dt} \cdot d\boldsymbol{S}$ 具有电流的量纲，麦克斯韦将其称为**位移电流**.

一般情况下，回路中既有传导电流，又有位移电流. 这两种电流之和称为全电流.

在引入了全电流概念之后，可将安培环路定理推广到非稳恒情况下，即磁场强度 $\boldsymbol{H}$ 沿任意回路的环量等于回路所包围的全电流的代数和，其表达式为

$$\int_L \boldsymbol{H}\cdot \mathrm{d}\boldsymbol{l}=\sum_i I_i+\iint_S \frac{\mathrm{d}\boldsymbol{D}}{\mathrm{d}t}\cdot \mathrm{d}\boldsymbol{S} \tag{10-49}$$

这就是适用于一般情况的安培环路定理.它表明,不仅传导电流要激发磁场,位移电流同样要激发磁场.

从上面的讨论可以看出,位移电流和传导电流是截然不同的两个概念,只在产生磁场方面是等效的,因而都叫电流.但位移电流仅由变化的电场所引起,它既可沿导体传播,也可脱离导体传播,且不产生焦耳热;传导电流则由电荷的定向运动所产生,它在导体中传播,并产生焦耳热.

3. 电磁场和麦克斯韦方程组

麦克斯韦的电磁场理论有两个要点:变化的磁场在周围空间产生电场;变化的电场在周围空间产生磁场.

按照这个理论,周期性变化的电场和磁场相互激发,形成一个不可分割的统一体,这就是电磁场.实验证明电磁场具有能量,电磁场是物质的一种存在形式.

电磁场在空间由近及远地传播,形成电磁波.电磁波一经产生,即使场源消失,它还可以继续存在.电磁波是横波,在真空中以光速传播,并具有波的一切特性.

电磁波的范围极广,波长大约在 $10^{-15}\sim10^{7}$ m,频率约为 $10\sim10^{23}$ Hz.与机械波一样,不同频率段的电磁波,具有不同的物理特性,因而也有不同的用途.表 10-1 中的电磁波谱只是一个粗略的划分.

**表 10-1 不同频率段的电磁波谱**

| 频段名称 | 频率范围/Hz | 基本波源 | 主要用途 |
|---|---|---|---|
| 工业电<br>无线电波 | $10\sim10^{9}$ | 振荡电路 | 通讯广播 |
| 微波 | $10^{9}\sim3\times10^{11}$ | 微波振荡器<br>分子能级跃迁 | 电视、雷达、导航 |
| 红外线 | $3\times10^{11}\sim4\times10^{14}$ | 分子转动能级和振动能级跃迁 | 加热、遥感、夜视 |
| 可见光 | $3.9\times10^{14}\sim7.7\times10^{14}$ | 原子外层电子跃进 | 照明、成像 |
| 紫外线 | $8\times10^{14}\sim3\times10^{17}$ | 原子外层或内层电子跃迁 | 消毒、激发荧光 |
| $X$ 射线 | $3\times10^{17}\sim5\times10^{19}$ | 原子内层电子跃迁 | 透视、成像、晶体研究 |
| $\gamma$ 射线 | $10^{18}\sim10^{23}$ | 原子核能级跃迁 | 辐照育种、治疗、核研究 |

通过麦克斯韦的工作,人们的认识已从静止的场扩展到运动的场.因为感应电场的电场线是闭合的.感应电场中通过任一闭合曲面的电通量一定等于零;而位移电流的磁场线也是闭合的,通过任一闭合曲面的磁通量也只能是零,所以静电场的高斯定理和磁场的高斯定理推广到电磁场后,仍然具有原来的表示形式.它们和式(10-48)、式(10-49)合在一起,就描述了电磁场的完整特性.这就是麦克斯韦提出的表述电磁场普遍规律的方程组.麦克斯韦方程组的积分形式为

$$\int \boldsymbol{E}\cdot \mathrm{d}\boldsymbol{l}=-\iint_S \frac{\mathrm{d}\boldsymbol{B}}{\mathrm{d}t}\cdot \mathrm{d}\boldsymbol{S}$$

$$\int \boldsymbol{H}\cdot \mathrm{d}\boldsymbol{l}=\sum_i I_i+\iint_S \frac{\mathrm{d}\boldsymbol{D}}{\mathrm{d}t}\cdot \mathrm{d}\boldsymbol{S}$$

$$\int \boldsymbol{D}\cdot \mathrm{d}\boldsymbol{S}=\sum_i q_i$$

$$\oint \boldsymbol{B} \cdot \mathrm{d}\boldsymbol{S} = 0$$

其中麦克斯韦方程组是电磁运动普遍规律的数学表述.麦克斯韦电磁场理论预言了电磁波的存在.

1888年,赫兹首次用实验证实了电磁波的存在.此后大量的实验都证明了麦克斯韦电磁场理论的正确性.电磁场理论奠定了经典电磁学的基础,在工程技术中有着十分广泛的应用.

## 能力训练

在工程中常采用同轴电缆,电缆由半径分别为 $R_1$、$R_2$ 的两个无限长同轴薄壁圆筒组成,两筒间充以磁导率为 $\mu$ 的均匀介质,设电流 $I$ 均匀地由内筒流入,从外筒流出.求

(1) 磁感应强度 $\boldsymbol{B}$ 的分布;

(2) 长为 $l$ 的一段电缆中的磁场能量.

## 巩固练习

1. 如图10-50所示,闭合线框 $ABCD$ 的平面跟磁感线方向平行.试问下列情况线框中有无感应电流产生?为什么?

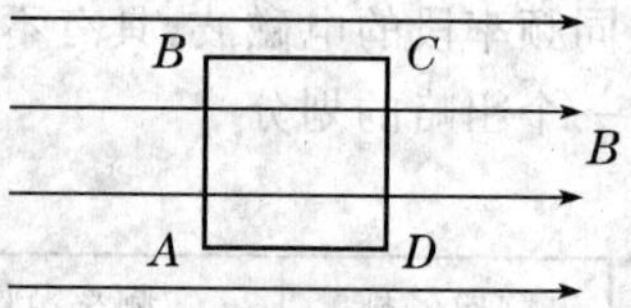


图 10-50

(1) 线框沿磁感线方向运动;

(2) 线框垂直磁感线方向运动;

(3) 线框以 $BC$ 边为轴由前向上转动;

(4) 线框以 $CD$ 边为轴由前向右转动.

2. 试用右手定则确定导线怎样运动时,才能产生如图10-51所示的感应电流?

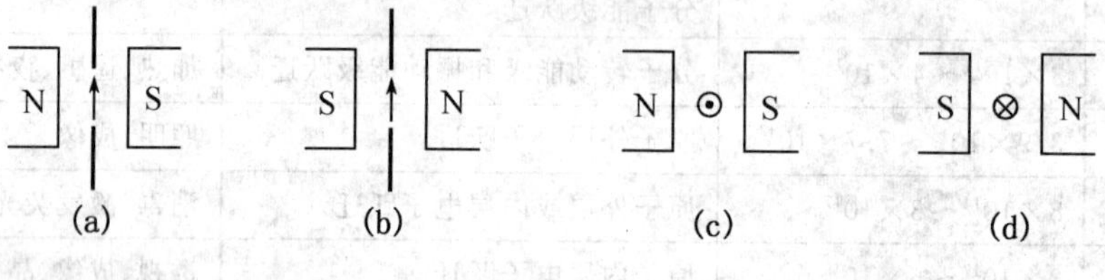


图 10-51

3. 在一个 $B=0.5$ T的匀强磁场里,放一个面积为0.02 $\mathrm{m}^2$ 的多匝线圈,其匝数为300.在0.01 s内,线圈平面从平行于磁感线的方向转过90°,转到与磁感线垂直的位置.求线圈中感应电动势的平均值.

4. 有一个线圈,它的自感系数是0.2 H,当通过它的电流在0.05 s内由0.1增加到0.5 A时,线圈中产生的自感电动势是多少?

## 本章小结

1. 真空中的库仑定律 $\boldsymbol{F}_{12}=k\dfrac{q_1 q_2}{r^2}\boldsymbol{r}_{12}$

式中 $k=8.987\,551\,8\times10^9\ \mathrm{N\cdot m^2\cdot C^{-2}}$,适用于真空中的点电荷.

2. 电场强度 $\boldsymbol{E}$　　$\boldsymbol{E}=\dfrac{\boldsymbol{F}}{q}$

该式为电场强度的定义式，是普遍适用的.

应注意 $\boldsymbol{E}=\dfrac{1}{4\pi\varepsilon_0}\dfrac{q}{r^2}=\boldsymbol{r}_0$ 只适用于点电荷的场强.

3. 任意带电体的场强

应用电场的叠加原理求解：$\boldsymbol{E}=\int \mathrm{d}\boldsymbol{E}=\int \dfrac{1}{4\pi\varepsilon_0}\dfrac{\mathrm{d}q}{r^2}\boldsymbol{r}_0$

4. 静电场中的导体

导体处于静电平衡的条件；导体内部场强处处为零，导体表面场强方向垂直于表面；或整个导体是一个等势体.

导体的曲率愈大处(例如尖端部分)，表面电荷面密度也愈大.

5. 磁感应强度 $\boldsymbol{B}$　$B=\dfrac{F_m}{qv_\perp}$，方向为该点的磁场方向

6. 稳恒电流的磁场

(1) 右手螺旋定则：用以判断电流周围磁场的方向

(2) 无限长载流直导线外的磁场　$B=\dfrac{\mu_0 I}{2\pi\cdot r}$

(3) 载流圆线圈周围的磁场　$B=\dfrac{\mu_0}{2}\dfrac{IR^2}{(R^2+x^2)^{3/2}}$

(4) 载流螺线管中的磁场　$B=\mu_0 nI$

7. 洛仑兹力

运动电荷在磁场中受到的磁场力可表为矢量式：$\boldsymbol{F}=q\boldsymbol{v}\times\boldsymbol{B}$

带电粒子在磁场中的运动

(1) $\boldsymbol{v}/\!/\boldsymbol{B}$ 情形，$F=0$，电荷的运动不受影响；

(2) $\boldsymbol{v}\perp\boldsymbol{B}$ 情形，$F_m=qv_\perp B$，电荷做匀速圆周运动，半径为 $R=\dfrac{mv}{qB}$，粒子运动一周所需要的时间即周期 $T$ 为：$T=\dfrac{2\pi R}{v}=\dfrac{2\pi m}{qB}$；

(3) $\boldsymbol{v}$ 与 $\boldsymbol{B}$ 间有任意夹角 $\alpha$，则粒子沿磁场的方向作螺旋线运动，螺旋线的螺距为 $h=v_p T=\dfrac{2\pi m v_p}{qB}$.

8. 磁场对电流的作用

(1) 安培定律　电流元受到的作用力　$\mathrm{d}\boldsymbol{F}=I\mathrm{d}\boldsymbol{l}\times\boldsymbol{B}$

(2) 一段有限长载流导线 $l$ 所受的安培力　$\boldsymbol{F}=\int_{(L)} I\mathrm{d}\boldsymbol{l}\times\boldsymbol{B}$

(3) 载流线圈在均匀磁场中受到的磁力矩　$M=NBIS\sin\varphi$

## 综合练习

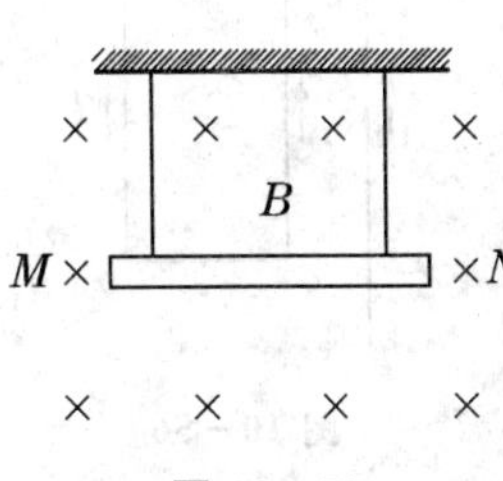

图 10 - 52

1. 如图 10 - 52 所示，一根质量为 20 g，长 40 cm 的导体棒 $MN$，用两根同样长度的细线悬挂在磁感应强度为 0.4 T 的匀强磁场中，要

使细线对棒的拉力恰好为零，则导体棒 $MN$ 中应通入的电流方向怎样？大小为多少？

2. 在图 10－53 中，带电粒子以速度 $v$ 垂直进入匀强磁场 $B$，(图(b)中速度的方向垂直纸面向里)，试判断四个图中带电粒子所受到洛伦兹力的方向.

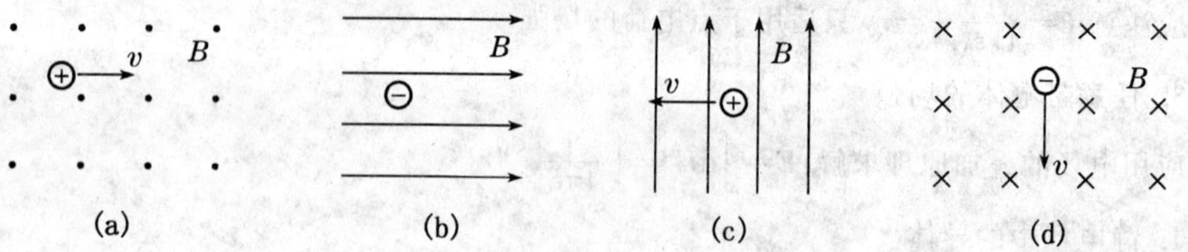


图 10－53

3. 从离子源 $S$ 沿垂直磁场方向射出动量相等的 $a$、$b$、$c$ 三种带电粒子，它们在磁场中的运动轨迹如图 10－54 所示，可以断定粒子______带的电量最多，粒子______带正电.

4. 在点电荷 $+Q$ 的电场中，$A$，$B$，$C$ 为电场线上的三点，且 $OA=AB=BC$(图 10－55)，若 $A$，$B$，$C$ 三点的电场强度分别为 $E_A$，$E_B$ 和 $E_C$，则 $E_A:E_B:E_C$ 等于(　　).

A. 1∶2∶3　　B. 3∶2∶1

C. 9∶4∶1　　D. 36∶9∶4

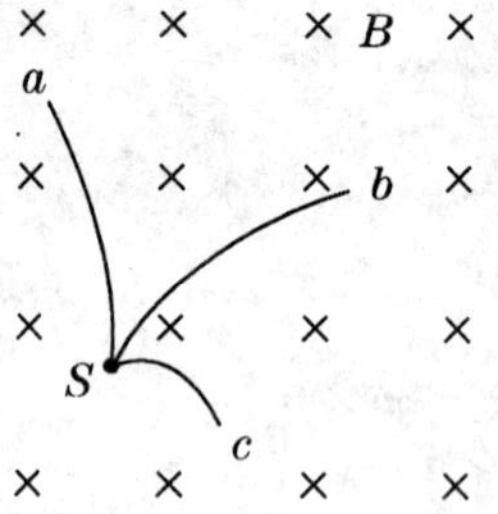


图 10－54

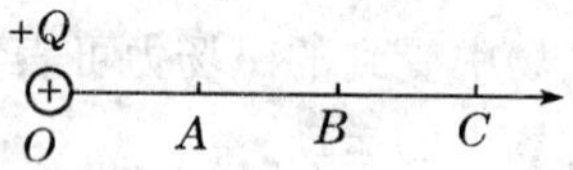


图 10－55

5. 在一根长直通电导线旁放一个可自由移动的通电线圈 $abcd$，导线和线圈在同一平面内，导线与线圈中通人图 10－56 所示方向电流时，则(　　).

A. 线圈向上平动　　B. 线圈向左平动

C. 线圈向右平动　　D. 线圈静止不动

6. 如图 10－57 所示，U 形导轨放在水平面内，开口向右，金属棒 $AB$ 放在导轨上形成闭合回路并向右做切割磁感线运动，要判断 $AB$ 所受安培力的方向的方法和所判定的结果是(　　).

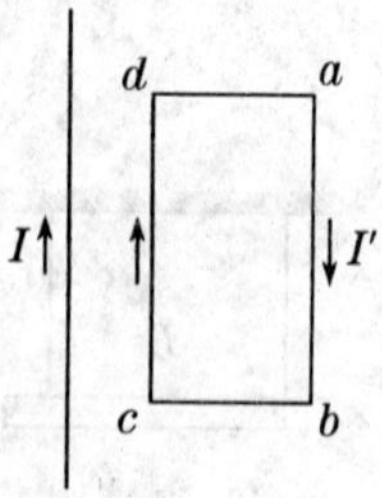


图 10－56

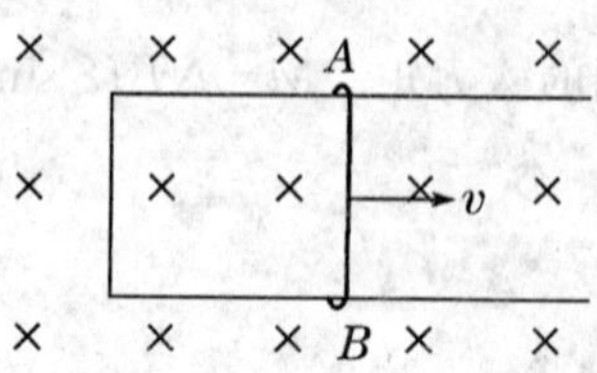


图 10－57

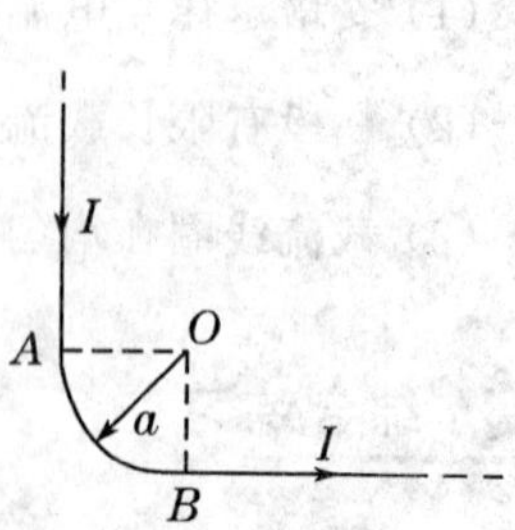


图 10－58

A. 只用左手定则，判定安培力向右

B. 只用右手定则，判定安培力向左

C. 先用左手定则，后用右手定则，判定安培力向右

D. 先用右手定则，后用左手定则，判定安培力向左

7. 求均匀带电细棒 $l$ 的延长线上一点 $P$ 的电场强度.

8. 如图 10－58 所示实线为载有电流 $I$ 的导线. 导线由三部分组成，$AB$ 部分为 1/4 圆周，圆心为 $O$，半径为 $a$，导线其余部分为伸向无穷远处的直线. 求 $O$ 点的磁感应强度 $\boldsymbol{B}$.

9. 利用质谱仪可以精确地测量同位素的相对原子质量. 图 10－59 是质谱仪的原理图. 从狭缝 $S$ 射出电荷量相等、速率相同、质量分别为 $m$ 和 $m'$ 的两种离子，垂直进入匀强磁场后做匀速圆周运动，并分别射到 $P$ 和 $P'$ 两点，试证明这两种离子质量之比等于 $SP$ 和 $SP'$ 之比，即 $\frac{m}{m'}=\frac{\overline{SP}}{\overline{SP'}}$.

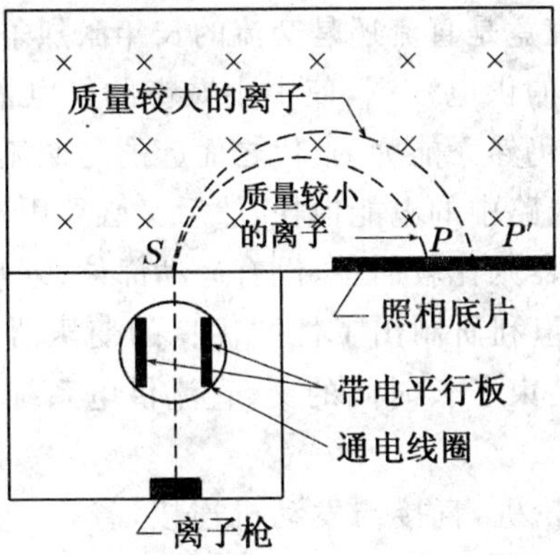


图 10－59

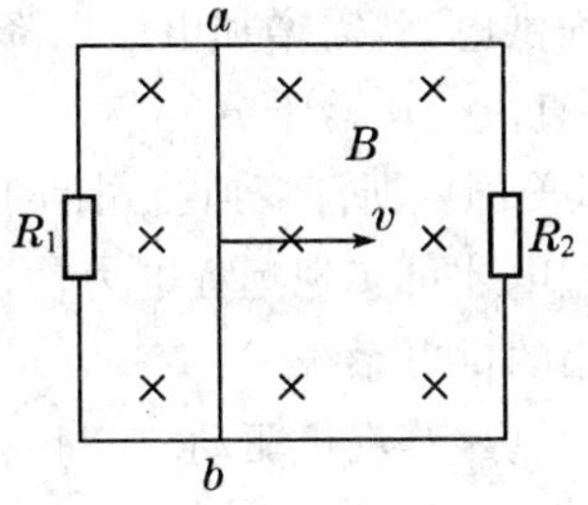


图 10－60

10. 如图 10－60 所示，光滑的金属框架处在 $B=0.4$ T 的匀强磁场中，长 30 cm 的导体 $ab$ 以 $v=5$ m/s 的速度在框架上向右匀速滑动. 若电阻 $R_1=R_2=2\ \Omega$，导体电阻不计. 问 $ab$ 匀速滑动时，(1) 导体 $ab$ 产生的感应电动势是多大？(2) 导体 $ab$ 受到的安培力是多大？方向怎样？(3) 此时每个电阻上消耗的电功率是多大？

# 第 11 章 交流电

在前面章节中，所介绍的电压、电流，其大小和方向都不随时间变化，这种电压、电流称为直流电.

人类对电的认识和应用就起始于直流电.1881 年美国的著名发明家爱迪生开始筹建中央发电厂，1882 年 1 月伦敦荷陆恩桥的爱迪生公司开始发电.

在电力的生产和输送问题上，早期曾有过究竟是直流还是交流的长年激烈争论.爱迪生主张用直流，人们也曾想过各种方法，扩大直流电的供电范围，使中小城市的供电情况有了明显改善.但对大城市的供电，经过改进的直流电站仍然无能为力，代之而起的是交流电站的建立，因为要作远程供电，就需增加电压以降低输电线路中的电能损耗，然后又必须用变压器降压才能送至用户.直流变压器十分复杂，而交流变压器则比较简单，没有运动部件，维修也方便.

1886 年，美国威斯汀豪斯公司的工程师斯坦利研制出了性能优良的变压器.事实证明必须用高压交流电才可实现远程电力输送，从而结束了长时间的交、直流供电系统之争，交流电成为世界通用的供电系统.

早期发动机靠蒸汽机驱动.1884 年发明涡轮机，直接与发动机连接，省去了齿轮装置，既运行平稳，又少磨损.1888 年在新建的福斯班克电站安装了一台小涡轮机，转速为每分钟4 800 转，发电量 75 kW.1900 年在德国爱勃菲德设置了一台 1 000 kW 涡轮机.到 1912 年芝加哥已有一台 25 000 kW 涡轮发动机，如今涡轮发动机最大已超过 100 万千瓦，而且可以连续多年不停运转.

靠燃煤或石油驱动涡轮机发电的称热电厂，靠水力发电的称水电站，还有些靠太阳能，风力和潮汐发电的小型电站，而以核燃料为能源的核电站已在世界许多国家发挥越来越大的作用.

## §11.1 交流电概述

### 学习目标

1. 了解正弦交流电的产生；

2. 深刻理解正弦交流电的特征，特别是交流电的三要素（有效值、频率及初相位）以及相位差的概念；

3. 掌握正弦交流电的各种表示方法（解析式表示法、波形图表示法和相量表示法）以及相互间的关系.

## 学习导入

交流电的形式是多种多样的. 在交流电中,应用最多的是随时间按正弦规律变化的交流电,非正弦的周期交流电,也可以用若干个正弦交流电叠加组成. 因此,对正弦交流电路的分析研究有着重要的理论价值和实际意义.

本章主要学习单相正弦交流电路及三相正弦交流电路的有关知识,为今后进一步学习专业知识和其他科学技术打下基础.

## 学习内容

### 11.1.1 交流电的产生

1. 各种形式的交流电

交流电广泛地应用于电力工程、无线电电子技术和电磁测量中.

在电力系统中,从发电到输配电,用的都是交流电. 这里的电源是交流发电机. 交流发电机的有关知识将在本节的后面部分进行讨论. 交流发电机产生的电动势随时间变化的关系如图 11-1 所示,基本上是正弦或余弦函数的波形,这样的交流电叫做正弦交流电(也叫简谐交流电).

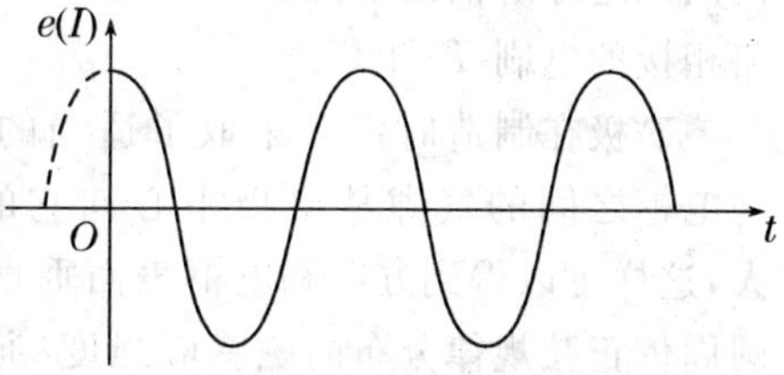

图 11-1 简谐交流电

在无线电电子设备中的各种讯号,大多数也是交流电讯号. 这里电讯号的来源是多种多样的. 在收音机、电视机中,通过天线接受了从电台发射到空间的电磁波,形成整机的信号源. 在许多测量仪器(如交流电桥、示波器、频率计、$Q$ 表等)中,交流电源来自各种讯号发生器.

实际中不同场合应用的交流电随时间变化的波形是多种多样的. 例如市电是 50 Hz 的简谐波[图 11-2(a)],电子示波器用来扫描的信号是锯齿波[图 11-2(b)],电子计算机中采用

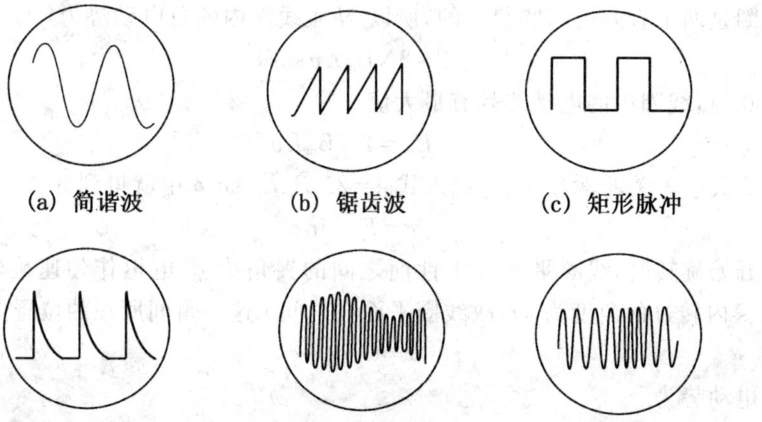

(a) 简谐波　(b) 锯齿波　(c) 矩形脉冲

(d) 尖脉冲　(e) 调幅波　(f) 调频波

图 11-2 各种波形的交流电

的讯号是矩形脉冲[图 11-2(c)]，激光通讯用来载波的是尖脉冲[图 11-2(d)]，广播电台发射的讯号在中波段是 535 k～1 605 kHz 的调幅波[图 11-2(e)]，而电台和通讯系统发射的讯号兼有调幅波和调频波[图 11-2(f)].

虽然交流电的波形多种多样，但其中最重要的是正弦交流电. 这不仅因为正弦交流电最常见，而更根本的还有以下两点理由：

(1) 任何非正弦交流电都可以分解为一系列不同频率的正弦成分.

(2) 不同频率的正弦成分在线性电路中彼此独立、互不干扰.

由于以上两点理由，在一切波形的交流电中，正弦交流电是最基本的. 本章以后各节只讨论正弦交流电，这是处理一切交流电问题的基础.

2. 交流电的产生

图 11-3 是一个交流发电机的简单原理图. 在电磁铁的两极 N 和 S 之间放一个由硅钢片叠成的圆柱体 $A$，称为电枢，其上绕着线圈，线圈两端分别接到两只绝缘的铜制集流环 $R$、$R'$ 上，环上放着和外电路相接的电刷 $T$ 和 $T'$.

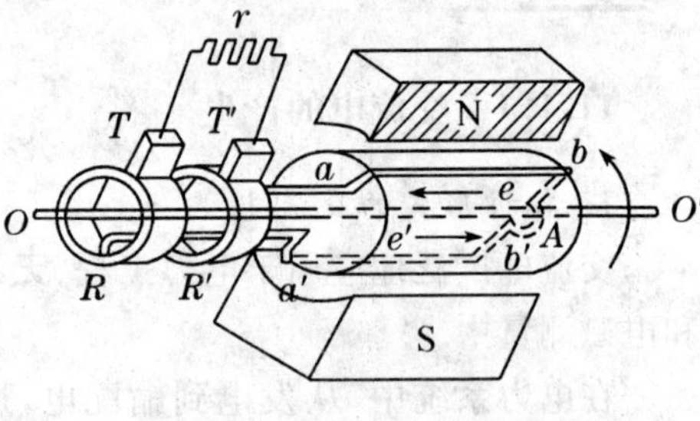

图 11-3　交流发电机原理图

磁极在制造时由于采取了适当的形状，使磁极与电枢之间的气隙从磁极中心向它的边棱逐渐增大，这样可以得到方向和电枢表面垂直、大小沿电枢圆周依正弦规律分布的磁感应强度. 通过电枢中心和磁极轴线相垂直的平面称为中性面，如图 11-4 中垂直书面的 $OO'$ 面. 此中性面和电枢表面相交的地方，磁感应强度为零，在磁极中部磁感应强度最大为 $B_m$. 令 $\alpha$ 为通过电枢轴线和电枢表面上一点 $M$ 的平面与中性面之间的夹角，则该处的磁感应强度为

图 11-4　中性面磁感应强度

$$B=B_m\sin\alpha$$

电枢在磁场中匀速转动时，导线垂直地切割磁感应线，根据公式 $e=Blv$，线圈转到上述位置时每一个有效边产生的感应电动势

$$e=B_mLv\sin\alpha$$

由于线圈是两个有效边串联起来的，所以 $N$ 匝线圈内的总电动势为

$$e=2NB_mLv\sin\alpha \tag{11-1}$$

当 $\alpha=90°$ 时，线圈中的电动势具有最大值

$$E_m=2NB_mLv$$

这是一个与 $\alpha$ 大小无关的常数，把它代入式 $e=2NB_mLv\sin\alpha$ 中就得到

$$e=E_m\sin\alpha \tag{11-2}$$

设电枢开始旋转时，线圈平面与中性面之间的夹角为 $\varphi$，电枢作匀速旋转时的角速度为 $\omega$，那么，在 $t$ s 内转过的角度为 $\omega t$，故线圈平面在时间 $t$ 这一瞬间所在的位置为

$$\alpha=\omega\cdot t+\varphi$$

在此时刻的电动势为

$$e=E_m\sin(\omega\cdot t+\varphi) \tag{11-3}$$

上述分析表明：如果气隙中的磁感应强度按正弦规律分布，电枢作匀速转动时，线圈中产生的电动势就是周期变化的正弦交变电动势.

当线圈与外电路接通时，线圈中便有电流流动，在此情况下，磁场便对载流导线要施加一个作用力. 仔细分析作用力的方向，就知道线圈受到一个阻止它转动的力矩. 为了使线圈继续转动，输出电功就必须用其他原动机(如水轮机、汽轮机、柴油机等)来带动，克服阻力矩做功. 所以，发电机实际上是利用电磁感应将原动机供给的机械能转换为电能的装置.

实际的发电机，结构比较复杂. 电枢不只一组而有多组，磁极也不只一对而有多对. 但发电机的基本组成部分仍是电枢和磁极，电枢转动，而磁极不动的发电机，叫做旋转电枢式发电机. 磁极转动，而电枢不动，线圈依然切割磁力线，电枢中同样会产生感应电动势，这种发电机叫做旋转磁极式发电机. 不论哪种发电机，转动的部分都叫转子，不动的部分都叫定子. 发电机在实际运用中，当发电机磁极对数为 $p$ 时，其感应电动势可写为

$$e=E_{\mathrm{m}}\sin p\alpha \tag{11-4}$$

旋转电枢式发电机，转子产生的电流必须经过裸露着的滑环和电刷引到外电路、如果电压很高，就容易发生火花放电，有可能烧毁电机. 同时，电枢可能占有的空间受到很大限制. 它的线圈匝数不可能很多，产生的感应电动势也不可能很高. 这种发电机提供的电压一般不超过 500 V. 现代生产的大型发电机产生的电压较高. 每台输出功率高达几万、几十万甚至百万千瓦，这时用电刷将电流输出就有困难了. 通常都是把磁极安在转子上，线圈固定在定子上，线圈中的强大电流由固定的端线送出. 所以大型发电机都是旋转磁极式的.

### 11.1.2 描述正弦交流电的特征物理量

和机械简谐振动一样，正弦(简谐)交流电的任何变量(电动势 $e$、电压 $u$、电流 $i$)都可以写成时间 $t$ 的正弦函数或余弦函数的形式，我们将采用正弦函数的形式：

交变电动势 $$e(t)=E_{\mathrm{m}}\sin(\omega\cdot t+\varphi_e) \tag{11-5}$$

交变电压 $$u(t)=U_{\mathrm{m}}\sin(\omega\cdot t+\varphi_u) \tag{11-6}$$

交变电流 $$i(t)=I_{\mathrm{m}}\sin(\omega\cdot t+\varphi_i) \tag{11-7}$$

从这些表达式中可以看出，描述任何一个变量，都需要三个特征量，即频率、最大值和相位. 现在分别讨论如下.

1. 频率

交流电和其他周期性过程一样，是用频率或周期来表示变化快慢的. 在交流发电机中，线圈匀速转动一周，电动势、电流就按正弦规律变化一周. 我们把交流电完成一次周期性变化所用的时间，叫做交流电的周期. 周期通常用 $T$ 表示，单位是 s(秒). 交流电在单位时间内完成周期性变化的次数叫做交流电的频率，频率通常用 $f$ 表示，单位是 Hz(赫兹)，简称赫. 在无线电电子技术中遇到的交流电频率通常很高，频率的单位常用 kHz(千赫)或 MHz(兆赫). 它们与 Hz(赫兹)的关系为

$$1\ \mathrm{kHz}=10^3\ \mathrm{Hz},1\ \mathrm{MHz}=10^6\ \mathrm{Hz}$$

根据定义，周期与频率的关系是

$$T=\frac{1}{f}\text{或}f=\frac{1}{T} \tag{11-8}$$

在我国，发电厂提供的正弦交流电的频率是 50 Hz，这一频率为工业标准频率，简称工频. 许多国家采用 50 Hz 工频，也有一些国家采用 60 Hz 为工频. 在其他技术领域还使用着不同频率的交流电，如电热方面：中频炉的频率是 500～8 000 Hz、高频炉的频率是 200～300 kHz；无线电技术方面采用的频率范围是 $10^5$～$3\times10^{10}$ Hz 等.

正弦交流电量变化的快慢还可以用角频率来表示.由于正弦量变化一周相当于变化了 2π 弧度，角频率 $\omega$ 就是正弦量在单位时间(1 s)内变化的角度，即

$$\omega=\frac{2\pi}{T}=2\pi\cdot f \tag{11-9}$$

角频率的单位是 rad/s(弧度/秒)，工频交流电的角频率 $\omega=100\pi$ rad/s$=314$ rad/s.为了避免与机械角度相混淆，我们把正弦量随时间变化的角度称为电角度.

2. 最大值

与机械振动的振幅相对应，每个交流正弦量都有自己的幅值，或称最大值，电动势、电压和电流的最大值分别用 $E_m$、$U_m$ 和 $I_m$ 表示.交流电的最大值在实际中有重要意义.例如把电容器接在交流电路中，就需要知道交流电压的最大值.电容器所能承受的电压要高于交流电压的最大值，否则电容器可能被击穿.但是，在研究交流电的功率时，最大值用起来却不够方便.它不适于用来表示交流电产生的效果.因此，在实际工作中通常用有效值来表示交流电的大小.

交流电的有效值是根据电流的热效应来规定的.让交流电和直流电通过同样阻值的电阻，如果它们在同一时间内产生的热量相等，就把这一直流电的数值叫做这一交流电的有效值.例如，在同一时间内，某一交流电通过一段电阻产生的热量，跟 3 A 的直流电通过阻值相同的另一电阻产生的热量相等，那么，这一交流电流的有效值就是 3 A.

交流电动势和电压的有效值可以用同样的方法来确定.通常用 $E$、$U$、$I$ 分别表示交流电的电动势、电压和电流的有效值.下面我们就来分析一下交流电的最大值和有效值之间的关系.

设交流电流通过电阻 $R$，则在 $\mathrm{d}t$ 时间内产生的热量为

$$\mathrm{d}Q=0.24i^2R\mathrm{d}t$$

这个交流电流在一周时间内产生的热量为

$$Q=\int_0^T\mathrm{d}Q=\int_0^T 0.24i^2R\mathrm{d}t$$

某一直流电通过同阻值电阻 $R$ 在相同时间内所产生的热量为

$$Q=0.24I^2RT$$

根据有效值定义，这两个电流产生的热量应该相等，即

$$0.24I^2RT=\int_0^T 0.24i^2R\mathrm{d}t$$

由此式即可求出交流的有效值

$$I=\sqrt{\frac{1}{T}\int_0^T i^2\mathrm{d}t}$$

即交流的有效值等于其瞬时值的平方在一周期内的平均值的平方根，又称为“均方根值”.

对于正弦交流电流 $i=I_m\sin\omega\cdot t$，则有

$$\begin{aligned}I&=\sqrt{\frac{1}{T}\int_0^T i^2\mathrm{d}t}\\&=\sqrt{\frac{1}{T}\int_0^T I_m^2\sin^2\omega t\,\mathrm{d}t}=\sqrt{\frac{I_m^2}{T}\int_0^T\frac{(1-\cos2\omega t)\mathrm{d}t}{2}}\\&=\sqrt{\frac{I_m^2}{2T}\left(\int_0^T\mathrm{d}t-\int_0^T\cos2\omega t\,\mathrm{d}t\right)}=\sqrt{\frac{I_m^2}{2T}(T-0)}\end{aligned}$$

即

$$I=\frac{I_m}{\sqrt{2}}\approx0.707I_m \tag{11-10}$$

上述交流电流有效值的结论也适用于交流电的其他物理量. 对于交变电动势、交变电压来说，有

$$E=\frac{E_m}{\sqrt{2}}\approx 0.707E_m \tag{11-11}$$

$$U=\frac{U_m}{\sqrt{2}}\approx 0.707U_m \tag{11-12}$$

我们通常说照明电路的电压是 220 V，便是指有效值. 各种使用交流电的电气设备上所标的额定电压和额定电流的数值，一般交流电流表和交流电压表测量的数值，也都是有效值. 以后提到交流电的数值，凡没有特别说明的，都是指有效值.

3. 相位

由交流电瞬时值的表达式可以看出，最大值相同、频率相同的交流电，在各瞬间的瞬时值和变化步调不一定相同，表达式中$(\omega\cdot t+\varphi)$这个量，对于确定交流电的大小和方向起着重要作用，$(\omega\cdot t+\varphi)$叫做交流电的相位. $\varphi$ 是 $t=0$ 时的相位，叫做初相位，简称初相.

如果两个正弦量之间有相位差，就表示它们的变化步调不一致. 两个频率相同的交流电，如果它们的相位相同，即相位差为零，就称这两个交流电为同相的. 它们的变化步调一致、总是同时到达零和正负最大值，它们的波形图如图 11-5 所示. 两个频率相同的交流电，如果相位差为 180°，就称这两个交流电为反相的. 它们的变化步调恰好相反，一个到达正的最大值，另一个恰好到达负的最大值；一个减小到零，另一个恰好增大到零. 它们的波形图如图 11-6 所示.

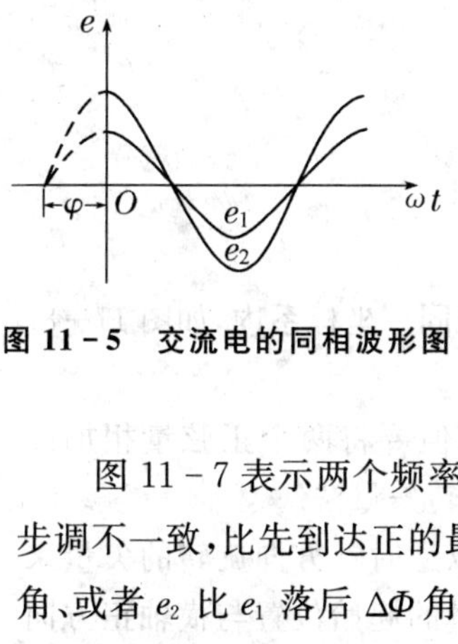


图 11-5　交流电的同相波形图

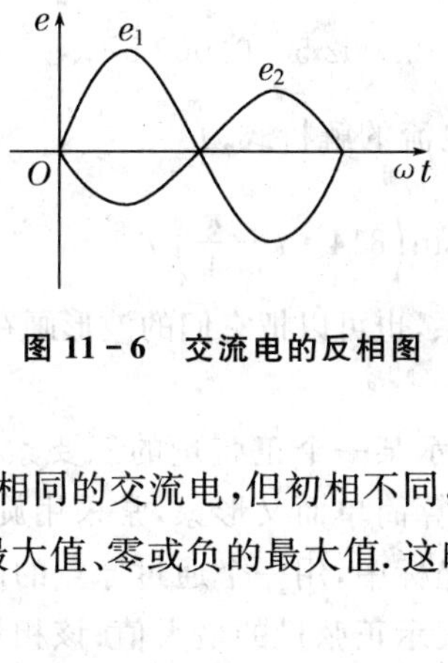


图 11-6　交流电的反相图

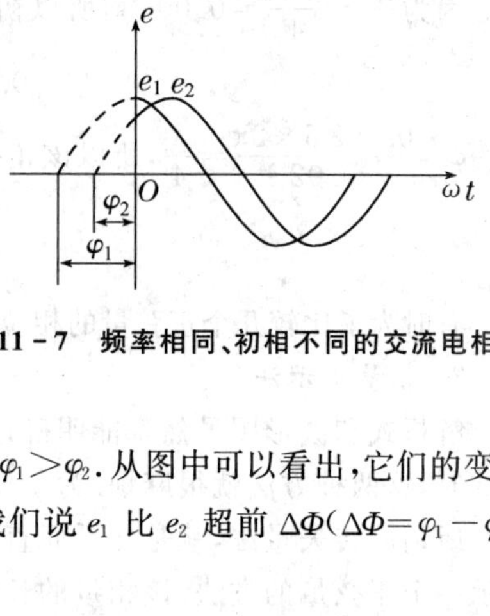


图 11-7　频率相同、初相不同的交流电相位

图 11-7 表示两个频率相同的交流电，但初相不同，且 $\varphi_1>\varphi_2$. 从图中可以看出，它们的变化步调不一致，比先到达正的最大值、零或负的最大值. 这时我们说 $e_1$ 比 $e_2$ 超前 $\Delta\Phi$($\Delta\Phi=\varphi_1-\varphi_2$)角、或者 $e_2$ 比 $e_1$ 落后 $\Delta\Phi$ 角.

最大值（或有效值）、频率（或周期）、初相是表征正弦交流电的三个重要物理量. 知道了这三个量，就可以写出交流电瞬时值的表达式，从而知道正弦交流电的变化规律. 故把它们称为正弦交流电的三要素.

### 11.1.3　正弦交流电的表示法

为了便于研究交流电，需要用各种不同的形式表示它. 经常使用的形式有解析式表示法、波形图表示法和相量表示法.

1. 解析式表示法

上文中的正弦交流电的电动势、电压和电流的瞬时值表达式就是交流电的解析式. 即

$$\begin{cases} e(t)=E_m\sin(\omega \cdot t+\varphi_e) \\ u(t)=U_m\sin(\omega \cdot t+\varphi_u) \\ i(t)=I_m\sin(\omega \cdot t+\varphi_i) \end{cases} \tag{11-13}$$

如果知道了交流电的最大值(或有效值)、频率(或周期)和初相，就可以写出它的解析式，便可算出交流电任何瞬间的瞬时值.

例如:已知某正弦交流电压的最大值 $U_m=310$ V，频率 $f=50$ Hz，初相 $\varphi=30°$，则它的解析式为

$$u=U_m\sin(\omega \cdot t+\varphi_u)=310\sin(100\pi \cdot t+30°)\text{ V}$$

$t=0.01$ s 时的电压瞬时值为

$$u=310\sin(100\pi \cdot 0.01+30°)=310\sin 210°=-155\text{ V}$$

2. 波形图表示法

正弦交流电还可用与解析式相对应的波形图，即正弦曲线来表示，如图 11－8 所示. 图中的横坐标表示时间 $t$ 或角度 $\omega t$，纵坐标表示随时间变化的电动势、电压和电流的瞬时值，在波形上可以反映出最大值、初相和周期等.

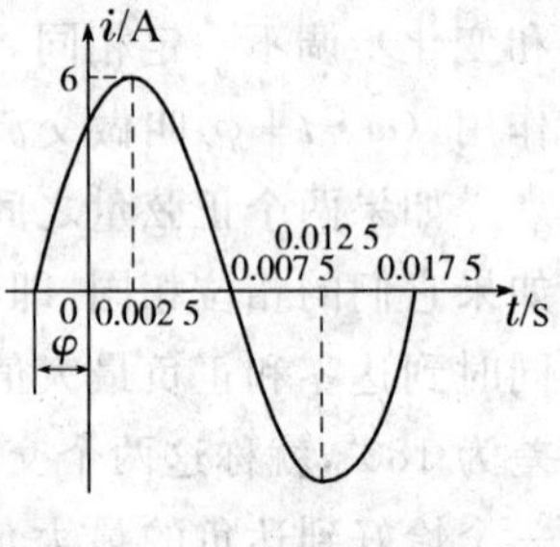

图 11－8 正弦交流电波形图

根据图 11－8 的电流波形图写出该正弦电流的解析式. 从波形图可知 $I_m=6$ A，$T=2\times(0.0175-0.0075)=0.02$ s，即 $f=\frac{1}{T}=50$ Hz，$\omega=2\pi \cdot f=314$ rad/s.

因为$\frac{T}{4}=\frac{0.02}{4}=0.005$ s，所以初相角 $\varphi$ 所对应的时间为

$$0.05-0.0025=0.0025$$

$\varphi=\frac{0.0025\times 2\pi}{0.02}=\frac{\pi}{4}$，所以该正弦电流的解析式为

$$i=6\sin\left(314 \cdot t+\frac{\pi}{4}\right)\text{ A}$$

有时为了比较几个正弦量的相位关系，也可以把它们的波形画在同一坐标系内，如图 11－8.

3. 相量表示法

解析式和波形图虽然都能明确地表示某一个正弦量的三要素，但要将两个正弦量相加或相减时，这两种方法就很麻烦. 为了使计算简单而又形象，常采用旋转矢量法.

所谓旋转矢量法，就是在平面直角坐标中，用一个通过原点的以逆时针方向旋转的矢量来表示一个正弦量的方法. 该相量的长度表示正弦量的最大值；该相量的起始位置与横轴正方向的夹角表示初相角(规定从横轴正方向或参考位置按逆时针方向旋转的角度为正，按顺时针方向旋转的角度为负)；该相量逆时针旋转的角速度等于正弦量的角频率.

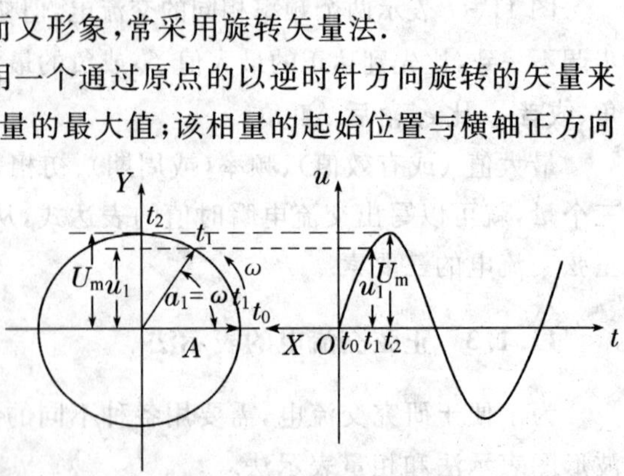

图 11－9 旋转矢量

为什么这样的一个旋转矢量能表示一个正弦量呢？下面以旋转矢量表示正弦电压 $u=U_m\sin(\omega \cdot t+\varphi)$ 为例来说明.

在图 11－9 中，从坐标原点 $O$ 在横轴上作相量 $\dot{A}$ 等于电压的最大值 $U_m$，让 $\dot{A}$ 以角速度

$\omega$(等于 $u$ 的角频率 $\omega$)绕原点 $O$ 逆时针方向旋转. 在 $t=t.$ 时,$A$ 与横轴的夹角为零值,$\dot{A}$ 在纵轴上的投影为零,此时 $u$ 的瞬时值也为零. 经过时间 $t_1$ 后,相量 $\dot{A}$ 旋转了电角度 $\omega t_1$,此时相量 $\dot{A}$ 在纵轴上的投影为 $U_m\sin\omega t_1$,这就是电压 $u$ 在 $t=t_1$ 时的瞬时值. 当 $t=t_2$ 时,$\dot{A}$ 旋转了电角度 $\omega t_2=90°$,$\dot{A}$ 在纵轴上的投影等于电压的最大值 $U_m$,此时 $u$ 的瞬时值为 $U_m\sin\omega t_2=U_m\sin90°=U_m$. 可见,该旋转矢量在旋转过程中每一时刻在纵轴上的投影正好等于它所表达的正弦量的瞬时值. 同理,正弦交流电动势、正弦交流电流都可引入相应的旋转矢量来表示.

由此可见,一个正弦量可以用一个旋转矢量表示. 矢量以角速度 $\omega$ 沿逆时针方向旋转. 显然,对于这样的矢量不可能也没有必要把它的每一瞬间的位置都画出来,只要画出它的起始位置即可. 因此,一个正弦量只要它的最大值和初相确定后,表示它的矢量就可确定. 必须指出,表示正弦交流电的矢量与一般的空间矢量(如力、速度等)是不同的,它只是正弦量的一种表示方法,为了与一般的空间矢量相区别,我们把表示正弦交流电的这一矢量称为相量并用大写字母上加黑点的符号来表示,如 $\dot{E}_m$、$\dot{U}_m$ 和 $\dot{I}_m$ 分别表示电动势相量、电压相量和电流相量,有

$$\begin{cases}\dot{E}_m=E_m<\varphi_e\\ \dot{U}_m=U_m<\varphi_u\\ \dot{I}_m=I_m<\varphi_i\end{cases}\qquad(10-14)$$

同频率的几个正弦量的相量,可以画在同一图上,这样的图叫相量图. 例如有三个同频率的正弦量为

$$\begin{cases}e=60\sin(\omega\cdot t+60°)\text{V}\\ u=30\sin(\omega\cdot t+30°)\text{V}\\ i=5\sin(\omega\cdot t-30°)\text{A}\end{cases}\quad\text{或}\quad\begin{cases}\dot{E}_m=60\angle60°\ \text{V}\\ \dot{U}_m=30\angle30°\ \text{V}\\ \dot{I}_m=5\angle-30°\ \text{A}\end{cases}$$

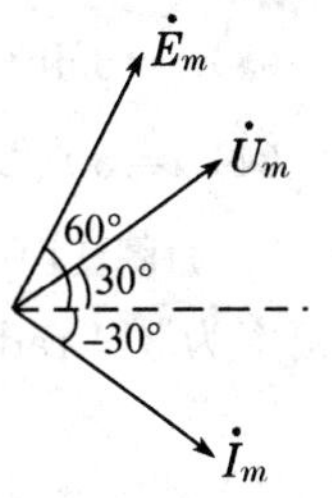

**图 11-10　相量图**

它们的相量图如图 11-10 所示.

在实际问题中遇到的常是有效值,故把相量图中的各个相量的长度缩小到原来的$\frac{1}{\sqrt{2}}$,这样,相量图中的每个相量的长度不再是最大值,而是有效值,这种相量叫**有效值相量**,用符号 $\dot{E}$、$\dot{U}$ 和 $\dot{I}$ 表示. 而原来最大值的相量叫**最大值相量**. 式(10-14)写为有效值相量为

$$\begin{cases}\dot{E}=E\angle\varphi_e\\ \dot{U}=U\angle\varphi_u\\ \dot{I}=I\angle\varphi_i\end{cases}\qquad(10-15)$$

作有效值相量图的原则同前,但必须指出,有效值相量是静止的相量,它在纵轴上的投影不代表正弦量瞬时值.

此外,通过相量图,根据几何图形关系,还可以对正弦电量进行计算.

【例 11-1】　$u_1=3\sqrt{2}\sin314t$ V,$u_2=4\sqrt{2}\sin\left(314t+\frac{\pi}{2}\right)$. 求$u=u_1+u_2$.

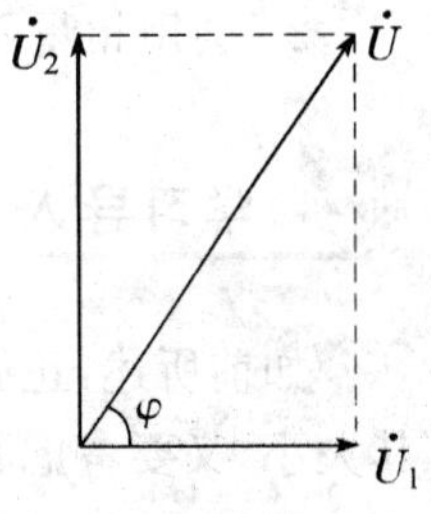

**图 11-11**

解:先画出相量图,如图 11-11 所示.

根据相量相加减的原则，得出 $\dot{U}=\dot{U}_1+\dot{U}_2$

$\dot{U}$ 的大小为 $U=\sqrt{U_1^2+U_2^2}=\sqrt{3^2+4^2}=5(\text{V})$

$\dot{U}$ 的初相角为 $\varphi=\arctan\dfrac{U_2}{U_1}=\arctan\dfrac{4}{3}=53°$

得
$$u=5\sqrt{2}\sin(314t+53°)\text{ V}$$

## 巩固练习

1. 有一电容器，耐压为 220 V，问能否接在电压为 220 V 的交流电源上？

2. 今有一正弦交流电压 $u=311\sin(314t+\dfrac{\pi}{4})$V. 求其角频率、频率、周期、幅值和初相角；当 $t=0$ 时，$u$ 的值为多少？当 $t=0.01$ s 时，$u$ 的值又为多少？

3. 判断下列各组正弦量哪个超前，哪个滞后？相位差等于多少？

(1) $i_i=5\sin(\omega t+50°)$ A，$i_2=10\sin(\omega t+45°)$ A

(2) $u_1=100\sin(\omega t-75°)$ V，$u_2=200\sin(\omega t+100°)$ V

(3) $u_1=U_{1m}\sin(\omega t-30°)$ V，$u_2=U_{2m}\sin(\omega t-70°)$ V

4. 将下列各正弦量用相量形式表示，并画出其相量图.

(1) $u=110\sin314t$ V

(2) $u=20\sqrt{2}\sin(628t-30°)$ V

(3) $i=5\sin(100\pi t-60°)$ A

(4) $i=50\sqrt{2}\sin(1\,000t+90°)$ A

5. 如图 11-12 所示相量图，已知 $U=220$ V，$I_1=5$ A，$I_2=5\sqrt{2}$ A，角频率为 314 rad/s，试写出各正弦量的瞬时值表达式及相量.

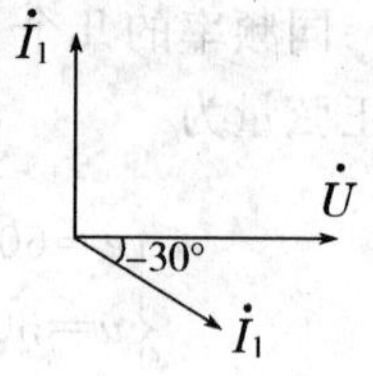


图 11-12

# §11.2　单相正弦交流电路

## 学习目标

1. 理解在交流电路电路中电阻、电感和电容三个基本元件上电压与电流的关系，了解三元件在电路中的实际情况；

2. 会用相量图分析和计算简单的交流电路（$R$、$L$、$C$ 串联电路）.

## 学习导入

如前所述，正弦交流电路和直流电路相比，有很大差别，在分析计算各正弦量时既要分析其大小，又要考虑其相位. 电路中的负载既有电阻元件，又有电感元件和电容元件，它们对电路中的电压、电流及功率影响是否相同呢？

**演示**:三种元件对电流的阻碍作用.

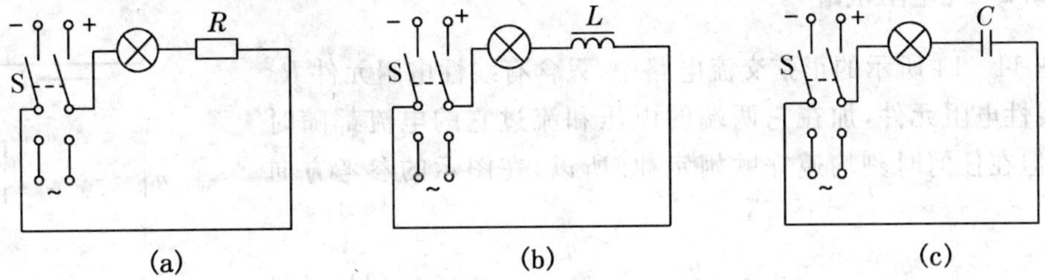


**11-13　电阻、电感和电容的电流阻碍作用**

在图11-13(a)实验中,当双刀双掷开关S分别接通直流电源和交流电源(直流电压和交流电压的有效值相等)的时候,灯泡的亮度相同,这表明电阻对直流电和对交流电的阻碍作用是相同的.

在图11-13(b)实验中,用电感线圈$L$代替图11-13(a)中的电阻$R$并且让线圈$L$的电阻值等于$R$,再用双刀双掷开关S分别接通直流电源和交流电源,可以看到,接通直流电源时,灯泡的亮度与图11-13(a)时相同;接通交流电源时,灯泡明显变暗.

按图11-13(c)那样,把电灯和电容器串联成一个电路,如果把它们接在直流电源上,电灯不亮.如果把它们接在交流电源上,电灯就亮了;如果把电容器从电路中取下来,使电灯直接与交流电源相接,可以看到,电灯要比接有电容器时亮得多.

实验中出现上述种种现象,这是为什么呢?通过本节内容的学习,我们将找到问题的答案.

## 学习内容

### 11.2.1　元件概述

在直流电路中,负载对电流只表现出一种影响——电阻.如果在直流电路中接入线圈,除了暂态过程之外,电流只受线圈导线电阻的影响而与线圈的自感无关.如果在直流电路中接入电容器,由于电荷不能通过极板间的电介质,稳态时电容器所在支路就如同断路一般.

然而线圈及电容器对交变电流的影响却要复杂的多,由于电流变化,线圈将出现自感电动势,从而影响电流.由于交变电流对电容器的反复充放电,就使联结电容器的导线即使在稳态时也有交变电流通过.电阻器、自感线圈和电容器是交流电路中最常见的三种负载元件.

一个实际元件对交变电流往往不止提供一种影响.例如,用电阻丝在磁棒上绕成的线绕电阻器就既有电阻的影响又有电感的影响.但电感的影响远小于电阻的影响,因此可以看作“纯电阻”元件,简称**纯电阻**.白炽灯、电炉、电烙铁及各种电阻器一般可近似看作纯电阻.类似地,在一定的条件下,自感线圈可近似看作**纯电感**,电容器可近似看作**纯电容**.虽然并不存在绝对的纯电阻、纯电感和纯电容,但把这三种理想元件讨论清楚却有重要意义.因为,即使实际条件不允许把某些元件看作理想元件,往往也可以看作两、三个理想元件的串并联组合.

电阻$R$、自感$L$及电容$C$是电阻元件、电感元件和电容元件的参数.参数为常数(不随电流而变)的元件叫**线性元件**,参数随电流而变的元件叫**非线性元件**.任一实际元件都或多或少地具有非线性,但在许多场合下可近似地当作线性元件处理.本节只讨论线性元件及由它们组成的线性道路.

### 11.2.2 纯电阻电路

如图 11-14 所示的正弦交流电路中，只含有线性电阻元件 $R$.

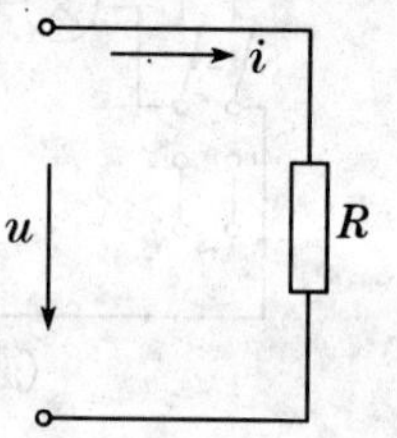


图 11-14 正弦交流电路

对线性电阻元件，加在它两端的电压和流过它的电流都随时间而变，但在任何时刻均遵守欧姆定律. 所以，在图示的参考方向下有

$$i=\frac{u}{R} \tag{11-16}$$

若电阻 $R$ 两端所加的电压 $u=U_m\sin(\omega\cdot t+\varphi)$，则流过电阻 $R$ 的电流为

$$i=\frac{u}{R}=\frac{U_m}{R}\sin(\omega\cdot t+\varphi)=I_m\sin(\omega\cdot t+\varphi) \tag{11-17}$$

式中

$$I_m=\frac{U_m}{R}\text{或}I=\frac{U}{R} \tag{11-18}$$

因为电阻 $R$ 是一个实数，上面计算中相除后并不影响正弦量的频率和初相.

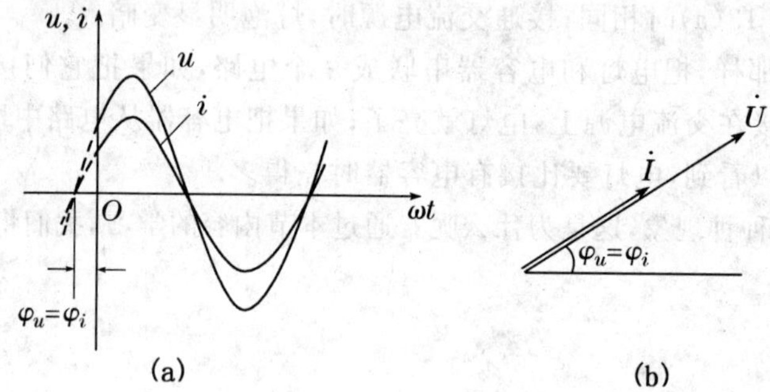


图 11-15 电压、电流的正弦波形图和相量图

电压和电流的正弦波形图如图 11-15(a)所示.

下面进一步分析电阻元件上电压相量和电流相量的关系. 由 $u=U_m\sin(\omega\cdot t+\varphi)$ 和 (11-17)式可写出

$$\dot{U}=U\angle\varphi$$

$$\dot{I}=I\angle\varphi$$

则

$$\frac{\dot{U}}{\dot{I}}=\frac{U\angle\varphi}{I\angle\varphi}=R\angle 0°=R \tag{11-19}$$

电压与电流的相量图如图 11-15(b)所示.

通过上面的分析，可得如下结论：

(1) 电阻元件上，正弦电流与正弦电压的瞬时值、最大值、有效值和相量均遵循欧姆定律.

(2) 电阻元件上正弦电压与正弦电流之比是电阻值 $R$，它是个实数.

(3) 电阻元件上正弦电压与正弦电流相位相等，即同相.

根据上述结论，我们再看实验 11-13(a)，就可以知道为什么通直流电和通交流电时灯泡的亮度一样了.

### 11.2.3　纯电感电路

本节开头的演示实验 11－13(b)中，接通直流电源时，对电流起阻碍作用的只是线圈的电阻，若线圈的电阻值与图 11－13(a)中的 $R$ 相同，灯泡的亮度当然就一样；而接通交流电源时，除了线圈的电阻外，由于通过电感线圈的是交变电流，电感线圈中必然产生阻碍电流变化的自感电动势，这样就形成了电感对电流的阻碍作用，使得灯泡明显变暗.

电感对电流的阻碍作用叫做**感抗**. 用符号 $X_L$ 表示，它的单位和电阻的单位一样，也是Ω(欧姆).

感抗的大小与哪些因素有关呢？在图 11－13(b)所示的实验中，如果把铁心从线圈中取出，使线圈的自感系数减小，灯泡就变亮；重新把铁心插入线圈，使线圈的自感系数增大，灯泡又变暗. 这表明线圈的自感系数越大，感抗就越大. 在图 11－13(b)所示的实验中，如果变更交流电的频率而保持电源电压不变，可以看到，频率越高，灯泡越暗. 这表明交流电的频率越高，线圈的感抗也越大.

为什么线圈的感抗与它的自感系数和交流电的频率有关呢？我们知道感抗是由自感现象引起的，线圈的自感系数 $L$ 越大，自感作用就越大，因而感抗也越大；交流电的频率 $f$ 越高，电流的变化率越大，自感作用也越大，感抗也就越大. 进一步的研究指出，线圈的感抗 $X_L$ 跟它的自感系数 $L$ 和交流电的频率 $f$ 有如下的关系

$$X_L=\omega L=2\pi\cdot f\cdot L \tag{11-20}$$

$X_L$、$f$、$L$ 的单位分别是Ω(欧姆)、Hz(赫兹)、H(亨利).

对参数确定的电感线圈来说，感抗的大小是由电流的频率决定的. 例如，自感系数是 1 H 的线圈，对于直流电，$f=0$，$X_L=0$；对于 50 Hz 的交流电，$X_L=314\ \Omega$；对于 500 kHz 的交流电，$X_L=3.14\ \mathrm{M\Omega}$. 所以电感线圈在电路中有“通直流、阻交流”或“通低频、阻高频”的特性.

在电工和电子技术中，用来“通直流、阻交流”的电感线圈，叫低频扼流圈. 线圈绕在闭合的铁心上，匝数为几千甚至上万，自感系数为几十亨. 这种线圈对低频交流电就有很大的阻碍作用. 用来“通低频、阻高频”的电感线圈，叫高频扼流圈. 线圈有的绕在圆柱形的铁氧体心上，有的是空心的，匝数为几百，自感系数为几个毫亨. 这种线圈对低频交流电的阻碍作用较小，对高频交流电的阻碍作用很大.

电感元件上正弦电压和正弦电流的关系如何呢？下面就这个问题进行讨论.

如图 11－16 所示的正弦交流电路中，只含有线性电感元件 $L$.

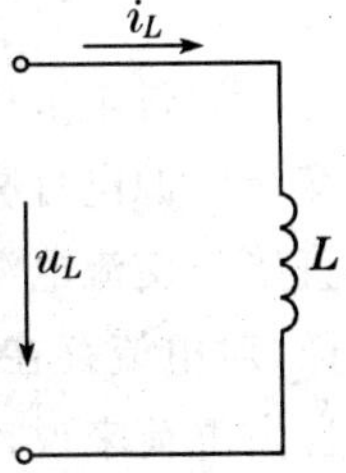

**图 11－16　电感**

前面已经讲过，对仅有电感 $L$ 的电路，在规定的参考方向下，其伏安关系是

$$u=L\frac{\mathrm{d}i}{\mathrm{d}t} \tag{11-21}$$

为了计算方便，设通过电感元件的正弦电流为

$$i=I_m\sin\omega\cdot t \tag{11-22}$$

代入式(11－21)可得电感元件的端电压为

$$u=I_m\omega L\cos\omega\cdot t=I_mX_L\sin\left(\omega\cdot t+\frac{\pi}{2}\right)$$

即

$$u=U_m\sin\left(\omega\cdot t+\frac{\pi}{2}\right) \tag{11-23}$$

式中

$$U_m=I_mX_L\ 或\ U=IX_L=I\omega L \tag{11-24}$$

可见，如果电流初相为零，则电压初相为$\frac{\pi}{2}$. 电压和电流的波形图如图 11－17(a)所示.

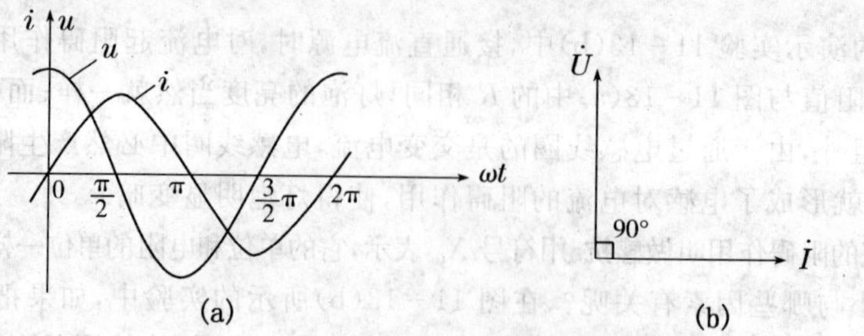


图 11－17　电压、电流的波形图和相量图

我们进一步分析电感元件上电压相量和电流相量的关系. 由式(11－22)和(11－23)可得

$$\dot{I}=I\angle 0°;\dot{U}=U\angle 90°$$

则
$$\frac{\dot{U}}{\dot{I}}=\frac{U\angle 90°}{I\angle 0°}=\frac{U}{I}\angle 90°=X_L\angle 90°=\mathrm{j}X_L \quad (11-25)$$

电流与电压的相量图如图 11－17(b)所示.

通过上面的分析，可得如下结论：

(1) 电感元件上，正弦电流与正弦电压的瞬时值的关系是积分或微分的关系（注意：不是欧姆定律）.

(2) 引入感抗 $X_L$ 后，正弦电流、正弦电压的最大值、有效值之间具有欧姆定律的形式，如式(11－24)所示.

(3) 电压和电流相量之间也具有欧姆定律的形式，如式(11－25)，式中 $\mathrm{j}X_L$ 是感抗的复数形式，叫复感抗.

(4) 在相位上电压相量超前电流相量$\frac{\pi}{2}$（或 90°）.

### 11.2.4　纯电容电路

通过本节内容 11.2.1 的学习，我们已经知道了实验 11－13(c)中接直流电源电灯不亮、接交流电源电灯亮的简单原理. 本实验的后一个实验现象，即把电容器从电路中取下来，使电灯直接与交流电源相接时，可以看到，电灯要比接有电容器时亮得多，这说明电容器和电感器一样，对电流存在阻碍作用. 这种阻碍作用是怎样形成的呢？原来，对于电容器电路形成电流的自由电荷来说，当电源电压推动它们向某一方向作定向运动时，电容器两极板上积累的电荷都反抗它们向这个方向的定向运动，这就形成了电容对交流电的阻碍作用.

电容对交流电的阻碍作用叫做**容抗**. 用符号 $X_C$ 表示，它的单位也是 Ω(欧姆).

容抗的大小与哪些因素有关呢？在图 11－13(c)所示的实验中，换用电容不同的电容器来做实验，可以看到，电容越大，灯泡越亮. 这表明电容器的电容量越大，容抗越小. 若仍用原来的电路，保持电源的电压不变，而改变交流电的频率，重做实验，可以看到，频率越高，灯泡越亮. 这表明交流电的频率越高，容抗越小. 为什么电容器的容抗与它的电容和交流电的频率有关呢？这是因为电容越大，在同样电压下电容器容纳的电荷越多，因此充电电流和放电电流就越大，容抗就越小. 交流电的频率越高，充电和放电就进行得越快，因此充电电流和放电电流就越

大，容抗就越小.进一步的研究表明，电容器的容抗与它的电容量和交流电的频率有如下关系

$$X_C=\frac{1}{\omega\cdot C}=\frac{1}{2\pi\cdot f\cdot C} \tag{11-26}$$

式中 $X_C$、$f$、$C$ 的单位分别是 Ω(欧姆)、Hz(赫)、F(法拉).

与感抗类似，容抗也与通过的电流的频率有关.容抗与频率成反比，频率越高，容抗越小.例如，10 pF 的电容器，对于直流电，$f=0$、$X_C$ 为∞；对于 50 Hz 的交流电，$X_C=318\ \Omega$；对于 500 kHz 的交流电，$X_C=0.031\ 8\ \Omega$.所以电容器在电路中有"通交流、隔直流"或"通高频、阻低频"的特性.这种特性.使电容器成为电子技术中的一种重要元件.图 11－18中的隔直电容器就是利用电容器的这一特性制造的.

图 11－18　隔直电容器

电感元件上正弦电压和正弦电流的关系如何呢？下面就这个问题进行讨论.

如图 11－19 所示的正弦交流电路中，只含有电容元件 $C$.

前面已经讲过，对仅有电容 $C$ 的电路，在规定的参考方向下，其伏安关系是

$$i=C\frac{\mathrm{d}u}{\mathrm{d}t} \tag{11-27}$$

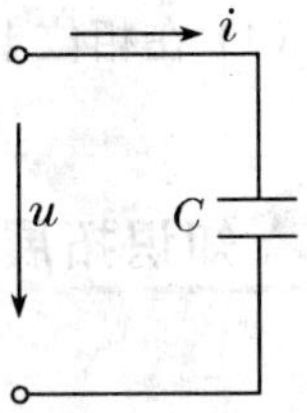


图 11－19　电感的正弦交流电路

为了计算方便，设电容元件两端的正弦电压为

$$u=U_m\sin\omega\cdot t \tag{11-28}$$

则通过理论推导，电容元件上的电流

$$i=U_m\cdot\omega\cdot C\cos\omega\cdot t=\frac{U_m}{X_L}\sin\left(\omega\cdot t+\frac{\pi}{2}\right)=I_m\sin\left(\omega\cdot t+\frac{\pi}{2}\right) \tag{11-29}$$

式中

$$I_m=\frac{U_m}{X_C}\text{或}I=\frac{U_m}{X_C} \tag{11-30}$$

由式(11－29)可见，如果电压的初相为零，则电流的初相为$\frac{\pi}{2}$(或 90°).电压、电流波形图如图 11－20(a)所示.

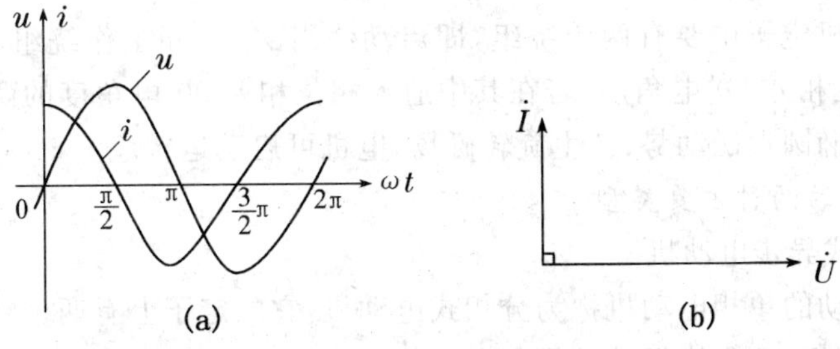


图 11－20　电压、电流波形图和相量图

下面进一步分析电容元件上电压相量和电流相量的关系.由式(11－28)和式(11－29)分别写出

$$\dot{U}=U\angle 0°$$

$$\dot{I}=I\angle 90^\circ$$

则
$$\frac{\dot{U}}{\dot{I}}=\frac{U\angle 0^\circ}{I\angle 90^\circ}=X_C\angle -90^\circ=-\mathrm{j}X_C \qquad (11-31)$$

电压和电流的相量图如图 11－20(b)所示.

通过以上分析，所得结论为：

(1) 电容元件上，正弦电流与正弦电压的瞬时值的关系是积分或微分的关系（注意：不是欧姆定律）.

(2) 引入容抗 $X_C$ 后，正弦电流、正弦电压的最大值、有效值之间具有欧姆定律的形式，如式(11－30)所示.

(3) 电压和电流相量之间也具有欧姆定律的形式，如式(11－31)，式中 $-\mathrm{j}X_C$ 是容抗的复数形式，叫复容抗.

(4) 在相位上电流相量超前电压相量 $\frac{\pi}{2}$（或 90°）.

## 知识拓展

### 单相交流电动机

由单相交流电源供电的电动机叫做单相异步电动机，在没有三相交流电源的地方使用起来比较方便. 因此它被广泛用于日常生活中及医疗器械和某些工业设备上，例如，电风扇、洗衣机、空气调节器、手提式电钻等都用单相电动机作为动力. 实用单相电动机的功率都比较小，一般为几瓦至几百瓦.

1. 单相异步电动机的磁场

(1) 单绕组的定子磁场

单相交流电流是一个随时间按正弦规律变化的电流，它所产生的磁场是一个脉动磁场，脉动磁场可以分解成两个转速相同、大小相等而转向相反的旋转磁场，合成转矩等于零，电动机不能启动. 也就是说. 单相绕组异步电动机的启动转矩等于零.

要应用单相异步电动机，必须首先解决它的启动问题，也就是要使转子获得一定的启动转矩.

(2) 两相绕组形成的磁场

单相异步电动机定子中要有两个绕组，即启动绕组 $Z_1Z_2$ 和工作绕组 $U_1U_2$，它们的参数相同，在空间相位上相差 90°电角度，若在其中通入相位相差 90°电角度的两相对称电流，则两相绕组合成了一个椭圆形磁动势，产生旋转磁场，电机可启动运转.

2. 单相电动机的两种主要类型

(1) 单相分相式异步电动机

应用分相法启动的单相电动机称为分相式电动机，它的定子上有两个绕组，一个是工作绕组，另一个是启动绕组，两个绕组的轴线在空间相差 90°电角度；电动机启动时，工作绕组和启动绕组接到同一个单相交流电源上，为了使两个绕组中的电流在时间上有一定的相位差（即分相），须在启动绕组中串入电容器或电阻器，也可以使启动绕组本身的电阻远大于工作绕组的电阻. 因此，分相式电动机又可分为电阻分相电动机和电容分相电动机两种类型.

(2) 罩极式单相异步电动机

采用罩极法启动的单相电动机称为罩极式电动机. 罩极式电动机的定子铁芯多制成凸极

式，由硅钢片冲片叠压而成，每极上装有集中绕组，称为工作绕组．每个极面上的一边开有小槽．小槽中嵌入短路铜环，将部分磁极罩起来．这个短路铜环称为罩极线圈，其作用相当于变压器的副绕组，能产生感应电势和短路电流．

### 巩固练习

1. 已知电炉的电阻丝电阻 $R=242\ \Omega$，接在 $\dot{U}=220\angle 45^\circ\ \mathrm{V}$ 的电源上，求：(1) 电流 $I$ 及 $i$；(2) 电炉功率．

2. 有一电感 $L=0.626\ \mathrm{H}$，加正弦交流电压 $\dot{U}=220\ \mathrm{V}$，$f=50\ \mathrm{Hz}$．求：(1) 电感中的电流 $I_m$、$I$ 和 $i$；(2) 画出电流、电压相量图．

3. 若已知 $U=220\ \mathrm{V}$，$I=5\ \mathrm{A}$．求：(1) 容抗、复容抗及 $f=50\ \mathrm{Hz}$ 时和 $f=100\ \mathrm{Hz}$ 时所需的电容量；(2) 若取电流为参考相量，分别写出电压相量和电流相量．

## §11.3　三相正弦交流电路

### 学习目标

1. 了解三相交流电源的产生和特点；
2. 掌握电源的基本联结方法及电源的线电压和相电压的关系；
3. 掌握三相对称负载星形接法和三角形接法时，负载相电压和线电压、负载相电流和线电流的关系；
4. 认识安全用电的安全性，了解电器设备常用的安全措施．

### 学习导入

上一节我们讨论了正弦交流电路的概念和基本分析方法，其中电源仅为一个电压或电动势的交流电路，习惯上称为单相交流电路．但在生产和生活中更为广泛应用的却是“三相制”的交流电路．如图 11－21 是常见的三相发电机组和三相异步电动机．

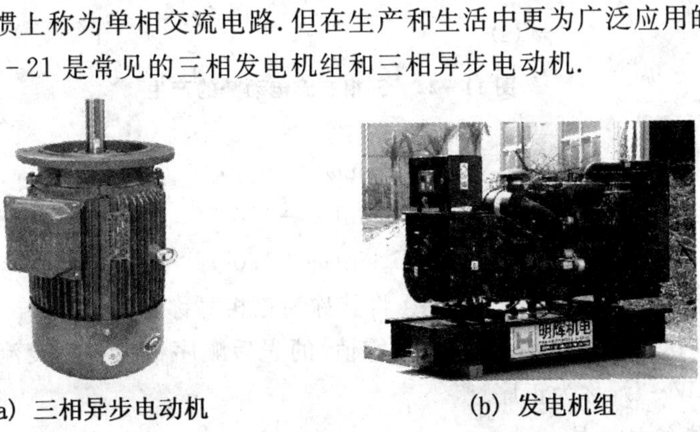

(a) 三相异步电动机　　(b) 发电机组

图 11－21　三相异步电动机和三相发电机组

为什么三相交流电路会得到广泛应用呢？

这是因为三相交流电的特点决定了在电的产生、输送和使用上比单相交流电具有更多的优点. 通过本节的学习我们会得到此问题的答案.

## 学习内容

### 11.3.1 三相交流电源

概括地说，三相交流电源是三个单相交流电源按一定方式进行的组合，这三个单相交流电源的频率相同、最大值相等、而相位彼此相差 120°.

1. 三相交流电动势的产生

三相交流电动势是由三相交流发电机产生的. 最简单的两极三相交流发电机的示意图如图 11-22 所示，其结构与单相交流发电机基本相同，不过是在电枢上对称地安置了三个相同的绕组 $U_1-U_2$，$V_1-V_2$，$W_1-W_2$，每一个绕组称为一相，习惯上采用黄、绿、红三种颜色分别表示 $U$、$V$、$W$ 三相，如图 11-22(a)所示. 三相绕组匝数相等、结构相同，它们的始端($U_1$、$V_1$、$W_1$)在空间位置上彼此相差 120°，它们的末端($U_2$、$V_2$、$W_2$)在空间位置上也彼此相差 120°. 当转子以角速度 $\omega$ 逆时针方向旋转时，由于三个绕组的空间位置彼此相隔 120°，所以当第一相电动势达到最大值，第二相需转过 1/3 周(即 120°)后，其电动势才能达到最大值，也就是第一相电动势超前第二相电动势 120°相位；同样，第二相电动势超前第三相电动势 120°相位，第三相电动势又超前第一相电动势 120°相位. 显然，三个相的电动势、它们的频率相同、最大值相等，只是初相角不同. 若以第一相($U$ 相)电动势的初相角为 0°，则第二相($V$ 相)为 −120°，第三相($W$ 相)为 120°，那么，各相电动势的瞬时值表达式则为

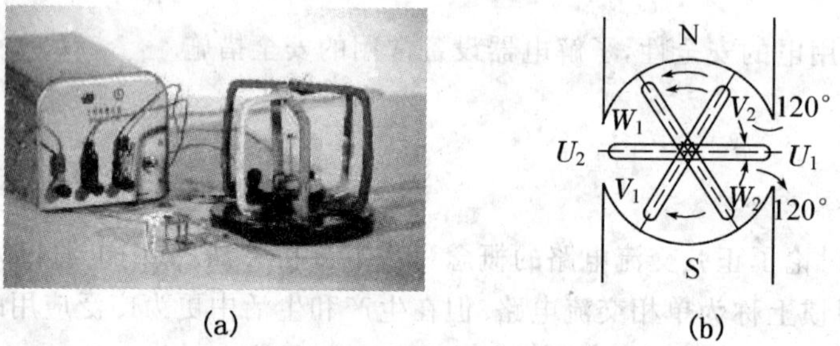


(a) (b)

图 11-22 三相交流电动势的产生

$$\begin{cases} e_1=E_m\sin\omega t \\ e_2=E_m\sin(\omega t-120°) \\ e_3=E_m\sin(\omega t+120°) \end{cases} \qquad (11-32)$$

相应的波形图和相量图如图 11-23 所示. 将其称为三相对称电动势.

三相电动势到达正的或负的最大值(或零值)的先后顺序称为三相交流电的相序. 习惯上的相序为 $U-V-W-U$，称为正序.

2. 三相电源绕组的联接

上述三相发电机的各相绕组原则上可作为一个独立的电源. 这种形式的输电需要六根输电线，因不经济而无实用价值. 实际上，三相发电机的三个绕组是按照一定的形式、联接成一个

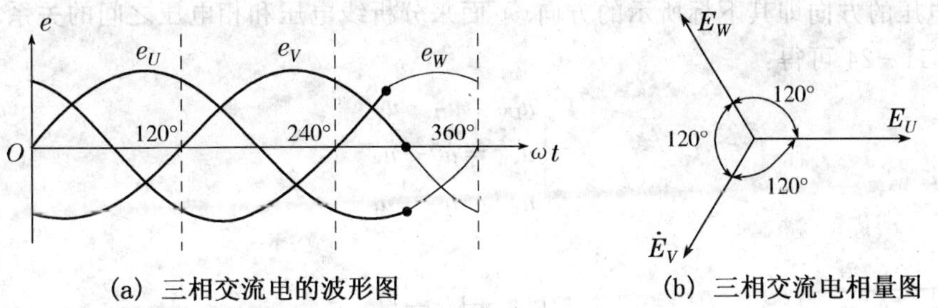


(a) 三相交流电的波形图　(b) 三相交流电相量图

**图 11-23　三相交流电的波形图和相量图**

整体后向外送电的.在现代供电系统中,多采用星形联接.

将发电机三相绕组的末端 $U_2$、$V_2$、$W_2$ 联接在一点,始端 $U_1$、$V_1$、$W_1$ 分别与负载相联,这种联接方法就叫做星形联接.如图 11-24 所示,图中三个末端相联接的点称为中性点或零点.用字母"$N$"表示,从中性点引出的一根线叫做中线或零线(当中性点接地时也称作地线).从始端 $U_1$、$V_1$、$W_1$ 引出的三根线叫做端线或相线(俗称火线).四根线也可简画为 11-25 的形式.

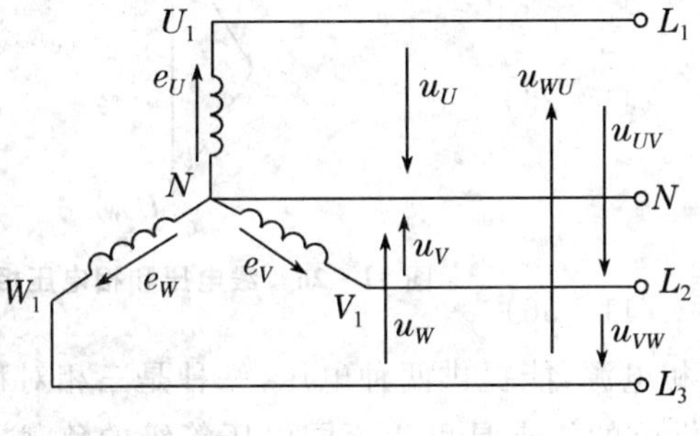


**图 11-24　星形联接**

**图 11-25　星形联接简图**

由三根相线和一根中线所组成的输电方式称为三相四线制(通常在低压配电中采用);只由三根相线所组成的输电方式称为三相三线制(在高压输电工程中采用).

每相绕组始端与末端之间的电压(即相线和中线之间的电压)叫相电压,如图 11-24 中所示,它的瞬时值用 $u_U$、$u_V$、$u_W$ 来表示,相量用 $\dot{U}_U$、$\dot{U}_V$、$\dot{U}_W$ 表示,泛指相电压大小时可用 $U_P$ 表示,相电压的正方向规定为从始端指向末端,即由相线指向中线.因为三个电动势的最大值相等,频率相同,彼此相位差均为 120°,所以三个相电压的最大值也相等,频率也相同,相互之间的相位差也均是 120°,即三个相电压是对称的.若设 $U$ 相电压初相为零,则有

$$\begin{cases} u_U = U_m \sin\omega t \\ u_V = U_m \sin(\omega t - 120^\circ) \\ u_W = U_m \sin(\omega t + 120^\circ) \end{cases} \tag{11-33}$$

其相量为

$$\begin{cases} \dot{U}_U = U\angle 0^\circ \\ \dot{U}_V = U\angle -120^\circ \\ \dot{U}_W = U\angle 120^\circ \end{cases} \tag{11-34}$$

任意两相始端之间的电压(即相线和相线之间的电压)叫线电压,如图 11-24 中所示,它的瞬时值用 $u_{UV}$、$u_{VW}$、$u_{WU}$ 来表示,相量用 $\dot{U}_{UV}$、$\dot{U}_{VW}$、$\dot{U}_{WU}$ 表示,泛指线电压大小时可用 $U_L$ 表

示，各线电压的方向即其下标所示的方向. 下面来分析线电压和相电压之间的关系.

由图 11－24 可得：

$$\begin{cases} u_{UV}=u_U-u_V \\ u_{VW}=u_V-u_W \\ u_{WU}=u_W-u_U \end{cases}$$

即

$$\begin{cases} \dot{U}_{UV}=\dot{U}_U-\dot{U}_V \\ \dot{U}_{VW}=\dot{U}_V-\dot{U}_W \\ \dot{U}_{WU}=\dot{U}_W-\dot{U}_U \end{cases}$$

由此可作出线电压和相电压相量图，如图 11－26 所示. 从图中可以看出，三个线电压也是对称的，而且在相位上：线电压比对应的相电压超前 30°. 且在相量图中又可得到线电压与相电压在数量上的关系，即：

$$\begin{cases} U_{UV}=\sqrt{3}U_U \\ U_{VW}=\sqrt{3}U_V \\ U_{WU}=\sqrt{3}U_W \end{cases} \qquad (11-35)$$

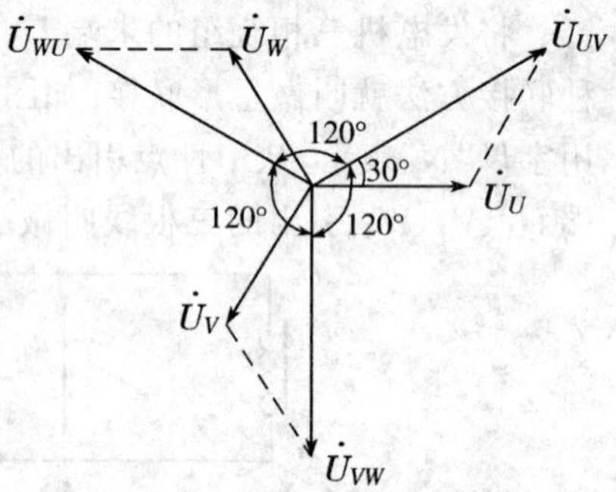


**图 11－26　线电压和相电压相量图**

上述关系的一般表达式为：

$$U_L=\sqrt{3}U_P \qquad (11-36)$$

由以上分析可得如下结论：星形联结的三相电源，能提供两种电压，一种是三相对称的相电压，另一种是三相对称的线电压. 这种接法供电的优点是可为不同电压等级的负载方便供电. 通常我们使用的 220 V、380 V 电压就是指电源成星形联接时的相电压和线电压的有效值.

### 11.3.2　安全用电

只有懂得安全用电常识，才能主动灵活地驾驭电力，避免发生触电事故，危及人身安全.

1. 电流对人体的作用

人体因触及高电压的带电体而承受过大的电流，以致引起死亡或局部受伤的现象称为触电.

根据触电后伤害程度的不同可把触电分为电击和电伤两种. 电击是指因电流通过人体而使其内部器官受伤，以致死亡，这是最危险的触电事故；电伤是指人体外部由于电弧或熔丝熔断时溅起的金属沫等而造成烧伤的现象.

触电对人体的伤害程度，与流过人体电流的频率、大小、通电时间的长短、电流流过人体的途径、以及触电者本人的情况有关. 触电事故表明，频率为 50～100 Hz 的电流最危险，通过人体的电流超过 50 mA（工频）时，就会产生呼吸困难、肌肉痉挛、中枢神经遭受损害从而使心脏停止跳动以至死亡；电流流过大脑或心脏时，最容易造成死亡事故.

常见的触电方式有单相触电和两相触电. 人体同时接触两根相线，形成两相触电，这时人体受 380 V 的线电压作用，最为危险. 单相触电是人体在地面上，触及一根相线，电流通过人体流入大地造成触电. 此外，某些电气设备由于导线绝缘破损而漏电时，人体触及外壳也会发生触电事故.

2. 常用的安全措施

为防止发生触电事故，除应注意开关必须安装在火线上以及合理选择导线与熔丝外，还必须采取以下防护措施.

(1) 正确安装用电设备. 电气设备要根据说明和要求正确安装，不可马虎. 带电部分必须有防护罩或放到不易接触到的高处，以防触电.

(2) 电气设备的保护接地. 把电气设备的金属外壳用导线和埋在地中的接地装置联接起来，叫做保护接地. 电气设备采用保护接地以后，即使外壳因绝缘不好而带电，这时工作人员碰到机壳就相当于人体和接地电阻并联，而人体的电阻远比接地电阻大，因此流过人体的电流就很微小，保证了人身安全.

(3) 电气设备的保护接零. 保护接零就是在电源中性点接地的三相四线制中，把电气设备的金属外壳与中线联接起来. 这时，如果电气设备的绝缘损坏而碰壳，由于中线的电阻很小，所以短路电流很大，立即使电路中的熔丝烧断，切断电源，从而消除触电危险.

在单相用电设备中，则应使用三脚插头和三眼插座. 正确的接法应把用电器的外壳用导线接在中间那个比其他两个粗或长的插脚上，并通过插座与保护接零线或保护接地线相连.

(4) 使用漏电保护装置. 漏电保护装置的作用主要是防止由漏电引起的触电事故和单相触电事故；其次是防止由漏电引起火灾事故以及监视或切除一相接地故障. 有的漏电保护装置还能切除三相电动机的断相运行故障.

## 巩固练习

1. 已知三相对称电源作星形联接，其中 $V$ 相电压为 $\dot{U}_V=200\angle 30^\circ$ V，试写出其余两相电压和各线电压的相量表达式，并绘出相量图.

2. 常用的安全用电措施有哪些？

## 本章小结

1. 正弦交流电的产生原理：是电磁感应现象的具体应用.

2. 描述正弦交流电的物理量：频率、周期、角频率、最大值、有效值、相位、初相.

3. 正弦交流电的表示法：解析式表示法、波形图表示法、相量表示法和相量图表示法.

4. 电阻元件及纯电阻电路：纯耗能元件，电流与电压的关系为 $\dot{I}=\dfrac{\dot{U}}{R}$.

5. 电感元件及纯电感电路：储能元件，电流与电压的关系为 $\dot{I}=\dfrac{\dot{U}}{\mathrm{j}X_L}=\dfrac{\dot{U}}{\mathrm{j}\omega L}$.

6. 电容元件及纯电容电路：储能元件，电流与电压的关系为 $\dot{I}=\dfrac{\dot{U}}{-\mathrm{j}X_C}=\dfrac{\dot{U}}{-\mathrm{j}\dfrac{1}{\omega C}}=\mathrm{j}\omega C\dot{U}$.

7. 三相交流电压的产生.

8. 三相电源的联接：

一般采用星形联接：能提供两种电压，线电压和相电压，线电压大小是相电压的 $\sqrt{3}$ 倍，相位上超前相应的相电压 30°.

9. 电流对人体的作用及安全用电常识.

# 第二篇 物理纵横

## 第一讲 相对论与量子力学及应用选粹

在20世纪，科学有三大主题——原子、计算机和基因.而在牛顿时代，这一切是不可想象的.

三个世纪以前，牛顿写道："……对我自己而言，我看起来就像一个在海边嬉要的男孩，不时在因为找到一个更光滑的鹅卵石或一枚更漂亮的贝壳而欢喜不已.同时，真理就在我面前，却一点也没被发现."当牛顿探索他面前的真理海洋时，自然的法则被神秘、迷信等难以穿透的面纱笼罩着.就如我们所知的那样，那时，科学是不存在的.

牛顿时代人们的生活是短暂、残酷和没有理性的.大多数人都是文盲，一生从未有过一本书，也从未进过教室，几乎没有"冒险"走出他们出生地几千米以外的地方，大多数人活不过30岁.

但是，由牛顿及其他一些科学家在海边拣起的奇妙贝壳和鹅卵石却引起了一系列奇迹般的事件.在前面十一章中，我们已经看到，牛顿创立的经典物理学，带来了强劲的机械.导致蒸汽机的出现，这种原动力推翻了农业社会，建立了工厂，刺激了贸易，引发了工业革命，并且用铁路打开了整个大陆之门——从而改变了世界.而到18世纪末，19世纪初，以$X$射线的发现、相对论理论的建立、原子物理直到量子力学对原子的认识等，更进一步帮助人们摆脱困境、可怜的贫穷和无知.

到20世纪末，科学到达了一个时代的终点，原子的秘密得到进一步揭示，解开了生命分子的秘密，创造了电子计算机，由此引发原子革命，脱氧核糖核酸(DNA)革命和计算机革命，至此，物质、生命和计算机的大部分基本法则都被揭示了.

### 一、爱因斯坦与相对论简介

爱因斯坦(Albert Einstein，1879～1955)，20世纪最伟大的物理学家，于1905年和1915年先后创立了狭义相对论和广义相对论，他于1905年提出了光量子假设，为此他于1921年获得诺贝尔物理学奖，他还在量子理论方面作出很多重要的贡献.

相对论的出现，与牛顿力学的下述问题有关.

问题一：相对于不同的参考系，经典力学定律的形式是完全一样的吗？

对此牛顿力学的回答是：对于任何惯性参照系，牛顿力学的规律都具有相同的形式.这就是经典力学的相对性原理.

问题二：相对于不同的参考系，长度和时间的测量结果是一样的吗？

经典力学的绝对时空观的回答是：时间和空间的量度和参考系无关，长度和时间的测量是绝对的.

正如牛顿所说："绝对的真实的数学时间，就其本质而言，是永远均匀地流逝着，与任何外界无关.""绝对空间就其本质而言是与任何外界事物无关的,它从不运动,并且永远不变."

牛顿力学对问题一的答案,来自于伽利略变换,

$$\begin{cases} u'_x = u_x - v \\ u'_y = u_y \\ u'_z = u_z \end{cases} \tag{Ⅰ-1}$$

而加速度在这两个参考系中,保持不变,即牛顿第二定律保持不变.

而第二个问题的回答,是第一个问题的延续,这是因为伽利略变换中,$v = xt$,时间与空间就显示出分离的形式.

但是电磁学中,真空中的光速为

$$c = \frac{1}{\sqrt{\varepsilon_0 \mu_0}} = 2.998 \times 10^8 \text{ m/s}$$

对于两个惯性系,光速按照伽利略变换,就会出现矛盾.在19世纪末的一些著名实验中,发现光速的大小与参考系的选择无关.

爱因斯坦深入地考虑了这些问题,以敏锐的洞察力,于1905年首先提出了狭义相对论的理论.

狭义相对论的基本原理有下述两条:

**爱因斯坦相对性原理:物理定律在所有的惯性系中都具有相同的表达形式.** 也可以表述为**物理定律在所有的惯性系中都有相同的数学形式.**

**光速不变原理:真空中的光速是常量,它与光源或观察者的运动无关,即不依赖于惯性系的选择.** 也可以表述为**在所有惯性系中,真空中的光速都恒为 $c$.**

其满足的变换为洛仑兹变换

$$\begin{cases} x' = \gamma(x - ut) \\ y' = y \\ z' = z \\ t' = \gamma\left(t - \dfrac{u}{c^2}x\right) \end{cases} \quad \begin{cases} v'_x = \dfrac{v_x - u}{1 - \dfrac{uv_x}{c^2}} \\ v'_y = \dfrac{v_y}{\gamma\left(1 - \dfrac{uv_x}{c^2}\right)} \\ v'_z = \dfrac{v_z}{\gamma\left(1 - \dfrac{uv_x}{c^2}\right)} \end{cases} \tag{Ⅰ-2}$$

上式中 $\gamma = \dfrac{1}{\sqrt{1 - \dfrac{v^2}{c^2}}}$. 上述变换显然与伽利略变换不同.

狭义相对论的时空观主要有:

同时的相对性.**同时性概念是因参考系而异的,在一个惯性系中认为同时发生的两个事件,在另一惯性系中看来,不一定同时发生.同时性具有相对性.**

时间量度的相对性.**时间间隔的测量是相对的,与惯性系的选择有关.** 从相对事件发生地运动的参考系中测量出的时间总比原时长(时间膨胀).每个参考系中的观测者都会认为相对自己运动的钟比自己的钟走得慢(动钟变慢).

狭义相对论承认时间与空间的相对性与统一性,承认它们与物质的运动有关,但时间和空间的性质不因物质的多少和分布情况而改变,即时空是平直的.

在相对论中,把质点的动量仍定义为质点质量与速度的乘积.不过此时质量随运动速度变化,$m = \gamma m_0$,式中 $m_0$ 为物体静止时的质量,这样动量守恒定律在洛仑兹变化下具有不变性.爱因斯坦给予质量的这一变化以深刻的内涵,提出划时代的质能关系 $E = mc^2$,式中,$E$ 为静质能;$m$ 为质量;$c$ 为光速.

物体的静质能实际上是物体内能的总和,包括分子动能,分子间的势能,分子内部各原子的动能,原子间的势能,原子、质子、中子内部……各组成粒子间的相互作用能量.

狭义相对论刚刚发表时,世界上能看懂的人很少,而仅仅在十年后的1915年,爱因斯坦又发表了广义相对论,进一步揭示了四维空时同物质的统一关系,指出空时不可能离开物质而独立存在,空间的结构和性质

取决于物质的分布，它并不是平坦的欧几里得空间，而是弯曲的黎曼空间. 根据广义相对论的引力论，他推断光在引力场中不沿着直线而会沿着曲线传播. 此时他才 36 岁. 广义相对论改变了狭义相对论时空是平直的概念，认为时空是弯曲的，进一步修正了牛顿的时空观. 由于爱因斯坦的理论超前于实验，所以 1921 年颁发诺贝尔奖金给他时，只得以他提出光量子（光电效应）等的贡献为理由. 而且由于那些看不懂相对论的评委（不是当时一流的科学家）的反对，当年物理学奖空缺，也没有颁发给爱因斯坦，直到第二年，更多的科学家提名，包括普朗克等伟大的科学家提议，1921 年的物理学奖补发给爱因斯坦，1922 年的给玻尔. 法国物理学家布里渊甚至在信上写道："试想：如果诺贝尔获奖者的名单上没有爱因斯坦的名字，那 50 年代以后人们的意见将会是怎样."这时，形势已经不再是爱因斯坦盼望得诺贝尔奖，而是诺贝尔委员会非得以某种授奖原因把诺贝尔奖授予爱因斯坦了. 因为，爱因斯坦在科学界的名声如日中天. 有些人认为，如果爱因斯坦不先得奖，再无法考虑其他候选人；有些人还说，爱因斯坦的威望已经比诺贝尔奖还要高. 新增加的一名评委奥席恩不仅是懂物理的，而且充分显示出策略大师的水平. 他采用两条策略：一，将授奖原因限制在光电效应定律上，不谈"理论"（即光子理论，当时很少人相信它）；二，指出爱因斯坦的成就，不同的研究者有不同的兴趣，这就避免光电效应不如相对论重要而又引起争论. 这才顺利于 1922 年补发给爱因斯坦 1921 年的诺贝尔奖金.

爱因斯坦的童年并没有显示出什么神奇，小时候并不活泼，三岁多还不会讲话，父母很担心他是哑巴，曾带他去给医生检查. 还好小爱因斯坦不是哑巴，可是直到九岁时讲话还不很通畅，所讲的每一句话都必须经过吃力但认真的思考.

在四、五岁时，爱因斯坦有一次卧病在床，父亲送给他一个罗盘. 当他发现指南针总是指着固定的方向时，感到非常惊奇，觉得一定有什么东西深深地隐藏在这现象后面. 他一连几天很高兴的玩这罗盘，还纠缠着父亲和雅各布叔叔问了一连串问题. 尽管他连"磁"这个词都说不好，但他却顽固地想要知道指南针为什么能指南. 这种深刻和持久的印象，爱因斯坦直到六十七岁时还能鲜明的回忆出来.

1896 年 10 月，爱因斯坦跨进了苏黎世工业大学的校门，在师范系学习数学和物理学. 他对学校的注入式教育十分反感，认为它使人没有时间、也没有兴趣去思考其他问题. 幸运的是，窒息真正科学动力的强制教育，在苏黎世的联邦工业大学要比其他大学少得多. 爱因斯坦充分利用学校中的自由空气，把精力集中在自己所热爱的学科上. 在学校中，他广泛的阅读了赫尔姆霍兹、赫兹等物理学大师的著作，他最着迷的是麦克斯韦的电磁理论. 他有自学本领、分析问题的习惯和独立思考的能力.

1900 年，爱因斯坦从苏黎世工业大学毕业. 由于他对某些功课不热心，以及对老师态度冷漠，被拒绝留校. 他找不到工作，靠做家庭教师和代课教师过活. 在失业一年半以后，关心并了解他才能的同学马塞尔·格罗斯曼向他伸出了援助的手. 格罗斯曼设法说服自己的父亲把爱因斯坦介绍到瑞士专利局去做一个技术员.

爱因斯坦终身感谢格罗斯曼对他的帮助. 在悼念格罗斯曼的信中，他谈到这件事时说，当他大学毕业时，"突然被一切人抛弃，一筹莫展的面对人生. 他帮助了我，通过他和他的父亲，我后来才到了哈勒（时任瑞士专利局局长）那里，进了专利局. 这有点象救命之恩，没有他我大概不致于饿死，但精神会颓唐起来."

1905 年，爱因斯坦在科学史上创造了一个史无前例奇迹. 这一年他写了六篇论文，在三月到九月这半年中，利用在专利局每天八小时工作以外的业余时间，在三个领域做出了四个有划时代意义的贡献，他发表了关于光量子说、分子大小测定法、布朗运动理论和狭义相对论这四篇重要论文.

1905 年 3 月，爱因斯坦将自己认为正确无误的论文送给了德国《物理年报》编辑部. 他腼腆地对编辑说："如果您能在你们的年报中找到篇幅为我刊出这篇论文，我将感到很愉快."这篇"被不好意思"送出的论文名叫《关于光的产生和转化的一个推测性观点》.

这篇论文把普朗克 1900 年提出的量子概念推广到光在空间中的传播情况，提出光量子假说. 认为：对于时间平均值，光表现为波动；而对于瞬时值，光则表现为粒子性. 这是历史上第一次揭示了微观客体的波动性和粒子性的统一，即波粒二象性.

在这文章的结尾，他用光量子概念轻而易举的解释了经典物理学无法解释的光电效应，推导出光电子的最大能量同入射光的频率之间的关系. 这一关系 10 年后才由密立根给予实验证实. 1921 年，爱因斯坦因为"光电效应定律的发现"这一成就而获得了诺贝尔物理学奖.

这才仅仅是开始，阿尔伯特·爱因斯坦在光、热、电物理学的三个领域中齐头并进，一发不可收拾. 1905

年4月，爱因斯坦完成了《分子大小的新测定法》，5月完成了《热的分子运动论所要求的静液体中悬浮粒子的运动》. 这是两篇关于布朗运动的研究的论文. 爱因斯坦当时的目的是要通过观测由分子运动的涨落现象所产生的悬浮粒子的无规则运动，来测定分子的实际大小，以解决半个多世纪来科学界和哲学界争论不休的原子是否存在的问题.

三年后，法国物理学家佩兰以精密的实验证实了爱因斯坦的理论预测. 从而无可非议的证明了原子和分子的客观存在，这使最坚决反对原子论的德国化学家、唯能论的创始人奥斯特瓦尔德于1908年主动宣布："原子假说已经成为一种基础巩固的科学理论".

1905年6月，爱因斯坦完成了开创物理学新纪元的长论文《论动体的电动力学》，完整的提出了狭义相对论. 这是爱因斯坦10年酝酿和探索的结果，它在很大程度上解决了19世纪末出现的古典物理学的危机，改变了牛顿力学的时空观念，揭露了物质和能量的相当性，创立了一个全新的物理学世界，是近代物理学领域最伟大的革命.

1905年9月，爱因斯坦写了一篇短文《物体的惯性同它所含的能量有关吗?》，作为相对论的一个推论. 质能相当性是原子核物理学和粒子物理学的理论基础，也为20世纪40年代实现的核能的释放和利用开辟了道路.

在这短短的半年时间，爱因斯坦在科学上的突破性成就，可以说是"石破天惊，前无古人". 即使他就此放弃物理学研究，即使他只完成了上述三方面成就的任何一方面，爱因斯坦都会在物理学发展史上留下极其重要的一笔. 爱因斯坦拨散了笼罩在"物理学晴空上的乌云"，迎来了物理学更加光辉灿烂的新纪元.

在1915年到1917年的3年中，是爱因斯坦科学成就的第二个高峰，类似于1905年，他也在三个不同领域中分别取得了历史性的成就. 除了1915年最后建成了被公认为人类思想史中最伟大的成就之一的广义相对论以外，1916年在辐射量子方面提出引力波理论，1917年又开创了现代宇宙学.

作为物理学革命中的伟大科学巨匠，爱因斯坦从来没有自认为是一个超人. 他认识到，自己所走的道路是前人走过的道路的延伸，科学的新时代是在前人工作基础上的合理发展，因此他总是抱着感激和敬仰的心情赞赏前人的贡献.

在谈到相对论的创立时，他说："相对论实在可以说是对麦克思韦和洛仑兹的伟大构思画了最后一笔，因为它力图把场物理学扩充到包括引力在内的一切现象."爱因斯坦曾几次在信中对赞扬他的成就的朋友写道："我完全知道我没有什么特殊的才能：兴趣、专一、顽强工作，以及自我批评使我达到我想要达到的理想境界."

爱因斯坦是很珍惜时间的人，他不喜欢参加社交活动与宴会，他曾讽刺地说："这是把时间喂给动物园."他集中精神专心的钻研，他不希望宝贵的时间消耗在无意义的社交谈话上. 他也不想听那些奉承和赞扬的话. 他认为："一个以伟大的创造性观念造福于全世界的人，不需要后人来赞扬. 他的成就本身就已经给了他一个更高的报答."1929年3月，为了躲避五十寿辰的庆祝活动，他在生日前几天，就秘密跑到柏林近郊的一个花匠的农舍里隐居起来.

爱因斯坦因为在科学上的成就，获得了许多奖状以及名誉博士的授予证书. 如果一般人就会把这些东西高高挂起. 可是爱因斯坦把以上的东西，包括诺贝尔奖奖状一起乱七八糟地放在一个箱子里，看也不看一眼. 英费尔德说他有时觉得爱因斯坦可能连诺贝尔奖是什么意义都不知道. 据说他在得奖的那一天，脸上和平日一样平静，没有显出特别高兴或兴奋.

少年时代的爱因斯坦在瑞士生活时，过的是穷学生的生活，他对物质生活要求不高，有一碟意大利面条加上一点酱他就感到很满意. 成名后，成为教授以及后来为了躲避纳粹的迫害移民美国，他是有条件过很好的物质享受的，但是他仍保留像穷学生那样简朴无华的生活.

当爱因斯坦来到普林斯顿的高等科学研究所工作时，当局给了他相当的高薪——年薪一万六千美元，他却说："这么多钱，是否可以给我少一点？给我三千美元就够了."

1955年4月18日，人类历史上最伟大的科学家，阿尔伯特·爱因斯坦因主动脉瘤破裂逝世于美国普林斯顿. 巨星陨落，举世同悲.

## 二、量子论的诞生和量子力学的发展

1924,1925 年之交,物理学正处在一个非常艰难和迷茫的境地中.玻尔那精巧的原子结构已经在内部出现了细小的裂纹,而辐射问题的本质究竟是粒子还是波动,双方仍然在白热化地交战.康普顿的实验已经使得最持怀疑态度的物理学家都不得不承认,粒子性是无可否认的,但是这就势必要推翻电磁体系这个已经扎根于物理学百余年的庞然大物.而后者所依赖的地基——麦克斯韦理论看上去又是如此牢不可破,无法动摇.

然而,这正标志着我们即将进入的是一个不可思议的光怪陆离的量子世界.在这个世界里,一切都看起来是那样地古怪不合常理,甚至有一些疯狂的意味.我们日常的经验在这里完全失效,甚至常常是靠不住的.物理世界沿用了千百年的概念和习惯在量子世界里轰然崩坍,曾经被认为是天经地义的事情必须被无情地抛弃,而代之以一些奇形怪状的,但却更接近真理的原则.是的,世界就是这些表格构筑的.它们不但能加能乘,而且还有着令人瞠目结舌的运算规则,从而导致一些更为惊世骇俗的结论.而且,这一切都不是臆想,是从事实——而且是唯一能被观测和检验到的事实——推论出来的.海森堡说,现在已经到了物理学该发生改变的时候了.

量子论的发展几乎就是年轻人的天下.爱因斯坦 1905 年提出光量子假说的时候,也才 26 岁.玻尔 1913 年提出他的原子结构的时候,28 岁.德布罗意 1923 年提出相波的时候,31 岁.而 1925 年,当量子力学在海森堡的手里得到突破的时候,后来在历史上闪闪发光的那些主要人物也几乎都和海森堡一样年轻:泡利 25 岁,狄拉克 23 岁,乌仑贝克 25 岁,古德施密特 23 岁,约尔当 23 岁.和他们比起来,36 岁的薛定谔和 43 岁的波恩简直算是老爷爷了.量子力学被人们戏称为"男孩物理学",波恩在哥廷根的理论班,也被人叫做"波恩幼儿园".1925 年,当海森堡做出他那突破性的贡献的时候,他刚刚 24 岁.

1924 年末,波恩写成一本讲原子理论的书.这是一本陈述玻尔旧量子论的书,他将此书称作第一卷,因为他已预测玻尔理论注定要崩溃,一套崭新的理论必然抬头来代替它,他打算用第二卷写这个尚未出世的理论.

1925 年,波恩新理论的思想就闪现出火花,他开始投入了他的全部才智去发展这一思想,直到 1930 年完成他的第二卷.波恩对玻尔原子模型中能级和轨道的经典量子理论修正为:**物质波的强度分布反映实物粒子出现在空间各处的概率**.为此他获得 **1954 年诺贝尔奖**.

但事实上,还在波恩写他的第一卷时,来自法国的一位年轻物理学家路易·德布罗意(1892～1987),于 1923 年发表了一项重要的成果.

德布罗意在爱因斯坦的相对论的思想中静静地翻检.在相对论中光和物质是关连一起的,质量是能量的一种具体表现,而根据普朗克的定则,能量等于 $h$ 乘频率,因此可以形成如下的连环:

物质粒子具有质量—质量就是能量—有能量必有频率—有频率必有脉动.

再往下思考:

脉动的粒子有迹象好象光子—光和光波关连在一起—所以物质应当和"物质波"关连在一起.

或者说,物质和波彼此相通.

也即,德布罗意采用类比的方法提出物质波的假设:"整个世纪以来,在辐射理论上,比起波动的研究方法来,是过于忽略了粒子的研究方法;在实物理论上,是否发生了相反的错误呢？是不是我们关于'粒子'的图像想得太多,而过分地忽略了波的图像呢?"

德布罗意假设:实物粒子具有波粒二象性.

德布罗意公式:

$$\lambda=\frac{h}{p}=\frac{h}{mv}\qquad \nu=\frac{E}{h}=\frac{mc^2}{h} \tag{Ⅰ-3}$$

在这一组表达式中,如果 $v\ll c$,则 $m=m_0$,若 $v\to c$,则 $m=\dfrac{m_0}{\sqrt{1-\dfrac{v^2}{c^2}}}$,对于宏观物体的德布罗意波长小到实验难以测量的程度,因此宏观物体仅表现出粒子性.

1927 年,G．P．汤姆逊电子衍射的实验证明了电子具有波动性,如图Ⅰ-1,左图为电子束透过多晶铝箔的衍射,右图为电子双缝衍射图.

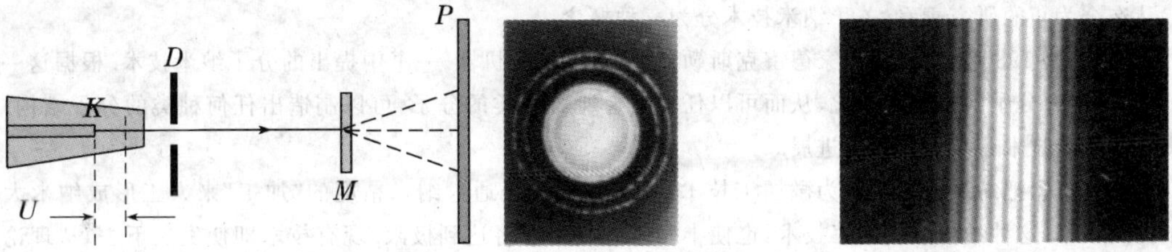


图Ⅰ-1　汤姆逊电子衍射实验

不仅是电子,而且其他实物粒子,如质子、中子、氦原子等都已证实具有波动性,波动性是所有微观粒子的固有属性.

波恩在他的第二卷书中,给予德布罗意波统计意义,**德布罗意波是概率波:在某处德布罗意波的强度是与粒子在该处邻近出现的概率成正比的.**

## 三、相对论与量子力学对高新技术的巨大贡献

相对论、量子力学的建立引发了一系列重大发明,有力推动了新的技术革命.电子显微镜、激光、半导体、纳米技术、核磁共振等技术,都与这密不可分,它们已经影响了人类的科技和生活.

### 1. 电子显微镜

证明物质粒子波动性的实验一个重要应用是在电子光学领域.1932年德国人鲁斯卡成功研制了电子显微镜,其原理为电子束通过磁透镜聚焦后照射在样品表面形成衍射图像,由于电子波的波长比可见光小得多,因此电子显微镜的分辨本领大大高于光学显微镜.目前分辨率:0.2 nm.1981年德国人宾尼希和瑞士人罗雷尔制成了扫描隧穿显微镜,其用于纳米材料、生命科学和微电子学的研究.横向分辨率:0.1 nm,纵向分辨率:0.001 nm.

电子显微镜又分为透射电子显微镜(TEM)和扫描电子显微镜(SEM),前者的光路与原理与透射光学显微镜十分相似,后者类似于电视摄影显像的方式.

物质波动性的另一个重要应用是隧道效应.在两块金属(或半导体、超导体)之间夹一层厚度约为0.1 nm的极薄绝缘层,构成一个称为"结"的元件.设电子开始处在左边的金属中,可以认为电子是自由的,在金属中的势能为零.由于电子不易通过绝缘层,因此绝缘层就像一个势的壁垒,称为势垒,量子效应的结果是当粒子能量小于势垒高度时,仍有一部分粒子穿过势垒达到右边的导体.经典理论无法解释这一结果.

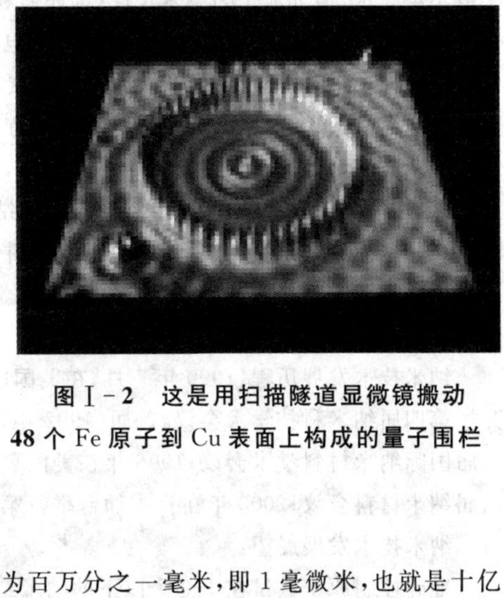

图Ⅰ-2　这是用扫描隧道显微镜搬动48个Fe原子到Cu表面上构成的量子围栏

扫描隧道电子显微镜STM利用了电子隧道效应,金属中的电子并不完全限于表面边界之内,在表面以外呈指数式衰减,衰减长度约为1 nm.只要将具有原子线度的极细探针以及被研究物质的表面作为两个电极,当样品与针尖的距离非常接近、小于1 nm时,隧道效应就显示出来,二者之间再加上微小电压,就能产生隧道电流,传递到计算机中处理,使人类第一次能够实时地观测到单个原子在物质表面上的排列状态以及与表面电子行为有关的性质(图Ⅰ-2).

### 2. 纳米技术的应用

"纳米"是英文namometer的译名,是一种度量单位,1纳米为百万分之一毫米,即1毫微米,也就是十亿分之一米,约相当于45个原子串起来那么长.纳米结构通常是指尺寸在100纳米以下的微小结构.1981年扫描隧道显微镜发明后,便诞生了一门以0.1到100纳米长度为研究分子世界,它的最终目标是直接以原子或

分子来构造具有特定功能的产品.因此,纳米技术其实就是一种用单个原子、分子射程物质的技术.

从迄今为止的研究善看,关于纳米技术分为三种概念:

第一种,是1986年美国科学家德雷克斯勒博士在《创造的机器》一书中提出的分子纳米技术.根据这一概念,可以使组合分子的机器实用化,从而可以任意组合所有种类的分子,可以制造出任何种类的分子结构.这种概念的纳米技术还未取得重大进展.

第二种概念把纳米技术定位为微加工技术的极限.也就是通过纳米精度的"加工"来人工形成纳米大小的结构的技术.这种纳米级的加工技术,也使半导体微型化即将达到极限.现有技术即使发展下去,从理论上讲终将会达到限度,这是因为,如果把电路的线幅逐渐变小,将使构成电路的绝缘膜变得极薄,这样将破坏绝缘效果.此外,还有发热和晃动等问题.为了解决这些问题,研究人员正在研究新型的纳米技术.

第三种概念是从生物的角度出发而提出的.本来,生物在细胞和生物膜内就存在纳米级的结构.

纳米科学技术(nanotechnology):纳米科学技术是用单个原子、分子制造物质的科学技术.纳米科学技术是以许多现代先进科学技术为基础的科学技术,它是现代科学(混沌物理、量子力学、介观物理、分子生物学)和现代技术(计算机技术、微电子和扫描隧道显微镜技术、核分析技术)结合的产物,纳米科学技术又将引发一系列新的科学技术,例如纳米电子学、纳米材科学、纳米机械学等.纳米科学技术被认为是世纪之交出现的一项高科技.

纳米技术包含下列四个主要方面:

纳米材料:当物质到纳米尺度以后,大约是在1～100 nm这个范围空间,物质的性能就会发生突变,出现特殊性能.这种既具不同于原来组成的原子、分子,也不同于宏观的物质的特殊性能构成的材料,即为纳米材料.如果仅仅是尺度达到纳米,而没有特殊性能的材料,也不能叫纳米材料.

纳米动力学,主要是微机械和微电机,或总称为微型电动机械系统,用于有传动机械的微型传感器和执行器、光纤通讯系统,特种电子设备、医疗和诊断仪器等.用的是一种类似于集成电器设计和制造的新工艺.特点是部件很小,刻蚀的深度往往要求数十至数百微米,而宽度误差很小.这种工艺还可用于制作三相电动机,用于超快速离心机或陀螺仪等.在研究方面还要相应地检测准原子尺度的微变形和微摩擦等.虽然它们目前尚未真正进入纳米尺度,但有很大的潜在科学价值和经济价值.

纳米生物学和纳米药物学,如在云母表面用纳米微粒度的胶体金固定DNA的粒子,在二氧化硅表面的叉指形电极做生物分子间互作用的试验,磷脂和脂肪酸双层平面生物膜,DNA的精细结构等.有了纳米技术,还可用自组装方法在细胞内放入零件或组件使构成新的材料.新的药物,即使是微米粒子的细粉,也大约有半数不溶于水;但如粒子为纳米尺度(即超微粒子),则可溶于水.

纳米电子学,包括基于量子效应的纳米电子器件、纳米结构的光/电性质、纳米电子材料的表征,以及原子操纵和原子组装等.当前电子技术的趋势要求器件和系统更小、更快、更冷,更小,是指响应速度要快.更冷是指单个器件的功耗要小.但是更小并非没有限度.纳米技术是建设者的最后疆界,它的影响将是巨大的.

纳米技术是一门交叉性很强的综合学科,研究的内容涉及现代科技的广阔领域.纳米科学与技术主要包括:纳米体系物理学、纳米化学、纳米材料学、纳米生物学、纳米电子学、纳米加工学、纳米力学等.这七个相对独立又相互渗透的学科和纳米材料、纳米器件、纳米尺度的检测与表征这三个研究领域.纳米材料的制备和研究是整个纳米科技的基础.其中,纳米物理学和纳米化学是纳米技术的理论基础,而纳米电子学是纳米技术最重要的内容.

纳米技术发展历程:1990年7月,在美国巴尔的摩召开了国际首届纳米科学技术会议;1996年,在中国召开了第四届纳米科技学术会议.首届(1992年)纳米材料会议在墨西哥召开;1994年在德国斯图加特召开了第二届国际纳米材料学术会议;1996年在美国夏威夷召开第三届国际会议;1998年在瑞典斯德哥尔摩召开了第四届纳米材料会议;2000年在日本仙台举行第五届国际纳米材料会议.

纳米技术发展展望:

准确控制原子数量在100个以下的纳米结构物质,市场规模约5亿美元

生产纳米结构物质,50～200亿美元

大量制造复杂的纳米结构物质,100～1 000亿

纳米计算机,2 000～10 000 亿

验证出能够制造动力源与程序自律化的元件和装置,$6\times10^4$ 亿

科学注定将改善并丰富人类的生命体验.微机电系统(MEMS)、微流体技术、纳米技术、实验室级芯片(lab-on-a-chip)器件、数字信号处理器(DSP)、可植入基因芯片和机器人等所有这些技术都将被整合在一起以捍卫我们的健康.它促成了一个技术新纪元的到来,其中,电子工程师、化学家和化学工程师、生物学家和生物工程师、医生、伦理学家、物理学家和机械工程师携手并肩,共襄改善生命质量这一壮举.

3. 半导体与超导体

(1) 半导体

电子计算机的发展和应用是科学技术大变革的重要标志之一,它强烈地影响着人类社会的各个领域和人类生活的各个方面.计算机技术能如此迅速发展,离不开一项支柱技术,这就是微电子技术,而微电子技术的发展则要依赖于半导体材料的研究.

半导体的原理:导电能力介于导体和绝缘体之间的物质称为半导体.讲它的原理就得讲到它的特性,导电特性与原理最为重要.这就足够说明导电特性是半导体的最主要的性质.

导电特性:它的导电性介于导体与绝缘体之间,用的最多的材料是硅和锗,他们都是 4 价元素且都是有晶体结构.那么我们就它们的导电特性作介绍:

Si 原子有 14 个电子,按 2.8.4 排列,可见最外层有 4 个价电子.在物理和化学性质上都是由最外层的价电子决定的,所以可以把内层看成一个整体,称为惯性核.那么现在可以将 Si 简化成惯性核和 4 个价电子.

根据半导体所含物质的情况分:本征半导体、杂质半导体.

本征半导体:纯净的半导体称为本征半导体.当只有一种元素的时候,就会有价电子之间的轨道交叠,形成共价键结构.内部出现运载电荷的粒子称为载流子.物质的导电能力就决定于载流子的数目和速度.在温度 0 K 的情况下价电子不能摆脱共价键的束缚,成不了自由电子,这时的本征半导体没有载流子,所以相当于绝缘体.

杂质半导体:本征半导体的导电能力很弱,那么在里面掺入微量的其他元素,就会有很明显的变化,现在形成的有杂质的半导体就是杂质半导体.实际中用的都是杂质半导体.它分 N 型和 P 型两种.

N 型半导体:就是在本征半导体中掺入微量 5 价元素磷(施主杂质).这样它的活性大大的得到提高,在室温时,多出的(5 价和 4 价)电子几乎全部被激发为自由电子.在 N 型半导体中多子载流子为电子,少子载流子为空穴.

P 型半导体:就是在本征半导体中掺入微量 3 价元素硼(受主杂质).硼中的空穴几乎都被填满,产生同等数量的空穴,因此,在 P 型半导体中多子载流子是空穴,少子载流子是电子,与 N 型恰恰相反.为后面的 PN 结提供了条件.

PN 结:由前面的 N 型和 P 型半导体的介绍知道它们的特点,一边掺入施主杂质,形成 N 型半导体,另一边掺入受主杂质,形成 P 型半导体.在它们接触交界面附近就会有特殊的物理特性,这就是 PN 结.它是由 N 结中的多子载流子电子向 P 结中的多子载流子空穴相互扩散形成的,P 区和 N 区的电压差形成内部电场,让载流子扩散达到一个平衡,中间就有一个耗尽层,但整体还是显电中性.

二极管:半导体二极管是由一个 PN 结合和它所在的半导体再加上电极引线和管壳构成.按其不同的机构,可分为点接触型、面接触型和平面型等.二极管的主要特点之一是具有单向导电性.

三极管:又名双极型晶体管或晶体管,在晶体管中,带正电的空穴和带负电的电子均参与导电,由此而得名.它由两个靠得很近的 PN 结构成,两个相互影响,使晶体管有电流放大功能.

半导体的第一个应用就是利用它的整流效应作为检波器,就是点接触二极管(也俗称猫胡子检波器,即将一个金属探针接触在一块半导体上以检测电磁波).除了检波器之外,在早期,半导体还用来做整流器、光伏电池、红外探测器等,半导体的四个效应都用到了.今天半导体材料可用于制造二极管、三极管、集成电路、太阳能电池等.

运用量子力学原理,可以改变半导体内部的结构以适应不同功能器件的需要,如高迁移率的晶体管,它是超高速集成电路的核心.半导体的导电性能还可随外界环境的变化而明显改变,据此制造了品种繁多的半导体器件,如光敏器件、热敏器件、场效应管等.

（2）超导体

1911年，荷兰科学家昂内斯(Ones)用液氦冷却汞，当温度下降到4.2 K时，水银的电阻完全消失，这种现象称为超导电性，此温度称为临界温度。根据临界温度的不同，超导材料可以被分为：高温超导材料和低温超导材料。但这里所说的高温，其实仍然是远低于冰点摄氏0℃的，对一般人来说算是极低的温度。1933年，迈斯纳和奥克森菲尔德两位科学家发现，如果把超导体放在磁场中冷却，则在材料电阻消失的同时，磁感应线将从超导体中排出，不能通过超导体，这种现象称为抗磁性。经过科学家们的努力，超导材料的磁电障碍已被跨越，下一个难关是突破温度障碍，即寻求高温超导材料。

1973年，发现超导合金—铌锗合金，其临界超导温度为23.2 K，这一记录保持了近13年。

1986年，设在瑞士苏黎世的美国IBM公司的研究中心报道了一种氧化物(镧钡铜氧化物)具有35 K的高温超导性。此后，科学家们几乎每隔几天，就有新的研究成果出现。

1986年，美国贝尔实验室研究的超导材料，其临界超导温度达到40 K，液氢的"温度壁垒"(40 K)被跨越。

1987年，美国华裔科学家朱经武以及中国科学家赵忠贤相继在钇－钡－铜－氧系材料上把临界超导温度提高到90 K以上，液氮的"温度壁垒"(77 K)也被突破了。1987年底，铊－钡－钙－铜－氧系材料又把临界超导温度的记录提高到125 K。从1986～1987年的短短一年多的时间里，临界超导温度提高了近100 K。

来自德国、法国和俄罗斯的科学家利用中子散射技术，在高温超导体的一个成员单铜氧层$Tl_2Ba_2CuO_6+\delta$中观察到了所谓的磁共振模式，进一步证实了这种模式在高温超导体中存在的一般性。该发现有助于对铜氧化物超导体机制的研究。

高温超导体具有更高的超导转变温度(通常高于氮气液化的温度)，有利于超导现象在工业界的广泛利用。高温超导体的发现迄今已有16年，而对其不同于常规超导体的许多特点及其微观机制的研究，却仍处于相当"初级"的阶段。这一点不仅反映在没有一个单一的理论能够完全描述和解释高温超导体的特性，更反映在缺乏统一的、在各个不同体系上普遍存在的"本征"实验现象。本期Science所报道的结果意味着中子散射领域里一个长期存在的困惑很有可能得到解决。

20世纪80年代是超导电性的探索与研究的黄金年代。1981年合成了有机超导体，1986年缪勒和柏诺兹发现了一种成分为钡、镧、铜、氧的陶瓷性金属氧化物$LaBaCuO_4$，其临界温度约为35 K。由于陶瓷性金属氧化物通常是绝缘物质，因此这个发现的意义非常重大，缪勒和柏诺兹因此而荣获了1987年度诺贝尔物理学奖。

1987年在超导材料的探索中又有新的突破，美国休斯顿大学物理学家朱经武小组与中国科学院物理研究所赵忠贤等人先后研制成临界温度约为90 K的超导材料YBCO(钇铋铜氧)。

1988年初日本研制成临界温度达110 K的Bi-Sr-Ca-Cu-O超导体。至此，人类终于实现了液氮温区超导体的梦想，实现了科学史上的重大突破。这类超导体由于其临界温度在液氮温度(77 K)以上，因此被称为高温超导体。

自从高温超导材料发现以后，一阵超导热席卷了全球。科学家还发现铊系化合物超导材料的临界温度可达125 K，汞系化合物超导材料的临界温度则高达135 K。如果将汞置于高压条件下，其临界温度将能达到难以置信的164 K。

1997年，研究人员发现，金铟合金在接近绝对零度时既是超导体同时也是磁体。1999年科学家发现钌铜化合物在45 K时具有超导电性。由于该化合物独特的晶体结构，它在计算机数据存储中的应用潜力将是非常巨大的。

自2007年12月开始，中国科学院物理研究所的陈根富博士已投入到镧氧铁砷非掺杂单晶体的制备中。今年2月18日，日本东京工业大学的细野秀雄教授和他的合作者在《美国化学会志》上发表了一篇两页的文章，指出氟掺杂镧氧铁砷化合物在零下247.15摄氏度时即具有超导电性。在长期研究中保持着跨界关注习惯的陈根富和王楠林研究员立即捕捉到了这一消息的价值，王楠林小组迅速转向制作掺杂样品，他们在一周内实现了超导并测量了基本物理性质。

几乎与此同时，物理所闻海虎研究组通过在镧氧铁砷材料中用二价金属锶替换三价的镧，发现有临界温度为零下248.15摄氏度以上的超导电性。

3月25日和3月26日，中国科学技术大学陈仙辉组和物理所王楠林组分别独立发现临界温度超过零下

233.15 摄氏度的超导体，突破麦克米兰极限，证实为非传统超导.

3 月 29 日，中国科学院院士、物理所研究员赵忠贤领导的小组通过氟掺杂的镨氧铁砷化合物的超导临界温度可达零下 221.15 摄氏度，4 月初该小组又发现无氟缺氧钐氧铁砷化合物在压力环境下合成超导临界温度可进一步提升至零下 218.15 摄氏度.

为了证实(超导体)电阻为零，科学家将一个铅制的圆环，放入温度低于 $Tc=7.2$ K 的空间，利用电磁感应使环内激发起感应电流. 结果发现，环内电流能持续下去，从 1954 年 3 月 16 日始，到 1956 年 9 月 5 日止，在两年半的时间内的电流一直没有衰减，这说明圆环内的电能没有损失，当温度升到高于 $Tc$ 时，圆环由超导状态变正常态，材料的电阻骤然增大，感应电流立刻消失，这就是著名的昂尼斯持久电流实验.

超导材料和超导技术有着广阔的应用前景. 超导现象中的迈斯纳效应使人们可以用此原理制造超导列车(图Ⅰ-3)和超导船，由于这些交通工具将在无摩擦状态下运行，这将大大提高它们的速度和安静性能. 超导列车已于 70 年代成功地进行了载人可行性试验，1987 年开始，日本国开始试运行，但经常出现失效现象，出现这种现象可能是由于高速行驶产生的颠簸造成的. 超导船已于 1992 年 1 月 27 日下水试航，目前尚未进入实用化阶段. 利用超导材料制造交通工具在技术上还存在一定的障碍，但它势必会引发交通工具革命的一次浪潮.

图Ⅰ-3　磁悬浮列车

4. 激光基本原理与应用

激光的最初中文名叫做“镭射”、“莱塞”，是它的英文名称 LASER 的音译，是取自英文 Light Amplification by Stimulated Emission of Radiation 的各单词的头一个字母组成的缩写词. 意思是“受激辐射的光放大”(图Ⅰ-4).

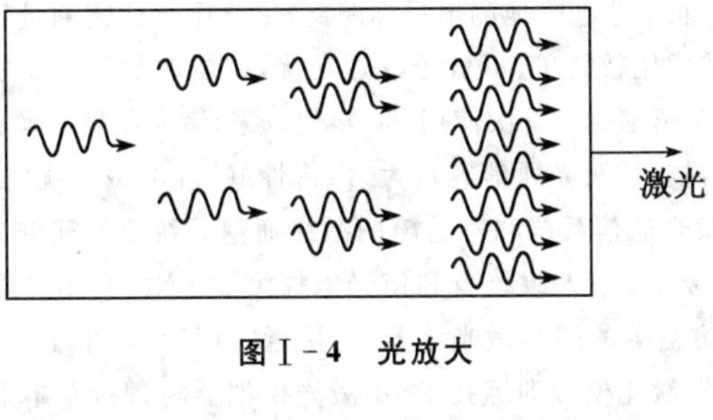


图Ⅰ-4　光放大

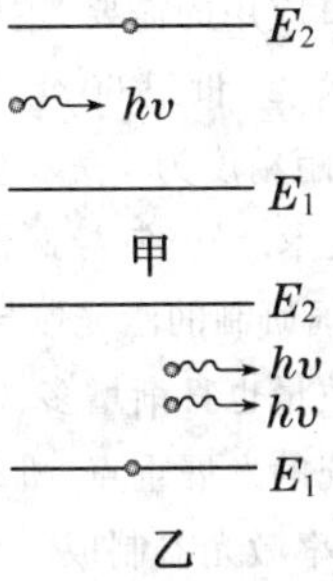


图Ⅰ-5　受激辐射

什么叫做“受激辐射”(图Ⅰ-5)？它基于伟大的科学家爱因斯坦在 1916 年提出的一套全新的理论. 这一理论是说在组成物质的原子中，有不同数量的粒子(电子)分布在不同的能级上，在高能级上的粒子受到某种光子的激发，会从高能级跳到(跃迁)到低能级上，这时将会辐射出与激发它的光相同性质的光，而且在某种状态下，能出现一个弱光激发出一个强光的现象. 这就叫做“受激辐射的光放大”，简称激光. 激光主要有四大特性：激光高亮度、高方向性、高单色性和高相干性.

经过 30 多年的发展，激光现在几乎是无处不在，它已经被用在生活、科研的方方面面：激光针灸、激光裁剪、激光切割(图Ⅰ-6)、激光焊接(图Ⅰ-7)、激光淬火、激光唱片、激光测距仪、激光陀螺仪、激光铅直仪、激光手术刀、激光炸弹、激光雷达、激光枪、激光炮……，在不久的将来，激光肯定会有更广泛的应用.

图Ⅰ-6 激光切割

图Ⅰ-7 激光焊接

激光武器是一种利用定向发射的激光束直接毁伤目标或使之失效的定向能武器．根据作战用途的不同，激光武器可分为战术激光武器和战略激光武器两大类．武器系统主要由激光器和跟踪、瞄准、发射装置等部分组成，目前通常采用的激光器有化学激光器、固体激光器、$CO_2$ 激光器等．激光武器具有攻击速度快、转向灵活、可实现精确打击、不受电磁干扰等优点，但也存在易受天气和环境影响等弱点．激光武器已有 30 多年的发展历史，其关键技术也已取得突破，美国、俄罗斯、法国、以色列等国都成功进行了各种激光打靶试验．目前低能激光武器已经投入使用，主要用于干扰和致盲较近距离的光电传感器，以及攻击人眼和一些增强型观测设备；高能激光武器主要采用化学激光器，按照现有的水平，今后 5～10 年内可望在地面和空中平台上部署使用，用于战术防空、战区反导和反卫星作战等．

现已发现的激光工作物质有几千种，波长范围从软 X 射线到远红外．激光技术的核心是激光器，激光器的种类很多，可按工作物质、激励方式、运转方式、工作波长等不同方法分类．根据不同的使用要求，采取一些专门的技术提高输出激光的光束质量和单项技术指标，比较广泛应用的单元技术有共振腔设计与选模、倍频、调谐、Q 开关、锁模、稳频和放大技术等．

为了满足军事应用的需要，主要发展了以下 5 项激光技术：① 激光测距技术．它是在军事上最先得到实际应用的激光技术．20 世纪 60 年代末，激光测距仪开始装备部队，现已研制生产出多种类型，大都采用钇铝石榴石激光器，测距精度为±5 米左右．由于它能迅速准确地测出目标距离，广泛用于侦察测量和武器火控系统．② 激光制导技术．激光制导武器精度高、结构比较简单、不易受电磁干扰，在精确制导武器中占有重要地位．70 年代初，美国研制的激光制导航空炸弹在越南战场首次使用．80 年代以来，激光制导导弹和激光制导炮弹的生产和装备数量也日渐增多．③ 激光通信技术．激光通信容量大、保密性好、抗电磁干扰能力强．光纤通信已成为通信系统的发展重点．机载、星载的激光通信系统和对潜艇的激光通信系统也在研究发展中．④ 强激光技术．用高功率激光器制成的战术激光武器，可使人眼致盲和使光电探测器失效．利用高能激光束可能摧毁飞机、导弹、卫星等军事目标．用于致盲、防空等的战术激光武器，已接近实用阶段．用于反卫星、反洲际弹道导弹的战略激光武器，尚处于探索阶段．⑤ 激光模拟训练技术．用激光模拟器材进行军事训练和作战演习，不消耗弹药，训练安全，效果逼真．现已研制生产了多种激光模拟训练系统，在各种武器的射击训练和作战演习中广泛应用．此外，激光核聚变研究取得了重要进展，激光分离同位素进入试生产阶段，激光引信、激光陀螺已得到实际应用．

5．光纤与光纤通信技术

光纤是一种将信息从一端传送到另一端的媒介．是一条玻璃或塑胶纤维，作为让信息通过的传输媒介．

通常光纤与光缆两个名词会被混淆．多数光纤在使用前必须由几层保护结构包覆，包覆后的缆线即被称为光缆．光纤外层的保护结构可防止周围环境对光纤的伤害，如水，火，电击等．光缆分为：光纤，缓冲层及披覆．光纤和同轴电缆相似，只是没有网状屏蔽层．中心是光传播的玻璃芯．在多模光纤中，芯的直径是 15～50 $\mu$m，大致与人的头发的粗细相当．而单模光纤芯的直径为8～10 $\mu$m．芯外面包围着一层折射率比芯低的玻璃封套，以使光纤保持在芯内．再外面是一层薄的塑料外套，用来保护封套．光纤通常被扎成束，外面有外壳保护．纤芯通常是由石英玻璃制成的横截面积很小的双层同心圆柱体，它质地脆，易断裂，因此需要外加一保护层.

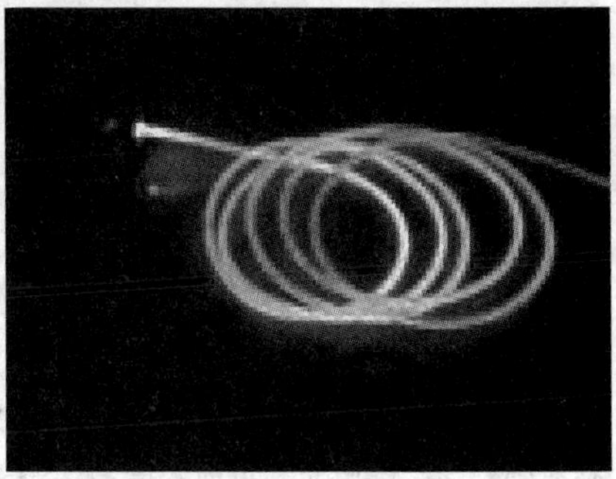

图Ⅰ-8　光纤

由于光纤是一种传输媒介(图Ⅰ-8),它可以像一般铜缆线,传送电话通话或电脑数据等资料,所不同的是,光纤传送的是光讯号而非电讯号.因此,光纤具有很多独特的优点.如:频带宽、低损耗、屏蔽电磁辐射、重量轻、安全性、隐秘性.

你可能知道任何通讯传输的过程包括:编码→传输→解码,当然,光纤系统的传输过程大致相同.电子信号输入后,透过传输器将信号数位编码,成为光信号,光线透过光纤为媒介,传送到另一端的接受器,接受器再将信号解码,还原成原先的电子信号输出.

光缆的应用可分为3种:专业用途,一般屋外,一般屋内.在专业用途上包括海底光缆,高压电塔上之空架光缆,核能电厂之抗辐射光缆,化工业之抗腐蚀光缆等.而一般屋内及一般屋外的分类差异,依各型光缆的制造设计时之特质,其所适用之范围各有不同.

光缆从屋外至屋内的过程中可分为空架,地下道,直接埋设,管道间铺设,室内用.

光纤主要分以下两大类:传输点模数类和折射率分布类.传输点模数类分单模光纤(Single Mode Fiber)和多模光纤(Multi Mode Fiber).单模光纤的纤芯直径很小,在给定的工作波长上只能以单一模式传输,传输频带宽,传输容量大.多模光纤是在给定的工作波长上,能以多个模式同时传输的光纤.与单模光纤相比,多模光纤的传输性能较差.折射率分布类光纤可分为跳变式光纤和渐变式光纤.跳变式光纤纤芯的折射率和保护层的折射率都是一个常数.在纤芯和保护层的交界面,折射率呈阶梯型变化.渐变式光纤纤芯的折射率随着半径的增加按一定规律减小,在纤芯与保护层交界处减小为保护层的折射率.纤芯的折射率的变化近似于抛物线.

# 第二讲　物理学与新能源技术

## 一、能源问题的概述

能源是指提供某种形式能量的物质或物质运动. 在科学辞典中关于"能源"一词的解释是"能源是一个包括有燃料、流水、阳光和风的术语，人类采用适当的转换手段，给人类自己提供所需的能量"，因此能源亦可简称为能量的资源. 人类能够获取的能量资源十分丰富，有地下能源、地面能源、太空能源以及原子能等等，但是按其形成和使用情况能源可分为一次能源和二次能源. 一次能源是指直接从自然界取得的能源，如流水、天然气、原煤、原油、天然铀矿等；二次能源是指一次能源经过加工、转换得到的能源，如电力、汽油、柴油、激光等. 一次能源又可分再生能源和非再生能源，再生能源是指可供人类取之不尽的一次能源，如太阳能、水能、风能、地热能等，非再生能源是指因人类的大量使用以至于枯竭的能源，如石油、煤炭、天然气等化石能源.

中国是一个能源资源十分丰富的国家，但面临的能源问题也十分严重. 中华人民共和国国务院新闻办公室于 2007 年 12 月发布《中国的能源状况与政策》的报告，报告分析了国内能源问题的现状发展及对策. 报告指出，中国能源资源总量比较丰富. 中国拥有较为丰富的化石能源资源. 其中，煤炭占主导地位. 2006 年，煤炭保有资源量 10 345 亿吨，剩余探明可采储量约占世界的 13%，列世界第三位. 已探明的石油、天然气资源储量相对不足，油页岩、煤层气等非常规化石能源储量潜力较大. 中国拥有较为丰富的可再生能源资源. 水力资源理论蕴藏量折合年发电量为 6.19 万亿千瓦时，经济可开发年发电量约 1.76 万亿千瓦时，相当于世界水力资源量的 12%，列世界首位.

但是中国人均能源资源拥有量较低. 中国人口众多，人均能源资源拥有量在世界上处于较低水平. 煤炭和水力资源人均拥有量相当于世界平均水平的 50%，石油、天然气人均资源量仅为世界平均水平的 1/15 左右. 耕地资源不足世界人均水平的 30%，制约了生物质能源的开发. 另外能源资源赋存分布不均衡. 中国能源资源分布广泛但不均衡. 煤炭资源主要赋存在华北、西北地区，水力资源主要分布在西南地区，石油、天然气资源主要赋存在东、中、西部地区和海域. 中国主要的能源消费地区集中在东南沿海经济发达地区，资源赋存与能源消费地域存在明显差别. 大规模、长距离的北煤南运、北油南运、西气东输、西电东送，是中国能源流向的显著特征和能源运输的基本格局. 再有中国能源资源开发难度较大. 与世界相比，中国煤炭资源地质开采条件较差，大部分储量需要井工开采，极少量可供露天开采. 石油天然气资源地质条件复杂，埋藏深，勘探开发技术要求较高. 未开发的水力资源多集中在西南部的高山深谷，远离负荷中心，开发难度和成本较大. 非常规能源资源勘探程度低，经济性较差，缺乏竞争力.

能源危机问题引起国际舆论的广泛关注. 据统计，世界能源消费水平的增长远远超过世界人口的增长速度. 目前世界能源消费以化石资源为主，如煤炭、石油、天然气等，据专家统计，全世界已探明的石油、天然气、煤炭、油页岩等化石原料的资源总量，大约只够人类使用 100 多年. 随着我国的经济快速发展，能源供需矛盾亦日益突出，据统计，到 2050 年我国能源总需求量大约是 50 亿吨标准煤，而我国的能源资源和生产能力只能提供总量为总需求的 80%. 资源枯竭，能源危机，直接影响和制约世界经济的发展和各国的国际战略，给人类的生存和发展带来了严峻的挑战.

惊人的能源消费和过多及不合理的采伐还造成了人类环境的严重问题，使大气和水质产生了污染. 例如煤、石油的燃烧；汽车尾气的排放；各种工业生产过程产生的废气等等. 其中对地球大气污染的主要危害是"酸雨、温室效应和臭氧层的破坏". 酸雨是人类生产过程直接造成的. 煤和石油的大量燃烧排放出二氧化硫、二氧化碳等有害物质，它们与空气中的水蒸气在空气氧化剂的作用下生成酸随同雨雪降落形成酸雨. 酸雨对人类的生产、生活影响很大. 它不仅腐蚀建筑物，而且进入地表、江河，使土壤酸化，影响农作物的生长，使生物体和森林大面积死亡，破坏生态. 欧洲、北美和中国是世界上三大酸雨区，我国重庆、贵阳等工业城市是酸雨多发地区. 目前，我国已有酸雨预报机制，政府通过严格控制燃煤发电、清洁煤技术降低煤的含硫量，来达到减少二氧化硫的排放，降低酸雨危害的目的.温室效应是全球气温变暖的一种术语，它是指由于环境污染导致的大地温度升高的效应.化石燃料的燃烧导致二氧化碳气体浓度增加，形成了吸收地球释放红外线辐射而阻止地球热量向外层空间发散的无形透明气体罩，最终使地球温度升高，使地球好像处在一个“温室”中一样.19世纪末地球平均气温约为14.5℃，目前已达15℃，如果不限制二氧化碳的排放，到2025年预测地球平均气温将上升1℃，届时地球上大量冰川融化、海平面升高，自然灾害增多，出现高温热浪、飓风、龙卷风等灾害性天气，使缺水的地区更加干旱，多雨的地区洪涝灾害更加严重.臭氧是大量存在于地层表明以外的大气层中，保护人类免受太阳光中有害射线辐射的物质，它能吸收太阳光中有害的紫外线.化石燃料的燃烧排放出大量的氮氧化合物，破坏了大气层中的臭氧层，而产生了臭氧空洞，使得太阳光中的紫外线直接射入地面.长此以往人类的免疫系统将受到影响，诱发疾病，农作物生长受抑制，粮食减产、海洋生物减少甚至死亡.1985年科学家在南极发现区域很大的臭氧空洞，因此人类必须减少氮氧化合物等直接影响臭氧的有害气体排放，保护臭氧，保护人类自己.(图Ⅱ-1为被酸雨毁坏的文物古迹与树林)

**图Ⅱ-1　被酸雨破坏的树林与文物古迹**

中国政府正在以科学发展观为指导，加快发展现代能源产业，坚持节约资源和保护环境的基本国策，把建设资源节约型、环境友好型社会放在工业化、现代化发展战略的突出位置.世界各国也将可再生能源的开发与利用放在重要的战略位置，其成果十分显著.例如德国利用本身的风力资源，大力发展风能，堪称“世界风能冠军”；资源匮乏的日本也利用高科技努力开发替代能源，特别在太阳能利用方面使能量的转换率居世界之首；英国重点发展清洁可再生的能源，例如风能、潮汐能等，到2010年使可再生能源的发电量占总发电量的比例由3%提高到10%，2020年在10%的基础上再增加1倍，等等.这些足以说明人类已充分认识能源危机和环境污染，更加注重与自然的和谐，更加注重保护人类自己的家园.

## 二、物理学与新能源技术

21世纪，随着人类环境意识的觉醒和价值观的改变，人类将更加追随与环境的协调发展，开发与利用新能源将是21世纪新能源技术的主要方向.物理学是能源技术的基础，18世纪以来，能源利用的几次大发展都与物理学密不可分，18世纪蒸汽机实现了内能向机械能的转化，使能源利用方式发生了变化；19世纪电能的利用也是基于电流的磁效应和电磁感应等物理学基础；20世纪近代物理的诞生使人类开发和利用太阳能、核能等新型能源变成了现实.21世纪以来，物理学与工程技术更加相辅相成的结合与发展，使新能源技术发展越发突飞猛进，为新能源的开发与利用提供了强大的技术支持.图Ⅱ-2展示了能源的利用及转换.

### 1. 核能的利用

核能亦称原子能，是指原子核发生裂变或聚变时放出来的能量.一类是重金属(铀或钚)的原子核发生裂变时放出的能量，称核裂变能；另一类是轻元素(氘或氚)的原子核发生聚变时放出的能量，称聚变能.核能的能量十分巨大，1 000 MW的核电站每年只需25到30吨的低浓度铀燃料，而相同的火电站每年则需300多万吨煤炭.

核能的发现与人类认识原子核结构及它们的质量与能量的关系密切联系的.1898年波兰科学家居里夫人发现放射性元素镭，并发现它在蜕变时释放能量.1905年爱因斯坦提出的质能关系式，为核能利用的可能性提供了理论依据.1934年意大利科学家费米和他的同事们在实验中发现许多核被中子击中后变成了放射性核.1938年12月，德国人哈恩和奥地利籍犹太人迈特纳发现了铀核在中子的轰击下分裂成了质量相近的两块碎片，并计算出反应中释放出2兆电子伏特的能量，他们首次发现了铀核的裂变.1947年我国科学家钱三强、何泽慧夫妇进一步发现了三分裂、四分裂的现象，并提出了三分裂、四分裂发生的几率分别为千分之三

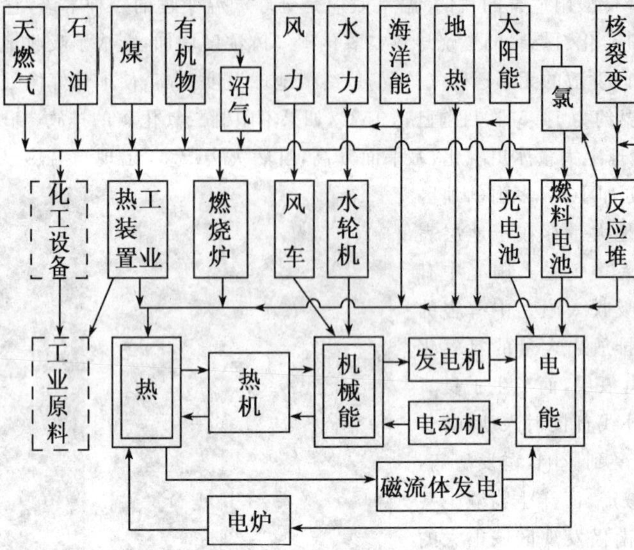


图Ⅱ-2　能源利用及转换

和万分之三，为研究核裂变理论提供了重要信息.

核能的研究中“链式反应”的发现为人类利用核能开辟了道路.链式反应即中子轰击铀时除产生两个裂变原子核释放能量外，还产生出两三个新的中子，这两三个中子再轰击两三个铀，又可分裂出更多的中子来，如此按几何级数激增的中子可在瞬间将铀核全部分裂.在此过程中，失去的质量转化为巨大的能量，即核能.人们在利用裂变的过程中，对铀核的裂变加以控制，按需要设计出可控制的反应装置即原子能反应堆，满足人们的不同需求.

核裂变能的利用主要用于发电、供热、为军用等设备提供动力等.其中核能发电是最重要的新能源技术，即通常所说的“原子能发电”.核电站是用冷却剂将原子核裂变反应释放出的核能带出，将水加热成蒸汽，驱动汽轮机组进行发电的发电厂.1942 年美国成功建造了世界上第一座核反应堆，1954 年苏联建成了第一座试验核电站.我国有十分丰富的铀矿资源，核能开发和利用技术十分先进，1991 年 12 月并网发电的浙江秦山核电站是我国自行设计和建造的第一座核电站，装机容量为 31 万千瓦，1994 年发电量达 17.8 亿度，提前两年达到国际同类核电站的水平.十几年来，我国先后建造了中国首座百万千瓦级核电站——广东大亚湾核电站、江苏田湾核电站(图Ⅱ-3)，它们与浙江秦山核电站并称我国三大核电基地，其中田湾核电站总装机容量达 913 万千瓦.核电站的核能发电比火力发电有明显的优势：节约燃料费用、减少燃料运输困难、资源储存丰富、减少了环境污染等.另外它的安全性也不容质疑，它不会像原子弹那样爆炸，因为它的燃料——铀-235 浓度很低、核裂变是可控制的，随着人类核能利用技术的不断发展，核能应用的安全保障措施越来越可靠，例如我国自行设计的秦山核电站在设计上采用了“纵深防御、综合设防、多道屏障、万无一失”的措施，安全运行十多年.除了核能发电，核能还作为动力应用在交通上.利用很小的核燃料铀-235 即可释放出巨大的能量，保持交通工具运行、航行较长的距离.如核潜艇用蓄电池作为动力，一般在水下只能停留几天，续航能力不过 $2.5\times10^4$ km 左右.而核潜艇以核反应堆作为动力，可长期在有氧气的海底航行，其航速比海面上的大型舰艇快、续航能力达$90\times10^4$ km，可在水下航行地球 22.5 周，燃料十年才需更换.另外许多大型航空母舰、大型商用船都用核燃料作为动力，缩短航行时间又降低运输成本.在航空、航天方面，核能的利用更多，如原子能飞机、原子能火

图Ⅱ-3　我国田湾核电站

箭、卫星发射、原子能火箭推送宇宙飞船等，当人们设计了小型、安全、标准化和成本低的反应堆后，核能将成为我们身边的新型能源，如核能电池、核能火车.

核裂变的资源主要是铀资源，虽然资源丰富，也有枯竭的一天，人们追求清洁而又取之不尽的核能——核聚变的应用技术. 核聚变是利用轻原子核（氘-氘、氘-氚）在几千度甚至上亿度温度下聚合成较重原子核（如氦）过程中释放出的能量，又称热核聚变，其反应过程中释放的能量，至少比裂变能量增大三至四倍，是更强大的能源，又因为它的燃料是氚和氘，而氘比较容易从海水中提取，据估计海水中的氘可供人类享用几十亿年，是真正意义上人类解决能源资源的希望. 另外核聚变是名副其实的干净能源，在反应过程中，不存在任何放射性污染，也更加的安全. 但是由于核聚变能的利用需要更多的资金和技术复杂，真正在实际中的应用还需一段时间.

2. 太阳能——取之不尽的新能源

太阳能是一种无处不在的、无需运输、无污染的自然资源，它既是一次资源，又是可再生资源，我们通常所说的风能、潮汐能等都来源于太阳的照射. 太阳是一个巨大炽热的球体，其内部不断进行热核聚变反应，太阳的表明温度达 6 000 K，中心温度达 $1.5\times10^{7}$ K，压力可达 3 MPa. 太阳的辐射能约有 50%到达地面，一年约 100 万亿吨标准煤当量，相当于全世界一年能源消费量的一万倍. 在 21 世纪能源的多元化结构中，虽然太阳能利用受天气影响较大、投资成本较高，但太阳能仍然将是人类的主要新能源之一.

太阳能利用技术主要要解决太阳能的转化以及储存. 太阳能的转化主要有三种形式即"光-电转化、光-热转化、光-化学转化".

光-电转化就是将光能转化为电能，其原理是"光电效应". 太阳能电池就是半导体材料内部光电效应的产物，它可将太阳能转化为电能. 当太阳光照射到半导体硅的 PN 结上，波长极短的光被半导体晶体内部吸收，并去碰撞硅原子中的价电子，价电子吸收能量成为自由电子逸出晶格，产生电子流动. 太阳能电池有单晶硅、多晶硅、非晶硅、硫化镉和砷化锌等许多种，自 1954 年美国贝尔实验室研制第一座实用型硅太阳能电池到目前半导体材料制成的太阳能电池已进入实用阶段，人们的太阳能利用技术已大大提高了初始 6%的光电转换率. 1958 年太阳能电池应用于卫星供电，使其电池安全工作 20 多年，从此太阳能电池作为新型的能源装置成为各种航天器的主力电源. 另外太阳能电池在微波通讯、交通信号、电视差转等方面表现出了极强的优势，在我们日常生活里，也看见无处不在的太阳能电池，如电子钟表、计算器、照明，甚至太阳能汽车、太阳能游艇和太阳能飞机等，目前建筑业将建筑材料与太阳能电池一体化用于建筑，实现了环保与节能双赢.

光-热转换是应用最直接、最广泛的一种太阳能利用技术，它是将太阳的辐射能直接转化为热能，实现的方式主要是太阳光聚焦，太阳能供热是聚焦技术应用最具体的例子. 人类在聚焦太阳光方面有悠久的历史和丰富的实践经验，例如利用凹面镜聚焦太阳光实现点火、利用太阳灶烧饭等等. 现在的聚光装置有平板集热型和抛物面反射聚光型. 目前应用十分普遍的太阳能热水器就是平板集热型装置，水通过涂黑的采热板和保温装置，使水的温度升高供人们使用，关于这方面的应用还有太阳能保温塑料大棚、太阳能蒸馏器、太阳能干燥器等. 抛物面反射聚光型是利用抛物面将太阳光聚焦成一焦点，焦点温度达几百度甚至几千度，它的用途很多，如太阳能灶、太阳能蒸汽高温炉等. 太阳能蒸汽锅炉是太阳能大规模应用的装置，它用多块平面镜或抛物面反射镜面将太阳光聚焦到位于镜面上方的锅炉上，使其产生高温蒸汽，用于人类的供热、海水淡化，如将产生的蒸汽用于涡轮机发电就构成了太阳能发电. 太阳能发电技术是各国都在不断探索的太阳能利用技术，已有不少国家建成并投入使用太阳能电站，我们国家也积极研究太阳能电站. 图Ⅱ-4 为位于西班牙的欧洲最大的太阳能电站. 另外有科学家设想将来在太空建造太阳能电站——卫星电站，为人类提供满足需求的能源保障.

**图Ⅱ-4　位于西班牙的欧洲最大的太阳能电站**

光-化学转化是将太阳辐射能转化为化学能. 实现这一目的的途径是利用太阳光和物质的光合作用，如光化学电池就是利用光照后的化学反应，使电解液内形成电流而供电的电池，光-化学转化还可用来制氢，成为供人们生活使用的燃料.太阳光对绿色植物的光合作用也是太阳能利用的重要方面，地球上的煤、天然气、石油等常规能源都是经过漫长的生物光合作用演变形成的，有朝一日人们一旦实现生物仿真光合作用，就有可能生产出人造粮食和人造燃料.

3. 其他新能源技术

风是一种自然现象，它是由于太阳辐射造成地球表面各处温度不均匀引起的大气流动所产生的能量.全球可开发的风能约为 $2\times10^{10}$ kW，比地球上可开发利用的水能总量大 10 倍.风能是取之不尽的自然能源，是清洁环保的天然能源，风力可转化为机械能、热能、电能，其中风力发电是重要的新能源技术.我国风能资源丰富，东南沿海及其岛屿、内蒙古和甘肃北部都是我国较大的风能资源地，20 世纪 80 年代我国开始发展风能发电，到 2020 年全国风电装机总容量要达到2 000 万千瓦，平均每年新增风电装机总量 100 多万千瓦.图Ⅱ-5为天津街头太阳能与风能相结合的新型路灯.

20 世纪 90 年代以来人类进入开发利用海洋能的时代，海洋能利用技术已成为新世纪高新技术.海水潮汐和海浪都具有巨大的能量.海水潮汐是海水每昼夜的两次涨落，白天的涨落称为潮，夜晚的涨落称为汐.涨潮时由月球的引潮力可使海面升高 0.246 米，在两者的共同作用下，潮汐的最大潮差为 8.9 米；北美芬迪湾蒙克顿港最大潮差竟达 19 米.据计算，世界海洋潮汐能蕴藏量约为 27 亿千瓦，若全部转换成电能，每年发电量大约为 1.2 万亿度.潮汐发电严格地讲应称为“潮汐能发电”，潮汐能发电仅是海洋能发电的一种，但是它是海洋能利用中发展最早、规模最大、技术较成熟的一种.人们利用天然海湾建造大坝截取潮水，待落潮时放水发电，我国已在沿海地区建造多座潮汐电站.

图Ⅱ-5 天津街头太阳能与风能相结合的新型路灯

图Ⅱ-6 三峡电站巨大的折蜗壳

三峡水电站总装机容量 1 820 万千瓦，年均发电 847 亿度.水电站采用坝后式布置方式，设计安装单机容量 70 万千瓦的水轮发电机组.其中，左岸电站 14 台，右岸电站 12 台.图Ⅱ-6 就是三峡水轮机组的模型，水通过这个引水压力钢管进入巨大折蜗壳当中，水的动力冲动这个转轮的转动，转轮的转动又带动转子的转动，转子和定子之间的相互运动，产生了强大的电流，从而达到了发电的目的.三峡电站是连接全国夸大区域电网的枢纽电站，三峡右岸电站投产后，将使华东华中华北华南电网联网，形成全国统一电网.当 26 台全部投入运行时，平均每台机组年发电 32 亿度，相对于火电核电而言，水电清洁、安全、不会枯竭，同时每年可减少煤耗 4 千万至 5 千万吨.少排放二氧化碳 1 亿多吨，二氧化硫 200 万吨，一氧化碳 1 万吨和大量工业废水.三峡水电站生产的优质清洁的可再生能源，将对经济发展和减少环境污染，起到更大的作用.

地热能的开发与利用也是当今一项新能源技术.地球是一大热库，在 15 km 深处，深度每增加 100 m 温度升高 3℃左右，在深度 100 km 深处温度高达 1 400℃，因此开发地热能大有可为.据估计全世界地热资源总量约为 $1.45\times10^{26}$ J 相当于全球煤炭总量的 1.7 亿倍，可满足人类几十万年使用的能源.地热能清洁、环保，且直接利用率高达 50%到 70%，可直接用来生活采暖、水产养殖、医疗保健等其他生产用热过程.另外地热发电是利用地下热水和蒸汽为动力源的新型发电技术，它发电所需的蒸汽直接来自于地热能，比煤、石油、天然气等其他燃料发电成本更低.1904 年意大利人建成了世界上第一座地热发电站，功率为 550 kW，我国著名的西藏羊八井地热电站总装机容量已达 2.5 万千瓦.

依托高技术发展的磁流体发电和燃料电池发电技术也是新能源技术.磁流体发电技术就是利用燃料（煤、石油、天然气等）进行高温加热，直至电离成导电的等离子气体，高速通过磁场，切割磁感应线产生感应电动势，将热能转化成电能. 磁流体发电排气温度很高，如果与常规汽轮机发电联合循环发电，可使燃料热能利用率从40%提高到60%，另外磁流体发电的大气排放污染小，极大的减少了排入大气中的粉尘和二氧化硫等有害气体. 美国在上世纪60年代建造了两台磁流体发电机组，功率为32 MW和18 MW，70年代确定燃煤磁流体发电为主攻方向. 我国是煤炭大国，燃煤磁流体发电技术将给我们带来能源的巨大收益. 燃料电池是通过化学反应将化学能转换为电能的装置，它和传统的化学电池所不同的是进行化学反应的物质有外部不断填充，因此它可源源不断地供电. 燃料电池热耗少、效率高、低污染、无噪音，用途很广，世界上已有国家使用燃料电池，用于供热、宇航等方面.

# 第三讲　物理学的科学与文化功能

现代物理学的内容是极其广泛的，其空间尺度从亚核粒子到浩瀚的宇宙，其包含的时间从宇宙诞生到无尽的未来. 物理学本身以及对各个自然学科、工程技术部门的相互作用深刻地影响着人类对自然的基本认识和人类的社会生活.

## 一、科学的双重功能

恩格斯说得好："科学是一种在历史上起推动作用的、革命的力量."各门科学在18世纪已经具有了科学形式，因此它们一方面和哲学，另一方面和实践结合起来了. 科学与哲学结合的结果，导致了哲学和世界观的新变革. 科学通过技术的中介与实践结合的结果是生产力的高度发展，同时也带来了核战争威胁、环境污染、能源与资源匮乏、信息爆炸等等社会问题. 为了解决上述问题，研究科学与社会的关系，已成为当代重大的问题.

科学是社会这个大系统中的一个子系统. 科学有自身的相对独立性和固有的发展逻辑，也不可避免地受到其他子系统的制约. 这种制约或者阻碍科学的发展，或者促进科学的发展；至于最终的结果如何，就要视社会各子系统对科学作用的"合力"的方向和大小了.

由此可见，研究科学与社会之间错综复杂的相互关系，是一个饶有兴味的课题. 对这个课题的研究，不仅具有深刻的理论意义，而且也具有重大的现实意义. 在这里，我们仅就科学的社会功能稍做议论.

自从近代科学在17世纪诞生以来，它在人类社会和人的生活中就愈来愈发挥着不可或缺的积极作用——这就是科学的社会功能. 其实，早在近代科学的先驱培根、笛卡儿以及自然哲学家那里，就对科学的社会功能具有早慧的认识和明睿的洞见. 其后，随着科学的飞速发展，科学的社会地位如日中天. 与此同时，人们对科学的社会功能的认识也日渐清楚和深化. 贝尔纳指出："科学的功能便是普遍造福于人类. 科学既是人类智慧的最高贵的成果，又是最有希望的物质福利的源泉. ……它的实际活动构成了社会进步的主要基础."

科学不外乎两大社会功能——科学的物质功能和精神功能. 科学的物质功能，是通过科学的衍生物或副产品技术为中介而实现的. 自从19世纪后期以来，尤其是在20世纪和当代，科学变成强大的潜在生产力，并通过技术转化为直接的生产力，成为推动物质生产的主导和加速社会物质文明进步的决定性力量. 科学的物质功能大大地提高了人们的生活水平，改善了人们的生活质量. 科学与民主的珠联璧合，赋予西方发达国家以新的活力，也使发展中国家看到未来的希望. 科学的物质功能，不仅使科学获得了独立自主的地位，促进了经济和社会的同步发展，赢得了人心. 在现代，科学对国防、综合国力、国际合作和交往等也发挥着举足轻重的作用.

然而，科学毕竟是形而上的东西，它本身的直接功能也主要在精神或心智层面. 任鸿隽认为，物质功利是科学的末流，不是科学的根源和本体——科学的本体是"形而上"之学. 不要把科学看得太轻太易了. "科学之功用，非仅在富国强兵及其他物质上幸福之增进而已，而于知识界精神界尤有重要之关系."萨顿也言之凿凿：科学对人类的功能决不只是能为人类带来物质上的利益，那只是它的副产品. 科学最宝贵的价值是科学的精神，是一种崭新的思想意识，是人类精神文明中最宝贵的一部分. 如果只把科学看作物质上的东西，那么它随时都可能成为危害人类的可怕工具.

科学为人类文化的支柱之一，具有超越功利主义的功能，即具有构成人世和人性本原的精神价值和超体意义. 培根认为，科学主宰社会和个人的精神生活，使之达到理想的境界. 他把科学看作是区别文明人和野蛮人的标志，指出科学能破除迷信和愚昧，是信仰和道德的基础，有助于塑造和完善人性. 例如，任鸿隽始终坚持："今日所谓物质文明者，皆科学之枝叶，而非科学之本根. 使科学之枝叶而有应用之效验，则科学之本根，愈有其应用之效验可知.""科学发明所生的社会影响，属于理论的要比属于应用的为大且远."萨顿的一席话很能说明问题："科学不仅是改变物质世界最强大的力量，而且是改变精神世界最强大的力量，事实上它是如此强大而有力，以致成为革命性的力量．随着对世界和我们自己认识的不断深化，我们的世界观也在改变．我们达到的高度越高，我们的眼界也就越宽广．它无疑是人类经验中所出现的一种最重大的改变；文明史应该以此为焦点．”

科学的精神功能有哪些具体表现呢？我把它归结为以下几点．科学的批判功能——破除迷信和教条的功能；科学的社会功能——帮助解决社会问题的功能；科学的政治功能——促进社会民主、自由的功能；科学的文化功能——塑造世界观和智力氛围的功能；科学的认知功能——认识自然界和人本身的功能；科学的方法功能——提供解决问题的方法和思维方式的功能；科学的审美功能——给人以美感和美的愉悦的功能；科学的教育功能——训练人的心智和提升人的思想境界的功能．

## 二、物理学崇高的精神境界——永无休止地探索和创新

文化是一个有其自身生命和自身规律的自成一体的系统，其功能在于使人类适应自然界，以保证人类的生存和延续．科学文化概念是英国人查尔斯·斯诺最先提出的，他认为西方的知识社会里，日渐分裂出两极对立的群体：一极是文学知识分子，一极是以物理学家为代表的科学工作者，他把这两种势力称为两种文化．

国内一些学者把科学文化作为一个系统，类比知识系统的分化模式提出并研究数学、物理、生态文化，取得了可观的成果．笔者认为，物理文化是由物质设备、观念形态、知识体系、语言符号四大要素构成，是世界历代物理学家在创建物理学理论过程中，发现、创造和形成的物理思想、物理方法、物理概念、物理定律、物理语言符号、价值标准、科学精神、物理仪器设备以及约定俗成的工作方法的总和．

诺贝尔物理学奖获得者费曼对物理科学的价值有独到的看法，他认为，科学应用价值是众所周知的，科学知识使人们能够制造许多产品，做许多事业．科学的另一个价值是提供智慧与思辨的享受．这种享受在一些人可以从阅读、学习、思考中得到，而在另一些人则要从真正的深入研究中方能满足，这种享受的重要性往往受人忽略．科学上已发现的理论和定律，是科学研究的收获，也是科学家得到的最高奖赏．科学家发现这些理论时激动不已，而学习者从学习和理解的过程中得到满足和成就感，而这种心情对于人来说是极其重要的．第三个价值是改变人们对世界概念的认识．人类为了满足自身的物质和精神需要而创造出来的科学和技术，已经成为人类的文化背景，改变了人们对自然和世界的认识．第四个价值是科学的精神价值，科学就是对未知世界的永无止境的探索，科学家们对研究对象不知道答案时是无知的；当大概有了猜测时是不确定的；即使满有把握时也会留下质疑的余地．科学家的责任是探索更好的办法留传给下一代．

培养物理文化有三个途径：一是借助作为文化结晶的文字读物（物理教科书、教学参考书、科学期刊、物理学家传记等）传播物理文化；二是通过作为物理文化“活”的载体的物理教师，系统地讲述物理学发展历史、知识体系、物理学的价值标准、杰出物理学家的思维方式、工作方法等，对学生进行物理文化的熏陶；三是借助自然物理环境和人工物理环境引导学生感悟物理、热爱物理．

物理教育是一种广义的文化活动．物理教育活动中，学生仅了解物理学知识是远远不够的，还应了解物理学在人类文化发展和社会生产力发展中的作用并形成和掌握科学的价值观、科学思维方式，接受物理文化全方位的熏陶．

从文化的视角来看，物理教育与物理文化是密不可分的．物理文化的世代相传主要依靠物理教育，物理教育一方面保证物理文化在新一代身上再生，以保证物理文化的延续，另一方面把人纳入一定的社会模式中使其社会化，培养成适应社会需要的、掌握一定知识和技术、具有一定科学精神的现代人力资源．

物理文化教育可在以下三个方面实现对学生的培养，促进他们的发展．

### 1. 有助于形成科学探索精神

物理文化是当代人类文化的主流文化之一，是引领社会进步的重要力量．物理文化是科技文化的基础，是战胜一切伪科学的认识论基础．物理学习活动有助于破除封建迷信，激发好奇心、求知欲，培养人的探索精神．

爱因斯坦在《自述》一文中，对自己观念的变化和好奇心有过精彩的描述：“尽管我是完全没有宗教信仰的（犹太人）双亲的儿子，我还是深深地信仰着宗教，但是这种信仰在我 12 岁那年突然终止．由于读了通俗的科学书籍，我很快相信《圣经》里故事有许多不可能是真实的，其结果就是一种真正狂热的自由思想……这种

经验引起我对所有权威的怀疑……我很清楚少年时代的天堂就这样失去了，这是使我自己从‘仅仅作为个人’的桎梏中，从那种被愿望和原始感情所支配的生活中解放出来的第一个尝试.在我们之外有一个巨大的世界，它离开我们人类独立地存在，它像伟大而永恒之谜，然而至少部分地是我们的观察和思维所能及的.”从爱因斯坦的典型经历中，我们看到学习物理对消除迷信，建立批判意识的深刻作用.

好奇心是人的天性，人类生活在大自然中，总是力图了解自身和所处的外部世界，渴望使心中的疑团得以解释.古人对自然的奥秘发出过多少质朴的发问：天体是怎样运行的？热现象的本质是什么？电、磁是怎么产生的？光的本质是什么？正是自然界美妙而复杂的现象，激发了一代又一代物理学家的好奇心，促使他们去探索自然现象背后的本质，而物理学的每一个科学概念的产生都充满了探索和创新，还包括对已有错误观念的批判.物理学作为人类认识自然的伟大成果，其内容、方法和结构都是人类创造智慧的集中体现，物理学形成和发展的过程，就是一个探索和创新的过程，闪耀着科学探索之光.物理文化教育是在课堂上再现科学探索的过程，因而有助于培养人的科学探索精神.

2. 有助于科学认知与思维训练

物理学知识具有解释物质世界的认知功能，能帮助人们科学地认识和理解物质世界的规律，开阔人们的认识视野，提高人们与自然和谐相处的能力.

物理学方法是发明创造的思维武器，也是开发创造思维的理论指导.著名物理学家都非常重视科学方法的研究和应用，物理学上的重大发现往往是从方法论上打开缺口，突破前人思想方法的局限，进而获得成功的.物理学是包含科学方法最多的学科，在300多种通用科学方法中，物理学包含170多种.例如，物理教学理想的教学模式是：创设问题情景（通过实验或现象描述）—分析问题—找出解决问题的出发点（建立概念或提出系统参数）—找出解决问题的可能的途径—从最佳途径出发建立数学模型—求解数学模型—讨论命题的物理意义和可能的技术应用.这一过程就是研究复杂问题的全过程，是解决复杂问题的基本方法.许多重大科学发现从方法论的角度看和解决一个物理问题完全一样.

爱因斯坦认为：“如果青年人通过体操和走路训练了他的肌肉和体力的耐久性，以后能适应体力劳动.思想的训练以及智力和手艺方面的技能锻炼也类似这样.”物理知识和物理方法是提升学生思维能力的基础，因此，物理教学把隐藏在物理学中的科学方法发掘出来，加强科学方法的学习和思维训练，有助于学生思维能力的发展.

3. 有助于进行物理学美的熏陶

自然界是丰富多彩的，人们在对自然的审视中获得了美的感受和体验.作为自然界理性思维成果的物理学也存在美，如和谐、优雅、一致、简单、对称等，其美还表现在发展和变化之中.著名物理学家杨振宁认为，物理学的美包括三个方面：现象之美，理论描述之美，理论结构之美.

现象美有自然现象、实验现象之美，天空的彩虹，彩色的干涉条纹，优雅的激光束，奇妙的原子光谱，会给人们以美感.

理论描述之美在物理理论中随处可见，例如，对质点运动惯性的描述深刻地揭示了运动规律的一个侧面，解开了物体运动的原因之谜；热力学第一、第二定律对自然界基本性质——能量转换和热力学过程自发运动方向给出了很美的理论描述；原子结构的行星模型，把微观世界的结构与宏观世界进行美妙的类比；放射性元素按指数规律的衰变的描述，精确到难以置信的地步.

物理学的理论公式通常给出一个简单漂亮的数学结构，如 $E=mc^2$ 等，把复杂隐秘的自然规律表达得质朴无华，而反映电磁学规律的麦克斯韦方程组，反映时空联系的洛仑兹变换和相对论力学，更是令人惊叹发明者的智慧.

可见，物理文化具有科学美的熏陶作用，有助于提高人的精神境界和思想品味，有助于形成健康、高尚的人格.

物理文化研究把物理学家和物理教师看作“活”的物理文化载体，这可以为物理教育提供观念上的启示.

首先，社会要求教师是“担负着传递社会和文化价值与标准的任务的人，而他就是被学生看做代表和具有这些价值的人”，即物理教师的基本任务之一是传递物理文化，以保证物理文化得以延续和发展.正如《美国国家科学教育标准》明确提出“科学教师就是科学界在课堂上的代表.”

其次，物理文化的知识体系和技术应用已经是我们时代重要的文化背景，我们生活的科技含量越来越高，科技产品增加很快，物理教师要跟上发展的步伐必须终生学习．我们认为优秀物理教师的知识领域不断扩大，大致包括：物理学知识体系的内容知识；实验设计与操作知识；物理学发展过程的知识；物理学方法论知识；物理学目的、价值观和科学精神知识；著名物理学家的文化背景知识；科学道德知识；物理课堂教学设计知识；用生动的例子揭示教育内容的知识；课堂教学过程中的决策与组织协调知识等．因而，物理教师的职业要求正在不断地提高，物理教师的发展是社会进步的必然要求．

第三，物理文化除了具有延续性以外还具有创造性，物理教师既要充当文化传播者的角色，同时要充当文化的整理和创造者．物理文化作为人类认识自然的伟大成果，集中体现了人类的创造智慧，优秀的物理教师应能感受物理学探索过程中闪耀的科学创造之光．物理教师要在学校中创造一种"活"的物理文化环境，这种环境充满探索、发现、创新．物理教学过程要始终把培养学生探索精神放在首位，把传授物理知识和方法作为培养学生创造力的基础．教师的教学手段要多样化，不能把充满创造之光的物理学蜕化为干巴巴的概念、枯燥的公式和繁杂的计算，不能把具有生动性、创造性的物理教学变为应试活动．激发学生的兴趣，满足学生探究的天性，建立科学价值观，促进学生发展，是物理教育的根本任务．

# 附录　矢量及基本运算

## 一、矢量的基本概念

我们知道有两种不同性质的物理量，标量和矢量. 矢量是既有大小，又有方向的物理量，如力、速度、电场强度等. 矢量的运算遵循平行四边形法则. 标量是具有大小(包括数值和正负)，没有方向的物理量，它们的运算遵循代数运算法则.

矢量的表示应包括大小和方向. 几何上常用一有向线段来表示一矢量，如图 1，线段的长短按一定比例表示矢量的大小，线段上箭头表示矢量的方向. 矢量的书写符号用带箭头的细体字母；印刷品则用黑体字母，如 **A**.

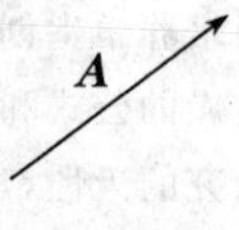


图 1　矢量的几何表示

矢量 **A** 的大小称为矢量的模，记作 $|A|$，它对应于有向线段的长短. 模等于 1 的矢量称为单位矢量，在直角坐标系中沿 $x, y, z$ 正方向的单位矢量用 $\boldsymbol{i}, \boldsymbol{j}, \boldsymbol{k}$ 表示.

下面考察矢量方向的问题：

(1) 如果两矢量 **A** 和 **B**，大小相等、方向相同，但是起点不在同一点，我们仍称两矢量相等，即 $\boldsymbol{A}=\boldsymbol{B}$，如果 **B** 矢量与矢量大小相等，但方向相反，则可认为该矢量.

(2) 矢量平移的不变性. 如图 2 所示，如果将矢量 **A** 平行移动，则矢量的大小和方向都不会因平移而改变. 这是我们在考察和矢量运算中经常用到的方法，也是矢量的重要性质. 这里我们向同学们着重介绍矢量的解析表示即矢量在平面直角坐标系上的表示.

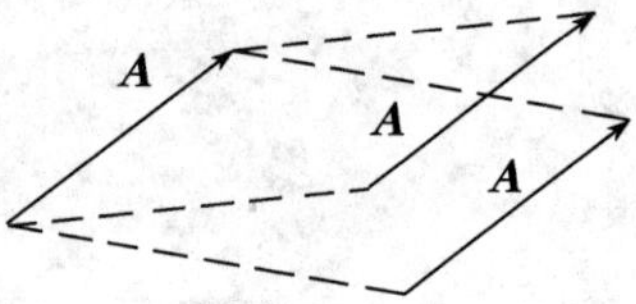


图 2　矢量平移不变性表示

如图 3 所示，一个矢量 **A** 可在 $oxy$ 纺直角坐标系中用三个坐标轴上的分矢量表示. 设 $\boldsymbol{i}, \boldsymbol{j}, \boldsymbol{k}$ 分别为 $x$、$y$、$z$ 轴的单位矢量，$A_x$、$A_y$、$A_z$ 为 **A** 矢量在三个坐标轴上的投影，则

$$\boldsymbol{A}=A_x\boldsymbol{i}+A_y\boldsymbol{j}+A_z\boldsymbol{k}$$

$$|A|=\sqrt{A_x^2+A_y^2+A_z^2}$$

**A** 的方向由三个方向余弦决定

$$\cos\alpha=\frac{A_x}{A}, \cos\beta=\frac{A_y}{A}, \cos\gamma=\frac{A_z}{A}$$

以上将矢量沿 $x$、$y$、$z$ 三轴分解的方法，也称为正交分解法.

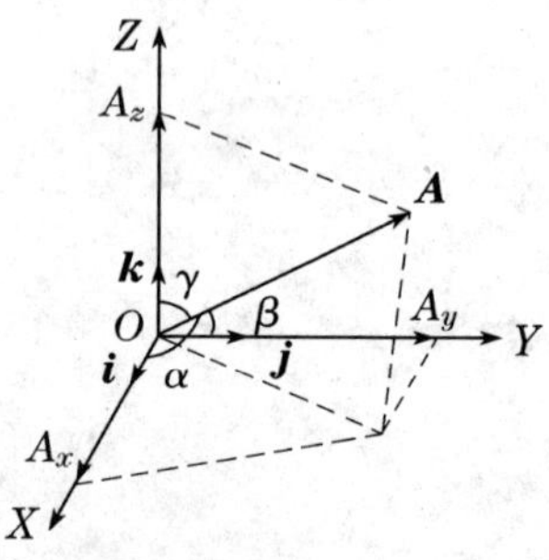


图 3　矢量的分矢量表示

## 二、矢量的运算初步

1. 矢量的加减

矢量相加，满足平行四边形法则(或三角形法则)，如图 4，$\boldsymbol{C}=\boldsymbol{A}+\boldsymbol{B}$.

矢量加法满足以下规律：

交换律　　$\boldsymbol{A}+\boldsymbol{B}=\boldsymbol{B}+\boldsymbol{A}$　　　　结合律　　$(\boldsymbol{A}+\boldsymbol{B})+\boldsymbol{C}=\boldsymbol{A}+(\boldsymbol{B}+\boldsymbol{C})$

矢量相减 $\boldsymbol{A}-\boldsymbol{B}$，为作为矢量 **A** 与 $-\boldsymbol{B}$ 的相加，即 $\boldsymbol{A}+(-\boldsymbol{B})$，如图 5 所示.

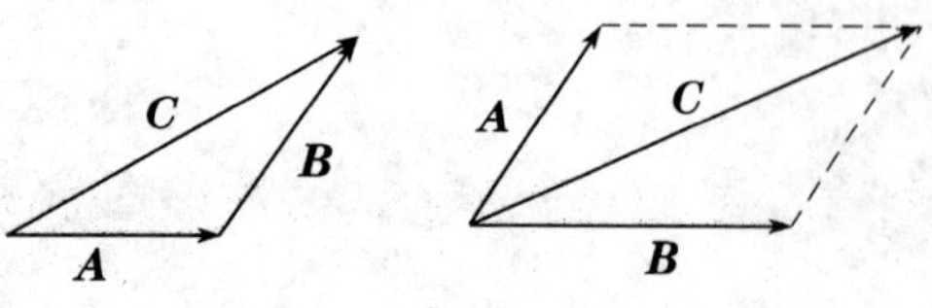


图 4　矢量相加

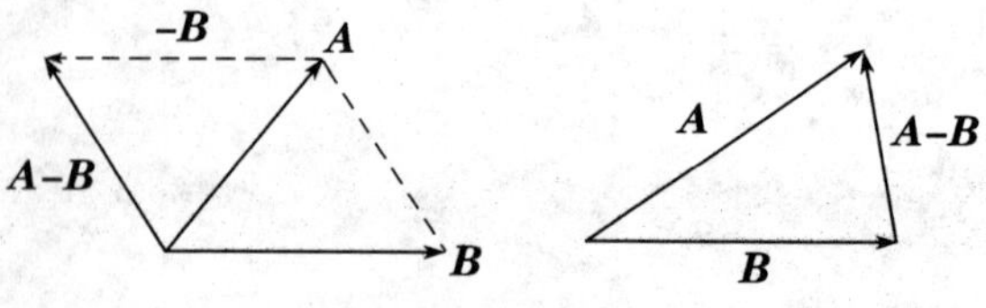


图 5　矢量相减

在直角坐标系中，矢量 $\boldsymbol{A}\pm\boldsymbol{B}$ 可作如下运算，设

$$\boldsymbol{A}=A_x\boldsymbol{i}+A_y\boldsymbol{j}+A_z\boldsymbol{k}$$

$$\boldsymbol{B}=B_x\boldsymbol{i}+B_y\boldsymbol{j}+B_z\boldsymbol{k}$$

则

$$\begin{aligned}\boldsymbol{C}&=\boldsymbol{A}\pm\boldsymbol{B}\\&=A_x\boldsymbol{i}+A_y\boldsymbol{j}+A_z\boldsymbol{k}\pm B_x\boldsymbol{i}+B_y\boldsymbol{j}+B_z\boldsymbol{k}\\&=(A_x\pm B_x)\boldsymbol{i}+(A_y\pm B_y)\boldsymbol{j}+(A_z\pm B_z)\boldsymbol{k}\\&=C_x\boldsymbol{i}+C_y\boldsymbol{j}+C_z\boldsymbol{k}\end{aligned}$$

$$|\boldsymbol{C}|=\sqrt{C_x^2+C_y^2+C_z^2}$$

$$\cos\alpha=\frac{C_x}{C}\qquad\cos\beta=\frac{C_y}{C}\qquad\cos\gamma=\frac{C_z}{C}$$

平面直角坐标中 $\boldsymbol{C}=\boldsymbol{A}+\boldsymbol{B}$ 的解析表示如图 6 所示.

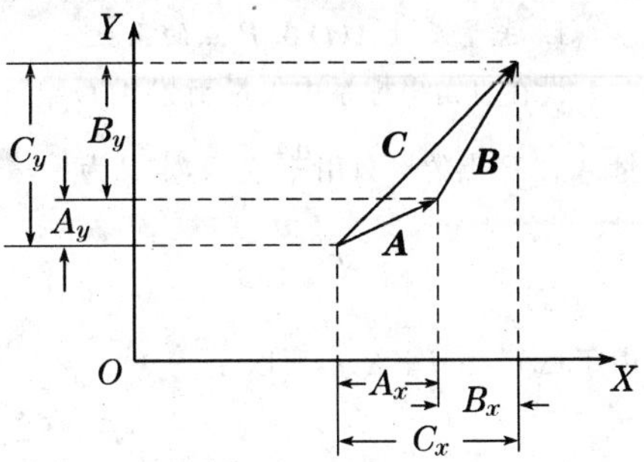


**图 6　平面直角坐标中矢量相加的表示**

2. 矢量的乘法

(1) 矢量数乘

矢量 $\boldsymbol{A}$ 与数 $a$ 的乘积，称为矢量的数乘，即 $\boldsymbol{c}=a\boldsymbol{A}$.

当 $a>0$ 时，$\boldsymbol{c}$ 方向与 $\boldsymbol{A}$ 方向一致；当 $a<0$ 时，$\boldsymbol{c}$ 方向与 $\boldsymbol{A}$ 方向相反.

(2) 矢量的点乘(标积)

设矢量 $\boldsymbol{A}$ 与 $\boldsymbol{B}$，两矢量之间夹角为 $\theta$，如图 7 所示，则矢量 $\boldsymbol{A}$ 与 $\boldsymbol{B}$ 的点乘用 $\boldsymbol{A}\cdot\boldsymbol{B}$ 表示，定义为 $\boldsymbol{A}\cdot\boldsymbol{B}=AB\cos\theta$

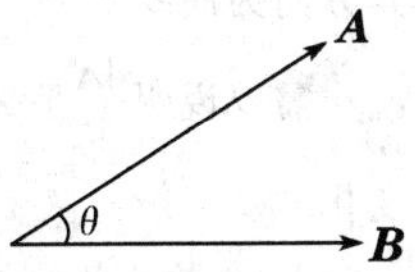


**图 7　矢量的点乘**

矢量的点乘结果是标量，当 $\theta=0$，$\boldsymbol{A}\cdot\boldsymbol{B}=\boldsymbol{AB}$；当 $\theta=\pi$，$\boldsymbol{A}\cdot\boldsymbol{B}=-\boldsymbol{AB}$；当 $\theta=\frac{\pi}{2}$，$\boldsymbol{A}\cdot\boldsymbol{B}=0$.

如对功的定义，假设力为 $\boldsymbol{F}$，位移为 $\boldsymbol{s}$，$\boldsymbol{F}$ 与 $\boldsymbol{s}$ 之间夹角为 $\theta$，则相应的功为 $Fs\cos\theta$，物理量中还有很多类似的物理量都可用矢量的点乘来表示，如电通量、磁通量、电动势等.

点乘有如下的运算规律：

交换律　$\boldsymbol{A}\cdot\boldsymbol{B}=\boldsymbol{B}\cdot\boldsymbol{A}$

结合律　$(a\boldsymbol{A})\cdot\boldsymbol{B}=a(\boldsymbol{A}\cdot\boldsymbol{B})$

分配律　$\boldsymbol{A}\cdot(\boldsymbol{B}+\boldsymbol{C})=\boldsymbol{A}\cdot\boldsymbol{B}+\boldsymbol{A}\cdot\boldsymbol{C}$

解析式　$\boldsymbol{A}\cdot\boldsymbol{B}=A_xB_x+A_yB_y+A_zB_z$

3. 矢量叉乘

若有 $\boldsymbol{A}$、$\boldsymbol{B}$ 矢量，两矢量的叉乘定义为 $\boldsymbol{C}=\boldsymbol{A}\times\boldsymbol{B}$. 矢量叉乘的结果是一矢量，其大小 $C=AB\sin\theta$，其方向垂直于 $\boldsymbol{A}$、$\boldsymbol{B}$ 决定的平面，指向由右手螺旋法则决定，即右手四指从 $\boldsymbol{A}$ 经由小于 $\pi$ 的角转向 $\boldsymbol{B}$ 时的大拇指伸直时所指的方向，如图 8.

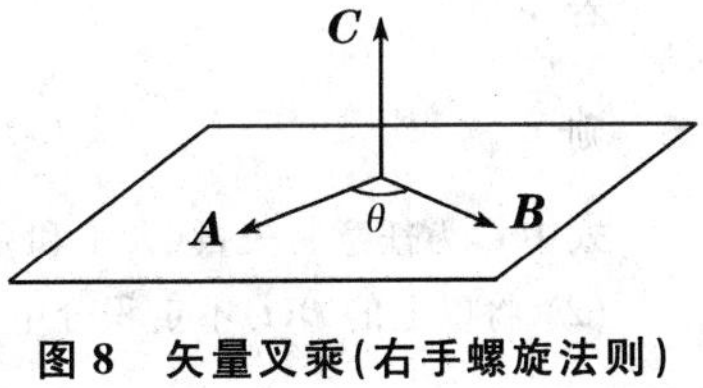


**图 8　矢量叉乘(右手螺旋法则)**

由定义可看出，当 $\theta=0$ 或 $\pi$，则 $\boldsymbol{A}\times\boldsymbol{B}=0$($\boldsymbol{A}$ 与 $\boldsymbol{B}$ 平行)；

当 $\theta=\frac{\pi}{2}$，则 $\boldsymbol{A}\times\boldsymbol{B}=AB$ ($\boldsymbol{A}$ 与 $\boldsymbol{B}$ 垂直).

矢量叉乘有如下运算规律：

反交换律　$\boldsymbol{A}\times\boldsymbol{B}=-\boldsymbol{B}\cdot\boldsymbol{A}$

结合律　$(a\boldsymbol{A})\cdot\boldsymbol{B}=a(\boldsymbol{A}\cdot\boldsymbol{B})$

分配律　$\boldsymbol{A}\times(\boldsymbol{B}\times\boldsymbol{C})=\boldsymbol{A}\times\boldsymbol{B}+\boldsymbol{A}\times\boldsymbol{C}$

解析式　用行列式表示：

$$\boldsymbol{A}\times\boldsymbol{B}=\begin{vmatrix}\boldsymbol{i}&\boldsymbol{j}&\boldsymbol{k}\\A_x&A_y&A_z\\B_x&B_y&B_z\end{vmatrix}$$

典型的矢量叉乘的应用是力矩，设 $\boldsymbol{r}$ 为 $\boldsymbol{F}$ 的作用点的位矢，则力矩 $\boldsymbol{M}$ 表示为 $\boldsymbol{M}=\boldsymbol{r}\times\boldsymbol{F}$. 另外还有许多物理量

用叉乘表示，如角动量、安培力、洛仑兹力等.

## 三、矢量函数的微积分

1. 矢量函数 $\boldsymbol{A}(t)$ 在 $P$ 点的系数

设在直角坐标系中矢量函数 $\boldsymbol{A}(t)=x(t)\boldsymbol{i}+y(t)\boldsymbol{j}$，且 $x(t)$，$y(t)$ 可微，$\boldsymbol{i}$，$\boldsymbol{j}$ 为 $ox$，$oy$ 方向的单位矢量，则矢量 $\boldsymbol{A}$ 在 $P$ 点的导数用 $\frac{\mathrm{d}\boldsymbol{A}}{\mathrm{d}t}$ 表示，定义为

$$\frac{\mathrm{d}\boldsymbol{A}}{\mathrm{d}t}=\lim_{\Delta t\to 0}\frac{\Delta A}{\Delta t}$$

由于 $\Delta A=\Delta x\boldsymbol{i}+\Delta y\boldsymbol{j}$，所以：

$$\frac{\mathrm{d}\boldsymbol{A}}{\mathrm{d}t}=\lim_{\Delta t\to 0}\frac{\Delta x}{\Delta t}\boldsymbol{i}+\lim_{\Delta t\to 0}\frac{\Delta y}{\Delta t}\boldsymbol{j}=\frac{\mathrm{d}x}{\mathrm{d}t}\boldsymbol{i}+\frac{\mathrm{d}y}{\mathrm{d}t}\boldsymbol{j}$$

矢量函数的导数 $\frac{\mathrm{d}\boldsymbol{A}}{\mathrm{d}t}$ 是一矢量，其大小为

$$A=\sqrt{\left(\frac{\mathrm{d}x}{\mathrm{d}t}\right)^2+\left(\frac{\mathrm{d}y}{\mathrm{d}t}\right)^2}$$

其方向为曲线 $P$ 点的切线方向，指向 $\boldsymbol{A}(t)$ 增加的方向，如图 9 所示.

需要说明 $\frac{\mathrm{d}\boldsymbol{A}}{\mathrm{d}t}$ 是矢量 $\boldsymbol{A}$ 的瞬时变化率，应包括矢量 $\boldsymbol{A}$ 在大小和方向上的变化.

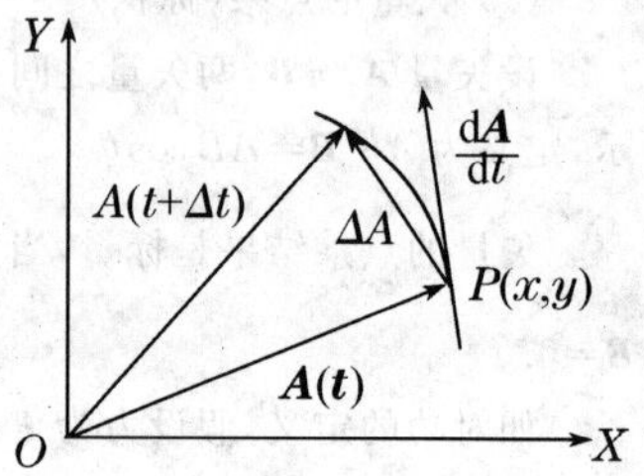


图 9　矢量导数的表示

2. 矢量函数的微分

在平面直角坐标系中矢量函数的微分为

$$\mathrm{d}\boldsymbol{A}=\frac{\mathrm{d}\boldsymbol{A}}{\mathrm{d}t}\mathrm{d}t=\mathrm{d}x(t)\boldsymbol{i}+\mathrm{d}y(t)\boldsymbol{j}$$

方向沿曲线 $P$ 点的切线，大小为

$$|\mathrm{d}\boldsymbol{A}|=\sqrt{(\mathrm{d}x)^2+(\mathrm{d}y)^2+(\mathrm{d}z)^2}$$

需要说明的是，矢量函数微分的模是 $|\mathrm{d}\boldsymbol{A}|$ 与曲线的弧微分，即 $\mathrm{d}s=|\mathrm{d}\boldsymbol{A}|$.

3. 矢量函数的积分

(1) 矢量函数 $\boldsymbol{B}(t)$ 的不定积分

若
$$\frac{\mathrm{d}\boldsymbol{A}}{\mathrm{d}t}=\boldsymbol{B}(t)=B_x(t)\boldsymbol{i}+B_y(t)\boldsymbol{j}$$

则
$$\boldsymbol{A}+\boldsymbol{C}=\int B(t)\mathrm{d}t=\left(\int B_x(t)\mathrm{d}t\right)\boldsymbol{i}+\left(\int B_y(t)\mathrm{d}t\right)\boldsymbol{j}$$

式中 $\boldsymbol{C}$ 为任意常矢量（大小和方向都不随时间变化）.

(2) 将以上的 $\boldsymbol{B}(t)$ 不定积分中的时间 $t$ 取一变化范围 $a\to b$，则有

$$\boldsymbol{A}=\int_a^b B(t)\mathrm{d}t=\left(\int_a^b B_x(t)\mathrm{d}t\right)\boldsymbol{i}+\left(\int_a^b B_y(t)\mathrm{d}t\right)\boldsymbol{j}$$

# 参考答案

## §1.1 巩固练习

3. 42 m,43 m;东偏南 45°  4. (1) −0.5 m,−0.5 m/s;(2) 3 m/s,−6 m/s;(3) −9 m/s$^2$,3 m/s$^2$

5. $x=4t+3t^2-3t^3$  6. $v=A(1-e^{-\beta t})$,$x=\frac{A}{\beta}(e^{-\beta t}-1)+At$

## §1.2 巩固练习

2. 8π rad,7π rad/s,2π rad/s$^2$

## 第 1 章 综合练习

4. $2R\boldsymbol{i}$,$\pi R$  5. $x=y^2-6y+9$,$4\boldsymbol{i}+2\boldsymbol{j}$,$8\boldsymbol{i}+2\boldsymbol{j}$  6. $(2t+3)\boldsymbol{i}+(-4t^2-7)\boldsymbol{j}$  7. (1) 4.2 m/s,4.002 m/s;(2) 4 m/s  8. (1) $\boldsymbol{x}^2+2\boldsymbol{y}=38$;(2) $2\boldsymbol{i}+17\boldsymbol{j}$,$4\boldsymbol{i}+11\boldsymbol{j}$;(3) $\sqrt{20}$ m/s,$\alpha=63.43°$,$\sqrt{68}$ m/s,$\alpha=75.96°$,$a_y=-4$ m/s$^2$,$\alpha=-\frac{\pi}{2}$  9. $v=R\omega$,$a=R\omega^2$  10. $\beta=2a+6bt-12ct^2$  11. 18 rad,16 rad·s$^{-1}$,8 rad·s$^{-2}$

12. 0.6 m·s$^{-2}$,0.9 m·s$^{-2}$

## §2.1 巩固练习

3. 距 $O$ 为 0.82 m

## §2.2 巩固练习

1. $v=v_0e^{-\frac{k}{m}t}$  2. (1) 3.1 m·s$^{-1}$,4.4 m·s$^{-1}$,4.1 m·s$^{-1}$;(2) 9.8 m·s$^{-2}$,8.5 m·s$^{-2}$;19.6 m·s$^{-2}$,0;17 m·s$^{-2}$,−4.9 m·s$^{-2}$;(3) $8.8\times10^{-2}$ N,$1.76\times10^{-1}$ N,$1.53\times10^{-1}$ N  3. 0.15 N

## 第 2 章 综合练习

3. 20 N  4. (1) 620 N;(2) 580 N  5. $6.58\times10^3$ N  6. (1) 68 900 N;(2) 15 900 N  8. (1) 368 N;(2) 0.98 m/s$^2$  9. (1) $F_2=84$ N,$F_3=56$ N;(2) $F_2=14$ N,$F_3=42$ N;(3) $F_2=F_3=98$ N  10. 水平法向力 $1.88\times10^3$ N,摩擦力 635 N  11. $\frac{v_0^2}{2xg}$  12. 0  13. (1) $\boldsymbol{r}=-\frac{13}{4}\boldsymbol{i}-\frac{7}{8}\boldsymbol{j}$ m;(2) $\boldsymbol{v}=-\frac{5}{4}\boldsymbol{i}-\frac{7}{8}\boldsymbol{j}$ m·s$^{-1}$

14. $a=g\tan\alpha-g\mu_s$  15. (1) $v=\sqrt{2ghe}^{-by/m}$;(2) 5.76 m

## §3.1 巩固练习

3. 432 J

## §3.2 巩固练习

3. 3.2 m/s

## 第 3 章 综合练习

4. −4.125 J  5. $-290-1.6b\times10^{-3}$ J  6. −44 J  7. 196 J,216 J  8. 32 N  9. $5.88\times10^3$ N  10. $\boldsymbol{p}=m\omega(-a\sin\omega t\boldsymbol{i}+b\cos\omega t\boldsymbol{j})$,$\boldsymbol{I}=\Delta\boldsymbol{p}=-m\omega(a\boldsymbol{i}+b\boldsymbol{j})$  11. (1) −0.75 m/s;(2) −7.5 N;(3) $E_{k人}=28.1$ J,$E_{k子弹}=2.81\times10^4$ J  12. (1) 0.7 m/s,沿 $x$ 轴正向;(2) −13.2 kg·m·s$^{-1}$,13.2 kg·m·s$^{-1}$  13. $3\times10^{-3}$ s,0.6 N·s  14. (1) −45 J;(2) 75 W;(3) −45 J  16. $v=\sqrt{\frac{2MgR}{(m+M)}}$

## §4.1 巩固练习

1. (1) $\frac{50\pi}{3}$ rad·s$^{-1}$,100π rad·s$^{-1}$;(2) $\frac{50\pi}{3}$ rad·s$^{-2}$  2. (1) −2.09 m/s$^2$;(2) 70.8 rev;(3) 40 s

3. (1) 1.15π rad/s,0;(2) 0.18π m/s;(3) 540°;(4) 0.27π$^2$ m/s$^2$

## §4.2 巩固练习

2. 3 $ma^2$,9 $ma^2$  3. (1) 10 m·N;(2) 4.17 rad·s$^{-1}$;(3) 209.3 圈

## §4.3　巩固练习

1. (1) 2.09 $rad\cdot s^{-1}$;(2) 419 N·m·s;(3) $1.32\times10^4$ J　2. $1.96\times10^4$ J, $1.70\times10^4$ J

## 第4章　综合练习

4. 由角动量守恒，人从面对窗口的方向开始旋转半圈　7. 10 秒　8. (1) $\omega=8.6\ rad\cdot s^{-1}$;(2) $\beta=4.5e^{-\frac{t}{2}}\ rad\cdot s^{-2}$;(3) $N=5.87$ 圈　9. $1.5\times10^3$ N·m　10. $(\frac{1}{3}mgl,\frac{1}{18}mgl)$　11. (1) 1.63 $rad\cdot s^{-2}$;(2) 13.0 rad　12. $F=3.14\times10^2$ N　13. $h=\frac{v_0^2}{2g}=\frac{\omega^2R^2}{2g}$, $L=(\frac{1}{2}m'-m)R^2\omega$　14. 921.6 J　15. $2.58\times10^{29}$ J, $2.70\times10^{33}$ J

## §5.1　巩固练习

2. D　3. 结论：$\sigma_{max}=162$ MPa$<[\sigma]=170$ MPa　此杆满足强度要求，能够正常工作.

## §5.2　巩固练习

2. A　3. 0.024($m^3/s$)

## 第5章　综合练习

1. C　2. C　3. D　7. A　8. B　13. $S=2\sqrt{h(H-h)}$　14. $h=\frac{H}{2}$　15. 16 m/s, $2.3\times10^5$ Pa

## §6.1　巩固练习

2. B　3. (1) $A=0.37$ cm, $\varphi=0$;(2) $x=0.37\cos\pi t$ cm;(3) $v_{max}=1.16$ cm/s, $a_{max}=3.64$ cm/$s^2$　4. $\frac{1}{4}$

## §6.2　巩固练习

2. D　5. (1) $A=0.10$ m, $u=2.5$ m/s, $\nu=1.25$ Hz, $\lambda=2$ m;(2) $v_{max}=0.79$ m/s

## 第6章　综合练习

5. $x=20\cos(0.5\pi t-\frac{\pi}{3})$ cm　6. $\varphi_0=-\frac{5}{4}\pi$ 或 $\varphi_0=+\frac{3}{4}\pi$　7. $\Delta t_{min}=\frac{1}{6}T=0.5$ s　8. $x=7.18\cos(10t+1.48)$cm

## §7.1　巩固练习

2. (1) $Q=\Delta E=623.25$ J, $A=0$;(2) $Q=1\,038.75$ J, $\Delta E=623.25$ J, $A=415.5$ J

## 第7章　综合练习

7. $Q=2\,264$ J, $A=169.7$ J, $\Delta E=2\,094.3$ J　8. (1) 266 J;(2) 放热，308 J　9. (1) $3.75\times10^3$ J;(2) $5.73\times10^3$ J　10. 等温压缩：$T_2=300$ K, $V_2=1\times10^{-3}$ $m^3$, $A=-4.67\times10^3$ J；绝热压缩：$T_2=579$ K, $V_2=1.93\times10^{-3}$ $m^3$, $A=-23.5\times10^3$ J　11. $A=\frac{RT_0}{2}$　12. 51.8 K　13. 73%，80%　计算表明，理论上降低低温热源温度更可以提高热机效率，但实际上所用低温热源往往是周围的空气或流水（接近环境温度），再要降低它们的温度就需用致冷机，所以降低低温热源的温度以提高效率是很难实现的，而提高高温热源温度以提高热机效率是切实可行的办法.　14. 71.4 J, 2 000 J, 5 000 J　15. $Q_2=7.89\times10^6$ J

## §8.1　巩固练习

1. 0.5 cm　2. 562.5 nm，黄光　3. 10 m　4. 629.9 nm

## §8.3　巩固练习

1. A　2. $\frac{3}{2}$

## 第8章　综合练习

1. B　2. B　3. $10^{-5}$ m　4. 0.18 cm　6. B　7. D　9. D　10. B　11. $\theta=48.44°=48°26'$, $\theta=41.56°=41°34'$

## §9.1　巩固练习

1. 0.5 A　2. 3 V, 1 Ω　3. (1) 3 W;(2) 2.82 W　4. (1) 10 W;(2) 12 W　5. 3 A, −0.3 A, 0.1 A

6. 7 V，4 V，1 V

## §9.2 巩固练习

1. 800 pF 2. (1) 88.5 pF；(2) 531 pF

## 第9章 综合练习

1. 1 210 Ω，10 W 2. 100 V，120 V 3. 1.25 A，1.35 V，0.15 V 4. 10 5. 串联，分压 6. A 7. B 8. C 9. B 10. 0.5 A 11. 3 V，1 Ω 12. (1) 3 W；(2) 94% 13. 0.45 A，484 Ω，10 h 14. (1) 1∶2，1∶2；(2) 3∶2；(3) 10 V 15. 19 300 Ω，99 300 Ω，5 000 kΩ 16. 0.4 A，10 V，6 V 17. −9 A，−11 A 18. 6 V

## §10.1 巩固练习

1. $6.25\times10^{18}$ 2. (1) $7.2\times10^{-10}$ N；(2) $9\times10^{-11}$ N 3. $-\dfrac{ql}{4\pi\varepsilon_0\left(y^2+\dfrac{l^2}{4}\right)^{\frac{3}{2}}}\boldsymbol{i}$

## §10.2 巩固练习

1. $x$ 轴方向 2. $\dfrac{\sqrt{2}\mu_0}{2}\dfrac{I}{R}$，方向为由竖直向下的方向向内转 45°角 3. 导线两端的连线与磁感应线平行

## §10.3 巩固练习

1. (1) 无；(2) 无；(3) 无；(4) 有，穿过线框的磁通量发生了变化 3. 300 V 4. 1.6 V

## 第10章 综合练习

1. 方向由 $M$ 流向 $N$，1.25 A 3. $c$；$a$ 4. D 5. B 6. D 7. $\dfrac{1}{4\pi\varepsilon_0}\dfrac{q}{r(l+r)}$ 8. $B=\dfrac{\mu_0 I}{2\pi\cdot a}\left(1+\dfrac{\pi}{4}\right)$，方向垂直纸面向里 10. (1) 0.6 V；(2) 0.072 N；(3) 0.18 W

## §11.1 巩固练习

1. 不能 2. $\omega=314$ rad/s；$f=50$ Hz；$T=0.02$ s；$U_m=311$ V；$\varphi=\dfrac{\pi}{4}$；$u_{0.01}=220$ V 3. (1) $i_1$ 超前 $i_2$ 5°；(2) $u_2$ 超前 $u_1$ 175°；(3) $u_1$ 超前 $u_2$ 40° 4. (1) $\dot{U}=78\angle0°$ V，图略；(2) $\dot{U}=20\angle-30°$ V，图略；(3) $\dot{I}=3.5\angle-60°$ A，图略；(4) $\dot{I}=50\angle90°$ A，图略 5. $u=220\sqrt{2}\sin314t$ V，$\dot{U}=220\angle0°$ V；$i_1=5\sqrt{2}\sin(314t-30°)$ A，$\dot{I}=5\angle-30°$ A；$i_2=10\sin(314t+90°)$ A，$\dot{I}=5\sqrt{2}\angle90°$ A.

## §11.2 巩固练习

1. (1) $I=0.909$ A，$i=0.909\sqrt{2}\sin(314t+45°)$；(2) 200 W 2. (1) $I_m=1.58$ A，$I=1.12$ A，$i=1.58\sin(314t-90°)$ A；(2) 略. 3. (1) $X_C=44\,\Omega$，$Z_C=-j44\,\Omega$，$C_{50}=72.4\,\mu$F，$C_{100}=36.2\,\mu$F；(2) $\dot{I}=5\angle0°$ A，$\dot{U}=220\angle-90°$ V

## §11.3 巩固练习

1. $\dot{U}_U=220\angle120°$ V，$\dot{U}_W=220\angle-90°$ V，$\dot{U}_{VW}=380\angle60°$ V，$\dot{U}_{UV}=380\angle150°$ V，$\dot{U}_{WU}=380\angle-60°$ V，图略

# 参考文献


[1] 赵凯华.电磁学[M].北京:高等教育教育出版社,2003.
[2] 吴百诗.大学物理[M].西安:西安交通大学出版社,2001.
[3]《物理》编写组.物理[M].苏州:苏州大学出版社,2002.
[4]《大学物理基础》编写组.大学物理基础[M].苏州:苏州大学出版社,2003.
[5] 王纪龙.大学物理[M].北京:科学出版社,2003.
[6] 刘爱红.大学物理能力训练与知识拓展[M].北京:科学出版社,2004.
[7] 李春丽.物理[M].南京:东南大学出版社,2003.
[8] 白少民.大学物理学[M].西安:陕西人民出版社,2003.
[9] 周绍敏.电工基础[M]. 北京:高等教育教育出版社,2003.
[10] 王占元.电工基础[M]. 北京:机械工业出版社,2002.
[11] 钱显毅.应用物理学[M].南京:东南大学出版社,2006.
[12] 付淑英.应用物理基础.北京:北京理工大学出版社,2007.
[13] 宣桂鑫.应用物理基础.上海:华东师范大学出版社,2006.
[14] 倪光炯.改变世界的物理学.上海:复旦大学出版社,1998.
[15] 吴宗汉.物理学概论.南京:东南大学出版社,2001.
[16] 王虎.工程力学.陕西:西北工业大学出版社,2000.
[17] 马文蔚.物理学原理在工程技术中的应用.北京:高等教育出版社,2001.
[18] 宗占国.现代科学技术导论.北京:高等教育出版社,2004.
[19] 朱荣华.现代技术中的物理学.北京:高等教育出版社,2003.
[20] 韩仙华.大学物理教学设计.北京:国防工业出版社,2006.
[21] 孙向阳.大学物理导学教程.北京:科学出版社,2004.
[22] 程守洙.普通物理学.北京:高等教育出版社,2005.
[23] 程守洙.《普通物理学》习题解.上册.北京:高等教育出版社,2005.
[24] 李遒伯.物理学.北京:高等教育出版社,2005.
[25] 聂清香.力学简明教程.山东:山东大学出版社,2002.
[26] 杜丽娟.物理学.山东:莱芜职业技术学院,2000.
[27] 赵凯华,罗蔚茵.力学[M].北京:高等教育出版社,1999.
[28] 张晓.大学物理教与学参考[M].西安:西安交通大学出版社,2005.
[29] 殷增渭等.机械工学[M].北京:中央广播电视大学出版社,1996.
[30] 亚民.大学物理.江西:鹰潭职业技术学院,2005.